¡Ojalá lo supiera!

Drakontos

Director:

José Manuel Sánchez Ron

¡Ojalá lo supiera!

Las cartas de Richard P. Feynman

Richard Feynman

Traducción castellana de
Javier García Sanz

CRÍTICA
Barcelona

Primera edición: abril de 2006
Primera edición en esta nueva presentación: mayo de 2019

¡Ojalá lo supiera! Las cartas de Richard P. Feynman
Richard P. Feynman

Título original: Perfectly Reasonable Deviations from the Beaten Track

Av. Diagonal, 662-664, 08034 Barcelona (España)
Crítica es un sello editorial de Editorial Planeta, S. A.

editorial@ed-critica.es
www.ed-critica.es

ISBN: 978-84-9199-105-2
Depósito legal: B. 9480 - 2019
2019. Impreso y encuadernado en España

El papel utilizado para la impresión de este libro es 100% libre de cloro y está calificado como papel ecológico.

Para mis padres, Richard y Gweneth

Para mis sobrinas, Rachel y Emma,
y mis hijos, Ava y Marco,
para que puedan conocer mejor
a su abuelo

Prefacio

Richard P. Feynman no sólo fue un físico de primera fila sino también un físico famoso. La combinación no es en modo alguno inevitable. Por cada premio Nobel en física que llegó a ser una figura pública —por cada Marie Curie, Albert Einstein o Werner Heisenberg— otros de estatura ejemplar no lo fueron: Paul Dirac, Wolfgang Pauli y Subrahmanyan Chandrasekhar, por ejemplo. No siempre está claro cuál era la diferencia. ¿Por qué fue famoso Feynman?

Por supuesto, circunstancias extrañas pueden determinar quién va a ser el blanco de los focos. «El principio de incertidumbre» de Heisenberg sintonizó con una era de incertidumbre filosófica y psicológica por razones que tienen poco que ver con su importancia respecto a la mecánica cuántica. La investigación de Marie Curie en radioactividad demostró que una mujer podía alcanzar los escalafones más altos de la ciencia. El espectáculo de una expedición inglesa que confirmaba la teoría de la relatividad general de Einstein —midiendo la curvatura de la luz estelar que pasaba cerca del Sol durante el eclipse total de 1919— levantó esperanzas en un futuro más racional y pacífico entre naciones agotadas por la carnicería de la Gran Guerra. Pero tales consideraciones sirven de poco para explicar la fama de Feynman, que, aparte de trabajar en el Proyecto Manhattan, raramente salió en los titulares de prensa, y cuya investigación, aunque muy reputada por sus colegas físicos, apenas podía ser entendida, y mucho menos apreciada, por el gran público.

La personalidad puede desempeñar un papel, y algunos de los críticos de Feynman le acusaron de forjar cuidadosamente un personaje para aumentar su fama. Un colega cercano criticaba lo que él calificaba como «los extraordinarios esfuerzos de Feynman por ser diferente, especialmente de sus amigos y colegas», añadiendo que Feynman «se rodeó de una nube de mito, y dedicó mucho tiempo y energía a generar anécdotas sobre sí mismo». Es cierto que Feynman hablaba el inglés coloquial de un obrero de Brooklyn, que tocaba los bongos, que le gustaba dibujar a las bailarinas en bares de topless, *y que, por si fuera poco, se presentaba a sí mismo como un pillo. Pero dicho comportamiento es un lugar común. Como observó Oscar Wilde: «El primer deber en la vida es asumir una pose. Cuál es el* segundo deber, nadie lo ha descubierto todavía». Puesto que todo claustro de profesores tiene su cuota de *poseurs*, acusar a Feynman de adoptar una pose difícilmente explica que haya sido objeto de obras teatrales, películas y libros muy vendidos.

Desde la perspectiva de alguien que le conoció apenas, le oyó hablar en varias ocasiones y siguió su investigación bastante de cerca, creo que la clave para entender el atractivo de Feynman reside menos en circunstancias externas o actividades extracurriculares que en su conducta como científico activo: en concreto, su libertad, integridad y entusiasmo reflejaban el espíritu de la ciencia en acción.

Los científicos aprecian la libertad como un requisito tanto como un incentivo para sus carreras, y Feynman se regocijaba ciertamente en su libertad. «Soy completamente libre, y no hay palancas que puedan utilizarse para influir en mí», escribió en 1986, mientras formaba parte de la Comisión Presidencial que investigaba la catástrofe de la lanzadera espacial *Challenger*. Allí su improvisada demostración —al sumergir una arandela en un vaso de agua helada para demostrar que, contrariamente al testimonio de los expertos, las temperaturas frías en el lugar de lanzamiento aquella gélida mañana podrían haber hecho peligrosamente frágil la goma que sellaba los cohetes de la lanzadera— constituyó una de las grandes manifestaciones del siglo XX del poder del experimento científico. Feynman hacía hincapié en animar a los estudiantes a sentirse libres para seguir lo que más les interesara, sin preocuparse demasiado por las exigencias del currículum, las opiniones de sus mayores o la necesidad de conseguir un trabajo. Al escribir a un viejo amigo que le preguntaba si su hijo de quince años debería estudiar ingeniería o ciencias, Feynman le aconsejaba que «debe tener libertad para seguir sus preferencias». A otro estudiante, que más tarde sería un científico de la NASA, le aconsejó: «Trabaja duro para encontrar algo que te fascine». A una mujer que se quejaba de que había estudiado física de una manera relativamente aleatoria le respondió: «Tanto mejor ... estudia arduamente lo que más te interese de la forma más indisciplinada, irreverente y original posible».

En cuanto a la integridad, muchos científicos notables caen con el tiempo en el vicio de defender sus opiniones apelando a su estatus como autoridades reconocidas. (Einstein solía bromear diciendo que «Para castigarme por mi desprecio de la autoridad, el destino me hizo una autoridad».) Feynman eludió esa trampa. Aunque se convirtió en un conferenciante celebrado y una autoridad en varios campos de la física, siguió siendo un rebelde instintivo que simpatizaba más con los alumnos en el aula que con el sabio en el estrado. Prefería la claridad a la profundidad, las preguntas a las respuestas, la caza al trofeo en la pared. «No prestes atención a las autoridades», aconsejaba a un universitario de diecinueve años. «Piensa por ti mismo.» Cuando un alumno de Caltech preguntó al eminente cosmólogo Michael Turner cuál era su «preferencia» por una u otra partícula como candidata probable para constituir la materia oscura en el universo, Feynman dio un manotazo: «¿Por qué quieres saber su preferencia? ¡Elige tu propia preferencia!».

El precio por rechazar las respuesta fáciles y la dependencia de las autoridades es que uno debe estar dispuesto a tolerar la ambigüedad y a aceptar la propia ignorancia. Esto no molestaba a Feynman. «Puedo vivir con duda e incertidumbre», decía. «Creo que es mucho más interesante vivir sin saber que tener respuestas que podrían ser erróneas.» En una ocasión definió la ciencia como creencia en la ignorancia de los expertos.

Aunque afirmaba que era un «absoluto ignorante sobre política», Feynman fue uno de los pocos científicos de su generación (Carl Sagan hacia el final de su vida fue otro) en entender la importancia de la ciencia como promotora de la democracia y los derechos humanos. En 1963, ante una audiencia en Seattle, dijo que la necesidad de los científicos de investigar libremente el mundo mientras «tratan con la duda y la incertidumbre ... es de muy gran valor, [un valor que] se extiende más allá de las ciencias». Añadía:

> *Siento una responsabilidad como científico que conoce el gran valor de una filosofía satisfactoria de la ignorancia, y el progreso que tal filosofía hace posible, progreso que es fruto de la libertad de pensamiento ... proclamar el valor de esta libertad y enseñar que no hay que temer a la duda, sino que debe ser bienvenida como posibilidad de un nuevo potencial para los seres humanos. Si uno sabe que no está seguro, tiene una oportunidad para mejorar la situación. Quiero pedir esta libertad para las generaciones futuras.**

Durante la guerra fría, cuando muchas personas del mundo académico estaban seducidas por el marxismo, Feynman veía con lucidez que el conflicto no era «entre socialismo y capitalismo, sino más bien entre supresión de ideas e ideas libres». Al declinar una invitación para asistir en 1964 a una conferencia organizada por el Instituto Soviético para la Investigación Nuclear, escribió, «Me sentiría incómodo en una conferencia científica en un país cuyo gobierno no respeta la libertad de opinión de la ciencia, ni el valor de la objetividad, ni el deseo de muchos de sus ciudadanos científicos de visitar a científicos en otros países».

Además de ejercer la libertad y demostrar la integridad que uno espera de un científico de primera línea, Feynman comunicaba un entusiasmo contagioso que se transmitía a sus alumnos incluso si éstos no siempre podían entender la propia ciencia. Las celebradas Feynman Lectures on Physics *se mostraron a menudo demasiado difíciles para los alumnos de primer año de Caltech, a quienes iban dirigidas (muchos de los cuales pronto desertaron sigilosamente, y sus asientos fueron ocupados por miembros del claustro), pero las transcripciones que se hicieron siguen siendo hoy famosas, debido en parte al evidente deleite con que Feynman abordaba sus temas. La mayoría de los divulgadores intentan humanizar la ciencia vistiéndola con ropajes de poesía, arte o filosofía; Feynman prefe-*

* Este fragmento pertenece a la segunda de las tres conferencias *John Danz Lecture Series* de la Universidad de Washington, más tarde editadas como *The Meaning of It All* (edición castellana: *Qué significa todo esto*, Crítica, Barcelona, 1999). *(N. del t.)*

ría desnudar a la ciencia, presentándola con la bruta inmediatez de un animal salvaje captado en su hábitat natural. No se excusaba por reafirmarse en lo que él consideraba la superioridad de una aproximación científica para estudiar el mundo. «El experimento y la observación son los únicos y definitivos jueces para la verdad de una idea», escribió. «No vamos tras la filosofía, sino tras el comportamiento de los objetos reales ... Me gusta la ciencia porque cuando uno piensa en algo puede ponerlo a prueba mediante el experimento; "sí" o "no", dice la Naturaleza, y a partir de ello uno sigue avanzando. Otros saberes no tienen una forma igualmente segura de separar verdad de falsedad.» Poco interesado en construir puentes entre lo que C. P. Snow llamaba un hueco entre las «dos culturas» de la ciencia y las humanidades, Feynman mantenía, tenaz y controvertidamente, que sólo los científicos pueden apreciar plenamente la «intensa belleza» de la Naturaleza.

El estilo tosco de Feynman como profesor («No hablo un inglés que pueda escribirse») tenía mucho que ver con el hecho de que prefiriera pensar en voz alta antes que presentar los productos pulidos por una reflexión previa. En una ocasión le vi pronunciar una charla bastante desordenada —algo que tenía que ver con los condensados de Bose, si no me falla la memoria— durante la cual dio vueltas y más vueltas acechando a su presa antes de admitir finalmente la derrota. «He dado una conferencia sobre este tema cada cinco años», dijo, «pensando cada vez que si doy una conferencia más, conseguiré explicarlo», pero de nuevo había fracasado. Su disposición a seguir intentándolo, en público, me recordó el lema de Niels Bohr: «Nunca te expreses con más claridad que con la que piensas», y lo que Carl Friedrich von Weizsacker decía de Bohr: «He visto a un físico por primera vez. Sufre cuando piensa».

Su apasionamiento estaba acompañado por un gran sentido del humor enormemente autocrítico. Haciéndose eco del comentario de Groucho Marx: «Me niego a ser socio de cualquier club que me admitiera como miembro», Feynman se negaba a ir a una conferencia científica próxima basándose en que sus promotores habían rebajado el nivel al invitarle: «¿Para qué demonios está invitado Feynman? No está a la altura de los demás y, que yo sepa, no está haciendo nada. Si usted depura la lista de invitaciones, para dejar sólo a los que trabajan más arduamente, podría empezar a considerar mi asistencia». Se burlaba de los que eran bastante ingenuos para sorprenderse cuando cometía errores: «Metí la pata, y usted también metió la pata por creerme. Ambos tuvimos mala suerte». Frecuentemente se calificaba como un «loco», como hace varias veces en estas cartas.

Algunos consideran una forma de pedantería que uno de los más inteligentes y capaces hombres vivos se describiera habitualmente como perezoso, contradictorio y alocado, pero podría ser que Feynman estuviera reflejando simplemente lo que pensaba de la condición humana. Lo notable en los grandes logros en arte o ciencia no es que sus creadores sean perfectos, sino que tienen tantas limitaciones como el resto de nosotros; algo que Isaac Newton expresó de forma muy bella cuando se comparaba con un «niño jugando a la orilla del mar ... divirtién-

dome ahora y encontrando un canto más liso o una concha más bonita de lo normal, mientras el gran océano de la verdad yace inexplorado ante mí».

Consciente de sus propios defectos, Feynman podía ser admirablemente indulgente con los defectos de los demás: uno descubre en esta colección de cartas que con frecuencia se tomó la molestia de responder a científicos aficionados e incluso a «chiflados», siempre que pensara que sus preguntas tenían intenciones honestas. Típicamente encantadora es la carta que escribió en respuesta a una misiva de un tal Bernard Hanft, que incluía una arandela con un hilo cuyo giro espontáneo, proponía Hanft, era debido a una nueva fuerza que él, con poca modestia, llamaba «la Fuerza Hanft». Muchos científicos habrían enviado dicha carta al archivo circular, pero Feynman —reaccionando, quizá, al enfoque más serio y práctico de Hanft— realizó el experimento por sí mismo y respondió con una carta divertida que demostraba que el giro tenía una explicación más simple, y concluía con un saludo cortés: «Gracias de nuevo por llamar mi atención sobre este entretenido fenómeno».

Hay mucho encanto en estas cartas, además de amor, desgarro y fogonazos ocasionales de iluminación intelectual suficiente para recordarnos que su autor fue, después de todo, uno de los pensadores más importantes de su tiempo. Observando que el vasto universo descubierto por la ciencia tiende a empequeñecer las historias bíblicas en las que «Dios puede observar la lucha de los seres humanos por el bien y el mal», Feynman comenta: «El escenario es demasiado grande para el drama». En medio de una carta de 1976 al editor del California Tech, *en apoyo a una colega femenina que a pesar del rudo tratamiento por parte de la administración se mantuvo en sus trece y se convirtió en la primera profesora femenina permanente de Caltech, Feynman hace de repente una digresión para decir: «En física la verdad rara vez es perfectamente clara, y eso es justo lo que pasa universalmente en los asuntos humanos. Por ello, lo que no está rodeado de incertidumbre no puede ser la verdad».*

Hay estanterías que sufren bajo el peso de respetados tomos filosóficos que no contienen ninguna sentencia tan incisiva y original como ese seco aforismo: «Lo que no está rodeado de incertidumbre no puede ser la verdad». Además se suma a los principales componentes de la visión del mundo de Feynman: la búsqueda de la verdad entre un revoltijo de incertidumbre, por un investigador que nunca abandona la búsqueda ni pierde de vista sus dudas. Fue a ese espíritu, el espíritu de la ciencia, al que respondía el mundo admirando a Feynman, que será recordado mientras la ciencia avance.

TIMOTHY FERRIS

Introducción

Genio para usted, padre para mí: mi vida con Richard P. Feynman

Cuando era joven, pensaba que mi padre lo sabía todo. De hecho, la revista *Omni* le proclamó una vez «El hombre más inteligente del mundo». Al oír esto, su madre, que estaba inmensamente orgullosa de su hijo —y que tenía un gran sentido del humor— levantó las manos al cielo y exclamó: «Si Richard es el hombre más inteligente del mundo, ¡que Dios ayude al mundo!». Mi padre fue el primero en reírse.

Cuando crecí, empecé a ver solamente lo que mi padre no sabía, y pronto pensé que *yo* lo sabía todo. Él me hacía preguntas cuyas respuestas eran para mí completamente obvias, tales como: «Eh, Michelle, ¿dónde guardamos las cucharas?». Descubrí la verdad real cuando casi tenía veinte años: mi padre era un hombre sabio tremendamente vitalista y con gran aptitud para enseñar. Tenía ideas interesantes, y con frecuencia profundas, sobre la vida y el mundo, y daba gusto escucharle. Me puse a trabajar en este libro porque quería revisitarlo. Fue divertido pasar un tiempo con él de nuevo. Aunque no debería de haberme sorprendido, no podía haber imaginado que iba a seguir enseñándome cosas aún hoy.

Éstos son, de la forma más objetiva, los hechos básicos de su vida. Richard P. Feynman nació en la ciudad de Nueva York en 1918 y creció en Far Rockaway, Queens. Asistió al Instituto de Tecnología de Massachusetts como estudiante de licenciatura, y se doctoró en la Universidad de Princeton. En 1942 se casó con su novia del instituto de enseñanza media, Arline Greenbaum, pese a que ella estaba enferma de tuberculosis. Ese mismo año le pidieron a Richard que se uniese al Proyecto Manhattan; él aceptó y pasó a convertirse en un jefe de grupo en Los Álamos, Nuevo México. Arline murió en 1945. Después de la guerra, fue profesor de física teórica en la Universidad de Cornell en Ithaca, Nueva York. En 1950 se unió al claustro del Instituto de Tecnología de California, donde desempeñó el resto de su carrera. Contrajo matrimonio a finales de los cincuenta, pero duró poco, pues no funcionó. Se casó con mi madre, Gweneth Howarth, en 1960. Mi hermano Carl nació en 1962 y yo fui adoptada en 1968.

Aunque él siempre se mostró poco claro sobre el tema, su logro más conocido llegó en 1965, cuando recibió el premio Nobel de Física, que compartió con

Julian Schwinger y Shin'ichiro Tomonaga, por su trabajo independiente en electrodinámica cuántica. En 1986 estuvo de nuevo ante el ojo del público, esta vez trabajando en la Comisión que investigaba la explosión de la lanzadera espacial *Challenger*. Murió en 1988 tras una larga batalla contra el cáncer abdominal. No fue ninguna sorpresa para los que le queríamos que a sus honras fúnebres en Caltech asistieran miles de personas. En previsión de grandes multitudes, Caltech planificó un servicio fúnebre doble. Incluso con esta previsión, el auditorio quedó abarrotado rápidamente las dos veces.

Ha sido objeto de innumerables entrevistas, libros, artículos, algunas obras teatrales, varios documentales y una película. Se le buscaba no sólo por sus logros científicos, sino también por su curiosidad desmedida, su irresistible pasión por los rompecabezas y su amor a la vida en general. Era un aventurero que hizo una afición de la apertura de cajas fuertes mientras trabajaba en la bomba atómica, que tocaba los bongos para un ballet de San Francisco y que decidió aprender a dibujar ya cuarentón... y llegó a ser bastante bueno en ello.

Como resultado de la admiración que la gente ha sentido por mi padre, en mi camino me he encontrado con muchas personas interesantes y maravillosas, amistades queridas y extrañas ocasiones. Pero como sucede con cualquier privilegio, ser su heredera conlleva una importante responsabilidad. Mi hermano y yo tenemos que hacer frente a una gran demanda de todo lo que tiene que ver con Richard P. Feynman y nos esforzamos en equilibrar esa demanda manteniendo su legado de una manera rigurosa. Espero que este libro no sólo haga justicia al espíritu con el que él trabajaba, sino que también revele más sobre la personalidad que había tras sus muchas aptitudes.

Por muchas que sean las anécdotas que se han contado de Feynman a lo largo de los años, son las menos conocidas las que a mí me parecen más reveladoras. La historia del noviazgo de mis padres, por ejemplo, dice mucho sobre sus maneras inusuales. Mi madre era de Inglaterra, y cuando conoció a mi padre estaba viviendo en Suiza, intentando recorrer el mundo trabajando como *au pair*. Richard rápidamente la invitó a ir a América para trabajar a su servicio. Ella le dijo que lo pensaría. Él la volvió a ver al día siguiente y, temiendo que una mujer de veinticuatro años estuviera reticente ante una proposición hecha por un hombre de cuarenta, se disculpó por su impertinente sugerencia. Pero ella aceptó. Muchos meses más tarde, y con uno de los futuros colaboradores de mi padre en *The Feynman Lectures on Physics*, Matt Sands, como el necesario avalista de inmigración (el gobierno sospechaba naturalmente de los hombres solteros que traían a mujeres), mi madre vino.

Antes de su llegada, mi padre le había escrito: «Me las arreglo muy mal sin ti. Ven pronto». Cuando estaba ya aquí, mi madre cocinaba, limpiaba, y una vez que hubo obtenido el permiso de conducir, incluso llevaba a Caltech en coche a mi padre, que iba en el asiento de atrás. Aunque eran amigos, todavía no había romance; ambos se citaban con otras personas. Sin embargo, una bombilla se encendió en la cabeza de mi padre el día que la llevó a recoger un manual de estudio para el examen de conducir. Ellos se encontraban en la fila equivocada, y Gweneth terminó haciendo la prueba sin ninguna preparación. Lo impresionante es que aprobó. De repente se dio cuenta de que se estaba enamorando de ella y quiso hacerle una proposición. Entonces se censuró por ser demasiado impulsivo. Procedió a marcar un día en el calendario con algunos meses de adelanto, y pensó: «Si entonces sigo sintiendo lo mismo, se lo pediré». Llegada la noche antes del día fijado, no pudo soportar la espera y la tuvo levantada hasta medianoche. Se casaron pocos meses después.

El hogar en el que yo crecí era también poco común. Jugábamos a muchas cosas. Cuando íbamos de acampada recorríamos grandes distancias para situarnos en medio de ninguna parte. En cada bifurcación en el camino tomábamos la ruta que estaba en peores condiciones, la que parecía más interesante para nosotros. En las mañanas de domingo, mi padre solía renunciar a la lectura del periódico a cambio de una hora loca de música a volumen, a menudo discordante, tambores, y narración de historias con mi hermano y conmigo. Cuando le tocaba a él llevarnos en coche a la escuela, hacía ver que se había perdido o hacía como si se dirigiera a su trabajo en Caltech. «¡No, ése no es el camino!», gritábamos los niños. «Oh, muy bien. ¿Es éste el camino?», y de nuevo volvía a tomar la ruta equivocada. «¡Noooooo!», gritábamos con pánico, convencidos de que íbamos a llegar tarde (siempre llegábamos con el tiempo justo, por supuesto). De las muchas habilidades de mi padre, esa disposición a hacerse el loco —y hacerme pensar que estaba completamente impresionado por mi clarividente forma de pensar— era lo que conformó mi infancia más que cualquier otra cosa.

Durante muchos años simplemente no fui consciente de que mi padre poseía un intelecto supremo. De hecho, él mismo animaba a tratarlo con cierta irreverencia. La mayoría de las historias que nos contaba ilustraban su ineptitud. Nuestras conversaciones durante la cena estaban llenas de animados relatos sobre los errores que cometía durante el día: perder su jersey, olvidar algo terriblemente importante, conversar con personas y no recordar sus nombres. También hablaba de sus experiencias cuando viajaba, como la vez en que le disgustaba tanto el fantástico hotel donde se celebraba una conferencia a la que asistía que cogió su maleta y durmió fuera, en el bosque. «Oh, Richard», era la invariable frase de mi madre al otro extremo de la mesa. Pero él siempre se reía, y nosotros nos reíamos con él.

Ésta es la clave, en mi opinión, de su éxito como profesor. Aunque nunca condescendía cuando explicaba las cosas, tenía un sentido innato para reducir los problemas a una escala pequeña y comprensible. «De acuerdo, digamos que la Tierra es esta manzana», empezaba, sosteniendo una para ilustrar su argumentación. La simplicidad de ilustraciones que usaba hacía que lo hasta entonces incomprensible se captara más fácilmente. A comienzos de los sesenta, su amor por la enseñanza y su sentido del deber cívico le llevó a la Comisión del Plan de Estudios de California, en la que dedicó incontables horas a evaluar libros de texto de matemáticas para los estudiantes de enseñanza primaria. Ser premiado con la medalla Oersted en 1972 por sus contribuciones en la enseñanza de la física le proporcionó una enorme satisfacción. Diez años más tarde, los estudiantes asociados de Caltech le dieron un premio por la excelencia en la enseñanza, a lo que él respondió: «Es un placer ser honrado por hacer algo con lo que disfruto tanto».

Era un creyente acérrimo en la educación pública, pero invariablemente se sentía frustrado ante la burocracia y su pensamiento inflexible. Cuando yo estaba en el instituto, empezó a mostrarme atajos para hacer los deberes de matemáticas que diferían de los métodos del maestro. Como resultado, mi profesor de álgebra II me reprendió por no resolver el problema de la forma correcta. A mi padre esto le pareció ridículo, puesto que en cualquier caso yo había llegado a la respuesta correcta, y fue a la escuela a discutir la cuestión. El profesor no sabía quién era y le trató como a un idiota que trataba de complicarle la vida. Finalmente el profesor le acusó de no saber nada de matemáticas. Mi padre, que había estado mordiéndose la lengua durante todo el tiempo, finalmente no pudo aguantar más y dijo lo que pensaba. Al día siguiente me cambiaron a otra clase. Al año siguiente, resolver problemas sin utilizar los métodos prescritos tuvo consecuencias similares, y por ello terminé estudiando la materia en casa y haciendo los exámenes en la escuela.

Estos recuerdos y otros más empezaron a desbordarse hace no demasiado tiempo. Recuerdo que estaba leyendo algunas cartas de mi padre en 1990, poco después de la muerte de mi madre. Me impresionó especialmente una carta dirigida a una antigua secretaria en la que él se lamentaba de que todavía no era abuelo, que sus hijos eran lentos. Me di cuenta de que yo estaba en el instituto —en el undécimo grado— cuando él la escribió. Mientras me reía, se me ocurrió que sus cartas pudieran ser una lectura interesante algún día.

Pasaron catorce años, y en mayo de 2004 me puse manos a la obra cuando me enviaron copias de los Papeles Feynman de los Archivos de Caltech. Doce cajones llenos y miles de hojas de papel requerían mucho tiempo para examinarlos. La mayoría eran de carácter técnico: notas para conferencias y clases, correspondencia con colegas relativa a desarrollos en física, asistencia a conferencias y cosas así. Aproximadamente una tercera parte de los documentos no eran técnicos, y casi todos éstos estaban en forma de cartas. Otras cajas mucho tiempo almacenadas en el sótano de mi casa proporcionaron aún más información: recortes de periódico, fotografías, instantáneas familiares y muchas cartas de carácter más personal.

Quizá porque la mayoría de los libros de mi padre se habían hecho a partir de material oral —fueran conferencias o anécdotas— que luego eran editados, y puesto que él continuamente se quejaba de que no podía hablar de una forma «gramaticalmente correcta», no sabía qué podía esperar de su trabajo escrito. Sin embargo, cuando me sumergí en su correspondencia quedé completamente cautivada.

En estas cartas se muestra elocuente, ingenioso, considerado, humilde, divertido y encantador.

El hecho de que escribiera tantas cartas, tanto a científicos como a gente corriente, me sorprendió. Según Helen Tuck, su secretaria durante casi treinta años, cuando ella llegó a Caltech a mediados de los sesenta él estaba acostumbrado a responder su propio correo. Su mesa estaba normalmente cubierta de pilas de correo tanto abierto como sin abrir, y respondía la correspondencia cuando le apetecía, lo que, según Helen, no era muy a menudo. Al final le convenció para que la dejase clasificar el correo y responder luego a las cartas juntos, una idea que a él le gustó. Poco a poco ella aprendió qué cartas le interesarían y provocarían una respuesta.

Algunos de sus amigos se quedaron sorprendidos cuando les conté lo que había encontrado, pues entre la comunidad física mi padre tenía fama de no escribir cartas. ¿Por qué había dedicado tanto tiempo a la correspondencia con personas corrientes y no con sus colegas científicos? Cuando planteé esta cuestión a uno de los colegas de mi padre en Caltech, éste me dio la posible explicación de que mi padre era un hombre muy amable. Aunque eso era cierto, creo que la respuesta va más allá, y que tiene que ver con la gran vocación que mi padre sentía por la enseñanza.

En un artículo sobre educación que escribió para *Engineering and Science* de Caltech afirmaba: «El problema es el lenguaje claro. El deseo es tener la idea claramente comunicada a la otra persona». Estaba hablando entonces de libros de texto de matemáticas, pero creo que esta afirmación explica en parte por qué era un comunicador tan eficaz y prodigioso. Estas cartas son testimonio de su habilidad y deseo de ser plenamente comprendido, y, por supuesto, de su pasión y curiosidad por el mundo. Una vez más, sus propias palabras, esta vez de una carta a un joven estudiante que buscaba su consejo, lo explican mejor: «No puedes desarrollar tu personalidad sólo con la física, el resto de la vida debe entrar».

Puesto que seleccionaba las cartas que respondía, creo que esta colección representa lo mejor de todo lo que encontró a lo largo de su vida, así como sus respuestas más consideradas. Quedé incluso sorprendida y conmovida al encontrar una disculpa ante un profesor de álgebra de instituto al que había tardado mucho en contestar.

He decidido presentar estas cartas aproximadamente en orden cronológico, haciendo algunas excepciones en aras de la claridad y la continuidad. He mantenido las cartas junto con sus respuestas. La primera carta, escrita a su madre, data de 1939. Las cartas que escribió a su primera mujer, Arline, nos dejan ver lo que fue su vida mientras trabajaba en la bomba atómica, y hacen un retrato de un dulce y tierno romance juvenil. He agrupado una serie que concierne a ser miembro de la Academia Nacional de Ciencias, así como un montón de cartas escritas con ocasión del premio Nobel, pues aquí el tema tiene prioridad. El resto del libro está organizado para permitir una plena apreciación del arco de su vida.

Los libros que prefiero sobre mi padre, *Surely You're Joking Mr. Feuyman!*,* *What Do You Care What Other People Think*,** y *No ordinary genius* de Christopher Sykes, están basados en fuentes orales. En este libro sus cartas, escritas de su propia mano, hablan por sí mismas. Tomadas en conjunto, presentan su carácter de una manera como nunca antes se nos había mostrado. El acto de escribir una carta es más deliberado que la conversación y sugiere cierta confianza o intimidad. Pero aunque sus cartas están dirigidas a personas concretas, y conciernen tanto a cuestiones de importancia histórica como a sucesos privados de poca trascendencia, los temas de este libro son universales.

Después de leer cientos de cartas, descubrí una introducción adecuada en las notas que escribió para la breve charla con motivo del banquete Nobel. Quizá ésta es también su declaración más elocuente de la talla que alcanzaba en la mente de muchas personas. En estas palabras parece haber llegado a una tregua temporal con el reconocimiento y la fanfarria que en tantas ocasiones le molestaban, y expresa gratitud por la buena voluntad que le manifestaban. En su claridad, gracia, humor y optimismo radica quizá la mejor introducción posible a esta colección de cartas:

> El trabajo que he hecho ya ha sido adecuadamente recompensado y reconocido. La imaginación se esfuerza repetidamente tratando de alcanzar un nivel más alto de comprensión, hasta que de repente me encuentro momentáneamente solo ante un nuevo rincón donde se revelaba la belleza y la verdadera majestad de la Naturaleza. Ésa fue mi recompensa.
>
> Luego, tras haber forjado herramientas para tener un acceso más fácil al nuevo nivel, vi que estas herramientas eran utilizadas por otros hombres para aguzar su imaginación frente a otros misterios que hay más allá. Aquí están mis votos de reconocimiento.
>
> Luego llega el premio, y el diluvio de mensajes. Informes de padres que pasan excitadamente los periódicos a sus mujeres; de hijas que recorren la casa de arriba abajo llamando a los timbres de los vecinos para dar la noticia; gritos victorioso de «te lo dije» por parte de los que no tienen ningún conocimiento técnico, cuyas predicciones cumplidas se basaban sólo en la fe; de amigos, de parientes, de alumnos, de antiguos profesores, de colegas científicos, de completos extraños; recomendaciones formales, bromas estúpidas, fiestas, regalos; una multitud de mensajes en una multitud de formas.
>
> Pero en cada uno yo veía los mismos dos elementos comunes. En cada uno veía alegría; y veía afecto (ya ven ustedes, cualquier modestia que haya podido tener ha sido barrida por completo en los últimos días).
>
> El premio fue una señal para permitirles expresar, y a mí conocer, sus sentimientos. Cada alegría, aunque transitoria, repetida en tantos lugares equivale a una suma

* Hay traducción castellana: *¿Está Ud. de broma, Sr. Feynman?*, Alianza, Madrid, 1994 *(N. del t.)*

** Hay traducción castellana: *¿Qué te importa lo que piensen los demás?*, Alianza, Madrid, 1990. *(N. del t.)*

considerable de felicidades humanas. Y cada nota de afecto así repartida me ha permitido darme cuenta del profundo amor por mis amigos y conocidos, que nunca antes había sentido de forma tan punzante.

Por esto, doy las gracias a Alfred Nobel y a los muchos que trabajaron tan duro por realizar sus deseos de esta manera concreta.

Y así me disculpo ante vosotros, el pueblo sueco, con vuestros honores y vuestras trompetas y vuestro rey. Pues al fin lo entiendo, estas cosas llegan al corazón. Utilizadas por un pueblo sabio y pacífico pueden generar buenos sentimientos, incluso amor, entre los hombres, incluso en tierras muy alejadas de la vuestra. Por esta lección, gracias.

Nos enseñó a todos cómo mirar el mundo. Me enseñó a reír. Por ello y tantas cosas más, le doy las gracias.

MICHELLE FEYNMAN, 2004

1939-1942

Richard Feynman recibió su título de licenciado por el MIT en junio de 1939. Luego fue a la Universidad de Princeton para cursar estudios de doctorado (cuando mostró interés en permanecer en el MIT, el profesor Slater le aconsejó que no lo hiciera: «Deberías descubrir cómo es el resto del mundo»). En estas primeras cartas escribió a sus padres a Far Rockaway, Queens, acerca de sus primeras incursiones en la enseñanza y las circunstancias de la vida de estudiante: comida enlatada, falta de fondos y horarios irregulares.

Además de su dedicación a la física y, más tarde, al esfuerzo de la guerra, durante esa época tuvo una relación importante con una joven llamada Arline Greenbaum. Arline y Richard se casaron el 29 de junio de 1942, sólo dos semanas después de que él hubiese recibido su título de doctor.

Aparte de la voz juvenil que suena en estas primeras cartas, varias de ellas esbozan unos temas que tendrían eco a lo largo de la vida de Feynman. Revelan buen ojo para el detalle significativo, confianza en sus decisiones y una curiosa ambivalencia hacia el tiempo. Por ejemplo, aunque tenía cuidado en anotar la hora en que escribía o la hora en que se había ido a la cama la noche anterior, con frecuencia anotaba la fecha como «no sé qué» o simplemente la omitía.

El ascenso profesional de Feynman estaba empezando, y las cartas de este período están llenas de energía y entusiasmo. Su primer artículo publicado data de esta época, e incidentalmente, llegó en forma de una carta al *Physical Review*. Coescrito con el profesor del MIT Manuel S. Vallarta, el artículo examinaba la interferencia de las estrellas en la dispersión de los rayos cósmicos. Aunque en sí mismo no era de un gran interés, ya aparecían los procesos mentales que llegarían a caracterizar su obra y anticipaban sus grandes artículos de finales de los años cuarenta.

Richard P. Feynman a Lucille Feynman
11 de octubre de 1939

Richard tenía veintiún años y acababa de empezar sus estudios en Princeton, en New Jersey, a 110 kilómetros de su familia, que estaba en Nueva York.

Martes. Octubre. 1939

Querida mamá:

Me gusta mucho tu idea de venir a visitarme sola alguna vez. ¿Por qué no tomas simplemente un tren algún domingo por la mañana y yo iré a buscarte a la estación? No necesitas a papá; sólo tienes que preocuparte de si puede conseguir algo para comer en el restaurante, etc. No es que no quiera ver a papá —pero él se dejará caer solo en muchos viajes de negocios— así que puedes hacer una pequeña salida sin muchos gastos por ti misma; cualquier domingo que digas, siempre que yo sepa cuál para que pueda ir a buscarte. De hecho, si estás preocupada por los gastos déjamelo a mí. Será divertido.

La gabardina llegó bien. Es muy bonita. Creo que hoy se hacen gabardinas de forma muy estúpida: el fondo de los pantalones se queda empapado. Ahora que tengo la gabardina hace un calor infernal (perdona el lenguaje pero el infierno está condenadamente caliente, de modo que es «eso» y el sol brilla con fuerza).

El profesor Wheeler tuvo que ausentarse repentinamente la noche pasada, así que tuve que hacerme cargo de su curso de mecánica por este día. Pasé toda la noche preparándolo. Fue muy bonito. Fue una buena experiencia; supongo que algún día lo haré muy a menudo.

No ha sucedido nada destacado. Te contaré todo cuando esté en casa.

Te quiero.

R. P. Feynman

Richard P. Feynman a Lucille Feynman
noviembre de 1939

Lunes. Noviembre. No sé qué.

Querida mamá:

Por desgracia, la mejor noticia que escribir a casa ya la conoces. Arline vino a visitarme. Tuvimos un tiempo muy malo pero lo pasamos bien.

Tienes que venir a visitarme alguna vez, mamá. Tú me escribiste diciendo que querías hacerlo, y si te conozco un poco, y creo que sí, nunca llegarás a hacerlo a menos que siga insistiéndote. ¿Qué fecha te parece? Escribe en tu próxima carta qué fin de semana vas a venir *definitivamente*.

En la Biblioteca de Princeton, 1939.

Arline Greenbaum, c. 1939.

Mi vida académica mantiene su característica habitual de «no estar escrita para casa».

Sin embargo, la semana pasada las cosas iban saliendo con fluidez y de maravilla, pero ahora estoy tropezando con algunas dificultades matemáticas que debo superar o esquivar, o tendré que seguir un camino diferente. Esto me ocupa todo mi tiempo, pero me gusta mucho hacerlo y soy muy feliz. Nunca he pensado tanto y de forma tan continua en un problema, así que si no llego a ninguna parte me sentiré realmente muy molesto. Sin embargo, ya he llegado a alguna parte, bastante lejos, y para satisfacción del profesor Wheeler. Sin embargo, el problema no está terminado aunque empiezo a ver dónde está el final y cómo podríamos llegar (aunque las antes mencionadas dificultades matemáticas siguen aguardando). ¡ES DIVERTIDO!

Incluso si tu puerta está cerrada y con candado ahora sigo diciendo en serio que es divertido.

Di a papá que me he hecho un horario para distribuir eficientemente mi tiempo y lo seguiré de forma inflexible. Hay muchas horas en las que no he marcado qué hacer, sino que hago lo que creo que es más necesario en ese momento —o en lo que estoy más interesado—, ya se trate de un problema de W. o de leer Teoría Cinética de los Gases, etc.

Y cuando hables con papá, dale este problema sobre una DIVISIÓN LARGA. CADA UNO DE LOS PUNTOS REPRESENTA UN DÍGITO (CUALQUIER DÍGITO). CADA UNA DE LAS *A* REPRESENTA EL MISMO DÍGITO (por ejemplo, un 3). NINGUNO DE LOS PUNTOS SON IGUALES QUE LAS *A* (i.e., ningún punto puede ser un 3 si *A* es un 3).

Te quiero.

R. P. Feynman

Richard P. Feynman a Lucille Feynman
octubre de 1940

Octubre? 1940

Querida mamá:

Nunca he tardado tanto en escribir una carta. No sé por qué, pero no me decidía a hacerlo.

Muchas gracias por responder a mi telegrama. Me registraré el martes para votar (miércoles para la llamada a filas).

Putzie viene a visitarme mañana.*

Estoy asistiendo de oyente a un curso de fisiología (el estudio de los procesos vitales) en el Departamento de Biología. Es un curso de doctorado; no me había

* *Putzie* (que rima con *footsie* [«piececitos»]) era el apodo de Arline. *(N. del t.)*

Kinetic Theory of Gases, etc.

& While you're tutoring pop, give him this problem in LONG DIVISION. EACH OF THE DOTS REPRESENTS SOME DIGIT (ANY DIGIT). EACH OF THE A's REPRESENT THE SAME DIGIT (for example, a 3) NONE OF THE DOTS ARE THE SAME AS THE A (ie, no dot can be a 3 if A is 3).

```
              • • A •
         ______________
  • A • ) • • • • A • •
          • • A A
          ________
            • • • A
              • • A
            ________
              • • • •
              • A • •
              ________
                • • • •
                • • • •
                _______
                      0
```

Love.

R.P. Feynman.

dado cuenta de cuánto aprendí realmente leyendo sobre estas cosas durante mis vacaciones. No sé tanto ni mucho menos como los otros tres muchachos que siguen el curso, pero puedo entender y seguirlo todo fácilmente.

La noche que te fuiste tuve la visita de un colega y nos acabamos el budín de arroz y casi todas las uvas. Me acabé las uvas al día siguiente.

Hace unas cuantas noches dos matemáticos vinieron a visitarme. Comimos galletas y mantequilla de cacahuete y gelatina y zumo de piña. Tuve muchos problemas para abrir la lata porque no tenía un buen abridor.

Al día siguiente me regalaron un abrelatas de parte de los matemáticos. Un regalo práctico, supongo.

Anteayer por la noche vino un colega y tomamos té y galletas. Ahora puedo hervir agua muy bien porque compré un cazo con tapa.

Es muy divertido.

Bueno, será mejor que me ponga a trabajar.

Te quiero.

R. P. F.

Arline Greenbaum a Richard P. Feynman
3 de junio de 1941

Richard, cariño, te quiero quizá más de lo que pueda decirte, y quizá podamos encontrar un plan de vida aún más feliz. Aparte de mi felicidad debemos considerar la tuya, aún tenemos un poco más que aprender en este juego de la vida y el ajedrez, y no quiero que tengas que sacrificarte por mí. Mañana el doctor Treves va a verme y darme, según «Woody» (el doctor Woodwood) algunas noticias. Me pregunto si va a contarme esa historia sobre la «fiebre glandular» que tú decías que «Woody» pensaba contarme. Lo aceptaré pero Nan escribió y dijo que yo tenía derecho a acudir a otro doctor para verificar el diagnóstico y dejar que examine los cortes de la biopsia. Ella también me recomendó a una persona. Yo lo estudiaré antes de que vengas a casa este fin de semana y podríamos ir juntos a verle. Sé que debes estar trabajando muy duro tratando de publicar tu artículo y resolviendo otros problemas. Soy terriblemente feliz de que vayas a publicar algo. Me produce un placer muy especial que tu trabajo sea reconocido por su valor. Quiero que sigas y des realmente al mundo y a la ciencia todo lo que puedas. Si yo fuera un artista habría dado al arte todo lo que pudiera, pero todo lo que puedo hacer es dibujar un poco. Querido, te amo. Si recibes críticas, recuerda que todo el mundo ama de forma diferente, pero yo siempre haré lo mejor por ti. Tu felicidad es tan importante para mí como la mía es para ti. El problema al que nos enfrentamos confundió incluso a Aristóteles: «¿Cuál es el "bien" supremo del hombre?». Cariño, yo siempre te perteneceré y siempre te amaré, no importa dónde ni cuándo.

Soy tuya.

Putzie

Richard P. Feynman a Lucille Feynman
3 de marzo de 1942

Hay un recorte de papel de una carta de su madre pegado en la primera página de su respuesta. Dice:

Tú escribiste: tengo 60 $
Pago de la lavandería 18 + 2 $
Cuota de socio 13 + 3 $
Madre 10 $
Resto 19 $
¡Oh! ¡Richard! ¡Cómo has caído!
Yo hago 14 $
¡Ay de mí! ¿Quién va a cuadrar mi talonario de cheques?

Querida mamá:

Yo voy a cuadrar tu talonario de cheques.

Si miras con más cuidado mi última carta podrás ver que «tengo 60 $ pago 1. Lavandería 18 $ y 2 cuotas 13 $ y 3. Madre 10 $». El 2 y el 3 son números que se utilizan para enumerar los conceptos, y no quería decir que hubiera que sumarlos.

Llegó mi cuenta de 265 $. Pasé veinte minutos pensando cuál de mis certificados en la Caja Postal de Ahorros debería hacer efectivo para obtener el máximo interés. Puedo obtener un máximo de 53 centavos. Esto era interesante hasta que descubrí que si hacía lo peor, y obtenía el mínimo interés posible, eso serían 45 centavos. Creo que veinte minutos de mi tiempo deberían valer más de 4 centavos (Para disipar las críticas sobre mi habilidad para el cálculo debería decir de dónde salen los 4 centavos. Si no lo pensara en absoluto y lo hiciese al azar, en promedio sacaría un rendimiento a mitad de camino entre lo máximo posible (53 centavos) y lo mínimo (45 centavos), luego debería esperar que si lo hiciera sin pensar obtendría unos 49 centavos. Puesto que pensándolo obtengo 53 centavos, ahorro 4 centavos en promedio por pensar durante veinte minutos. Está en las leyes del azar que los 8 centavos se conviertan en 4 centavos).

Princeton me paga 10 centavos por pensar durante veinte minutos en una semana de 48 horas. (De acuerdo, 10 5/12 centavos, o pongamos que gana 10 centavos pensando en una semana de 50 horas.)

Ahora espero que tu pequeña puerta esté entreabierta.

No hay mucho más que decir, excepto la carta de papá que tú ya conoces y que respondí hoy.

Te quiero.
Richard

P. D. Te deseo un feliz aniversario y a Joan un feliz cumpleaños, por si luego me olvido.

Feynman, 1942.

Richard P. Feynman a Melville Feynman
5 de julio de 1942

Richard P. Feynman
Princeton Graduate College
Princeton, New Jersey

Querido papá:

Como sugeriste, pregunté al profesor Smith de qué modo mi matrimonio podría afectar a mi carrera. Dijo que lo único que se le ocurría es que posiblemente alguien pudiera no contratarme porque se imaginara que yo llevaba una carga demasiado pesada. Dijo, no obstante, que él intenta en lo posible mantenerse lejos de los asuntos privados de la gente y que para él no suponía ninguna diferencia, y que pensaba que probablemente no fuera muy diferente para los demás.

Entonces le señalé que yo estaría en contacto con una enferma de tuberculosis y que, por ello, podría pensar que no era una buena idea que yo diera clases, porque podría afectar a los estudiantes. Dijo que no pensaba en eso en absoluto pero que, puesto que él no sabía demasiado sobre la tuberculosis, llamaría al médico de la universidad, el doctor York.

Más tarde me dijo que había llamado al doctor York, y que el doctor York había dicho que mientras la chica estuviese en un sanatorio no había ningún peligro ni para mis alumnos ni para mí. Dijo que al doctor York le gustaría hablar conmigo. Hoy fui a hablar con él.

El doctor dijo que había oído que yo tenía un pequeño problema, y que le gustaría saber si yo estaba enterado de algunas cosas. En primer lugar me dijo que una de las cosas más importantes para un paciente de tuberculosis era estar libre de preocupaciones, etc., lo que él llamaba seguridad emocional. Le dije que yo era consciente de ello y que era una de las razones importantes para casarme, porque ella estaría mucho menos preocupada si estaba casada que tal como están las cosas ahora.

Luego me preguntó si yo sabía que sería muy malo para una enferma de tuberculosis quedarse embarazada. Le dije que sí, una vez más, y le conté que no ocurriría.

Él dijo que éstas eran las cosas más importantes que quería decirme y quería saber si yo había pensado en ellas, y también en que la tuberculosis no siempre es curable. Dijo que quería descubrir si yo era responsable y había pensado en estas cosas.

Luego discutimos sobre todo tipo de cosas: cómo lo estaba pasando Arline, cuánto tiempo llevaba así, etc. Hablamos de dónde ingresarla y me advirtió contra los establecimientos privados (excepto unos pocos como Saranac, que es demasiado caro). Me preguntó qué pensaban los padres y le dije que sus padres no veían ninguna objeción, pero que a los míos les preocupaba que me pudiera contagiar e indirectamente portar el germen y contagiar a otros, y que por esta y muchas otras razones no les gustaba la idea.

Él dijo que yo debería comprender que la tuberculosis es una enfermedad infecciosa pero no contagiosa (le pregunté qué entendía él por eso —la idea es que los gérmenes no flotan en el aire y no basta con estar en contacto—, etc. No entendí muy bien la diferencia; al parecer es una diferencia de grado). Dijo que yo tenía menos probabilidades de enfermar en el sanatorio cuando fuera a visitarla que cuando estuviera en la calle, porque en el sanatorio toman precauciones para quemar los esputos, pero en la calle la gente descuidada escupe sin más. Pienso que estaba exagerando, pero sigo creyendo que no deberías preocuparte por si el matrimonio me expone a mí y a mis amigos a un gran peligro.

Besos de
R. P. F.

Richard P. Feynman a Lucille Feynman
fecha desconocida, junio de 1942

La siguiente carta es una respuesta a otra de Lucille, la madre de Richard, en la que ella traza de manera cariñosa pero enérgica sus preocupaciones por la pretensión de Richard de casarse con Arline. Ella temía que la enfermedad de Arline comprometiera no sólo su propia salud sino también su carrera. Asimismo estaba preocupada por el coste elevado del tratamiento (oxígeno, especialistas, hospitalización y todo lo demás).

Lucille sugería que su deseo de casarse procedía de su deseo de agradar a alguien a quien él amaba («igual que acostumbrabas en ocasiones a comer espinacas para complacerme») y recomendaba que permanecieran «prometidos».

La respuesta de Richard llegó en el mismo papel con membrete que sus cartas anteriores, con el «Ph. D.» añadido en tinta después de su nombre.

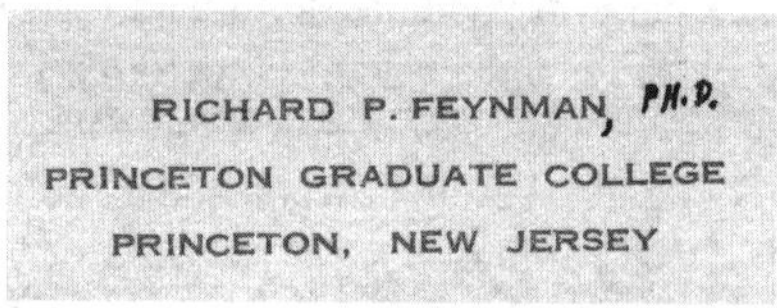
RICHARD P. FEYNMAN, PH.D.
PRINCETON GRADUATE COLLEGE
PRINCETON, NEW JERSEY

Querida mamá:

Realmente debería haberte respondido antes, pero he pasado las últimas noches trabajando en problemas de física. Ahora que estoy momentáneamente atascado aprovecharé el tiempo para escribirte.

Adjunto tu carta para que puedas recordar a qué punto es al que me refiero.

Con respecto a (1) y (2) fui a ver al profesor Smith a sugerencia de papá y al médico de la universidad. El doctor dijo que tengo menos probabilidades de pillar tuberculosis en el sanatorio cuando le visito que cuando voy andando por la calle. Creo que estaba exagerando (todo esto está detallado en una carta a papá, de modo que no quiero repetirlo aquí). Él dijo que la tuberculosis es infecciosa pero no contagiosa; no entendí la distinción que hacía, no obstante. Pregunta al doctor Sarrow. Dijo que en los sanatorios los pacientes tienen cuidado de sus esputos y los tapan con kleenex o algo, pero en la calle las personas son descuidadas y escupen, y cuando se secan los gérmenes quedan en el aire. Dijo que en un sanatorio los gérmenes no están flotando en el aire. Dijo que se habían descubierto muchas cosas sobre esto en los últimos veinticinco años, y en particular en los últimos diez años. Yo no sería ningún peligro para mis alumnos. El profesor Smith no ve ninguna objeción desde su punto de vista para contratarme si mi mujer está enferma.

(3) Si nadie puede hacer un presupuesto para la enfermedad, ¿cómo puedo yo ni siquiera tener suficiente para pagarlo? ¿Cuánto es suficiente? Habría que hacer

Graduación en Princeton, 16 de junio de 1942.

algunas suposiciones y yo supongo que tengo suficiente. ¿Cuánto *supondrías* tú que sería necesario?

(4) No me sentiría satisfecho si sigo estando prometido. Quiero la carga y la responsabilidad de estar casado.

(5) Realmente no fue difícil en absoluto. Aunque salí a comer mientras esperaba que alguien volviese al juzgado en Trenton, me sorprendí a mí mismo cantando, y entonces me di cuenta de que realmente era muy feliz preparando las cosas. Supongo que era el placer de preparar las cosas para nuestra vida en común —antes de que ella estuviera enferma solíamos hablar de lo divertido que sería ir llamando a los timbres de las puertas buscando un lugar para vivir—, supongo que era una idea parecida a ésta.

No tengo miedo de sus padres, y si ellos no confían en mí que lo digan ahora. Si se quejan después de mis errores, será demasiado tarde y no me molestará. Tienes razón sobre mi falta (4) de experiencia: no tengo respuesta a eso.

(6) El coste aquí es de nuevo una conjetura. Quiero suponer, sin embargo, que será suficiente. Si no lo es, estaré en dificultades, como tú sugieres.

(7) Ya he sido contratado en Princeton para el año próximo. Si debo ir a otro lugar, iré donde sea más conveniente.

(8) *Quiero* casarme. También quiero dar a alguien que amo lo que ella quiere, sobre todo porque al mismo tiempo estaré haciendo algo que yo quiero. No es en absoluto como comer espinacas (también malinterpretaste mis motivos cuando era un niño, yo no quería que tú te enfadases conmigo); no me gustaban las espinacas.

(9) Éste es el problema que estamos discutiendo; quiero decir, si el matrimonio es peor que el compromiso.

(10) Lamento sinceramente que ello te haga sentirte tan mal. Apuesto a que no será muy duro.

Por qué quiero casarme:

No es que quiera ser noble. *No* es que piense que es la única cosa correcta, honesta y decente que hacer, en estas circunstancias. *No* es que hiciera una promesa hace cinco años (en circunstancias completamente diferentes) y que no quiera «echarme atrás» ante la promesa. Eso son tonterías. Si en algún momento durante los cinco años hubiera pensado que era mejor no seguir con ello, con promesa o sin ella me habría «echado atrás» tan rápidamente que te hubieras mareado. No soy tan tonto como para atar toda mi vida futura por una promesa que hice en el pasado, en circunstancias diferentes.

La decisión de casarme es una decisión de ahora y no una tomada hace cinco años.

Quiero casarme con Arline porque la amo, lo que significa que quiero cuidar de ella. Eso es todo lo que hay. Quiero cuidar de ella.

Estoy ansioso por asumir responsabilidades y vivir incertidumbres de cuidar de la chica a quien amo.

No obstante, tengo otros deseos y objetivos en el mundo. Uno de ellos es contribuir a la física tanto como pueda. Para mí, eso es aún más importante que mi amor por Arline.

Por lo tanto, es especialmente una suerte el hecho de que, por lo que puedo ver (conjeturar), mi matrimonio interferirá muy poco, si es que lo hace, en el trabajo principal de mi vida. Estoy completamente seguro de que puedo hacer las dos cosas a la vez. Incluso es posible de que la felicidad subsiguiente al estar casados y el apoyo y simpatía constantes de mi mujer sean una ayuda en mi empresa; aunque, en realidad, en el pasado mi amor no ha afectado mucho a mi física, y no creo que realmente suponga una ayuda demasiado grande en el futuro.

Puesto que siento que puedo desarrollar mi tarea principal, y aún disfrutar del lujo de cuidar de alguien a quien amo, tengo la intención de casarme pronto.

¿Explica eso algo?

Tu hijo.

R. P. F. PH. D.

P. S. Debería haber señalado que sé que estoy corriendo riesgos al casarme y que quizá tropiece con todo tipo de problemas. Creo que las probabilidades de desastres mayores son suficientemente pequeñas, y la ganancia para mí y Putzie suficientemente grandes, de modo que vale la pena correr el riesgo. Por supuesto éste es precisamente el punto que estamos discutiendo —la magnitud del riesgo— así que no estoy diciendo otra cosa, sino que estoy afirmando que creo que es pequeño. Tú piensas que es grande y por eso estoy particularmente ansioso de que digas dónde creías tú que estaban los problemas, y tú me has señalado algunos que son nuevos para mí. Sigo pensando que vale la pena correr el riesgo, y el hecho de que discrepemos se debe a nuestras diferencias en formación, experiencia y punto de vista. Por favor, no temas que, si me explicas tu punto de vista, eso nos separe más; no tienes que preocuparte. Sólo espero que mi matrimonio, contra tu directa desaprobación y mejor juicio, no te aleje de mí, porque honestamente nuestros juicios difieren y yo creo que estás equivocada. Creo honestamente que nosotros (Arline y yo) estaremos mejor casados y nadie saldrá perjudicado por ello.

R. P. F.

Richard P. Feynman a Dan Robbins
24 de junio de 1942

El señor Robbins era compañero del club de estudiantes de Feynman. El proyecto del que se habla en esta carta era la primera fase de la carrera para construir la bomba atómica. Feynman había recibido una carta pocos días antes de los investigadores en la Universidad de Chicago, preguntándole si estaba interesado en lo que sólo podían describir como «trabajo de investigación y desarrollo en nuevos métodos de ataque y defensa militar». Prometían que este trabajo sería un factor crucial en la conclusión con éxito de la segunda guerra mundial. Feynman recordaba más tarde cómo el profesor Robert Wilson entró en su despacho en Princeton para animarle a sumarse al proyecto. Firmó poco después.

Querido Danny:

Recientemente escribí una carta a la fraternidad, y traté de verte en tu casa. Hablé con tu madre. Me dijo que ya estás trabajando en un proyecto de defensa en el MIT.

Quería escribirte sobre todo para reiterarte (¿cómo se deletrea?) personalmente la oferta de un trabajo con nuestro grupo en Princeton.

El dichoso problema es que no puedo entrar en detalles sobre los objetivos del trabajo y para qué te necesitamos. Es difícil para mí explicarlo o hacer que la ocasión parezca buena, excepto en términos generales, y por lo tanto (al menos para mí) en términos poco convincentes.

(Hasta ahora simplemente he copiado cosas de otra carta que te acababa de escribir pero que no envié porque te contaba demasiado sobre el trabajo e indirec-

Sr. y Sra. Feynman, 29 de junio de 1942.

tamente se podría haber deducido muy bien de qué se trataba. Espero no tener que escribirte de nuevo y no cometer más errores.)

Sólo puedo decir que encuentro el trabajo muy excitante, porque los resultados son de enorme importancia. Uno cree realmente que está luchando al lado del ejército y espera que pueda hacerse a tiempo; a tiempo significa antes de que lo haga el otro bando.

Estoy realizando la mayor parte del cálculo teórico. Trato de descubrir lo que sucedería en diversas condiciones y cuál es la mejor forma de construir esta parte o la otra. No sé si estabas más interesado en el trabajo teórico o en el experimental o en ambos, pero puedes sernos de utilidad y escucharemos todas tus ideas (porque necesitamos más ideas), sean las que sean. Te animo a venir.

No obstante, comprendo que tienes un gran problema a la hora de tomar una decisión porque ya estás trabajando en un proyecto de defensa. Yo diría que lo importante es hacer el trabajo que piensas que contribuirá más al esfuerzo de la guerra. Tu madre dijo que parecías cansado del ambiente en el MIT y que te gustaría más venir aquí. A mí me gustaría verte y trabajar contigo, aunque no creo que estas cuestiones personales tengan mucho peso. Lo realmente importante es tu utilidad. Haz que sea la máxima posible. Tu problema es difícil porque no puedo decirte qué tipo de trabajo hay aquí y tú no puedes decir dónde serás más útil, aquí o allí. Si estás interesado y crees que podrías hacer el cambio ventajosamente pero no estás seguro, podríamos pedir la opinión de alguien que conozca ambos trabajos; el que estás haciendo y éste.

¿Cómo va tu vida personal?

Dentro de unos días voy a casarme con Arline Greenbaum (también conocida como Putzie). Acabo de doctorarme. También acabo de obtener un puesto como profesor visitante asociado en la Universidad de Wisconsin durante un año, con permiso sin sueldo para hacer trabajo de guerra (suena estúpido pero la idea es que tendré el puesto si el trabajo de guerra se detiene).

¿Tendré noticias tuyas pronto?

Hermano R. P. Feynman

El señor Robbins no pudo aceptar esta oferta de trabajo, pues ya había aceptado un nombramiento en la Marina norteamericana.

Richard P. Feynman a Lucille Feynman
fecha desconocida, 1942

Dr. Richard P. Feynman
Palmer Physical Laboratories
Princeton, New Jersey

Querida mamá:

No te escribiré una carta muy larga pues no tengo tiempo. Putzie quería escribirte a ti y a su madre para decirte que la excuses por no haberte escrito esta semana porque se sentía mal. ¿Irás a ver a su madre y se lo dirás?

Pides una carta que hable de mí y lo que estoy haciendo. Hasta ahora todas las cartas son sobre eso precisamente, al menos qué obras veo, etc. Otras veces la vida es muy sencilla.

Esta semana ha sido inusual. Hay un problema especialmente importante que resolver en el proyecto, y es muy divertido y estoy trabajando mucho en ello. Me levanto a las 10.30 después de una buena noche de descanso y voy a trabajar hasta las 12.30 o 13.00 del día siguiente en que me vuelvo a la cama. Naturalmente me reservo dos horas para mis dos comidas. No desayuno sino que tomo un bocadillo de media noche antes de acostarme. Así ha sido durante cuatro o cinco días. Normalmente no trabajo tan duro: lo más habitual son siete horas y media u ocho horas al día.

La única diferencia entre un día y otro es que algunos días cuando voy a comer llevo mi ropa para lavar y otros días cuando vuelvo de comer recojo mi ropa de la lavandería.

¡Eh! ¿Qué es eso de Frances y las cuatro de la mañana?* Cuando yo llegaba tan tarde tú (o al menos papá, nunca pude recordar cuál de vosotros me gritaba por qué delito) solías decir que no veías cómo los padres de Arline le permitían llegar tan tarde, etc., etc. ¿No está Frances en parte a tu cargo cuando viene de visita de Nueva York? Quizá no debería recordártelo o Frances se enfadará.

Mooseface es la siguiente, y la espero cuando entra al amanecer todos los días.** Pero no se le puede llamar la atención. Todo se puede atribuir a su interés por la astronomía. Tendría que acostumbrarse a permanecer levantada toda la noche porque hay muy pocas estrellas visibles durante el día. ¡Vaya!, espera a que te conviertas en una Enfermera de Noche de la Cruz Roja o Asistenta Nocturna o lo que sea; entonces el único que verá el verde de los árboles, etc., por el día será papá, cuando llegue a casa tras un sábado de descanso. Probablemente se irá a dormir en la playa en cualquier caso.

Será mejor que lo deje, es la 1.45.
Amor para Todos

* Frances Lewine, prima de Richard.

** Mooseface («Cara de alce») o Moose, era el apodo con que llamaba Richard a su hermana Joan.

1943-1945

Tras muchos meses de trabajo preliminar en varias instituciones, a principios de 1943 los esfuerzos de J. Robert Oppenheimer para consolidar el Proyecto Manhattan empezaron a tomar forma. Feynman, que entonces sólo tenía veinticuatro años, comenzó a hacer planes para establecerse en Los Álamos, Nuevo México, junto con la primera oleada de físicos procedentes de Princeton. Llegaron a una instalación inacabada en una alta mesa, y a Feynman, que nunca había viajado mucho, el emplazamiento le pareció espectacular.

En estas cartas desde Los Álamos describe el paisaje circundante con una maravillosa frescura y claridad. Sus cartas a Arline, enviadas casi a diario, constituyen de hecho un diario de su experiencia allí, y aunque se da cuenta de las diversas actividades que acomete (abrir cajas fuertes, dar a las grandes mentes de Los Álamos una demostración de «algunas propiedades interesantes de los números» y demostrar al vigilante nocturno que la valla estaba llena de agujeros), la impresión es la de un joven serio que trabaja arduamente. Escribiendo desde su cama en un sanatorio de Albunquerque, Arline era también una fiel corresponsal, aunque su correspondencia disminuyó a medida que su enfermedad se agravaba.

Richard P. Feynman a J. H. Stevenson
5 de marzo de 1943

Sr. J. H. Stevenson
Universidad de California
Berkeley, California

Estimado amigo:

En su «primer memorándum» usted plantea que las cuestiones concernientes a las condiciones de traslado y de vida esperen hasta que recibamos el segundo memorándum. Sin embargo, no disponemos de mucho tiempo, y su carta no se espera hasta dentro de varios días. Estoy seguro de que su carta no contendrá la respuesta a mi pregunta de modo que me tomo la libertad de escribirle ahora.

Mi mujer padece tuberculosis pulmonar, y por ello es necesario que permanezca en cama. Esto nos causó al profesor Oppenheimer y a mí mismo cierta preocupación cuando estábamos decidiendo si yo podría venir aquí o no, pero el profesor Oppenheimer pensó finalmente que casi con seguridad podría disponerse alguna manera de cuidar de ella.

Al parecer hay dos posibilidades: (a) Ella podría quedarse en el hospital del centro. No ha estado recibiendo ningún tratamiento especial, excepto reposo en cama, y no se necesita ningún equipamiento especial, excepto que debería ser posible que fuera examinada por rayos X de vez en cuando, supongo. (b) Podría quedar acomodada en algún sanatorio próximo. En ese caso yo querría poder dejar el centro al menos una vez por semana.

Naturalmente no me gustaría desplazarme con ella hasta que sepa si ella va a venir y que se cuenta con que venga. Por otra parte quiero salir más o menos al mismo tiempo que el resto del grupo de Princeton, si es posible.

Mi mujer y yo preferiríamos que ella se quedase en el centro (opción (a) anterior), y esperamos que pueda arreglarse de esta manera. No hay ningún problema financiero en ningún caso.

Atentamente,
Richard P. Feynman

Richard P. Feynman a J. H. Stevenson
15 de marzo de 1943

El señor Stevenson respondió sugiriendo tres lugares donde Arline podría quedarse: (1) Un pequeño hospital a 50 kilómetros del lugar; (2) Un sanatorio en Albuquerque a 160 kilómetros del lugar, o (3) un rancho de vacaciones a 30 kilómetros del lugar. Puesto que la construcción todavía estaba en curso, él animaba a Arline a permanecer fuera del lugar hasta finales del verano.

Concluía: «Escribo esto con detalle para asegurarle que su mujer estará cómoda y bien atendida en algún punto no demasiado lejano del lugar. No hay problema en que usted la visite cada semana».

Dr. J. H. Stevenson
Universidad de California
Berkeley, California

Estimado doctor Stevenson:

Muchas gracias por su carta del 10 de marzo, concerniente a los posibles acomodos de mi mujer. A ambos nos gusta la posibilidad que usted describe y estamos ansiosos de ir allí.

Puesto que la enfermedad de la señora Feynman es activa, el rancho de vacaciones es imposible (como lo es, de hecho, cualquier otro lugar donde no haya un médico). Cualquiera de las otras dos posibilidades suena muy bien.

Se me ocurrió que podríamos ahorrar tiempo, problemas y dinero de la siguiente manera. Cuando vaya al lugar de trabajo podría llevar conmigo a mi mujer para que se quedase en uno de los lugares que usted menciona. Yo podría ver entonces si hay un lugar mejor. Si encontramos uno que nos guste más, podríamos trasladar a mi mujer. No será difícil para ella trasladarse para una distancia corta como 80 kilómetros.

Si usted no cree que este plan sea prudente, hágamelo saber, e iré solo como usted sugirió al principio.

Por lo demás, ¿cree que podría hacer el arreglo por nosotros? Saldremos en «el Jefe», de la línea de Chicago a Santa Fe a las 12.01 del martes 30 de marzo. ¿Podría usted decirnos qué estación es la mejor para bajar y cómo vamos desde allí al hospital (podríamos ir en automóvil, taxi, tren, ambulancia, camión, etc.; pero, preferiblemente, no en autobús)? Si es necesario hacer un depósito en el hospital, puedo enviárselo. Si usted no puede encontrar un lugar donde la acepten temporalmente, podría, si fuera necesario, garantizar que ella se quedará durante dos meses.

Creo que la señora Olum le podría ayudar, si usted quiere.* Sin embargo, si usted no puede hacer los arreglos por alguna razón, puedo ir solo, como usted ha sugerido.

Espero no estar causando demasiadas molestias. Mi mujer y yo le agradecemos mucho lo que ya ha hecho.

Atentamente,
R. P. Feynman

Arline Feynman a Richard P. Feynman
26 de marzo de 1943

Tres días más

Queridísimo Rich, cariño, si supieras qué feliz me has hecho con este viaje en tren juntos, es todo lo que queríamos y soñábamos desde que nos casamos. Significará mucho para ambos, te adoro, cariño, quiero ser todo lo que una mujer debería ser para el marido a quien ama. Ahora tengo una oportunidad, pero el futuro guarda aún más promesas, cuando tengamos nuestro propio hogar y nuestra familia. Vale la pena esperar y luchar por ello. Cariño, te veré mañana y sé que será difícil reprimir estas emociones, cuando sólo falta un día. Estoy emocionada y fe-

* La mujer de Paul Olum, amigo de Richard y también un antiguo ayudante de John Wheeler en Princeton.

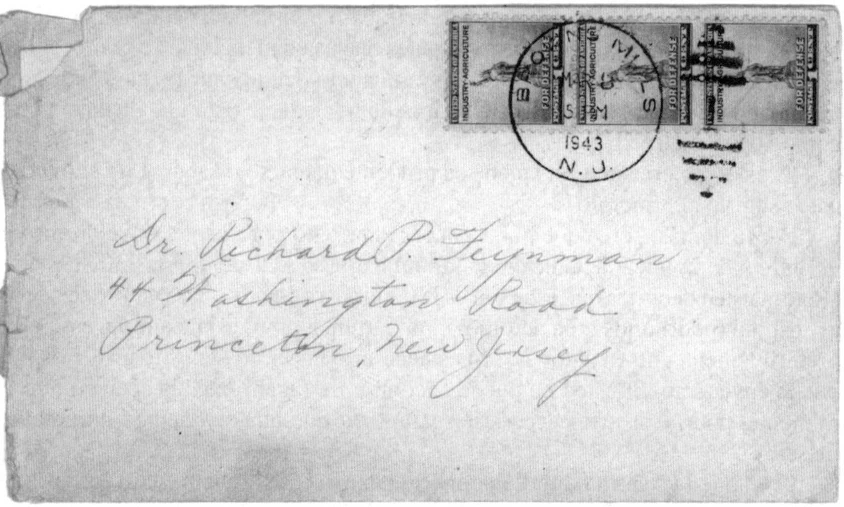
FOR DEFENSE
1943
N. J.
Dr. Richard P. Feynman
44 Washington Road
Princeton, New Jersey

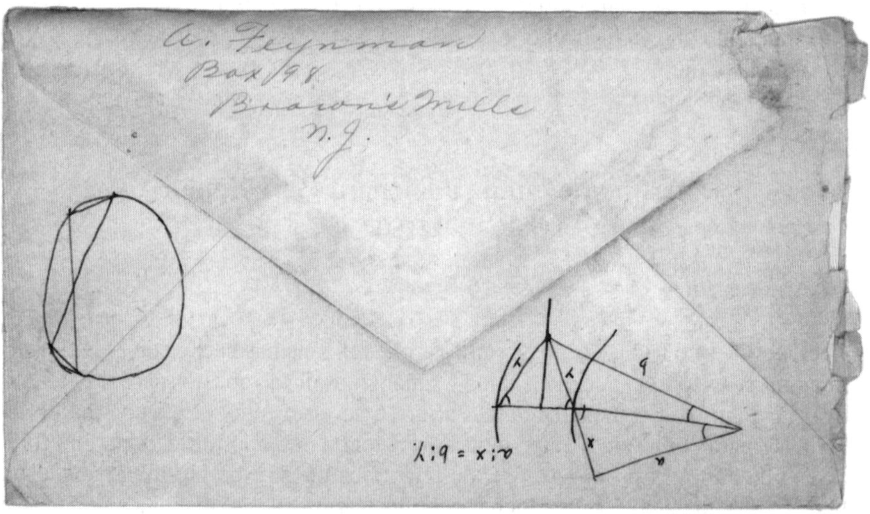
A. Feynman
Box 98
Brown's Mills
N. J.

liz y estallando de alegría, pienso, como, y duermo «contigo», nuestra vida, nuestro amor, nuestro matrimonio, el gran futuro que estamos construyendo. Cada día que vivimos cuenta, todo lo que hacemos y decimos y pensamos. Quiero estar siempre cerca de ti, tesoro, ser una parte de todos tus pensamientos, deseos y ambiciones. Tú estás cerca de mí, y más; vivo para ti y para el día en que podamos tener a «Donald», y todas las demás pequeñas cosas que hemos planeado hacer juntos, colgar cortinas y acampar en una tienda, organizar «tés» para tus alumnos, una partida de ajedrez junto a nuestra chimenea en invierno, duchas en verano y las mañanas del domingo en la cama leyendo cosas divertidas. Cariño, podría seguir sin parar, nos queda mucho por compartir y explorar juntos. Quiero estar allí cada momento, e incluso entonces, contigo, será demasiado corto.

Cariño, ¡cómo puedo demostrarte lo mucho que significas para mí cuando estamos a kilómetros de distancia! ¡Ojalá mañana llegase pronto! Quiero sentir tu mejilla caliente cerca de la mía y tu tierno abrazo, tu proximidad me llena de alegría. Te amo, cariño, en cuerpo y alma, añoro estar cerca de ti otra vez, como lo hemos estado en el pasado; pero ahora nuestro amor y nuestra vida son más ricos, realmente nos pertenecemos el uno al otro. Para que lo sepa todo el mundo, estoy orgullosa de ti y feliz de ser tu mujer, eres un maravilloso marido y amante. Tengo muy buenos recuerdos, pero pronto podemos vivir en el presente, juntos, incluso si es breve.

Cariño, tengo el presentimiento de que no tendremos que vivir de recuerdos. Creo realmente (y haré que así sea) que pronto tendremos nuestro hogar. Podemos hacer todo lo que realmente se propongan nuestros corazones y nuestras mentes. Hagamos juntos un nuevo y gigantesco esfuerzo, o simplemente continuemos el que acabamos de empezar. No puedo empujar sola, querido, te necesito detrás de mí, animándome, porque tú eres la única razón que tengo para actuar, ¡debo estar enamorada!

Ven pronto. Te necesito y te deseo.

Tu adorada y adoradora mujer y tesoro

Putzie, que te ama mucho, y todo lo demás.

Richard P. Feynman a Lucille Feynman
24 de junio de 1943

Esta carta es la primera escrita desde Los Álamos.

Querida mamá:

Estos últimos días he estado enfermo en cama. Ahora estoy levantado y voy a trabajar. Pillé un constipado y pensé que, puesto que un largo catarro debilita la resistencia y tengo que mantenerme en condiciones óptimas, tenía que quedarme en la cama hasta que se me pasase, rápidamente, y eso es lo que hice. Mientras estaba curándome del catarro mis siempre presentes problemas gastronómicos se ampliaron hasta que me hice consciente de la existencia de mi estómago, así que me quedé en la cama un poco más, y todavía no me he curado, pero en cualquier caso voy a trabajar. Estoy un poco cansado así que me siento mientras resuelvo ecuaciones en lugar de hacer piruetas. Cuando me levanté (estuve tres días y medio en la cama) descubrí que el cincuenta por ciento de la gente estaba atacada con algún tipo de disentería por culpa del suministro de agua. ¡Y yo había estado bebiendo toneladas de agua a causa de mi catarro! De modo que eso explica que haya estado enfermo de dos cosas a la vez.

Fue divertido, precisamente como siempre quise, estaba enfermo y la gente me traía comida y venía a visitarme, y yo estaba cómodamente en la cama y tenía una radio (la de Putzie: me la había traído para arreglarla) y leí un libro que compré sobre ingeniería química desde «Transporte de fluidos» a «Destilación». Era muy interesante y ahora soy un ingeniero químico convencido. Tuve un montón de visitas que me trajeron cosas entre las que había tres naranjas, una manzana, pastas, gelatina, una jarra para agua, chocolate, *Reader's Digest*, libros, noticias sobre lo que pasa en el laboratorio, etc., etc. Es divertido, todas las chicas que vinieron a visitarme traían cosas, pero ninguno de los colegas lo hizo.

Recibí tus ciruelas durante este tiempo. Puesto que no estaba en el mejor momento, gastronómicamente hablando, he evitado comerlas. Cuando me reponga un poco por dentro y mis intestinos estén más dispuestos a asumir sus responsabilidades en lugar de tomar una actitud despreocupada, me las comeré (las ciruelas, quiero decir).

He hecho varios viajes y escaladas por los cañones pero no hay nada especial que contar.

Estuve pensando un poco sobre papá y el hecho de que estuviese enfermo y viajando por todo el país. Tú decías que te gustaría que se jubilara y me contaste todo el problema, excepto los detalles de cuánto has ahorrado, etc., y cuánto os quedaría si se jubilara.

Tuve una idea, que no es simplemente un producto de mi amor por este país. Tenemos aquí un departamento de compras que tiene varios defectos (uno de los cuales es el encargado) y me parece, aunque no sé mucho de ello, que les gustaría mucho tener a alguien como papá. A él también le gustaría, estoy seguro. No tendría que viajar, o en todo caso viajar muy poco, pues todos los negocios se hacen por teléfono y teletipo. Estaría parcialmente fuera de la vorágine del mundo de los negocios y estaría entre académicos en gran medida, de lo que estoy seguro que disfrutaría. Por otra parte, no todo es un chollo. Comprar estos días es muy difícil, y todos aquí pierden el culo para conseguir sus cosas. Algunas cosas le resultarán poco familiares, pero eso no sería problema. Tendrá también sus inconvenientes, pero será un puesto importante en nuestro proyecto y aventura científica y estará contribuyendo más que yo a ganar la guerra ¿Qué piensa él? De todas formas no estoy seguro de la disponibilidad del puesto.

R. P. F.

Richard P. Feynman a Lucille Feynman
27 de octubre de 1943

Los gestores del proyecto confiaban en mantener en secreto la localización exacta del mismo, y por ello no se dio dirección de correo a la instalación de Los Álamos. Arline encargó inmediatamente papel de escribir con la críptica dirección de la oficina de Correos de Santa Fe utilizada por todos los que estaban en el lugar.

Dr. Richard P. Feynman
Apartado 1663
Santa Fe, Nuevo México

Querida mamá:

Recibí un paquete tuyo con lo que, según tu carta, eran dulces. Todavía no lo he abierto pero como la caja es pequeña me ha intrigado y lo abriré en mi habitación, mejor que en mi despacho. Gracias pero no los merezco porque hace mucho tiempo que no te he escrito.

A ti, que eres una especialista en dietética, podría interesarte la siguiente historia. En *Science* (la publicación de la Asociación Americana para el Avance de eso) había un artículo que decía que los rusos descubrieron que las agujas de pino son una buena fuente de ácido ascórbico (vitamina C-anti escorbuto). Luego seguía toda una serie de artículos para demostrar que los rusos no fueron los primeros. Uno de ellos decía que en 1563 un francés cuyo ejército estaba muriendo de escorbuto pidió consejo a los indios y ellos le dijeron que preparase un té de agujas de pino y los hombres lo hicieron, utilizando un árbol entero para el ejército, y todos mejoraron. Algunos años más tarde otro ejército tuvo problemas pero todos los indios se habían ido y otra tribu se había instalado ahí y no pudieron descubrir de qué árbol se trataba. Otro artículo hablaba de un tipo en mil setecientos y algo que contaba que los marineros tomaban agujas de pino en los viajes transoceánicos y había historias sobre tipos que más recientemente (mil ochocientos y algo) se comportaban de forma científica, haciendo el té, describiendo y probándolo. En resumen, los rusos llegaron tarde con su té de agujas de pino.

Así que, por supuesto, yo tenía que hacer té de agujas de pino. Lo hice mientras visitaba a Putzie el domingo, no es que estuviéramos faltos de vitamina C (ácido ascórbico), sino que se había despertado mi curiosidad. Resultado: bueno. No demasiado maravilloso, ni demasiado malo. Más o menos tan bueno como un té normal, pero diferente. Se aplastan las agujas de pino, se ponen en agua hirviendo y se dejan un rato. Servir caliente, o con hielo y limón. Barato. El hecho notable es que sabe a agujas de pino.

R. P. F.

Arline, Richard y Snugglebun con su primer árbol de Navidad, diciembre de 1943.

Arline Feynman a Richard P. Feynman
23 de noviembre de 1943

Martes noche.

Mi querido marido, fue maravilloso pasear hoy contigo, siempre será así, cariño. Me alegro que te encontrases un poco solo sin mí y Snuggle,* eso hace que estar juntos parezca de algún modo más dulce. Yo también me sentía sola sin ti, y por eso cuando llegaste era el cielo, y yo flotaba en una nube, pero realmente eran tus brazos, que me rodeaban, y tú, que me hablabas. Te quiero tanto, tesoro, supongo que compartimos el mismo sentimiento así que no tengo que intentar describírtelo. Lo siento con más fuerza cuando estamos cerca, descansando, con mi cabeza apoyada en tu hombro, me hace llorar (cómo he llorado hoy). Parece demasiado bueno, demasiada felicidad que tú seas un marido tan bueno y amable, eres paciente y comprensivo y por eso muy bueno para calmarme. Ahora estoy sonriendo y se me han escapado dos grandes lágrimas, así que sabes que soy feliz. Podría hablar sin parar de tu cariño incesante, todo en ti parece extraespecial y bueno para mí, tus piernas son fuertes y musculosas, y eres alto y puedes llegar y abrir esa ventana de arriba (por encima de la puerta) sin subirte a una silla, llegas con facilidad. Luego está la voz de bebé que utilizas a veces cuando me quieres,

* Se refiere a un elefante de peluche, que aparece en la fotografía. *(N. del t.)*

me gusta todo, las cosas importantes y las tontas, me gusta que te encuentres un poco solo sin mí y me gusta también que mi enfermedad no te deprima. Eres fuerte y me haces fuerte a mí, eres maravilloso por todos lados, mi querido marido. Te quiero mucho, pero es bonito ver que te apoyas en mí sólo un poco (me pides que cuide de ti y veo que vas al doctor, etc.). Me siento necesaria y me gusta poder ayudarte, no hay que ser demasiado fuerte o demasiado independiente, échame de menos un poco, de vez en cuando, me encanta. Te adoro.

Tu mujer siempre,
Putzie

Richard P. Feynman a Lucille Feynman
10 de diciembre de 1943

Querida mamá:

Acabamos de tener una nevada bastante fuerte. Todo parece brillar en la nieve. Hay montañas blancas alrededor: al oeste hay montañas pequeñas a unos 13 o 16 kilómetros; al este hay montañas grandes (*e.g.*, las Truchas, que tratamos de escalar) a más de 48 kilómetros. La noche pasada las cosas se veían muy bien a la luz de la luna. Las nubes estaban bajas y rozaban la cima de las montañas al oeste, y se podían ver las montañas del este atravesándolas; se podían ver montañas por encima y por debajo de las nubes. Todo estaba iluminado por la luz de la luna difusa que atravesaba las nubes. Por todas partes había luces en las casas o alguna luz en una calle apartada. Parecía mucho mejor que una postal de Navidad. Ya ves que estoy adquiriendo un sentido estético.

Pronto tendremos nuevas elecciones para el consejo de la ciudad. Espero evitar —e intentaré evitar— que sea reelegido. Fue una buena experiencia, etc., mientras duró, pero lleva mucho tiempo y da problemas, y creo que le toca a otro asumir la tarea.

Putzie se está preparando para navidades y tiene todo tipo de cosas: una gran caja llena de objetos de todo tipo. Decoraciones para árbol, regalos, etc. No sé de dónde saca todo —no le he dado mucho dinero—, pobre. Según los planes, al menos, tendremos un árbol de Navidad completamente decorado con luces y objetos. Lo pasamos bien en Navidad.

Tengo que ir de compras este fin de semana, según órdenes del jefe.

Por favor, no des mi dirección a nadie. Aquí viven capitanes del ejército (incluso comandantes) que no saben lo que estamos haciendo. Se supone que no veo a nadie. Me gustaría ver a Stappler cuando venga y trataré de obtener por todos los medios permiso para verle, y quizá lo consiga; pero no des a la gente mi dirección porque tendría que decepcionarles.

AMOR.
RICH

Richard P. Feynman a Lucille Feynman
7 de febrero de 1944

Lunes

Querida mamá:

He instaurado un nuevo sistema. Estaba derrapando en esa rutina del martes, de modo que ahora lo haré el lunes. El lunes entre la cena y la reunión del consejo tengo casi una hora (la de esta semana ya se ha quedado en la mitad por otros asuntos) que utilizaré para escribir.

Me has preguntado dos veces por Arline. No te respondí la última vez porque estaba esperando a ver al doctor. No pude verle el domingo y no quiero esperar de nuevo. La situación es:

1. Su expectoración se ha reducido notablemente —unas tres veces al día— de modo que se le está retirando la codeína.
2. Está ganando peso —aunque no uniformemente, pero aproximadamente uno o uno y medio por semana en promedio— algunas semanas ninguna, otras dos, etc.
3. Se siente bien en general —come bastante bien—, digiere todo bien, etc.
4. Su velocidad de sedimentación (una velocidad alta indica infección) que solía ser 18 en N.J es ahora 23. (La escala va hasta 27, 7 es normal.)
5. El test de esputo (uno alto significa muchos gérmenes) que solía ser X es ahora I (la escala va de I a X —menos de I significa que no hay gérmenes— denominada negativa).
6. No se ha hecho un examen de rayos X recientemente.
7. La temperatura ha sido esencialmente normal durante un mes. No sé cómo ha sido el pulso.

Excepto 4 todo está mejor. El test 5 no es fiable; no obstante, tendrá que ser asumido, tomando muestras durante todo el día en lugar de sólo una vez. Hablaré con el doctor para ver qué dice. Por lo que me cuenta Putzie, él no entiende 4 pero no lo toma en serio, y en general cree que ella ha mejorado. Le veré el domingo.

El hecho de que haya estado aquí la señora G.* quizá haya tenido que ver con ello pero probablemente no es toda la historia porque la mejora empezó antes de la llegada de la señora G., y además la última vez que ella estuvo aquí Putzie estaba empeorando y estaba muy mal cuando se fue. Quizá el aumento de peso se debió a que ella cocina comidas muy buenas; creo que el aumento continuará.

La tuberculosis tiene sus subidas y sus bajadas, no obstante, y no hay que desanimarse cuando empeora —ni habría que animarse necesariamente cuando mejora—. Paciencia. (Ya ves que siempre me envidiabas cuando yo no me apenaba ni me abatía por las desgracias, pero por otra parte tampoco doy saltos de alegría cuando las cosas parecen cambiar a mejor. No me malinterpretes: no estoy triste,

* La señora Greenbaum, madre de Arline.

Feynman, 1944.

es sólo que no estoy exageradamente feliz. Lo estaré, no obstante, si esto se mantiene de forma permanente.)

Bueno, lo lamento pero se desaconseja que venga gente aquí a ver a otras personas. Obtuve un permiso especial para ir a Albuquerque mientras la señora G. estaba allí. Habría tenido problemas para verte si hubieras venido porque no se podría alegar fácilmente que venías fundamentalmente a ver a Arline y que eso no era asunto de ellos. Por supuesto, puedes hacerlo, pero no creo que yo pudiera verte. Es duro y te echo de menos. Tendremos que esperar al final de las «hostilidades».

Adiós.

R. P. F.

Richard P. Feynman a Lucille Feynman
29 de febrero de 1944

Querida mamá:

No te sientas tan mal por tu mecanografía. Es buena y mejora continuamente. Habría que tener cuidado con ciertos errores, como bixxard en lugar de buzzard.* Me dejaste casi conmocionado durante un tiempo. Ahora está muy bien. Dentro de poco, cuando lo hagas un poco mejor, deberías empezar la práctica de corregir cada error donde lo cometes, con una goma de borrar, etc. Es mucho más lento, pero es la única forma de completar la tarea.

No he trabajado en los códigos de papá durante la semana pasada de modo que no hay ninguna noticia sobre eso.

En lugar de ello, el jueves pasado di una breve charla. Tenemos aquí un club de matemáticas que se reúne una vez cada dos semanas. Tuve que dar la segunda charla de la serie. Mi tema era «Algunas propiedades interesantes de los números». Todo trataba de aritmética —y de nada más difícil—, sólo aritmética. Estaba un poco nervioso explicando sólo aritmética a todas esas mentes poderosas que hay aquí —pero juro que eso era todo—. Por desgracia no tenía ningún problema cuya respuesta fuera 7 naranjas así que tú no podrías haber disfrutado. Pero Moose y papá lo hubieran pasado de miedo.

Bien, todas esas mentes poderosas estaban poderosamente impresionadas por mis pequeñas proezas aritméticas. Les mostraba cosas maravillosas, aparentemente sin explicación, que los números iban a hacer ante sus mismos ojos. Entonces, ¡zas!, revelaba la explicación y todo quedaba claro —deberían haberlo sabido desde el principio—, por supuesto. Yo iba muy rápido, y antes de que tuvieran tiempo para pensar en la razón para un hecho ya les estaba presentando otro aún más sorprendente. Pasé un rato realmente maravilloso haciéndolo. Fue parecido a un conjunto de clases iniciales de álgebra que había pensado una vez como la mejor manera de enseñar esa materia: empezar con aritmética y seguir avanzando. La gente me dijo más tarde que lo había pasado muy bien. Se me acercaban en los pasillos con demostraciones de varias cosas que yo había presentado la noche anterior, etc. Siento aburrirte con todo esto pero aún no hay 7 naranjas. Prueba con esto: si en una tienda dan 2 naranjas por 5 centavos, y en otra tienda valen 3 centavos cada una, y yo compro algunas naranjas en cada tienda, y resulta que me he gastado 19 centavos en naranjas, ¿cuántas compré? ¡Has acer-

* *Buzzard*, literalmente «zopilote». *(N. del t.)*

La familia Feynman en los años cuarenta.
De izquierda a derecha: Richard, Joan, Melville y Lucille.

tado! (No te preguntaré cuántas he comprado en cada tienda a menos que te ayude papá; y luego podemos preguntar a Joan ¿cuál es el máximo número de centavos que podría haber dicho en lugar de 19 para que pudieses seguir estando segura de cuántas se compraron?) (Ya sabes que no hay medios centavos.)

Esto debería tener ocupada a la familia durante tres minutos mientras digo que os quiero a todos.

R. P. F.

Richard P. Feynman a Arline Feynman
fecha desconocida

Mientras estaba en Los Álamos, Feynman llegó a ser un experto en los sistemas de seguridad de las instalaciones donde se almacenaban, manejaban y transportaban materiales activos. En abril de 1944 viajó al Oak Ridge National Laboratory en el primer vuelo en avión de su vida, con documentos secretos atados a su espalda, para hacer un informe de los niveles de seguridad de la planta. Esta carta es de un viaje posterior.

Querídisima Putzie:

Naturalmente he estado algo ocupado, pero no tanto como las otras veces que vine aquí. No tenían las cosas muy bien planeadas y he tenido que quedarme un día extra para hacer el trabajo de un día y medio, de modo que llevo aquí tres días.

Espero que no hayas estado demasiado triste mientras he estado fuera. Quizá tus visitas hayan sido capaces de darte cariño. Te quiero y pensé mucho en ti en el viaje en avión, cuando tenía tiempo de pensar. Solía sentarme en el aeropuerto esperando una conexión, sonriendo para mí mismo y pensando: Putzie está bien.

Para empezar, el aeropuerto se olvidó de llamarme al hotel tal como habían prometido —de modo que perdí el avión— y tuve que ser redirigido a otra ruta aérea. Fuimos a St. Louis y luego tuve que quedarme ahí un rato, así que fui a la ciudad. Había olvidado lo que era una gran ciudad. Coches, autobuses, grandes edificios... y demasiado ruido. No muy agradable. Fui al cine (y vi a Dagwood y Blondie). También cené en un restaurante muy chic, pero hacía tanto calor que no podía soportarlo, así que me quité el abrigo y la chaqueta y cené en mangas de camisa. Pero nadie se quejó, de modo que estuvo bien. No estoy habituado a todas estas «comodidades de la civilización».

He visto a los Stevenson y estuve en su casa anteayer por la noche; también voy a ir esta noche.

Tengo una reunión esta mañana a primera hora y tendría que preparar lo que voy a decir.

A ti, querida, voy a decirte: te quiero.

Te quiero.

R. P. Feynman

Arline Feynman a Richard P. Feynman
22 de agosto de 1944

Martes

Richard querido
te quiero
Putzie

Cariño, sería mejor si tú fueras dos, creo y sé que te necesito también. Supongo que estoy pasando un bache, por la mañana me pondrán una intravenosa, entre otras cosas. Me siento mal, y sólo tú puedes cambiar eso. Puedes venir, cariño, si *no* interfiere con tu trabajo. Te quiero, querido.

Tu mujer,
Putzie

Es bueno saber que si incluso la medicina falla, está siempre tu sonrisa, y tu mano, es efectiva, querido.

Borrador de la carta de Richard P. Feynman a Richard Gubner, doctor, médico, fecha desconocida

A finales de agosto de 1944, un médico de la Equitable Life Assurance Society de Estados Unidos escribió a Richard sobre el interés que había manifestado en seguir los estudios sobre el uso de la sulfabenamida en el tratamiento de la tuberculosis. «Los estudios están en una fase muy preliminar», concluía, «y no tenemos ninguna seguridad de que el medicamento tenga un valor definido.» Una carta posterior expresaba su pesar porque no podía suministrar la medicina a ninguna persona, aunque les aseguraba que no era tóxica, y sugería a Richard y a Arline «esperar durante un período de dos meses».

Usted nos escribió recientemente diciéndonos que en pocos meses se dispondría de nueva información sobre la sulfabenamida, pero que si nuestro caso parecía bastante urgente habría una pequeña posibilidad de dispensar algo del medicamento. Estábamos muy animados por su interés y lo valoramos mucho.

Puesto que no sabíamos exactamente con qué demandas de medicamento interferiríamos, era difícil juzgar si la urgencia del caso era suficientemente grande para pedir el medicamento en este momento. Tras alguna discusión, comprendimos que usted estaba en mejor posición para juzgarlo si le enviábamos los detalles del caso. De modo que el médico (William H. Therale) le enviará dentro de poco los resultados de las pruebas recientes y otros hechos sobre el caso de mi mujer. ¿Podría usted decidir por nosotros qué es razonable que hagamos? Si quiere información adicional háganoslo saber.

Comprendemos que le estamos pidiendo que haga algo que deberíamos haber hecho nosotros. ¿Se podría decir que solamente le estamos pidiendo consejo, y que asumiríamos toda la responsabilidad de haber seguido su consejo? De esa manera usted debería sentirse lo menos incómodo posible. Si, por ejemplo, usted sugiere que esperemos algunos meses, que el medicamento se muestra efectivo al final de ese período, aunque al esperar se hiciera demasiado tarde para que nos ayude.

No queremos interferir en ningún modo con sus experimentos, cortando el suministro de medicamento o robándole tiempo ahora con estas cuestiones. Los experimentos son por supuesto más importantes que cualquier caso individual. Le agradecemos, por tanto, todo el tiempo que ha podido concedernos.

Atentamente,
Richard P. Feynman

En diciembre de 1944 se le remitió un suministro de sulfabenamida al médico que supervisaba el caso de Arline.

Arline Feynman a Richard P. Feynman
31 de enero de 1945

Queridísimo tesoro: Te quiero. Has llegado a ser una parte tan importante de mi vida en los últimos días que me siento perdida sin ti. Soy feliz, no obstante, pensando en ti y sabiendo que pronto estarás aquí. Estaremos juntos otra vez, hablando y leyendo y compartiendo muchas bromas sobre el estar casados y sus tribulaciones (¡como Nelson!). Snuggle está mostrándole la ciudad, lo que me deja tiempo libre. Cariño, nos divertimos tanto viviendo juntos, siendo un hombre y su mujer; se hace más maravilloso cada día —quiero decir una maravilla total—, es magnífico y profundo y una emoción duradera. Estoy muy enamorada de ti, Richard, el hombre, el marido, el amante, el padre, el científico, el bobo (si perdonas la expresión). Te quiero, Richard, tú me llegas, llenas todas las partes de mi mente y mi cuerpo. No quería decir bobo, querido, me refería al enamorado, alocado y divertido que eres (ha sido una pobre elección de palabras). Adoro tu honestidad, tu razonamiento preciso, tu sencillez y tu fuerza; que crees en nosotros y nuestro amor duradero.

Nunca tendremos tiempo suficiente para gastar todo el amor que tenemos.

Tu mujer y amiga,
Putzie

P. D. Espero que vuelvas bien. El lunes hacía frío por la noche. ¿Qué tal con esos calzoncillos largos?

Richard P. Feynman a Arline Feynman
fecha desconocida

Martes mañana

Querida Putzie:

Recibí tu carta y te veré este fin de semana. Enviaré tu carta a Lola también.

La noche pasada me desperté a las 3.45, por alguna extraña razón y no pude volver a dormir, así que me puse a lavar calcetines. Había un millón de ellos. Tardé dos horas y luego me di una ducha y volví a la cama (a las 6) y me he despertado esta mañana a las 8.

En otra ocasión haré el resto del lavado; aquí tienen lavadoras que cuestan 25 centavos por hora y quizá haré eso. Supongo que planchar camisas requiere un aprendizaje.

¿Cómo va todo?

Te quiero, cariño.
R. P. F.

Richard P. Feynman a Arline Feynman
febrero de 1945

Martes noche

Hola, tesoro:

Te quiero. Me sienta bien escribirte. Tengo un problema que no puedo tratar y tendría que discutirlo contigo. Quizá tú sepas qué hacer.

Mi mujer y yo pensamos que sería una buena idea trasladarla desde Albuquerque hasta este lugar. Todo estaba muy bien en Albuquerque pero pensamos que sería mejor porque podríamos vernos todos los días en lugar de una vez a la semana y ella podría conocer a la gente con la que trabajo, etc., y en conjunto tendríamos más vida en común.

No era fácil, sin embargo. Ella ha estado aquí dos días y medio y ha estado llorando casi todo ese tiempo. No es feliz por muchas cosas. Por ejemplo, cuando expectora y necesita una inyección, pasa cierto tiempo desde que toca el timbre hasta que llega la enfermera, e incluso entonces hay una discusión sobre si han pasado cuatro horas desde la última y si realmente la necesita. A ella le preocupa, y creo que con alguna razón, que pueda toser demasiado alguna vez y llame a la enfermera y se asfixie en los quince o veinte minutos que tarda a veces la enfermera en llegar. Además, le gustaría algunos cambios en la dieta (aunque todavía no ha hablado de esto con el especialista en dietética). El primer día estaba muy descontenta con las horas de visita, porque parecía que yo no podría verla los domingos. Esto se ha corregido desde entonces. Otra cosa que le molesta es el ruido de los niños próximos, el hecho de que su puerta esté siempre cerrada, que la botella de oxígeno se agote con mucha rapidez, etc. Su queja general es que las enfermeras no saben mucho sobre los cuidados para la tuberculosis y tengo la impresión general, aunque quizá me equivoque, de que a ella tampoco le gusta la severidad de las normas de actuación de las enfermeras del ejército y está acostumbrada a un trato flexible, como el que adoptan las enfermeras más viejas y menos ocupadas (creo yo) en su antiguo sanatorio. (Por ejemplo, las enfermeras del otro sanatorio discutirían, pero con más suavidad, supongo, sobre si debería tener una hipo, y de este modo trataban de ayudarle a reducir la cantidad que tomaba. Por supuesto, ella no se sentía ofendida por esto.)

Ahora, a la vista de todas estas cosas ella es muy infeliz, y quiere volver inmediatamente a Albuquerque. Piensa en todo tipo de maneras de acelerar el proceso (no puede ir inmediatamente porque es presumible que la habitación no esté disponible), como por ejemplo tomar una habitación con cuidados de enfermería menores que lo óptimo y hacer venir a su madre de Nueva York para que cuide de ella. Está muy contrariada e insiste en que hay que hacer algo para llevársela de allí. Quiere una acción inmediata.

Para mí, sin embargo, muchas de las dificultades mayores podrían superarse fácilmente —como sucedió con las horas de visita— y muchas de las otras son tan pequeñas que sólo requerirían acostumbrarse a ellas. La razón por la que dudo de llevarla de nuevo a Albuquerque tan pronto como sea posible es que pienso que nuestra felicidad mutua ganaría mucho estando juntos si ella pudiera aclimatarse a los cambios, y pienso que de hecho ella *sería* capaz con el tiempo de adoptar una actitud más favorable, y una actitud mucho más cooperativa hacia la gente que está tratando de cuidar de ella.

Este último punto es en el que ella está completamente en desacuerdo conmigo y adopta la actitud de que aquí las cosas se han torcido de forma desesperante y son irremediablemente erróneas desde la perspectiva de estar bien cuidada.

La solución obvia (en mi opinión) a todo esto es tomarlo con paciencia y esperar y ver si las cosas pueden mejorar, y esperar y ver si ella podría acostumbrarse realmente a la nueva situación y ser realmente feliz aquí, o si de hecho las cosas son desesperantemente malas.

Pero ella ha decidido que nunca será feliz aquí y así están las cosas. Está casi histérica y no ve ninguna diferencia por mucho que se le muestren lo pequeños que son los fallos en este lugar. Es realmente irracional, creo yo, en sus críticas y alocada en sus proyectos. (*E.g.*, ir a casa con su madre, etc., etc., cosas, espero, que nunca haría realmente.)

¿Debería renunciar a intentar lo que yo creo que es razonable (i. e., adoptar una actitud más calmada de esperar y ver; dos días y medio es un tiempo corto para hacer ajustes), y ceder a su cabezonería y llevarla de nuevo a Albuquerque inmediatamente como ella desea ahora?

Dicho de otra forma: dice que está débil y no puede aceptar los cambios. Dice que está débil y no puede discutir la cuestión conmigo. Dice que está débil y no puede decir, por ejemplo, al especialista en dietética lo que ella quiere: es demasiado esfuerzo. Está tan débil, por lo tanto, que no hay ninguna esperanza de solucionar los problemas y quiere regresar.

Pero ha estado débil antes, y poco a poco se iba fortaleciendo conforme hablábamos las cosas. Esta vez dice que está tan débil física y mentalmente que no se pondrá bastante fuerte para tratar el problema de forma razonable.

Todo lo que yo quiero es esperar a que ella esté y se sienta lo bastante fuerte para explicar sus necesidades pacientemente y tantas veces como sea necesario a los que cuidan de ella, y se sienta lo bastante fuerte para explicarme el problema de una manera razonable para que yo vea que es *razonable* volver a Albuquerque.

Creo que puedo hacer que *con tiempo* se fortalezca lo bastante mentalmente para afrontar los problemas de una manera razonable, y sopesar los pros y los contras y explicarme cómo lo lleva.

Por otra parte, si fracaso, ella será infeliz —desgraciada sería más preciso— durante todo este tiempo, y ¿por qué dilatar su infelicidad sólo porque yo sobreestimo su fuerza y su capacidad de adaptación?

¿Debería ser yo el fuerte de la familia y tratar de traerla hacia mí y entonces hacer lo que parezca lo mejor para los dos cuando ambos estemos fuertes (que por supuesto puede ser ir a Albuquerque), o debería rendirme y hacer lo que parece tan histéricamente necesario para nosotros si ambos somos débiles? La pregunta que quiero responder primero no es si volvemos a Albuquerque o no, sino más bien en qué condición mental deberíamos estar cuando decidamos volver o no.

Honestamente no lo sé, pero espero que tú puedas darme algún consejo. Tú ves el problema desde el otro lado. La molestia real es la urgencia porque, si dudo al pensar en ello, ella sigue infeliz todo ese tiempo. Pero todo lo que yo estoy pidiendo es tiempo.

¿Qué es lo que piensas tú? Te quiero y respeto tus opiniones. Te quiero.

R. P. F.

Richard P. Feynman a Arline Feynman
28 de febrero de 1945

Después de un insatisfactorio intento de reubicarse en la base de Los Álamos, Arline regresó al sanatorio de Albuquerque

Sra. de Richard P. Feynman
Apartado 1663
Santa Fe, Nuevo México

Hola, Putzie:

¿Te importa si utilizo el papel de escribir de mi mujer? Llegó hoy, y creo que dijiste que debería utilizarlo.

Hoy no he recibido correo así que no tengo nada que enviarte salvo mi amor.

Fui hoy al dentista para una revisión. Me limpió la dentadura pero ahora me molestan un poco las encías. Tengo un par de caries. ¡Mi próxima cita es para el 26 de mayo! Al parecer están bastante ocupados. ¿Debería ir a un dentista en Albuquerque? No ir y pedir una cita ahora.

¿Cómo está todo por ahí? Estoy ansioso de ver si has superado las emociones de los viajes y de si estarás aquí en un tiempo razonable. Espero que te sientas mejor, y por supuesto más segura.

Esta noche tuvimos la reunión habitual, a la que acudí. Pero ahora quiero irme pronto a la cama de acuerdo con nuestro plan.

Sólo son las diez en punto, así que podré dormir nueve horas y media.

Tengo varios libros y fotos y cosas tuyas que tendría que devolver. No estoy seguro pero creo que los seis cajones y las diez cajas han salido hoy. Sueños agradables para ti cuando lo recibas y haya que pasar cada caja por encima de tu cama para ponerlas en el porche. ¡Uf!, qué desorden. Sería más fácil mover tu cama a un lado del porche y luego volverla a mover cuando todas las cajas estén en su lugar. Pobre Putzie.

Te quiero, cariño, incluso con los seis cajones y las diez cajas.

Te quiero.

R. P. F.

Richard P. Feynman a Arline Feynman
2 de marzo de 1945

Queridísima Putzie:

Ayer recibí dos bonitas cartas tuyas. Una era una poesía. Muy buena. No trates de escribir si te sientes mal. Iré a verte el domingo. Está bien que siempre puedas confiar en tu madre para que cuide de ti si falla todo lo demás. Entonces tendrás a alguien día y noche, muy bien.

Aunque haya cosas que te preocupen estos días, no te preocupes por los gastos. En realidad no es tanto y hemos ahorrado pasta suficiente precisamente para necesidades como ésta.

La pasada noche (o esta mañana) estuve levantado hasta las 5 de la mañana trabajando en una manera de simplificar operaciones y hacerlas más rápidamente con las máquinas. Creo que he conseguido una mejora real. También fue muy divertido. Esperaba dormir hasta tarde esta mañana para compensar pero me desperté a las 9.30 y no pude volver a dormir. Ahora son las 10 (y te quiero).

Pensaba que tú también te sentirías agotada para escribir así que llamé a la señora Masterson la pasada noche y le dije que estabas instalada y le estaba muy agradecido, etc.

Esta mañana me han venido algunas ideas que me gustaría probar, así que supongo que tendré que ponerme a trabajar.

Adiós, cariño. Probablemente todo saldrá bien. Te quiero. Te veré mañana. Te quiero.

Tu marido

Richard P. Feynman a Arline Feynman
5 de marzo de 1945

Lunes,15.30

Queridísima Putzie:

Esto no te va a gustar demasiado, pero ayer estuve levantado toda la noche trabajando en cosas. Me fui a la cama a las ocho de la mañana. He dormido hasta ahora.

Creo que me daré fiesta hasta la hora de cenar y daré un paseo por las montañas durante dos o tres horas. Será divertido. Hace tiempo que no voy a pasear de día. Hace un poco de frío y había nieve en el suelo cuando me acosté, pero será divertido en cualquier caso. Me pondré unos calcetines calientes extra y otro jersey. Creo que es una buena idea.

Me encontré con Thoma en el autobús a la vuelta de Albuquerque. Thoma es el que fue conmigo y dos chicas una vez hace dos años a dar un paseo. Antes de que su mujer se marchara de aquí.

Su mujer se fue a casa con su hijo Teaberry para unas vacaciones de Navidad. Mientras ella estaba fuera él recibió una orden judicial diciendo que ella quería el divorcio. Quedó completamente sorprendido y desconcertado, y aún lo está. Todavía no entiende (aunque habló con ella) por qué le dejó. Sabe que no tiene absolutamente nada que ver con otras mujeres. Tiene algo que ver con el hecho de estar tan ocupado y trabajando tan duro que ella pensaba que no era un padre suficientemente bueno para su hijo; él cree que quizá sea eso.

Creo que si una mujer quiere dejar a un hombre después de que él ha cuidado de ella durante mucho tiempo debería al menos tener la cortesía de decírselo por sí misma y hablarle cuando aparece el problema (en lugar de conmocionarle con una orden judicial caída del cielo, etc.), pero incluso más especialmente tiene el deber de ver que el hombre comprenda claramente las razones de su separación.

Nunca temas por mi amor. Yo sigo confiando en que tú me ames para siempre, y sé que yo también te amaré para siempre.

R. P. F.

Richard P. Feynman a Arline Feynman
7 de marzo de 1945

Queridísima Putzie:

Ayer di un bonito paseo por las montañas. Hay montones de lugares donde ir y creo que trataré de ir más a menudo.

Puesto que ayer me desperté tan tarde no quería acostarme demasiado pronto por la noche, de modo que me fui a dormir a las 3 de la mañana y me he despertado hoy a las 11. Así que voy a racanear hasta las doce y comeré, y ahora voy a escribirte.

Caminé hasta la base de las colinas y pensé: «Subiré a ésta», pero cuando me acerqué descubrí que estaba separado de ella por un cañón muy profundo, de modo que seguí subiendo por un borde del cañón hasta que llegué a la cima de una cordillera vecina a la colina que había querido escalar. Allí el cañón desaparecía y podría haber subido a la colina que quería, pero la alarma de mi reloj, que me había llevado para saber la hora, dijo que ya había pasado una hora y cuarto y que sería mejor que volviese si quería llegar a tiempo para cenar. Así que volví abajo.

Llevaba un trozo de tubo de hierro de un metro y medio de largo para que me sirviera de bastón, así que ahora tengo la mano rígida y es difícil sujetar la pluma.

Había nieve en las colinas y utilicé el bastón para clavarlo y comprobar que no iba por ningún sitio demasiado profundo. En realidad nada era demasiado profundo.

Trabajé después de cenar.

¿Cómo estás tú, cariño?

Te quiero.

R. P. F.

Richard P. Feynman a Arline Feynman
8 de marzo de 1945

Hola, cariño:

Me alegro de ver que te sientes mejor. Ayer recibí dos cartas tuyas. Si quieres trasladarte a una habitación más grande, adelante, sería mejor para ti. Sólo que si sabes de alguna que tenga un porche mejor.

Me di una ducha esta mañana (me acosté a las 23.30 y me desperté a las nuevo o a las diez y luego estuve holgazaneando). La ducha tiene paredes finas de modo que pase un rato maravilloso haciendo ruido.

Ahora son casi las 12 en punto y voy a comer pronto. Me pondré cómodo y me tomaré la mañana libre.

Ayer por la noche fui a dar un paseo, y desanimé al guardia que guarda la puerta por la noche. Le mostré una puerta abierta en la valla a menos de 46 metros de donde él estaba comprobando los pases. La puerta era amplia, con un camino para ir y venir, y un coche podría haber pasado fácilmente por ella. Así que la cerraron. Luego caminé más y encontré (1) otra gran puerta con un amplio camino abierto por el que podría pasar un coche, (2) un agujero cortado en la valla por donde podía pasar la gente. Atravesé el segundo (y me crucé con un hombre que iba en sentido contrario) y volví por el interior hasta donde estaba el guardia, que se quedó muy sorprendido. Se lo expliqué a él y al oficial encargado, pero apuesto a que no harán nada.

De todas formas es de locos. Sólo vigilan la puerta por la noche, de modo que sólo se impide la entrada a los espías nocturnos. Si el ejército necesita hombres podrían llevarse también a ese guardia de su puesto.

Adiós, cariño, te veré pronto. Te quiero.

R. P. F.

Richard P. Feynman a Arline Feynman
10 de marzo de 1945

Hola, Putzie:

De repente me di cuenta de que no había hecho mi declaración de renta para la próxima semana. Mejor que empiece pronto. Creo que haré lo que pueda el sábado y completaré nuestra lista de gastos mensuales, y luego puedo volver y trabajar en eso el lunes por la noche. No es tan difícil como dice todo el mundo, y es divertido porque uno puede descubrir cuánto dinero le ha hecho ahorrar cada idea que ha tenido.

Me llamó una chica, llamada Jane, del hospital de aquí para ver cómo estabas, etc. Dijo que va a ir este fin de semana a Albuquerque. Va a visitarte el sábado por la noche o el domingo.

No me fui a la cama hasta las 3 la última noche, pero no me desperté hasta las 10.30, así que supongo que está bien, ¿o no?

Hoy es viernes, de modo que te veré mañana.

Voy a ir a casa del jefe (Hans).* Dije que vigilaría a su hijo Henri a cambio de leer la *Enciclopedia Británica*. Esta noche me han invitado también a cenar, así que en realidad tendré una paga doble por cuidar al niño.

Ésas son todas las noticias, querida, así que te diré adiós, y te quiero.

R. P. F.

Richard P. Feynman a Arline Feynman
13 de marzo de 1945

Los símbolos matemáticos que utilizó Richard para los epítetos son suyos, no míos.

Martes noche

Queridísima Putzie:

Hoy sucedieron montones de cosas. En primer lugar, descubrí algo de las cajas. La x±<= gente de aquí no las envió todavía. En cualquier caso, tiene sus ventajas porque pude sacar la declaración de la renta de las cajas. (1) No estaba en el gran cajón de madera. (2) Estaba, por suerte, en el segundo cajón en donde busqué. (3) No todas las cosas de las finanzas estaban en la caja a rayas rojas y blancas, como me doy cuenta ahora, sino sólo las cosas del último medio año. Sin embargo, trabajé en ello por la noche y encontré que ya tenía casi todo, y que con lo que tenía podía calcularlo todo con suficiente aproximación. Tendrás que presentar de nuevo una hoja de devolución este año. Te la enviaré por correo. Todo lo que tienes que hacer es firmarla y echarla al correo. Tu hoja llegará así fuera de plazo, de modo que, en teoría, tendremos alguna penalización; pero puesto que el retraso será de uno o dos días como mucho no creo que suponga ninguna diferencia y que el recaudador nos diga nada. Te enviaré todo mañana.

Precisamente ahora estoy trabajando, y te escribo mientras espero que una máquina u otra termine su trabajo. También mientras tanto, te estoy queriendo.

Las cajas deberían empezar a salir mañana.

No voy a ir a casa la semana que viene. Hablé con el jefe y dijo que casi con toda seguridad habría algún asunto en Nueva York y que yo sería la persona ade-

* Entre paréntesis en el original. Se refiere a Hans Bethe, el físico alemán y profesor de Feynman durante mucho tiempo en Cornell. Sus tres famosos artículos de revisión del estado de la física nuclear en los años treinta le habían situado en lo más alto de su especialidad. Bethe empezó su trabajo de guerra en el Laboratorio de Radiación del MIT y en 1943 Oppenheimer se lo llevó para dirigir la división teórica en Los Álamos.

cuada para ir. Y eso significa que puedo matar dos pájaros de un tiro y también que me paguen mi viaje en coche. Así que esperaré.

Me sorprendió saber que tu madre estaba tan enferma. Debería tratar de ir a casa lo más pronto posible. Dile que coja el tren. (Si necesita dinero yo le pagaré el viaje.) Es demasiado duro para una persona enferma coger el autobús, se sentirá mejor en cuanto esté a menor altitud.

Adiós cariño. Son las 4 de la madrugada del miércoles.

Te quiero.

No te escribí ayer.

Te quiero.

R. P. F.

Richard P. Feynman a Arline Feynman
14 de marzo de 1945

Miércoles noche

Queridísima Putzie:

Adjunto encontrarás un sobre. Ábrelo y saca lo que hay en él: tu devolución de impuestos. Cuando lo saques tendrás ante ti dos líneas de puntos, cada una de ellas con una X marcada a lápiz (al fondo de la página 1 de la devolución). Una está marcada (firma del pagador): pon tu nombre aquí; la otra es (fecha): pon la fecha en que firmes. No hagas trampa con la fecha porque se presenta con retraso o por alguna razón más oscura. Firma y féchala cuando firmes. Eso es todo lo que tienes que hacer. Vuélvela a meter en el sobre, ciérralo y échalo de nuevo al correo. En algún momento del año que viene recibirás un cheque por 203,06 $; simplemente dámelo.

Si quieres leer el informe antes de firmar, sería más legal. Pero no olvides incluir la tira marcada RECIBO DE RETENCIÓN.

¿Quieres saber la historia de nuestros impuestos? Tenía que pagar 30,08 $ y a ti tenían que devolverte 203,06 $, de modo que nos devolvieron 173$. El año pasado nos devolvieron 263 $ (nos pagaron 282 $ porque era con 10 meses de retraso y nos dieron intereses). Sin embargo, el impuesto total del año pasado fue sólo de 314 $ (retuvieron dinero de tu paga, que es de donde te devuelven). Este año son (el mío y el tuyo) 489,43 $. Retuvieron 662,40 $ del salario, de modo que nos tienen que devolver 173 $.

Las cajas han salido hoy. Las etiqueté y ayudé a embalarlas en el camión de modo que sé al menos que salieron hacia Santa Fe por Santa Fe Trailways para que las recojas a cobro revertido.

¿Has conseguido ya una enfermera?

¿Cómo está tu mamá?

¿Debería ir a Albuquerque antes del sábado?
Te quiero, pequeña. Te quiero.
R. P. F.

P. D. No te preocupes por el retraso de la declaración de impuestos. No puede ser más de 6 $ (por un retraso de 30 días) y dudo que pongan una multa por unos pocos días. NO MEREZCO GALONES —TU DEVOLUCIÓN ES LA RETRASADA— LA MÍA ESTÁ EN TIEMPO. Ja, ja.

Richard P. Feynman a Arline Feynman
18 de marzo de 1945

Queridísima Putzie:
Creo que esta semana he estado trabajando otra vez demasiado duro. Duermo bastante, sueño normalmente pero me he ido a la cama a las 3 y me he levantado a las 11 la mayor parte de las veces. El problema es que eso rompe mi programa, de modo que siempre estoy demasiado cansado para escribirte y lo dejo para la mañana, y entonces, al cabo de un rato se ha ido el día y tú has perdido una carta.

Ayer por la noche fui a la casa de una pareja que no conoces. El tipo fue instructor en Cornell. La chica trabajó en un zoo durante un tiempo; en cualquier caso le gustan los animales. Tienen dos perros, entre ellos una perra que está a punto de tener cachorros. Ella llevó la perra al veterinario, que la examinó y dijo «Bonitos pezones», a lo que ella bajó la vista con modestia y repuso: «Oh, gracias», para embarazo del doctor.

También había allí otro colega, que tocaba el ukelele mientras el marido tocaba el clarinete y yo daba golpes en los muebles, etc., con varios objetos. Después de eso vimos fotografías (Kodacrome) de Ithaca, Nueva York, de Nuevo México y de su mujer en poses atrevidas (fotos, he dicho).

Hoy me levanté pronto para ir a una reunión pero algo pasó con el reloj y llevo media hora de adelanto.

También hoy voy a verte. Te quiero mucho. Adiós, cariño.
R. P. F.

Richard P. Feynman a Arline Feynman
22 de marzo de 1945

Jueves mañana

Queridísima Putzie:
Ayer recibí una carta muy bonita tuya. Me alegro de que pueda reforzarte y hacerte feliz tan fácilmente. Solamente desearía estar contigo más tiempo, no

porque piense en hablar contigo sino porque tú no tendrías esos períodos de infelicidad antes de que pueda hablar contigo.

En la carta había una pequeña nota —«Cosas para recordar»— una de las cuales estaba resaltada con tinta verde. A saber, «Reposo y Relajación». Aunque eran sólo las 15.00 de la tarde (miércoles), después de leer eso me fui a la cama inmediatamente y dormí desde las 17 horas hasta las 8 de esta mañana (excepto una interrupción de 1 hora porque alguien llamado Julius estaba jugando con el registrador —un tubo de madera infernalmente popular para hacer ruidos estableciendo una correspondencia uno a uno con puntos negros en una hoja de papel— imitando música, produciendo un extraño efecto como de maullido).

Para explicar este comportamiento mío inusual podría decir (1) El jefe del grupo que tengo a mi cargo se rompió la pierna esquiando; (2) Teníamos que preparar las cosas para empezar un problema nuevo; (3) Hacemos turnos de 24 horas; (4) Nadie sabe lo que pasa excepto yo y el tipo de la pierna rota, y yo no lo sé tan bien. Por eso estuve levantado desde las 8 del martes por la mañana hasta las 3 de la mañana del miércoles, 31 horas, y para entonces el problema sólo iba regular.

¿Y dónde estábamos cuando me levanté? ¡Exactamente donde estábamos cuando me fui a dormir! Alguien cometió un error 15 minutos después de que me fuera y tuvimos que volver atrás, corregirlo y empezar desde allí. Por eso tengo que trabajar tan duro. Deberé pensar en otra forma de administrar las cosas para no tener que estar allí personalmente para mantener las cosas en su curso.

Y te quiero, por encima de todo.

R. P. F.

Richard P. Feynman a Arline Feynman
27 de marzo de 1945

Queridísima Putzie:

Hoy tengo el párpado algo inflamado y no puedo abrirlo por completo. Voy a ir al médico para ver qué es a las 10 de esta mañana. Si la caligrafía parece torcida es porque sólo veo con un ojo. Parece que es sólo un orzuelo, pero es tan condenadamente grande que quiero comprobarlo.

El domingo por la noche estuve durmiendo desde las 23.30 hasta las 7.30 y ayer por la noche desde las 24.00 hasta las 8, así que vuelvo a los horarios normales. Hago tres comidas al día y duermo ocho horas y voy a tratar de seguir así. La última noche después de cenar fui a dar un paseo corto en el nuevo coche de Claus, se lo acaban de dar.* Fuimos a donde había algunas cuevas indias y anduvimos por éstas un rato; luego oscureció y volvimos a trabajar.

* Claus, o Klaus, Fuchs. Más tarde se descubrió que era un espía de Rusia. [Terminada la guerra, Fuchs regresó a Gran Bretaña, donde fue director de la División Teórica del centro de investigación nuclear en Harwell. En 1950 fue detenido y condenado a 14 años de prisión. Fue liberado en 1960 y se trasladó a Leipzig, donde el gobierno de Alemania Oriental le ofreció una cátedra. *(N. del t.)*]

Las cosas se han calmado aquí durante un tiempo y, salvo por trastornos menores, los colegas parecen capaces de resolver todos los problemas por sí mismos.

Estoy escribiendo este martes por la mañana. Te quiero el martes por la mañana. Pero eso es sólo un síntoma de un sentimiento mucho más amplio. Te quiero siempre. Eres una buena esposa. Quiero ir a visitarte y deseo que llegue ya el sábado, que ya es casi.

¿Cómo lo pasaste esta semana?

Te quiero, pequeña Putzie.

Adiós.

R. P. F.

Richard P. Feynman a Arline Feynman
3 de abril de 1945

Martes, 10 de la mañana

Queridísima Putzie:

Te interesarán dos cosas. Primero, ayer vi que todo iba regularmente y por eso ahora no quiero trabajar más hasta altas horas (la noche pasada trabajé hasta las 12), y segundo, me di una ducha. Dormí hasta tarde esta mañana sólo por diversión y estoy empezando a adoptar una visión de la vida más relajada (incluso leo un libro durante media hora antes de ir a dormir). Creo que lo peor ha pasado y ahora puedo sentirme más cómodo.

Hay una tercera cosa que te interesará. Te quiero. Eres una mujer fuerte y bella. No estás siempre tan fuerte como otras veces pero eso sube y baja como el flujo de una corriente de montaña. Siento que soy una reserva para tu fuerza; sin ti estaría vacío y débil como lo estaba antes de conocerte, pero tus momentos de fuerza me hacen fuerte y así soy capaz de darte consuelo con tu propia fuerza cuando tu corriente está baja.

Encuentro mucho más difícil estos días escribirte estas cosas; no son el contacto íntimo y personal que yo solía sacar de las cartas. Iré el domingo y te las diré: te querré el domingo.

No hay novedades aquí. Oh, sí, tenemos aquí una Gestapo. Llevaron a un tipo durante una hora a una habitación llena de humo y donde hombres sentados en la oscuridad —igual que en las películas— le soltaban preguntas para demostrar que era un comunista.* No lo consiguieron, porque no lo era. El pobre tipo no pudo trabajar bien al día siguiente porque lo habían sacado de la cama por la noche. Ellos dicen que están tratando de mantener a los espías fuera de este lugar.

* El tipo en cuestión era John Kemeny. Después de la guerra Kemeny trabajó algún tiempo con Einstein. También es conocido por ser coautor del lenguaje BASIC. *(N. del t.)*

Es una estupidez, porque dejan las puertas abiertas por la noche a menudo por error. ¡No te asustes si ellos han descubierto que yo soy un relativista!

Te quiero, cariño.

R. P. F.

Richard P. Feynman a Arline Feynman
4 de abril de 1945

Miércoles mañana

Hola, Putzie:

La última noche trabajé hasta algo tarde (1 de la madrugada) pero he dormido hasta las 10 de la mañana.

Hacía frío ayer aquí, como un infierno al revés porque estaba nevando y hacía viento y todo eso.

Ayer por la tarde, justo después de comer, un hombre al que apenas conocía, que vive en Fuller Lodge, me pidió que abriera el candado de un almacén. Parece que los cuidadores de Fuller Lodge extraviaron la llave del candado del almacén donde él tenía que poner sus cosas. Así que cogí dos clips, un destornillador, un clavo y algunos otros objetos diversos para impresionarle, y abrí el candado en unos dos minutos con uno de los clips y el destornillador. Quedó bastante impresionado, y feliz; como quedé yo porque no soy demasiado bueno en esto y a menudo fracaso. Solía hacerlo mucho mejor, pero creo que he perdido un poco la práctica. La otra noche abrí un candado Yale en el lugar donde duermo en el área técnica. Aunque yo tenía la llave quería ganar una apuesta. ¿Te conté cómo abrí un archivador para sacar el contrato de una asociación de esquí cuando iban a tener una reunión importante y lo necesitaban? Estaba sentado en la habitación de Julius y llegan dos tipos corriendo por las escaleras y dicen: «¡Oh, aquí está, gracias a Dios!». Después de eso no podía hacer más que abrirles el candado. Aún no he descubierto una manera de entrar en mi propia caja de seguridad sin conocer la combinación. Eso será por supuesto un triunfo si llego a hacerlo alguna vez.

La clave de mi interés en todo esto está probablemente en que me gustan mucho los rompecabezas. Cada candado es como un rompecabezas que tienes que abrir sin forzarlo. Pero los candados de combinación me desconciertan.

Tú también lo haces a veces, pero finalmente te descifro. Te quiero, también.

R. P. F.

Richard P. Feynman a Arline Feynman
12 de abril de 1945

Jueves mañana

Hola Putzie:

Tengo que escribirte más a menudo. Grítame un poco el domingo. He estado ocupado estos últimos días, como es habitual —pero he dormido suficiente—. Lo peor fue el martes por la noche cuando me fui a la cama a las 2.30; pero no me levanté hasta las 12. La última noche me fui a la cama a una hora razonable (23.30). Con un gran esfuerzo mental, dejé de trabajar a las 23.15 justo después de que viniera el turno de noche. Ayer descubrimos un error que yo cometí y que nos hizo empezar de nuevo uno de los problemas —lo que nos hacía retroceder hasta el sábado o así— pero, poniendo todos manos a la obra en *tres horas* teníamos el problema listo para las máquinas, y en total sólo perdimos un día. Salvo por esta debacle esperaba que las cosas fueran relativamente tranquilas la segunda mitad de esta semana, y aún pienso que lo serán. Lo primero que haré cuando las cosas se calmen es dar un paseo o algo parecido durante una hora. No he tenido más de una hora de permiso (excepto la hora que estuve con Claus dando una vuelta en su nuevo coche) durante tres semanas excepto los fines de semana, cuando te visito. Ésos son buenos. Me dan energía para otra semana.

Te quiero, pequeña Putzie. Siento estar trabajando tan duramente que no tengo tiempo de pensar en nosotros y escribirte como solía hacer.

Te quiero, cariño. ¿Te sientes mejor?

R. P. F.

Richard P. Feynman a Arline Feynman
19 de abril de 1945

Jueves noche

Queridísima Putzie:

Julius tomó prestado mi reloj de modo que no sé exactamente qué hora es, pero creo que es antes de la medianoche.

Me he ido a la cama casi a las 23.30 pero justo cuando llegaba a la puerta se disparó la alarma de incendios y salí a ayudar a apagar el fuego. Cuando llegué —sólo un minuto o dos después—, el fuego estaba apagado. Sólo fue una llamarada de sustancias químicas que quedaron inmediatamente bajo control. Un tipo que conducía en pijama me llevó hasta allí. Cuando llegué, los chicos de mi grupo a los que les tocaba el turno había acudido para saber si podían ayudar —así que también les llevé —pero no había nada que hacer.

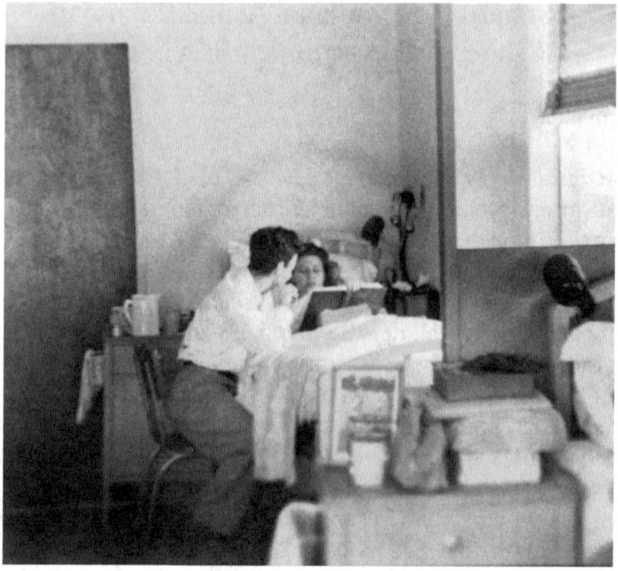

En el sanatorio, 1945.

No he tenido noticias tuyas, pero no escribas si no te sientes bien para ello. Iré el sábado a la hora habitual de las 8.30 o así, a menos que pierda otra vez el autobús. Si puedo conseguir que me lleven podría llegar incluso antes, quizá.

Dos de los muchachos de uno de los turnos se pusieron enfermos al mismo tiempo, ¡maldita sea! ¡Y quiero empezar una nueva tarea mañana! El tipo que se rompió la pierna todavía no ha vuelto.

Pronto seré el único que quede para trabajar.

Sigue trabajando, cariño, hay mucho en juego. Te veré el sábado. ¿Cómo van las cosas? Bebe un vaso de leche.

Te quiero, cariño.

R. P. F.

Richard P. Feynman a Arline Feynman
21 de abril de 1945

Sábado mañana

Queridísima Putzie:

Recibí tu postal. Iré y te daré fuerza esta tarde.

La última noche me fui a la cama a medianoche pero no te escribí una carta porque estaba demasiado cansado. Ni siquiera me había afeitado. Me acabo de afeitar esta mañana. La última vez que me afeité fue cuando estaba en Albuquerque, el domingo por la noche. Cinco días. Había pensado en dejar de afeitarme por completo, pero uno parece condenadamente tonto y no es demasiado cómodo (quiero decir que yo parezco condenadamente tonto —uno parece tonto, ya esté afeitado o no—, te quiero).

He estado trabajando todos los días de modo que no hay noticias. Me voy a la cama estupendamente ahora, pero sigo trabajando desde las 8.30 hasta las 23.30, con dos horas para comer y cenar, o sea 13 horas al día. Recuerdo mi trabajo de 20 $ a la semana (¿o era al mes?), en el hotel Arnold; que era 11 horas un día, 13 el siguiente, alternadamente. Eso era más duro que esto porque no era tan interesante y las horas no eran voluntarias. En 3 días hago casi una semana de 40 horas —en cuatro días más de 48— de modo que si me tomo libre todo el sábado y el lunes (y el domingo) cada semana, aún estaré haciendo bastante para ganarme la paga (en opinión de los que me pagan, quiero decir; entre nosotros, no lo sé).

Quizá tenga hoy una oportunidad de descubrir cómo llegar a ser un médico razonable para examinarte.

Te quiero, pequeña Putzie.

Bebe un vaso de leche.

R. P. F.

Richard P. Feynman a Arline Feynman
24 de abril de 1945

Martes mañana

Queridísima Putzie:

Te quiero.

No ha habido nada excitante en el viaje de vuelta aquí.

Quizá recibas noticias del recaudador de impuestos. Olvídalo, está todo bien, sólo significa que están transfiriendo los registros desde Camden, N.J. a Albuquerque, Nuevo México.

Sobre finanzas. Por mes: en números redondos

Dr. Therale	10-
Enfermeras	300-
Habitación y oxígeno	200-
Metálico para mí	50-
Mi renta	40-
	600-
Ingresos	300
Gastos/mes	300-

Perdemos 300 $ por mes, y tengo más de 3.300 $ así que podemos aguantar 10 meses (suponiendo que no haya gastos extras por operaciones, etc.). ¿Crees que es necesario vender el anillo y el piano ahora? Decide tú. Debería volver a comer en el comedor: en 10 meses, se ahorrarían 150 $.

Examinando la lista de gastos veo algo que parece desequilibrado. El doctor supone sólo 10 $ y todo lo demás 500 $. Creo que no tenemos suficiente supervisión médica y estamos sobrecargados de cosas en el sanatorio. No sé muy bien qué hacer respecto a esto. ¿Qué piensas tú?

Dormí bien la última noche. Me voy a la cama a una hora normal, duermo suficiente, etc. Las cosas se han calmado mucho.

Te veré pronto otra vez.

Bebe un vaso de leche. Tienes la temperatura demasiado alta, bien, recuerda y bébelo por mí más tarde.

Te quiero.

R. P. F.

Richard P. Feynman a Arline Feynman
25 de abril de 1945

Miércoles mañana

Hola Putzie:

Me acosté un poco más tarde de lo normal, a las 2 de la madrugada, y dormí hasta las 10. No quiero hacerlo más. Te quiero, y sé que sería una fatalidad si encima me pusiera enfermo. Trabajaré duro para estar bien a partir de ahora.

Recibí una postal tuya con las buenas noticias de que te estás esforzando. Sigue así. ¿Que tal una botella de leche ahora? La postal insinuaba también que ibas a enviar un reloj, todavía no lo he recibido. ¿Por qué no te lo quedas ahí y yo trabajaré en eso el domingo? Aquí no dispongo de mucho tiempo, y menos de herramientas, ni de aceite.

Acabo de leer el capítulo sobre reparación de relojes en el libro *Tiempo y Relojeros*. Hay formas cada vez más elaboradas de limpiar un reloj a medida que el reloj es más caro. Yo sólo he trabajado con relojes baratos, pero supongo que tendré uno caro algún día. Será mejor que practique con mi buen reloj que está en un estado asqueroso a causa de las vueltas que le he dado.

Acabo de sacarlo para examinarlo. Parece estar bien excepto que falta el minutero. Por lo demás funciona. También encuentro otro reloj barato que tiene una aguja doblada. ¿Debería arreglarla y dártelo a ti? ¿Lo quieres? Antiguamente los relojes eran tan imprecisos que sólo tenían una manecilla para la hora; el minutero, si lo había, iba tan mal que no servía de nada. Veo que con sólo la manecilla de la hora en mi reloj puedo decir fácilmente la hora con cinco minutos de error sin el minutero. Creo que lo llevaré y probaré.

Te quiero, pequeña.

Te quiero.

R. P. F.

Richard P. Feynman a Arline Feynman
2 de mayo de 1945

Queridísima Putzie:

El profesor con el que yo trabajaba en Princeton, John, viene hoy aquí y tengo que ir a recogerle al tren. ¿No es agradable? Tendré noticias de Jeanette y Tita y Jamey, o como quiera que se llamen.

Hace tiempo que no le veo; será estupendo verle de nuevo. Está bien que me envíen como comité de bienvenida. Eso es porque fui alumno suyo, y también porque yo sé alguna de las cosas que él quiere saber. Todo esto es resultado de lo que le conté a ese coronel la vez que tuve que dejarte tan de repente.

¡Bebe algo de leche!

Eres una buena chica. Cada vez que pienso en ti, me siento bien. Debe ser amor. Suena como una definición de amor. Es amor. Te amo.

Te veré dentro de dos días.

R. P. F.

Richard P. Feynman a Arline Feynman
3 de mayo de 1945

Durante un corto período Richard y Arline creyeron que ella estaba embarazada. El «test de Friedman» es un test de embarazo que requiere inyectar algo de orina de la mujer en una coneja sin aparear. Luego se examinan los ovarios de la coneja para determinar si la mujer está embarazada.

Queridísima Putzie:

Recibí tu carta sobre el test negativo. Vi al médico de aquí. Dice que pueden hacer el test en los laboratorios Van Atta en Albuquerque porque (cree él) allí tienen conejos. Dice que él no se fía mucho del test de Friedman (eso decía el obstetra aquí) y sabe que puede salir mal en un sentido u otro. Dice que la mejor prueba es sentir el crecimiento en el útero. Quizá podamos conseguir que el doctor pruebe de nuevo dentro de un mes.

Recogeré las placas de rayos X por ti. Iré pronto el sábado, alrededor de las 12.30 si todo va bien.

El médico puso un cuidado especial en hablarme de un cultivo de moho, la estreptomicina, que parece que cura la tuberculosis en conejillos de Indias; se ha ensayado en humanos con buenos resultados salvo que es muy peligroso porque afecta a los riñones o algo parecido, y algunos ya han muerto por ello. Dice que cree que puede estar pronto disponible, y si funciona estará disponible rápidamente. Me pregunto si Therale seguirá el progreso de estos experimentos de modo que si resultan positivos podamos saberlo lo más pronto posible.

Sigamos pendientes de ello; como yo digo, siempre hay una probabilidad de que aparezca algo. Nada es seguro. Llevamos una vida encantadora.

Te quiero, cariño.

R. P. F.

Richard y Arline, 1945.

Richard P. Feynman a Arline Feynman
3 de mayo de 1945

Julius Ashkin
Apartado 1663
Santa Fe, Nuevo México

Arline:
Esta nota es de Richard.

Julius Ashkin

Hola, Putzie:

El problema es que estoy en el despacho y no tenía papel de escribir así que le he cogido prestado éste a Julius. Es una suerte que se lo enviaras a él en primer lugar. Él escribió eso en la parte superior para que no te dé un ataque de nervios, imaginando que se ha enamorado de ti, cuando leas lo que yo escribo: te quiero. Porque te quiero y mi nombre no es Julius (o Nick) (lo que me recuerda que es mejor que el niño no nazca con bigote, ¡o sabré quién ha sido!), sino Richard, tu amante marido.

Sólo trabajé hasta las 23.00 la noche pasada así que me fui pronto a la cama, para variar.

La mujer de Fred va a tener pronto un niño; ahora está en el hospital y él acaba de salir para allí. Acabo de desearle suerte diciendo: «Espero que todo salga bien». Lleva puros y caramelos (una costumbre aquí, para los débiles que no fuman puros, tienen caramelos; yo fumo puros). Tendré un puro gratis dentro de una semana.

Han drenado el agua de nuestro estanque y hay bulldozers y excavadoras poniendo arcilla en el fondo. No sé qué están haciendo, pero apostaría incluso dinero con alguien (yo sólo apuesto T.A.) a que no retendrá el agua.

Ésas son las noticias, cariño.
Te quiero.
R. P.

Richard P. Feynman a Arline Feynman
9 de mayo de 1945

Hola cariño:

Creo que no beberé nunca más. No tenía nada que lamentar: es simplemente que no era tan divertido como estar sobrio. Ayer por la noche, alrededor de las 21.30, me disponía a trabajar cuando el marido de la mujer que habla tan alto me pidió que fuera a su casa para celebrar el día de la victoria. Así que fui, y bebí más vino de lo que nunca había bebido antes. Y también me emborraché más de lo que nunca me había emborrachado antes. Ni siquiera creía que fuera capaz de mostrarme sobrio si me lo proponía: estaba haciendo mucho ruido (me dieron mi tambor), etc. No me gusta porque sé que no toco bien el tambor ni hago buenas bromas y yo no estaba para apreciar las bromas de los demás; me sentía «especial» y me costaba prestar atención a otras personas. Fuimos todos a la ciudad cantando y tocando tambores, potes y cacerolas, etc. Suena muy divertido pero sé que habría disfrutado más si hubiera estado más sobrio.

A última hora de la noche me fui a dormir y entonces me despertaron y volví a casa con Claus.

No me siento mal esta mañana, ni con mucha resaca. Tomé una ducha y ya estoy bien.

Supongo que cada uno tiene que coger una borrachera en su vida para estar seguro de que no le gusta beber.

Lo mismo con el fumar, después de fumar cigarrillos, pipa y puros lo he dejado todo. Me estoy haciendo más moralista a medida que me hago mayor... eso es malo.

Pienso mucho en ti... incluso cuando estaba borracho. Te quiero mucho. Te quiero. Te veré pronto, querida.

R. P. F.

Richard P. Feynman a Arline Feynman
10 de mayo de 1945

Para el cumpleaños de Richard, el 11 de mayo, Arline envió periódicos falsos que anunciaban su cumpleaños. Fueron entregados en la base de Los Álamos y ampliamente distribuidos.

Queridísima Putzie:

Te quiero.

Ayer por la noche comí en casa de T.A. Comimos espaguetis y albóndigas. Tres albóndigas grandes cada uno. Todos nos quedamos demasiado llenos e hicimos un esfuerzo para comer el pastel de fresas del postre.

Este lugar está inundado de periódicos, ¡el *Herald*, creo! «¡La nación entera celebra el nacimiento de R. P. Feynman!» Un genio, según los periódicos. Han clavado copias en la pared de mi despacho y la gente se lleva ejemplares a casa para sus mujeres. Grandes noticias. Quizá reciba algunos regalos a consecuencia de ello... o quizá simplemente me den 27 palmadas en la espalda. En cualquier caso, habría olvidado que mi cumpleaños está tan próximo si no se me hubiera recordado de esta manera.

Te quiero. Eres una buena esposa.

R. P. F.

Richard P. Feynman a Arline Feynman
11 de mayo de 1945

Viernes

Queridísima Putzie:

Muchas personas están buscando ejemplares de ese periódico para mostrárselo a otras personas, etc. Las noticias corren. Supongo que hoy es mi cumpleaños.

¿Cómo te sientes en mi cumpleaños?

Hans también recibió un periódico y comentó que eras maravillosa. Lo tomé a broma, por supuesto, incluso si no parecía que él lo dijera en ese sentido (creo, aunque no lo publique, que tú eres maravillosa, pero no sé cómo se puede demostrar a partir de tu intento de poner a tu marido en una situación embarazosa).

Creo que quizá me tomaré unas horas y trataré de imaginar un plan para ponerte a ti en una situación embarazosa.

Moose me escribió una carta que todavía no he contestado, preguntando si «Mamá» sabe lo del niño. Ella no sabía si mencionarlo en una carta a su «Mamá».

Paul dijo que cuando estuvo en Nueva York habló con un médico sobre nosotros; el médico piensa que no hay ningún problema en abortar. Si Therale está preocupado por la anestesia, porque tú necesitas oxígeno, se puede hacer con una anestesia espinal que no interfiere en absoluto con la respiración.

Todavía no he tenido ninguna noticia. ¿Ha salido el Friedman + o –? Si es + y el médico nota algo la próxima vez que vaya, ¿crees que deberíamos hacerlo?

No te preocupes cariño.

Te quiero, cariño.

R. P. F.

La repentina discusión sobre el aborto debe estar relacionada con las dos cartas que Arline recibió de un médico del Sanatorio Deborah, donde ella vivió tras casarse con Feynman. El doctor, muy preocupado, le apremiaba a «interrumpir» inmediatamente cualquier embarazo: «No espere ni un día más». Finalmente resultó que no estaba embarazada. Había perdido el período probablemente por las razones a las que se aluden en la siguiente carta.

Richard P. Feynman a Arline Feynman
15 de mayo de 1945

Martes mañana

Hola, tesoro:

No te escribí ayer por la noche porque estaba cansado, pero te escribo esta mañana. Si la echo al correo al mediodía saldrá en el mismo envío, creo. Tendré que averiguarlo.

Trabajé ayer por la noche hasta las 24.30, porque cuando llegó el nuevo turno a las 23 sólo venía un hombre; el otro no pudo cruzar la puerta porque su pase expiró el domingo. Así que tuve que hacer un montón de llamadas telefónicas aquí y allá, etc. El resultado de todo ello fue que le tuve una hora más tarde. Normalmente tenemos tres hombres en cada turno, pero el tercero estaba enfermo.

Precisamente la noche pasada estaba pensando en ti, como es normal. Estás adelgazando mucho y muestras los síntomas de lo que parece inanición. Pero estoy seguro de que, aunque no comes mucho, comes lo suficiente para no pasar hambre. ¿Por qué no se está asimilando bien la comida? ¿Es tu sistema intestinal el que no funciona, o es alguna otra dificultad tal como falta de aire (aunque no veo cómo la falta de aire podría actuar de esa manera)? Si es lo primero, ¿no sería una buena idea una inyección directa de alimento en la sangre? ¿Qué hay sobre la alimentación intravenosa de azúcares y posiblemente otras sustancias? Valdría la pena intentarlo. Pregunta a Therale sobre esto y a ver qué dice. Pregúntale por qué sigues perdiendo peso tan rápidamente con lo que comes. Si dice que no comes lo suficiente, entonces la intravenosa ayudaría mucho más; si comes todo lo que puedas y tomas también azúcar por vía intravenosa, eso será mucho mejor. ¿Muestran tus análisis de sangre que hay suficiente alimento transportado en la sangre, pero que las células no lo recogen (en cuyo caso la vía intravenosa no serviría) o muestran que la sangre no está sacando alimento del sistema digestivo (en cuyo caso la vía intravenosa haría el trabajo)? ¿Dónde está el problema, en la «transferencia del sistema digestivo a la sangre» o en la transferencia «de la sangre a las células»? Pregúntale a Therale.

Te quiero, cariño.

R. P. F.

Richard P. Feynman a Arline Feynman
17 de mayo de 1945

Jueves mañana

Queridísima Putzie:

No te escribí ayer.

Recibí un paquete de casa, como te dije, que contiene seis camisas de Wender y Goldstein. Eso está muy bien.

No he descubierto cómo zurcir mis calcetines. Una mujer del hospital, que tiene que permanecer ahí en reposo durante algún tiempo, me preguntó si tenía botones que coser o calcetines que zurcir. Sin embargo, cuando supo que sí los tenía pareció muy perturbada, así que no quise molestarla. No te preocupes, es la mujer de un amigo y está allí debido a complicaciones del embarazo. Deberías dejar de preocuparte por mí y otras mujeres. Todo está bajo control, y sólo te quiero a ti.

La noche pasada leí la enciclopedia: Tuberculosis, Tuff, Tuleremia, Tunicata, Tumor, Turky, y otras que no puedo recordar. Había leído el artículo sobre tuberculosis antes, pero no decía mucho. Tuff es el tipo de cenizas volcánicas que tenemos por aquí. La siguiente es una enfermedad de ratas y conejos; un hombre pilló la primera enfermedad en Utah en 1913 y luego se extendió a otro. Tunicata es un grupo de animales microscópicos muy extraños que contienen celulosa (como las plantas), y tienen el raro elemento vanadio en su sangre (donde nosotros tenemos hierro, los insectos tienen cobre, las plantas tienen una sustancia similar con magnesio, la clorofila). De los Tumores ya sabes, y de Turky, el país, también; no terminé el último artículo.

Estuve cuidando a Henry, el hijo de Hans. Ha crecido mucho y ahora puede andar. Es un buen chico. No llora todo el tiempo, y eso que se cayó de culo varias veces mientras caminaba por la casa.

Éstas son todas las noticias.

Te quiero.

R. P. F.

Feynman hacía de canguro de Henry Bethe a cambio de poder acceder a la Enciclopedia Británica, *su libro favorito. Décadas más tarde, podía recitar de memoria las divisiones de temas en las cubiertas de cada volumen.*

Richard P. Feynman a Arline Feynman
22 de mayo de 1945

Queridísima Putzie:

No te conté mi viaje de vuelta el domingo por la noche. Todo iba bien hasta que llegamos a Española. Allí vi una noria y luces y casetas de feria, así que me bajé del autobús y no pensé en cómo iba a volver a la colina.

Di una vuelta en la noria y luego fui a un tiovivo donde giraban «sillas» colgadas de cadenas. Había varias cosas como aros para ensartar en clavos, lanzamientos de béisbol, etc., donde se ganaban premios, que eran figuras de Cristo, etc. No jugué a eso porque no eran premios muy sustanciosos.

Había tres niños pequeños que estaban mirando un pequeño avión y les di un paseo en él.

Era una feria muy pequeña, pero era divertida.

Luego me puse a hacer autoestop. El primer automóvil que pasó (al cabo de medio minuto) se detuvo y me llevó. De hecho, conduje yo, porque el conductor estaba cansado. En el coche había tres chicas, pero eran feas, así que permanecí fiel sin tener que recurrir siquiera a la fuerza de voluntad para hacerlo.

Te quiero, cariño. Pensé mucho en ti en la feria. Solíamos divertirnos en las ferias. Ponte mejor y lo haremos de nuevo.

Te quiero.

R. P. F.

Richard P. Feynman a Arline Feynman
23 de mayo de 1945

Queridísima Putzie:

Esta noche he ido a la reunión del consejo de la ciudad, había un montón de gente y reinaba gran excitación.

Lo que sucedía era que habían puesto restricciones en algunos dormitorios de mujeres y hombres: pusieron policía militar para vigilar los dormitorios de las chicas y comprobar que no había ningún hombre en los dormitorios de las chicas por la noche; los hombres sólo pueden entrar en la «habitación de día» (una especie de sala de estar común en cada dormitorio) y las luces tienen que estar encendidas en esta habitación durante toda la noche, etc. Todas, restricciones estúpidas. En todos los dormitorios (incluyendo el mío, por ejemplo) iba a haber una matrona 24 horas al día, sin un propósito claro, obviamente para controlar que no hubiera demasiado ruido, etc.

Puesto que estas restricciones tenían que ver con los hogares de los residentes en el dormitorio y puesto que se pusieron sin notificación o discusión (la policía militar apareció sin más) la gente tenía razón en enfadarse. Decían que podían resolver esos problemas por sí mismos. En algunos dormitorios se organizaron comités para establecer reglas para mantener el silencio, etc., un comité al que podría acudir quien tuviera una queja.

Yo estaba enfadado como los demás y finalmente hice la sugerencia de que sea el consejo el que examine la situación si las personas de un dormitorio no se llevan bien y que sugiera soluciones, etc.

Así que van a reclamar la autoridad para hacerlo. Y van a pedir que las matronas estén sólo de día durante las horas de limpieza. Veremos lo que resulta.

También constituyeron un comité para la gente de los autobuses que necesita una autorización de su capataz (para controlar el absentismo) cuando se van entre semana. Un poco de libertad.

Un tipo se levantó y dijo que si éramos prisioneros él pedía saber al menos qué arma del ejército nos había capturado.

Muy excitante.

Te amo, cariño. Además, no he estado en un dormitorio de mujeres desde hace más de un año, por lo que puedo recordar.

Amor.

R. P. F.

Richard P. Feynman a Arline Feynman
24 de mayo de 1945

Jueves noche

Queridísima Putzie:

Echo de menos tus cartas. Quizá podrías decirle a papá o a una enfermera que escriba una postal por ti de cuando en cuando, diciéndome cómo estás y que me quieres, etc.

Tuvimos otra reunión del consejo con representantes de los dormitorios, un representante por cada uno. He sido elegido (la noche pasada) (en una reunión a la que no asistí) como representante de mi dormitorio. Discutimos un rato pero finalmente tuve una idea y sugerí que todos firmáramos una hoja de papel diciendo que queríamos vivir nuestras propias vidas, etc. Eso es lo que hicimos al final y firmaron unas dos docenas de representantes de diferentes dormitorios (cada dormitorio había elegido un representante) diciendo que queríamos resolver nuestros propios problemas y regir nuestras vidas, que si teníamos dificultades queríamos que el consejo fuese autorizado para afrontarlas, y que pensábamos que los tipos de la administración, etc., eran una panda de descerebrados. O palabras similares. Estuvo bien. Quizá obtengamos lo que queremos.

La última noche fui a cenar a casa de alguien que no conocía demasiado. También estaba el italiano que tanto admiro; creo que es muy inteligente. Precisamente hablamos sobre cachivaches después de cenar. La comida era buena y también lo fue la compañía. Como de costumbre yo era el único sin chaqueta ni corbata. Me estoy haciendo famoso por eso. Ahora no puedo ir a casa de nadie con una chaqueta porque se sentirían insultados los de las casas a las que voy sin chaqueta.

Te quiero, querida. ¿Cómo estás? Te veré pronto de nuevo, sólo quedan dos días hasta el sábado.

Te quiero.

R. P. F.

Richard P. Feynman a Arline Feynman
31 de mayo de 1945

Miércoles mañana

Queridísima Putzie:

Hay un gran incendio forestal a cierta distancia (unos 16 kilómetros) al norte de aquí. Empezó hace dos días. Ahora veo el humo por la ventana, y por la noche veo las llamas.

Ayer pidieron voluntarios, así que fui a combatir el fuego. Por desgracia, no estaba muy bien organizado y nuestro trabajo no sirvió de nada. Hicimos (170 hombres) una zanja de medio metro de ancho y de 3 kilómetros de largo a través del bosque. Tuvimos que atravesar arbustos y árboles caídos y otras cosas. Mucho trabajo. Sólo que no dejaron patrullas para vigilarlo, sino que dijeron que todo el mundo bajase de las montañas precisamente cuando el fuego estaba llegando a la zanja. En el camino hacia abajo vi cuatro lugares donde las chispas habían empezado a prender al otro lado de la zanja. Si hubieran dejado patrullas podrían haber apagado las chispas, etc.

Ahora han vuelto a pedir voluntarios. Pero no pienso ir de nuevo. Todo el esfuerzo de ayer se perdió. De todas formas estoy ocupado porque ayer no trabajé. Estuvimos fuera desde las 3 de la tarde hasta las 3 de la madrugada.

Noticias: me han subido el sueldo. Bastante. Solía ganar 380 $, que descontando un montón de impuestos y otras cosas se quedan en 300 $. ¡Ahora voy a ganar 450 $! Menos el montón de impuestos y otras cosas. No sé a qué equivaldrá exactamente una vez que me descuenten los impuestos pero te lo haré saber en cuanto me entere. Parece que hice un buen trabajo en la nueva tarea. Bien, ahora que me han subido el sueldo empezaré a cambiar de tareas otra vez.

Una vida encantadora, como tú dices siempre; a medida que aumentan nuestros gastos, también aumentan nuestros ingresos.

Te quiero, cariño.

R. P. F.

Richard P. Feynman a Arline Feynman
6 de junio de 1945

Miércoles noche

Esposa mía:

Siempre soy demasiado lento. Siempre hago que te sientas desgraciada porque tardo en entender. Ahora lo entiendo. Te haré feliz ahora.

Por fin entiendo lo enferma que estás. Entiendo que éste no es el momento de pedirte que hagas un esfuerzo para no molestar a los demás. No es momento de pedirte ningún esfuerzo en absoluto. Es momento de consolarte como deseas ser consolada, no como yo creo que tú desearías ser consolada. Es el momento de amarte de la forma como tú quieres. Ya sea no viéndote, o sosteniéndote la mano, o lo que sea.

Este momento pasará; te pondrás mejor. Tú no lo crees, pero yo sí; así que espero la hora propicia. Ahora soy tu amante, dedicado a servirte en tus momentos más duros. Soy tu marido, pídeme ayuda, o dime que me vaya, como prefieras. Lo entenderé todo. Quiero consolarte.

Iré esta semana. Si no quieres molestarte en verme, simplemente díselo a la enfermera. Lo entenderé, cariño. Entenderé todo porque ahora sé que estás demasiado enferma para explicarte. No necesito explicaciones. Te quiero, te adoro, te serviré sin preguntar, pero con comprensión.

Lamento haberte fallado, no haberte proporcionado el pilar que tú necesitabas para apoyarte. Ahora soy un hombre en el que puedes descansar, tener confianza y fe, y que ya no te hará infeliz cuando estás tan enferma. Utilízame como quieras. Soy tu marido.

Adoro a una gran mujer y paciente. Perdóname por mi lentitud en comprender. Soy tu marido. Te quiero.

Arline Feynman murió el 16 de junio de 1945.

Richard P. Feynman a Lucille Feynman 9 de agosto de 1945

La primera bomba atómica fue detonada en el desierto de Nuevo México el 16 de julio de 1945.

Querida mamá:

Ahora estoy en Cincinnati, esperando la salida de un avión. Soy tonto. Todos debéis de haberos reído mucho por el tipo despistado que piensa que su hermana va a la escuela en verano. Me di cuenta de mi error aproximadamente media hora después de enviar el telegrama a Joan.

Hay ahora mucho espacio dedicado en los periódicos a la bomba, y por eso sé que puedo puedo contarte algunas cosas. Recuerda, me fui el sábado por la noche en el avión. Llegué (a Albuquerque) el domingo casi al mediodía y allí me recogió un coche del ejército y me llevó al lugar, donde llegamos a las 15.00 en punto. Fui directo a casa del jefe. Su mujer había preparado sándwiches, etc. Estaba previsto que todos saliéramos en autobuses a las 17.00 (así que tenía dos horas) para ir al sur, a unos 160 kilómetros al sur de Albuquerque porque íbamos a ser testigos de un ensayo de nuestra bomba. Estaba previsto a las 04.00 de la madrugada del lunes, si el tiempo lo permitía. Había (ahora estoy en vuelo) tres autobuses cargados de científicos ansiosos. Hubo interesantes sucesos en el camino: primero, tres autobuses cargados de científicos ansiosos se detuvieron y esperaron a un lado de la carretera mientras un científico especialmente ansioso (no yo) se bajaba y se metía durante un rato entre los arbustos. Segundo, Albuquerque, la mayor ciudad de Nuevo México, sufrió una avalancha: todas las tiendas, cafés, etc., estaban llenas de tipos iguales cuando nos paramos para refrescarnos en el camino, lo que demuestra lo realmente pequeña que es Albuquerque. Finalmente llegamos a nuestro punto de observación en una cordillera que daba a una gran hondonada en el desierto en cuyo centro, a 30 kilómetros, estaba nuestro chisme. Estaba montado en una torre de acero de 30 metros de altura pero no podíamos verlo. Sabíamos dónde mirar por los focos, que apuntaban a él, y alternativamente a las nubes; el tiempo parecía malo.

Se distribuyeron gafas oscuras (gafas de soldador). Miré mi linterna a través de ellas y apenas podía verla. Entonces todo el mundo se sentó a comer y esperar hasta las 4 de la madrugada. Allí aprecié los esfuerzos de la mujer del jefe. Pollo asado, limonada y chocolate.

Teníamos dos radios: una similar a una radio de policía para escuchar y hablar con una estación en tierra, y otra para oír los informes desde un avión que iba a sobrevolarnos, tomar fotografías, dejar caer instrumentos de medida y ver la sensación desde el aire. Cogí la radio del avión. Una de las dos radios no funcionaba, la mía. Sudé sangre con ella. Conseguí informes de uno de los hombres que sabían en qué frecuencia iba a transmitir el avión. Traté de sintonizarla, cambié la posición de la antena, moví cada interruptor, pero sin éxito. Mientras tanto, habíamos sabido que la cosa se iba a posponer por culpa del tiempo. Cuando me acercaba a la frecuencia correcta todo lo que captaba era una estación de onda corta de San Francisco que transmitía música, pero esto me permitió sintonizar lo mejor posible (había literalmente 10 diales y nadie sabía para qué servían, pero experimentando con San Francisco descubrí qué es lo que hacían). Finalmente sintonicé de la forma más precisa posible donde pensaba que estaría la cosa, pues todos estaban ansiosos por descubrir qué pasaba y no se estaban aprovechando del otro equipo porque los tipos que había al otro extremo estaban demasiado ocupados para responder a nuestras preguntas. Me fui a la otra radio, confiando en pedirles que entraran en contacto con la otra estación para comprobar en qué frecuencia estaba transmitiendo el avión. Estaban demasiado ocupados pero, cuando volví, uno de los expertos en electrónica entre los científicos que había allí estaba saltando felizmente delante del grupo y estaba diciendo «bien, vemos sus focos». Me sentí estúpido, supongo que estos chicos electrónicos saben cómo sintonizar radios. Le pregunté cómo lo hizo. Dijo que no lo había hecho: simplemente pasaba por ahí y salió la voz. Acababan de empezar a transmitir. Si yo no les había oído antes era porque no estaban diciendo nada.

A los pocos minutos de escucharles (alrededor de las 5.00) les oí decir «El disparo será a las 5.30, ahora faltan treinta minutos». Todos pusieron en hora sus relojes y se amontonaron alrededor de la radio. «Faltan diez minutos»; luego «faltan tres minutos.» La gente se dispersó por la colina para no estorbarse unos a otros.

Se pusieron sus gafas oscuras. Algunos incluso se pusieron aceite bronceador. Una banda de locos optimistas, pensé. Yo había tratado de calcular qué potencia tendría la bomba. Sabía cuántas cosas tenían que pasar para obtener un estallido realmente bueno y quería disfrutar de una experiencia plena si pasaba, así que iba a mirar directamente: nada de gafas oscuras para mí. Me puse detrás del cortavientos del vehículo armado que llevaba la radio, para que la luz ultravioleta, si la había, no dañase mis ojos. Oí la voz de un hombre a mi derecha: «Debería ocurrir en quince segundos». Aparté hacia atrás mis gafas, miré al foco. ¿Saldría todo bien?

Quedé cegado por un terrible destello plateado: tuve que apartar la vista. Dondequiera que mirara aparecía una enorme mancha púrpura; era igual de brillante cuando cerré los ojos. «Eso», decía mi cerebro científico a mi cerebro aturdido, «es una post-imagen provocada por mirar una luz brillante: no es la bomba lo que estás viendo.» Así que me volví para mirar la bomba. El cielo estaba iluminado con una luz amarilla brillante, la tierra parecía blanca. El amarillo se hizo poco a poco más oscuro, fue pasando poco a poco a naranja. En el cielo vi nubes blancas sobre el chisme causadas por la expansión repentina que siguió a la onda de choque: la expansión enfría el aire y se forman nubes de niebla, es lo que esperábamos. Algo crea nubes. El naranja se hizo más fuerte, pero donde estaba el chisme todavía era brillante, una bola brillante en llamas de color naranja. Ésta empezó a ascender, dejando detrás una columna de humo que se parecía mucho al tallo de una seta. La masa naranja siguió ascendiendo, el naranja se desvanecía y parpadeaba. Era una gran bola de humo y llamas de *5 kilómetros de diámetro*, como un gran incendio petrolífero agitado y revuelto, ahora humo negro, ahora llama naranja. Pronto desapareció el naranja y sólo quedaba humo, pero éste estaba envuelto en un maravilloso brillo púrpura. Otra post-imagen, pensé, pero al cerrar los ojos desapareció y apareció de nuevo al abrirlos. Otros decían que también lo veían, causado probablemente por el aire ionizado por el gran calor. Poco a poco desapareció, y la bola de humo fue ascendiendo lenta y majestuosamente hacia arriba, dejando una estela de polvo y humo tras ella.

Luego, repentinamente, hubo un fuerte chasquido seguido por un trueno. «¿Qué fue eso?», gritó el hombre que estaba a mi izquierda, un representante del Departamento de Guerra. «Ésa es la cosa», le respondí a gritos. Él había olvidado que el sonido viaja mucho más lento que la luz, y lo que habíamos visto hasta ahora era una imagen silenciosa cuya huella sonora llegaba un minuto y cuarenta segundos más tarde. Supe entonces que la bomba fue un éxito; por grande que apareciera a 30 kilómetros, yo estaba aún más impresionado por el sonido del trueno reflejado en las colinas.

Nos pusimos de pie de un salto, gritamos, corríamos dándonos palmadas en la espalda unos a otros, chocando las manos, felicitando a los demás, conjeturando la energía liberada; había funcionado como nadie se hubiera atrevido a esperar. Todo fue perfecto salvo el objetivo: la siguiente estaría dirigida hacia Japón, no Nuevo México. (*Continúa en el camino de vuelta en el aeropuerto de Knoxville esperando un avión para Cincinnati.*) Finalmente subimos a los autobuses y volvimos a casa. Preguntamos a uno de los conductores del autobús por el camino cuál había sido su impresión de la explosión. «Bueno, no lo sé, nunca tuve una oportunidad de ver una de estas cosas explotando.»

Las fotografías y observaciones posteriores mostraron que un área de un kilómetro y medio de diámetro estaba cubierta por un tapiz verde y cristalino formado al fundirse la arena de la superficie. La arena es marrón, el tapiz es verde brillante. Es maravilloso ver desde el aire el área verde con el cráter en el centro, en el desierto marrón.

Bueno, cuando volvimos me divertí contándoselo a muchas personas. Los muchachos que trabajan para mí se reunieron en la sala boquiabiertos, mientras yo se lo contaba. Todos estaban orgullosos de lo que habían hecho. Quizá podamos acabar con la guerra pronto. Había demasiado que esperar. Volvimos a trabajar.

Habían salido algunas expediciones a las montañas que rodean Albuquerque y vieron el cielo tan brillantemente iluminado que por un momento temieron que hubiésemos calculado mal y se hubiesen achicharrado todos los experimentadores que estaban a menos de 10 kilómetros. Se vio en tres estados; a más de 300 kilómetros a la redonda. El jefe de la Base Aérea de Alamogordo tuvo que emitir un comunicado diciendo que un depósito de munición había estallado accidentalmente.

Hasta luego.

1946-1959

Después de la guerra, Feynman decidió no asumir la plaza que la Universidad de Wisconsin le había estado guardando y en su lugar optó por un puesto en Cornell. Su padre murió en octubre de 1946, poco más de un año después de la muerte de Arline. Fue un momento triste en la vida de Richard, y esto se refleja en el tono relativamente lánguido de muchas de las cartas escritas durante este período. Posteriormente describió su estado mental en esta época:

> Después de la guerra experimenté una reacción muy fuerte de una naturaleza peculiar. Quizá fuera por la bomba misma, o quizá por alguna otra razón psicológica... Muy pronto, antes que otros que eran más optimistas, tuve la sensación de que las relaciones internacionales y la forma como la gente se estaba comportando no eran diferentes de lo que habían sido antes, que iba a suceder lo mismo con cualquier otra cosa, y estaba seguro de que iba a utilizarse muy pronto... Esto era antes de que supiéramos que los rusos estaban desarrollando una rápidamente, pero para mí no había ninguna duda de que podían desarrollarla. Lo que puede hacer un loco, puede hacerlo otro.*

Profesionalmente, sin embargo, estaba en su elemento. Su asistencia a la Conferencia de Shelter Island en 1947 —Edward Teller, Hans Bethe, Abraham Pais, Isidor Rabi, John von Neumann, John Wheeler, Julian Schwinger, Linus Pauling, Willis Lamb y Robert Oppenheimer estaban entre los veinticuatro asistentes**— ayudó a reforzar su posición entre los líderes en su campo. Los artículos de Feynman sobre electrodinámica cuántica, el trabajo que con el tiempo le valió el premio Nobel, también datan de este período.

En 1950 aceptó un puesto en Caltech, y pasó su primer año sabático en Brasil. Mucha de la correspondencia de los años siguientes gira en torno a intereses

* De Christopher Sykes, *No Ordinary Genius: The Illustrated Richard Feynman,* Nueva York, W. W. Norton, 1994.

** Los otros eran David Bohm, George Breit, K. K. Darrow, Herman Feshbach, H. A. Kramers, Robert Marshack, D. MacInnes, A. Nordsieck, Bruno Rossi, Robert Serber, George Uhlenbeck, J. van Vleck y Victor Weiskopf. También fueron invitados F. Bloch, A. Einstein, E. Fermi y C. Molle, pero no pudieron asistir. *(N. del t.)*

puramente profesionales: pedir ayuda para encontrar errores en un artículo académico y excusarse cuando se le pidió que volviera a Los Álamos. Sus esfuerzos y logros fueron reconocidos con el premio Albert Einstein en 1954. La llegada de Murray Gell-Mann a Caltech poco después generó una fructífera —y ahora legendaria— colaboración y rivalidad.

En 1958, mi madre, Gweneth Howarth, vino a América a petición de mi padre. Por desgracia, poco de la correspondencia entre ellos se ha conservado, aunque es evidente por su carta del 29 de mayo de ese año que Gweneth era una mujer aventurera: lo bastante para atreverse a cruzar el Atlántico para ser su ama de casa después de una brevísima relación.

Richard P. Feynman a Arline Feynman
17 de octubre de 1946

Esta carta está muy gastada —mucho más que las otras— y parece que la hubiera releído a menudo.

Jueves, 17 de octubre, 1946

Arline:

Te adoro, cariño.

Sé cuánto te gusta oír esto, pero no sólo lo escribo porque a ti te guste; lo escribo porque me reconforta escribírtelo.

Ha pasado un tiempo terriblemente largo —casi dos años— desde la última vez que te escribí, pero sé que me excusarás porque sé que entiendes cómo soy, tozudo y realista; y creía que no tenía sentido escribir.

Pero ahora sé, mi querida esposa, que está bien hacer lo que he retrasado hacer y lo que tanto he hecho en el pasado. Quiero decirte que te quiero. Quiero amarte, siempre te amaré.

Me resulta difícil entender lo que significa amarte después de que hayas muerto, pero aún quiero consolarte y cuidar de ti, y quiero que tú me ames y cuides de mí. Quiero tener problemas que discutir contigo, quiero hacer pequeños proyectos contigo. Hasta ahora nunca pensé que pudiéramos hacer eso juntos. Que deberíamos hacerlo. Juntos empezamos a aprender a hacer telas juntos, o a aprender chino, o conseguir un proyector de cine. Ahora no puedo hacerlo. No. Estoy solo sin ti y tú eras la «mujer-idea» y la instigadora de todas nuestras aventuras salvajes.

Cuando enfermaste te preocupaste porque no podías darme algo que tú querías hacer y pensabas que yo necesitaba. No tenías que haberte preocupado. Igual que te dije entonces, no era necesario porque te quería mucho y de muchas maneras. Y ahora es incluso más cierto: no puedes darme nada ahora pero yo te quiero y te interpones en mi camino para amar a cualquier otra pero quiero permanecer así. Tú, muerta, eres mucho mejor que cualquier otra viva.

Sé que me dirás que estoy loco y que quieres que sea plenamente feliz y no quieres interferir en mi camino. Apostaría a que estás sorprendida de que ni siquiera tenga una novia (excepto tú, tesoro) después de dos años. Pero no puedes evitarlo, cariño, ni yo puedo; no lo entiendo, pues he conocido a muchas chicas y muy guapas y no quiero quedarme solo, pero tras dos o tres encuentros todas ellas parecen cenizas. Sólo tú me quedas. Tú eres real.

Mi querida esposa, te adoro.

Amo a mi mujer. Mi mujer está muerta.

Rich.

P. D. Perdona que no eche esto al correo, pero no sé tu nueva dirección.

Richard P. Feynman a R. C. Gibbs
24 de octubre de 1946

Prof. R. C. Gibbs
Departamento de Física
Universidad de Cornell
Ithaca, Nueva York

Querido profesor Gibbs:

Cuando oí hace unas pocas semanas que el señor Bethe casi había decidido ir a Columbia, me sentí muy preocupado e hice todo lo que puede por tratar de que se quedase en Cornell. La razón por la que yo decidí ir a Cornell hace un año era que quería ir a una escuela donde había un grupo experimental activo haciendo investigación en física nuclear. Sólo de esta manera podría mantenerme al tanto del progreso gracias a los problemas y las cuestiones teóricas que pudieran surgir en conexión con los trabajos experimentales. En esa época, deseaba trabajar con el doctor Bethe y tener un grupo experimental de hombres como Bacher, Rossi, Parratt, Greisen y estábamos pensando también en McDaniel y Baker. Sin embargo, si el doctor Bethe no fuera a Cornell entonces tampoco irían ni Bacher ni Greisen (Rossi ya había decidido no regresar) y yo no veía cómo podríamos atraer a otros jóvenes con tan poco que ofrecer. Decidí ir a principios de noviembre como planeamos porque la fecha era tardía y usted había contado con ello. Pero intenté decirle que yo quería permanecer el menor tiempo posible.

Conozco aquí a muchos jóvenes a quienes querríamos en Cornell y les he hablado de la situación. He tenido muy poco éxito cuando se dijo que ni el doctor Bethe, ni Bacher ni Greisen estarían allí. Por el contrario, si suponíamos que estos hombres iban a estar allí y se describía el programa que teníamos en mente, todos se mostraban muy interesados. Por desgracia, también tienen otras ofertas y están siendo presionados, de modo que están impacientes ante la incertidumbre en Cornell. Ya hemos perdido un electrónico muy bueno por este motivo.

Así que me parece que hay sólo dos posibilidades. O bien el doctor Bethe (y por lo tanto Bacher, Greisen y otros jóvenes) va a Cornell, y el departamento es uno de los mejores del país, o de lo contrario el Departamento de Física se encontrará en una situación muy pobre para poder atraer a los más capaces entre los físicos jóvenes que ahora están siendo licenciados del trabajo de la guerra.

Por lo tanto, estoy a favor de cualquier cosa que lleve a la primera opción. Esto significa, creo yo, que el profesor Bethe sería el director del departamento cuando usted se jubile. Creo que desde el punto de vista de la administración y la política del departamento eso sería muy bueno. El doctor Bethe ha hecho aquí un trabajo maravilloso como líder de la División Teórica. Condujo esto con notable facilidad. Todo el mundo se sentía libre para trabajar en lo que quisiera, pero todo el trabajo estaba coordinado y se hizo la tarea pedida. Y usted comprenderá que la política del proyecto entero dependía muy a menudo de las conclusiones de la División Teórica. No debería haber absolutamente ninguna duda respecto a sus capacidades como administrador.

Por otra parte, sería una desgracia para la física que él tuviera que pasar una gran parte de su tiempo alejado de la investigación. Por ello, creo que él debería tener un subdirector que pudiera asumir al máximo de lo posible los deberes puramente administrativos.

Espero que pueda encontrar algún arreglo que sea satisfactorio para todos. Es importante que esto se haga lo más rápidamente posible. Pretendo convertirme en un miembro activo de un Departamento de Física activo.

Atentamente,
R. P. Feynman

Richard P. Feynman a Robert Oppenheimer
5 de noviembre de 1946

Profesor J. R. Oppenheimer
Departamento de Física
Universidad de California
Berkeley, California

Querido Oppy:

Veo negra mi visita propuesta a California.

Cornell está sobrecargado de estudiantes de doctorado. Hay muchos más que nunca antes, y tenemos que hacer todo lo que podamos para atenderlos. Por ello, el departamento era muy reacio a dejarme ir durante el semestre de primavera, pues yo era necesario para ayudar a llevar la carga.

Hay otra razón personal. Mi padre ha muerto y no quiero alejarme demasiado de mi madre, en Nueva York, al menos por un tiempo.

Tenía muchas ganas de visitarte en Berkeley, como bien sabes. Lamento causar esta decepción para ambos. Esperaba ver otra vez a muchos amigos, pero así es como están las cosas.

Sinceramente,

R. P. Feynman

Richard P. Feynman a R. D. Richtmeyer
15 de abril de 1947

Después de recibir un cuestionario sobre si estaría interesado en volver a Los Álamos como consultor durante diez semanas durante el verano y si estaba interesado en asistir a una conferencia de física nuclear aún en fase de planificación, Feynman escribió la siguiente respuesta.

Sr. R. D. Richtmeyer
Laboratorio Científico de Los Álamos
Apartado 1663
Santa Fe, Nuevo México

Querido Bob:

Mis planes para el verano no están muy definidos. Espero holgazanear mucho y no sé si pasaré por Nuevo México.

Sin embargo, no creo que tenga tiempo de trabajar en Los Álamos en el futuro próximo, así que casi prefiero no molestame en rellenar todos los espacios en blanco del contrato hasta que no haya alguna razón precisa para ello.

Afectuosamente,
R. P. Feynman

Richard P. Feynman a E. O. Lawrence
15 de julio de 1947

Profesor E. O. Lawrence
Laboratorio de Radiación
Universidad de California
Berkeley, California

Querido profesor Lawrence:

Acabo de escribir al profesor Birge para decirle que no estaré en California el año que viene.

Realmente fue una decisión terriblemente difícil de tomar pues todo parecía muy equilibrado excepto el clima y el hecho de que ya estaba establecido en Cornell. Ninguna de éstas parecía una consideración muy importante, y por ello he tenido muchas dificultades para formarme una opinión. Cuando supe que Weisskopf no iba a ir a Berkeley decidí finalmente que me quedaría en Cornell el año que viene.

No sé cómo agradecerle el tiempo realmente maravilloso que pasé en California. Probablemente todos lo pasan bien en California, pero yo lo pasé especialmente bien. Transmita por favor mis mejores deseos a los Serbei y los MacMillan, así como a su mujer y sus hijos, y mi sincero agradecimiento por haber hecho mi estancia allí tan agradable. Sin ninguna duda, todos nos volveremos a ver.

Afectuosamente,
R. P. Feynman

Dando clase en Cornell, 1948.

Jack Williamson a Richard P. Feynman
25 de marzo de 1949

Jack Williamson, que publicó su primer relato en 1928, se encontraba en los albores de una larga e ilustre carrera en la ciencia ficción.

Estimado profesor Feynman:

La presente es para pedirle su opinión sobre una idea acerca de las fuerzas de ligadura nuclear: se trata de que tal vez no sean fuerzas reales, sino que más bien son una consecuencia de la naturaleza del espacio-tiempo.

Si el espacio-tiempo es un efecto de la masa que contiene, ¿no podría estar compuesto de unidades últimas que reflejan de algún modo la naturaleza cuántica de las partículas individuales? ¿Y no podrían estas mínimas unidades o paquetes de espacio-tiempo ser de tal naturaleza que la fuerza de la repulsión electrostática no pueda actuar dentro de un paquete, sino sólo entre paquetes diferentes?

¿Y no podría estar el núcleo atómico compuesto de una de estas unidades de espacio, conformada por las partículas que contiene?

Se seguiría de ello que se requiere energía para la formación de estas unidades de espacio: una cantidad de energía diferente para cada número y disposición de las partículas contenidas, siendo el mecanismo tal que explique la curva de fracción de empaquetamiento y todos los complicados fenómenos de las masas y energía nucleares.

Un núcleo de helio, el ejemplo más simple, requiere sólo una unidad de espacio-tiempo en la que existir, de modo que la formación de un núcleo de helio a partir de cuatro núcleos de hidrógeno libera la energía de tres paquetes sobrantes. (Despreciando la cantidad de energía necesaria para hacer que un paquete contenga cuatro partículas en lugar de una.)

La estabilidad de semejante núcleo no sería debida entonces a ninguna fuerza real que ligue sus partes, sino más bien a las dos condiciones siguientes: primero, que la fuerza repulsiva no puede actuar dentro de la unidad de espacio-tiempo que la contiene, y, segundo, que las partes no pueden separarse sin adquirir energía para formar unidades adicionales de espacio-tiempo para contener los fragmentos.

Por otra parte, la inestabilidad de núcleos tan masivos como los del radio y el uranio sería debida a la circunstancia de que los paquetes de espacio-tiempo que los contienen han quedado sobresaturados, hasta el extremo de que hay energía disponible, de la que se gastó en ampliarlos, para formar paquetes separados para una partícula alpha o para los fragmentos de la fisión.

Si es realmente acertada, esta idea debería explicar otras entidades tales como los electrones y los mesones. Un electrón podría ser un paquete vacío o sustancialmente vacío, que representa una masa y energía mucho menor: podría ser el cuanto real de espacio-tiempo. Sin embargo, no veo ninguna respuesta sencilla al problema del mesón.

Creo que la relación matemática de tales unidades de espacio-tiempo con su suma o efecto en el espacio-tiempo más familiar del universo macrocósmico podría ayudar a salvar el hueco que ahora existe entre la mecánica cuántica y la física relativista del macrocosmos.

Sin embargo, yo no soy un matemático, lo que por supuesto significa que soy incapaz de desarrollar esta idea o probar su valor, si lo tiene. Ni siquiera estoy suficientemente familiarizado con la literatura técnica para estar seguro de que es nueva. Creo que tiene cierta plausibilidad, así como la ventaja lógica de evitar la necesidad de cualquier tipo de fuerza independiente para contener energía nuclear.

Le estaría muy agradecido por cualquier comentario que usted pudiera hacer sobre esta sugerencia. Adjunto un sobre franqueado.

Atentamente,
Jack Williamson

Richard P. Feynman a Jack Williamson
30 de mayo de 1949

Sr. Jack Williamson
Portales, Nuevo México

Estimado señor Williamson:

Me interesó su idea respecto a la ligadura de las partículas nucleares pero no la encontré enunciada de forma suficientemente precisa para poder entenderla. Lo que quiero decir es que no veo cómo se explicarían las relaciones matemáticas de las unidades de espacio-tiempo, etc.

Como usted sabe, una teoría física no es útil a menos que pueda predecir efectos subrayados que no cabría esperar de otra manera. No creo que su idea esté suficientemente desarrollada para hacer eso posible.

Como ejemplo, usted explica la inestabilidad de los núcleos masivos como los del radio y del uranio por la circunstancia de «que los paquetes de espacio-tiempo que los contienen han quedado sobresaturados». La pregunta es: ¿se podía esperar que quedasen saturados cuando obtenemos núcleos tan masivos como los del radio y el uranio? ¿Por qué no están saturados para los átomos de cobre o hierro? La pregunta es cuantitativa para determinar exactamente qué átomos son suficientemente masivos para ser inestables.

Espero no desanimarle demasiado a pensar sobre estas cosas, pero le sugeriría que tratara de hacer las ideas lo más definidas y precisas que sea posible.

Atentamente,
R. P. Feynman

Richard P. Feynman a T. A. Welton
16 de noviembre de 1949

Profesor T. A. Welton
Departamento de Física
Universidad de Pensilvania
Filadelfia, Pensilvania

Querido Ted:

Precisamente ahora no estoy para dar una conferencia en absoluto. Estoy tratando de desarrollar algo más de mi material y me gustaría tener tiempo para quedarme en un lugar y trabajar. Por otra parte me gustaría verte de nuevo alguna vez de modo que no sé qué decir. ¿Por qué no me llamas otra vez el próximo semestre cuando esté enfermo y cansado de trabajar?

Adjunto copias de mis artículos. Deduzco de tu carta que no intentaste leerlos entonces porque, si lo hubieras hecho, te aseguro que los hubieras encontrado muy simples, al menos si no intentas demostrar que todas las cosas que yo digo son correctas. Sabes cómo trabajo, así que la mayor parte de ello es sólo una buena conjetura. Todas las demostraciones matemáticas fueron descubrimientos posteriores que no entiendo del todo, pero creo que las ideas físicas son muy simples. Empieza con la que trata de los positrones. Te deseo suerte.

Afectuosamente,
R. P. Feynman

Richard P. Feynman a Julius Ashkin
5 de junio de 1950

Profesor Julius Ashkin
Departamento de Física
Universidad de Rochester
Rochester, Nueva York

Querido Ash:

Te envío un manuscrito de mi próximo artículo. Esperaba que tuvieras tiempo de leerlo y descubrir todos los errores como fuiste tan amable de hacer con los otros dos artículos que escribí. Yo y el impresor tenemos las únicas otras dos copias, de modo que es algo muy valioso. Sin embargo, si no quieres estudiarlo con tanto detalle puedes quedártelo como un premio por ser tan bueno conmigo la última vez.

Por otra parte, si no tienes tiempo de leerlo, y no estás interesado, haz el favor de devolvérmelo porque el profesor Bethe quiere una copia para un curso que va a impartir este verano y todo lo que puedo darle es el manuscrito de la mecanógrafa.

Apreciaría cualquier comentario que tengas que hacer sobre él. Te enviaré una copia de mi próximo artículo desde California.

Al limpiar mi mesa descubrí una pequeña nota diciéndome que enviara una factura por mis gastos con motivo del seminario en Rochester. No tengo el valor de enviar la factura con tanto retraso, de modo que te la envío a ti con la tibia esperanza de que pueda obtener 22,00 $. No obstante, si es demasiado tarde y provoca mucha confusión, no te preocupes por ello porque me pagan bien en California. Muchas gracias.

Sinceramente,
R. P. Feynman

Richard P. Feynman a M. L. Oliphant
12 de diciembre de 1950

Profesor M. L. Oliphant
Universidad Nacional Australiana
Camberra, Australia

Estimado profesor Oliphant:

He recibido su amable carta y la de Ernest Titterton hablándome de la buena ocasión en Australia. He pensado sobre ello y he decidido no aceptar.

Estoy muy interesado en los intentos de iniciar investigación en otras partes del mundo. Quiero desearles gran éxito. Voy a pasar el año que viene en Brasil en relación con un proyecto similar.* La actual concentración de instalaciones de investigación y universidades científicas tiene obvios peligros.

Atentamente,
R. P. Feynman

Richard P. Feynman a Jerrold R. Zacharias
18 de enero de 1951

Dr. Jerrold R. Zacharias, Director
Laboratorio de Ciencia e Ingeniería Nuclear
Instituto de Tecnología de Massachusetts

Querido Zach:

Te escribo esta carta para ahorrarte una llamada telefónica en respuesta a tu proposición para utilizar mi mente aburrida con Inteligencia.

He decidido que no. La razón es que no creo que mi talento sea suficientemente único en este sentido. Creo que mis capacidades y formación como físico tienen probablemente un uso más directo en alguna otra dirección (aunque todavía desconocida). Sospecho que hay muchísimas personas ingeniosas capaces de tratar, tan bien como yo, los problemas que tú mencionas, y que están actualmente empleados en trabajos que van desde viajante hasta criminal.

Gracias, no obstante, por considerarme para el trabajo. Francamente mi posición sería más fuerte si viera algo que pudiera hacer directamente con la física. Quizá la física por sí misma tiene algún valor ahora que la emergencia nacional no es una guerra total.

Sinceramente,
Richard P. Feynman

* Feynman fue a Brasil en el marco de los llamados programas Point Four de asistencia técnica a países en vías de desarrollo. *(N. del t.)*

Feynman, 1950.

John Wheeler a Richard P. Feynman
29 de marzo de 1951

Profesor Richard P. Feynman
Laboratorio Norman Bridge
Instituto de Tecnología de California
Pasadena, California

Querido Dick:

Conozco tus planes de pasar el próximo año en Brasil. Espero que la situación mundial lo permita. Quizá no lo haga. Mi estimación personal es que hay al menos un cuarenta por ciento de probabilidades de guerra para septiembre, y sin duda tú tendrás tu propia estimación de probabilidades. Quizá estés pensando en lo que harás si la emergencia se agrava. ¿Considerarás la posibilidad de entrar en un programa completo de trabajo termonuclear en Princeton al menos hasta septiembre de 1952?

Los Álamos ha pedido a Princeton que eche una mano en este asunto. Voy a ir allí a tiempo completo a finales de mayo para darle un empujón. Spitzer, Schwartzschild, Ford y Toll van a dedicarle la mitad de su tiempo. Otros van a dedicar parte del tiempo. Spitzer, Hamilton y yo estamos encargados del reclutamiento activo. La universidad ha dejado disponible un gran edificio separado. Los Álamos ha preparado un borrador de contrato. John von Neumann, Goldstein y Richtmeyer estarán activamente implicados en el trabajo, especialmente en lo relativo al MANIAC de Princeton. El trabajo de Princeton, lejos de representar una degradación del esfuerzo de Los Álamos, ha sido requerido para ayudar a que Los Álamos pueda hacer todavía más. No puedo discutir su viabilidad en esta carta, ni varias ideas nuevas y excitantes que se han manejado por aquí las últimas semanas. Están en una línea bastante diferente de la que Bob Christy planea seguir. A Edward Teller y a mí nos gustaría describírtelas en persona para ver si no crees que es urgente para la defensa de este país que el más prometedor de estos esquemas sea desarrollado lo antes posible.

Las razones siguientes me hacen pensar que podrías considerar seriamente esta petición para que nos prestes tu ayuda:

(1) Incluso sin aprovechar la fuerza termonuclear, las bombas atómicas forman una parte importante del potencial bélico de este país. En el pico de producción durante la segunda guerra produjimos 4 kilotones al día de altos explosivos convencionales. En una medida tosca y muy arbitraria de la energía total liberada, este producto representa una quinta parte de una bomba atómica convencional al día, o en 700 días, 140 de las antiguas bombas atómicas. En comparación, toma la conjetura de cualquier periódico sobre la producción de bombas atómicas. Entonces pregúntate si hay alguna justificación para la filosofía puritana de muchos físicos nucleares —«La física nuclear es interesante: por ello no debemos trabajar en ella en caso de guerra; es mejor olvidar la física y decir a los almirantes y ge-

nerales cómo hacer esto-y-aquello táctico y estratégico»—. Evidentemente hay mucho que hacer en ese sentido. Se puede lograr incluso un factor 2 de ganancia. Pero ¡qué asunto tiene a los mejores físicos del país luchando tontamente por un factor 2 cuando están en juego factores de 5 o de 20! Si lo hacen, ¡el país podría pensar que habría que dar el desarrollo de las armas atómicas a los generales!

(2) La tarea de Princeton es ser la fábrica de ideas y hacer el diseño primordial. Los Álamos trabaja también en estos campos, pero también en llevar todas las fases prácticas del proyecto hasta el final. La escasez de personal para evaluar la idea y el diseño primordial es para mí terrible. Tú supondrías en porcentaje más diferencia que cualquier otra persona en el mapa nacional.

(3) Pretendemos reunir en Princeton un grupo de tamaño supercrítico que llegue realmente a alguna parte.

(4) Pienso trabajar a tiempo completo y confío en que tú también pudieras considerarlo debido a la urgencia de la situación internacional. No obstante, si no crees que la emergencia ha llegado todavía a la fase que requiere una dedicación a tiempo completo, habría una ocasión opcional para dedicar la parte que considerases adecuada a una pura conexión académica.

En resumen:

(1) Sería enormemente útil que pudieras venir ahora, a Los Álamos o a Princeton.

(2) Si crees que la emergencia no ha llegado todavía a esa fase, pero puede alcanzarla pronto, sería muy estimulante para nosotros que nos dijeras que vas a considerar seriamente el prestar ayuda en el asunto termonuclear.

(3) Si tu respuesta a (2) es afirmativa, ¿estarías dispuesto a rellenar la credencial adjunta para dejar abiertos los grados de libertad para una primera participación?

(4) ¿Y te ocuparías de llamarme a cobro revertido a Los Álamos 2-2776, o escribirme, para hacerme saber lo que piensas?

Mis mejores deseos,
John Wheeler

Richard P. Feynman a John Wheeler
5 de abril de 1951

Profesor John Wheeler
Apartado 1663
Los Álamos, Nuevo México

Querido John:

Como sabes, planeo pasar mi año sabático en Brasil. Soy desagradablemente consciente de las grandes probabilidades que hay de que no pueda ir. No obstante, hasta que la situación se defina, no quiero contraer ningún compromiso de trabajo para el próximo año.

Mis mejores deseos,

Richard P. Feynman

Richard P. Feynman a Lucille Feynman
30 de agosto de 1954

30 de agosto de 1954

Querida mamá:

No tienes nada. Una pequeña habitación en un hotel. Un cuarto lleno y no una casa con amigos y familia. Un trabajo que no enriquece ni tiene otro objetivo que el de ser hecho cada día, sin construir nada para ti. Ningún transporte fácil sino andar entre los empujones de la multitud. Ninguna comida especial, ningún viaje lujoso, ni fama ni riqueza. Hijos que raramente escriben. No tienes nada.

Eso dicen tus amigos, pero están equivocados. La riqueza no es la felicidad, ni lo son las piscinas y las mansiones. Ni es el gran trabajo la sola recompensa, o la fama. Los lugares extraños visitados no dan nada por sí mismos. Sólo eres tú quien lleva a los lugares tu corazón, o pone sentimiento en el trabajo, o en tu mansión. Si lo haces hay felicidad. Pero tu corazón puede ser transportado tan fácilmente a Samarkanda como al río Hudson. La paz es tan difícil de conseguir en una casa grande como en una pequeña. El sentimiento puede ponerse en cualquier trabajo. Tus amigos ricos no sacan de ello nada que hubieran perdido, aunque fuera con medios más modestos.

En el mar de deseo material que es nuestro país tú has encontrado una ensenada y un puerto. Estás lejos de ser completamente feliz, pero estás tan satisfecha como puedas estarlo con tu forma de ser en este mundo nuestro. Ése es un gran logro, o una gran mujer.

¿Por qué te escribo esto? Porque me has dicho estas cosas muchas veces, y yo he asentido con la cabeza, comprendiendo vagamente. Pero las mencionas una y otra vez, de modo que quizá piensas que no lo entiendo. Con poca comprensión, cada amigo te pregunta, cada pariente te acosa con la pregunta, ¿cómo puedes vivir en un lugar tan minúsculo, cómo puedes trabajar en esa tienda insoportable con esas horribles dependientas? Tú sabes cómo. Ellos nunca podrían saberlo, ni pueden vivir tan contentos de cualquier otra forma, pues no poseen tu fuerza y grandeza interior. Una grandeza que ha llegado a desarrollarse por el conocimiento de que, más allá de la pobreza, más allá del punto en que las necesidades materiales están razonablemente satisfechas, sólo dentro está la paz.

Te ofrezco todos mis recursos. ¿Qué quieres? ¿Qué cogerás? Puedes tener 10.000 $. Te los he ofrecido muchas veces. No los 10 $ que puedas pensar que necesitas y que me dejarás darte. No te molesto más. No lo diré otra vez, pero debes

Richard y Lucille, a mediados de los años cincuenta.

saber siempre que te daré cualquier cosa material que puedas desear. Ahora o en el futuro. No tienes inseguridad. Y no tienes que estrujarte el cerebro para pensar en nada. Ningún hombre que esté insatisfecho es rico, pero quien no quiere nada posee el deseo de su corazón. No tienes que preocuparte por los intentos de ayuda de tus amigos. No estás obligada a vivir como lo haces. La oferta de tu hijo lo demuestra. Es tu elección, tu vida, tu sencillez, tu paz y tu satisfacción. No necesita más justificación.

Y puedo ofrecerte todo lo que poseo, incluso si fuera egoísta al hacerlo, pues sé que tú no quieres nada de ello.

Cuando te lo ofrezco, ¿qué es lo que pides? Pides que te escriba. ¿Qué puedo dar más fácilmente? Aunque sé que tu fuerza no requiere ahora nada para su seguridad, aunque sé que podrías vivir sin que te escriba aceptando ese hecho y viviendo con ello, no deseo poner a prueba tu fuerza o hacer más pesada tu carga. ¡Qué hijo tiene una madre que en tales circunstancias pide menos de él!

Mi deber está claro, y la acción correcta es obvia. Quizá tenga la fuerza de resolver que esto sea el comienzo de una correspondencia más regular. Espero que la lección de tu fuerza vital me inspire más a menudo para tratar de añadir un poco a lo que realmente quieres. No te ofrezco más fantasías. Si tú las quieres, pide. Espero que pueda escribir más a menudo a una mujer que se merece todo. Te quiero.

Tu hijo

La falta de correspondencia con su hijo dejaría de ser un problema con el tiempo. Lucille Feynman se trasladó en 1959 desde Nueva York a Pasadena, California, para estar más cerca de Richard.

Richard P. Feynman al Departamento de Estado
14 de enero de 1955

Departamento de Estado
Washington D.C.

Señores:

Ayer recibí una carta del señor Zaroubin, el embajador soviético, invitándome a tomar parte en un congreso científico en Moscú. Adjunto una copia de la carta.

Esto me produce una gran sorpresa y no sé qué hacer. Aunque la carta señala que el congreso es puramente científico, es obvio, dadas las actuales relaciones de nuestro país con Rusia, que dicha visita podría tener notables repercusiones no científicas y ser de interés para el Departamento de Estado. Les estaría muy agradecido si pudieran darme algún consejo. Me gustaría cooperar con sus deseos en esta materia.

¿Representa la invitación soviética a científicos extranjeros un cambio parcial en la política del telón de acero? ¿Podemos esperar que esto sea una vuelta a relaciones científicas más normales con ese país? ¿Deberíamos aprovechar ese cambio para descubrir lo que piensan los científicos y la situación de la comunidad científica en Rusia? ¿Hay algún peligro de que me quede allí y no me permitan volver? Trabajé en energía atómica durante la guerra, pero no después. Soy experto en electrodinámica cuántica y teoría de las partículas elementales, campos científicos que no tienen por el momento ninguna aplicación militar aparente, de modo que no es irrazonable que me hayan invitado si la invitación es sincera. Otra posibilidad es que sea en parte una consecuencia de una carta que escribí al científico Landau, comentando algunos artículos que él me envió. Adjunto una copia. No hubo respuesta. ¿Saben ustedes si algún otro científico ha sido invitado a esta reunión?

Estoy dispuesto a proceder de la forma que a ustedes les parezca mejor en el interés del país, incluso si supusiese algún peligro personal.

Sinceramente,
R. P. Feynman

Tocando el tambor, a mediados de los años cincuenta.

Richard P. Feynman a la Comisión de Energía Atómica
14 de enero de 1955

Comisión de Energía Atómica
Washington, D.C.

Señores:

Ayer recibí una carta del embajador soviético invitándome a un congreso científico en Moscú. Adjunto una copia de esta carta. No sé qué hacer y he escrito al Departamento de Estado pidiendo consejo.

Pensaba que ustedes estarían interesados porque estuve vinculado al proyecto de Los Álamos durante la guerra, de modo que hay que considerar el peligro de que no pudiera volver o la reacción de la opinión pública. Cualquier sugerencia que ustedes pudieran hacer sería apreciada.

Sinceramente,
Richard P. Feynman

Telegrama
Richard P. Feynman al Departamento de Estado
17 de febrero de 1955

Departamento de Estado
Washington, D.C.

Con respecto a mi carta del 14 de enero pidiendo su consejo sobre la invitación que recibí de la Academia de Ciencias Soviética para visitar Moscú para un congreso científico. Zaroubin dice hoy que la Academia Soviética también pagaría los gastos del viaje de Estados Unidos a Moscú y vuelta. Me gustaría responder lo antes posible para tener tiempo para hacer varios preparativos. ¿Podrían decirme lo que piensan sobre esta cuestión?

Richard P. Feynman

Richard P. Feynman a Walter Rudolph
24 de febrero de 1955

Sr. Walter Rudolph
Departamento de Estado
Washintgton, D.C.

Muy señor mío:

Hace más de un mes escribí una carta al Departamento (aunque no directamente a su oficina) informándoles de que fui invitado a un congreso en Moscú sobre electrodinámica cuántica y partículas elementales. La invitación venía de la Academia de Ciencias Soviética a través del embajador soviético. Pensaba que podía ser de interés para el país y para la ciencia animar esos intercambios y conferencias. Por otra parte, podría haber buenas razones, incluyendo las relaciones de nuestro país con Rusia, por las que ello pudiera ser una mala idea. Pregunté al Departamento por su opinión. No recibí respuesta. Asimismo, una carta nocturna que envié la semana pasada también quedó sin respuesta.

Es posible que estas cartas se hayan extraviado, o se hayan retrasado debido a que no iban dirigidas a nadie en particular, sino al Departamento en general. El doctor Koepfli sugirió en este punto que sería mucho mejor que le escribiera directamente a usted.

Queda muy poco tiempo para la reunión. La reunión es el 31 de marzo, y los resúmenes de los artículos que se van a presentar deberían estar listos el 1 de marzo. Además, tendría que preparar el viaje en avión y mi pasaporte y visado. Puesto que no recibí respuesta y había que tomar una decisión, decidí aceptar la invitación. Si hay alguna objeción espero que ustedes puedan presentarla inmediatamente.

Clase en Caltech, 1955.

El pasaporte que tengo no es válido para viajar a Rusia. El señor Wallace Atwood, de la Academia Nacional de Ciencias, irá próximamente al Departamento para obtener el permiso para dicho viaje. Espero que no tarde demasiado.

Quiero hacer hincapié de nuevo en que me gustaría cooperar plenamente con el Departamento. No pondría ninguna objeción si se me negara el permiso para ir, ni tendría la sensación de que se hubiera violado algún derecho. La situación entre los países es delicada y estoy seguro de que ustedes pueden juzgar mucho mejor que yo las repercusiones de ese viaje. Por otra parte, si no hay ninguna objeción me gustaría ir a la conferencia.

Por favor, acusen recibo de esta carta, incluso si todavía no se ha tomado ninguna decisión, para que pueda saber al menos si esta carta y las otras se han recibido.

Atentamente,
Richard P. Feynman

Richard P. Feynman a Wallace W. Atwood, Jr.
24 de febrero de 1955

Sr. Wallace W. Atwood
Academia Nacional de Ciencias
Washinton, D.C.

Estimado señor Atwood:

Muchas gracias por el interés que ha mostrado por mi problema para asistir al congreso de Moscú. Le agradezco especialmente su conversación telefónica. Sin embargo, aún no he recibido noticias del Departamento de Estado.

Fue usted muy amable al ofrecerse para tratar la cuestión de mi pasaporte. Me gustaría que hubiera alguna otra forma de hacerlo para que no tuviera que molestarle con ello, pero temo correr el riesgo de estropearlo. Llamé a la División de Pasaportes, aquí en Los Ángeles. Simplemente se rieron y dijeron: «Usted no puede conseguir un pasaporte para ir a Rusia». Cuando insistí dijeron que escribiera directamente al Departamento de Estado.

Por ello espero que no le importe que le pida un favor. Adjunto mi pasaporte. ¿Podría usted llevarlo al Departamento de Estado y preguntarles si está conforme para un viaje a Moscú a fin de asistir a la conferencia? También les escribiré hoy una carta y les diré que, puesto que no me han dado ningún otro consejo, estoy solicitando que acepten mi pasaporte para viajar a Rusia, y que usted lo llevará. También escribo al embajador soviético diciéndole que me gustaría ir a la reunión, pero que mi pasaporte no tiene todavía la conformidad para viajar a Rusia.

Si el pasaporte fuese validado, ¿podría usted obtener la visa de la embajada soviética y enviármela? Me incomoda tener que pedirle estos favores, cuando ni siquiera le conozco personalmente.

Le agradezco su ayuda.

Atentamente,

Richard P. Feynman

Richard P. Feynman a A. N. Nesmeyarrow
25 de febrero de 1955

Una carta del 16 de febrero de la Academia de Ciencias de la Unión Soviética informaba a Feynman de que serían pagados sus gastos de ida y vuelta a Moscú.

Sr. A. N. Nesmeyarrow
Presidente
Academia de Ciencias de la Unión Soviética
Moscú, Rusia

Estimado señor Nesmeyarrow:

Me gustaría agradecer a la Academia de Ciencias su amable invitación para asistir al congreso sobre electrodinámica cuántica y partículas elementales que se celebrará del 31 de marzo al 6 de abril. Su generosidad al pagar todos mis gastos de viaje hace económicamente posible que pueda asistir.

Aceptaría la invitación, pero queda una duda. Mi pasaporte actual no es válido para viajar a la Unión Soviética y he solicitado al Departamento de Estado la necesaria ampliación. Si se garantiza, por supuesto que iré. Me siento molesto al tener que darle todavía una respuesta tan poco precisa, incluso después de haber tardado tanto en responderle. Le agradezco su paciencia en esta cuestión.

La invitación pedía que le enviara, para esta fecha, el tema de cualquier comunicación que quisiera presentar. Supongo que eso significa un resumen, y no el artículo completo. Por desgracia, no he hecho mucho trabajo original acertado en el campo que no esté ya publicado. Adjunto un resumen de un trabajo sobre un problema íntimamente relacionado. Quizá ustedes decidan que no es apropiado para el congreso porque el tema es algo ajeno. Por favor, no duden en decírmelo si es así. También estoy preparando otros dos artículos, suponiendo que uno u otro serán de interés. Uno trata de la situación actual con respecto a la precisión de la comparación de la electrodinámica cuántica con el experimento, y una discusión de los problemas teóricos que quedan por resolver para hacer esta comparación más completa. El otro es éste: recientemente hubo un congreso en Rochester, Nueva York, sobre física de altas energías. Podría ofrecer un resumen de este congreso, en particular de los últimos experimentos de interés con mesones que todavía no han sido publicados. Por supuesto esto no es trabajo original, y quizá otros tengan la intención de informar sobre ello. Si se desea podría dar una charla con una revisión general sobre la situación actual en física teórica de partículas elementales o podría ser más concreto y describir algún trabajo original incompleto sobre los efectos de los diagramas de lazo cerrados en la teoría del mesón pseudoescalar.

Agradecería que pudieran decirme cuál de estos temas encajaría mejor en el plan del congreso de modo que pudiera concentrar mi atención en prepararlos.

He hecho algún trabajo en la teoría del helio líquido que podría ser de particular interés para el profesor Landau, que tanto ha trabajado en este problema. Me propongo discutirlo informalmente con el profesor Landau. Pero si hay ocasión, fuera del congreso, en la que él quisiese tener conmigo una charla más formal sobre este tema, estaría encantado.

Gracias de nuevo por la amabilidad y generosidad de su invitación. Espero poder ir pero, en cualquier caso, estoy seguro de que será un congreso con mucho éxito.

Atentamente,
R. P. Feynman

K. D. Nichols a Richard P. Feynman
28 de febrero de 1955

Estimado profesor Feynman:

Esto es en respuesta a su carta fechada el 14 de enero de 1955, en la que pedía consejo respecto a la invitación recibida por usted de la embajada rusa para tomar parte en el congreso que celebrará la Academia de Ciencias en Moscú del 31 de marzo al 6 de abril de 1955.

En nuestro examen de los viajes al extranjero por parte de empleados o antiguos empleados del programa de energía atómica de Estados Unidos, nuestra política es no interferir en esos viajes, a menos que sean de una naturaleza que indique un riesgo indebido para la seguridad de la nación o afecte a la seguridad personal del viajero.

Debido a la información altamente clasificada a la que usted ha tenido acceso durante su asociación con el programa de energía atómica, pensamos que su asistencia a este congreso constituiría un riesgo sin garantías, por lo que se recomienda enérgicamente que decline la invitación.

Se agradece su interés en notificar esta cuestión a la AEC.

Atentamente,
K. D. Nichols
Administrador General

Richard P. Feynman a A. N. Nesmeyarrow
14 de marzo de 1955

Sr. A. N. Nesmeyarrow
Presidente
Academia de Ciencias de la Unión Soviética
Moscú, Rusia

Estimado señor Nesmeyarrow:

En mi última carta aceptaba la invitación al congreso sobre electrodinámica cuántica siempre que el Departamento de Estado me concediera un pasaporte. Esta cuestión sigue pendiente, pero mientras tanto han surgido circunstancias que me hacen imposible asistir. Espero que mis vacilaciones no le hayan causado demasiados problemas.

Me gustaría agradecer de nuevo a la Academia Soviética su amabilidad y generosidad al invitarme. Estoy seguro de que el congreso será un éxito y le deseo la mayor suerte con él.

Atentamente,
Richard P. Feynman

Richard P. Feynman a Walter M. Rudolph
14 de marzo de 1955

Sr. Walter M. Rudolph
Ayudante del Consejero Científico
Departamento de Estado
Washington, D.C.

Muy señor mío:

Gracias por su carta del 3 de marzo, acusando recibo de la mía del 24 de febrero.

Desde que le escribí, K. D. Nichols, de la Comisión de Energía Atómica, me ha escrito recomendando que no vaya, pues ese viaje constituiría un riesgo sin garantías a la vista del hecho de que tuve acceso a material altamente clasificado durante la guerra.

He decidido seguir su consejo. Por ello, retiro mi petición de que mi pasaporte sea validado para viajar a Rusia. El señor Wallace Artwood lo recogerá.

Como usted sabe, ya había aceptado la invitación pendiente de la conformidad del pasaporte. Ahora he escrito al embajador soviético que la cuestión del pasaporte está aún pendiente, pero que han surgido circunstancias que me hacen imposible asistir. Se adjuntan esta carta y otras relacionadas.

¿No cree usted que si el Departamento de Estado respondiera rápidamente a las peticiones de opinión que se le hacen sería más fácil para los ciudadanos actuar de forma que el Departamento estuviera a salvo de molestias innecesarias?

Sinceramente,

Richard P. Feynman

Walter J. Stoessel, Jr., a Richard P. Feynman
15 de marzo de 1955

Estimado doctor Feynman:

Me refiero a la carta que usted dirigió al Departamento el 14 de enero de 1955 y a posteriores comunicaciones con la oficina del Consejero Científico y la Academia Nacional de Ciencias concernientes a la invitación que usted recibió para formar parte en el congreso sobre la teoría cuántica de la electrodinámica y la teoría de partículas elementales que se celebrará en Moscú, Unión Soviética, del 31 de marzo al 6 de abril de 1955 bajo el patrocinio de la Academia de Ciencias de la Unión Soviética. La larga demora en llegar a un acuerdo del Departamento con respecto a su respuesta a esta invitación ha sido debida a la necesidad de consultar con varias oficinas y agencias interesadas, incluyendo aquellas que son conocedoras de consideraciones que derivan de su experiencia en tiempo de guerra en el campo de la energía atómica. Ahora parece que dichas consideraciones hacen altamente indeseable que usted visite la Unión Soviética y, en consecuencia, le exhortamos a declinar la invitación.

Es demasiado pronto para decir si una tendencia por parte del gobierno soviético a animar a gran número de científicos occidentales a visitar la Unión Soviética y, recíprocamente, enviar algunos científicos soviéticos al extranjero representa un cambio básico en la actitud soviética hacia el intercambio internacional de información científica. Sin embargo, hay fuertes indicios de que el gobierno soviético lo está haciendo motivado principalmente por la perspectiva de ganancias propagandísticas en el campo político internacional y tiene poca intención de establecer relaciones científicas más normales que impliquen un mayor intercambio de información científica mutuamente beneficiosa. En relación con esto, habría que notar que la presencia de científicos occidentales en congresos y encuentros soviéticos puramente internos es más susceptible de una explotación efectiva por la propaganda soviética que los contactos entre científicos soviéticos y occidentales en encuentros o congresos de organizaciones o grupos reconocidos internacionalmente.

Sinceramente,

Walter J. Stoessel, Jr.
Oficial en Funciones
Asuntos Unión Soviética

Richard P. Feynman a Walter J. Stoessel, Jr.
4 de abril de 1955

Sr. Walter J. Stoessel, Jr.
Departamento de Estado
Washington, D.C.

Estimado señor Stoessel:

Gracias por su carta del 15 de marzo. En vista de una carta de K. D. Nichols, de la Comisión de Energía Atómica, expresando opiniones similares a las de su carta, he declinado la invitación para asistir al congreso soviético de electrodinámica cuántica.

Atentamente,
R. P. Feynman

Richard P. Feynman a Ralph Bown
7 de marzo de 1958

Un miembro del Consejo Consultivo en Conexión con Programas de Ciencia escribió a Feynman para discutir las formalidades de una relación de trabajo pendiente. Feynman había accedido a ser consultor para un programa de televisión que la Warner Brothers estaba produciendo para la Bell System Series. Entre otras estipulaciones legales formales, la carta establecía que «para cada programa se nombre a un individuo como "el designado" de quien Warner puede aceptar comentario, consejo y recomendaciones autorizadas en nombre de la Junta Científica».

Sr. Ralph Bown
Consejo Consultivo en Conexión con Programas de Ciencia
Nueva York, Nueva York

Estimado señor Bown:

Gracias por su formidable carta describiendo las interrelaciones legales. ¿Quién es el «designado»? ¿Ése soy yo, o soy un consultor, o qué demonios? Póngalo claro en palabras de una sílaba, por favor.

En cualquier caso los tipos de la Warner tienen un autor llamado Marcus. Ha venido a mi despacho en dos ocasiones, cada una de ellas durante medio día (de modo que ustedes me deben un día más de paga). El propósito era obtener una explicación más detallada y completa de algunas de las materias científicas en el informe que yo escribí (como la simultaneidad en relatividad, cómo se miden los tiempos cortos, etc., etc.). Es muy inteligente y conseguí explicarle con éxito muchas cosas.

Aunque los reclamos, etc., no estaban en la agenda, me habló de ellos, y dejó un documento con la descripción de su proyecto. No hice ningún comentario sobre estas ideas, diciéndole que eso no era asunto mío.

(Por otra parte, se me pusieron los pelos de punta cuando leí «las ideas» para presentar el material. Pero llevaba el sombrero y no se notó. Me aliviaría poder decir unas palabras para desahogarme. Así que por favor no consideren la siguiente como una opinión válida u oficial. Soy sólo yo expresando opiniones no oficiales y deben quedar dentro de estos paréntesis.)

(La idea de que la gente del cine sabe presentar este material, porque ellos pertenecen al entretenimiento, y los científicos no, es falsa. Ellos no tienen experiencia en explicar ideas, como testimonian todas las películas, y yo sí la tengo. Tengo éxito dando conferencias sobre física para audiencias populares. El reclamo real es la excitación, el drama y el misterio del tema. La gente quiere aprender algo, se «entretiene» mucho cuando se les permite comprender un poco de algo que nunca antes habían comprendido. Uno debe tener fe en el tema y en el interés de la gente en él. ¡De lo contrario basta con utilizar un Western para vender teléfonos! La fe en el valor del tema debe ser sincera y mostrarse claramente. Todos los reclamos, etc., deberían ser subsidiarios. Ayudarán a explicar y describir el tema y no a entretener. El entretenimiento será un subproducto automático.)

No se preocupe, sigo con mi sombrero puesto y me limitaré solamente a consejos científicos.

Atentamente,
R. P. Feynman

Richard P. Feynman a Mimi Phillips
junio de 1958

El influyente trabajo de Feynman sobre helio líquido empezó en 1953, y siguió dedicándose a él (junto con su colaborador, Mike Cohen) durante los cinco años siguientes. Esta carta fue escrita a la joven hija de su prima en junio de 1958 mientras estaba de camino al congreso sobre física de bajas temperaturas, en Leiden, Holanda. Fue publicada más tarde en el periódico local de los Phillips.

Volando sobre Inglaterra

Querida Mimi:

¿No soy terrible? ¡Mira que no responder a tus dos cartas y postales! Me escribes cartas muy bonitas, y tienes razón en que debería responderlas y escribir a mi mamá. Cuando acabe esta carta escribiré a mamá.

Estoy de camino hacia Europa y volando sobre Inglaterra. Voy a aterrizar en Holanda, en Amsterdam. Tengo que dar una conferencia en un congreso. Trata sobre cómo se comporta el helio licuado.

Realmente es un líquido muy extraño: puede fluir cuesta arriba incluso a través de las grietas más finas sin necesidad de empujarlo. Sabes lo lentamente que se filtra el agua a través de un tejido o el barro. Pues el helio líquido se filtra fácilmente.

Tiene otras propiedades disparatadas y los físicos han tratado de entenderlas durante mucho tiempo, dedicándole muchos experimentos y mucha reflexión. El mayor paso adelante teórico lo dio un hombre llamado Landau en Rusia en 1941 (y el segundo gran paso lo di yo, y ahora lo entendemos muy bien). Por eso se le había dado el honor de pronunciar la primera lección en este congreso (que trata sobre todo tipo de cosas extrañas que suceden a bajas temperaturas).

Pero él no puede venir (todos sospechamos que es porque los rusos no se fían de dejarle salir del país: se podría escapar). Así que tengo que hacerlo yo. Es pasado mañana y todavía no he pensado en lo que voy a decir. Solo me dijeron que debía hacerlo.

Después de eso voy a otro congreso en Ginebra, Suiza. Éste trata de las nuevas partículas extrañas que obtenemos cuando hacemos chocar dos átomos con gran energía (es lo que se llama física de altas energías).

Los átomos son complicados, quizá como lo son los relojes, pero son tan pequeños que todo lo que podemos hacer es lanzarlos unos contra otros y ver todas las piezas divertidas (engranajes, volantes y muelles) que salen volando. Entonces tenemos que conjeturar cómo está compuesto el reloj. En los últimos años hemos tenido bastantes dificultades para distinguir una rueda de engranaje de otra y contarlas. Ahora parece que conocemos la mayoría de las partes que intervienen, pero nadie sabe cómo encajarlas.

¿Cuánto tardaremos en descubrirlo? ¿Cinco años, diez años? ¿Podré ayudar? Lo intentaré. Tendré que pensar mucho e imaginar todo tipo de posibilidades. ¿Por qué crees tú que queremos molestarnos en descubrir de qué están hechos los átomos y cómo están compuestos?

Cuando regrese no voy a ir directamente al oeste, sino que voy a quedarme en Ithaca, Nueva York, en la Universidad de Cornell, hasta Navidad. Quizá te veré entonces. Muchas gracias por escribir. ¿Por qué no he respondido antes? Porque soy malo, malo. Sabes que la mayoría de las personas son malas de una u otra manera; pero no siempre son malas, y tienen otras cosas buenas para compensar. Así que si piensas que soy malo por no escribir, ahora ves que no siempre soy malo —hoy soy bueno— y tengo algunas compensaciones porque recuerdo que pasamos un tiempo muy buenos juntos en Connecticut.

La mejor suerte y deseos para tu mamá y tu papá.

Dick Feynman

P. D. ¿Cómo van las lecciones de piano?

Richard P. Feynman a Bill Whitley
14 de mayo de 1959

Sr. Bill Whitley
Asuntos Públicos KNXT
Hollywood, California

Estimado señor Whitley:

El primero de mayo usted grabó una entrevista que me hizo Bill Stout para ofrecerla en su programa «Punto de Vista» del 10 de mayo.* La cinta no fue utilizada y usted me ha pedido grabar otra entrevista. No se ha dado una razón muy clara para esta petición. Se dijo en una ocasión que mis opiniones podían contrariar a la gente, y en otra ocasión que la culpa era enteramente del señor Stout (que con sus preguntas daba a entender con demasiada vehemencia que estaba de acuerdo conmigo).

Ayer oí una cinta con la entrevista grabada. Me pareció que tuve una gran oportunidad de expresar mis ideas, que dichas ideas estaban expresadas honesta y sinceramente y de una manera razonada y no dogmática. No puedo imaginar que ningún antagonismo pudiera resultar de la forma como me expresé, sino quizá solamente del propio hecho de expresarme. Se afirma claramente que mis ideas son mis propias opiniones personales, y que no todos los científicos están de acuerdo. Los puntos de vista expresados, u otros muy próximos, son mantenidos por un número muy grande, aunque quizá una minoría, de personas muy inteligentes en este país. No hay razón por la que no debieran encontrar una expresión en nuestros canales de comunicación pública como la televisión.

El señor Stout llevó la entrevista con notable habilidad. Las preguntas eran claras e inequívocas y diseñadas para permitirme desarrollar y expresar mis ideas de la forma más clara posible. Sus comentarios eran solamente en forma de preguntas; preguntas neutrales que de ninguna manera implicaban acuerdo o desacuerdo con las ideas que yo estaba desarrollando.

La industria de la televisión puede estar orgullosa por formar parte de la tradición de libertad de expresión de este país. Y el programa que lleva el orgulloso nombre de «Punto de Vista» contribuye de manera importante al discutir las cuestiones controvertidas de nuestro tiempo. De todas formas, considero su rechazo a utilizar el programa grabado conmigo como una censura directa de la expresión de mis ideas.

No veo ninguna razón para realizar una nueva grabación. No cambiaré mis ideas, y no quisiera cambiar mi manera de expresarlas.

Si usted aún está preocupado por la posición del señor Stout, siéntase libre para hacer, o que haga él, un comunicado al efecto de que la emisora, o él, no está de acuerdo con mis ideas.

* Ver la transcripción en el Apéndice I.

Richard y Gweneth, 1959.

En vista de estas consideraciones, ¿podría pedirle que reconsidere su decisión?

Esperando su rápida respuesta, quedo
atentamente,
R. P. Feynman

Feynman no concedió otra entrevista y la cadena emitió el programa. Sin embargo, el programa fue emitido a una hora anterior a la anunciada, lo que garantizaba una audiencia mucho menor.

Richard P. Feynman a Gweneth Howarth
29 de mayo de 1959

Querida Gweneth:

Bien, ¡al fin!

Me desborda la alegría al saber que vienes al fin. ¡Hemos esperado tanto tiempo! ¿Qué tuviste que hacer finalmente con la embajada para despertarles? Te necesito más que nunca. Me estoy poniendo enfermo con mis propias comidas: todo lo que puedo cocinar son bistecs, chuletas de cordero y chuletas de cerdo con guisantes, maíz o judías, y no hay mucha variedad en eso. Espero ser mucho más feliz. Dentro de tres semanas iré a buscarte al aeropuerto.

Pero haz el favor de escribir con todo lo que sepas sobre el vuelo, como el número de vuelo TWA, o la hora exacta de llegada a Los Ángeles, o la hora exacta en que sale de Nueva York (decías que llega a Los Ángeles a las 11, pero en la TWA dicen que ellos no tienen nada que ver; sólo el vuelo 5 que sale de Nueva York a las 9.30, llega a Los Ángeles a las 11.55. ¿Es ése?). Cuantos más detalles tenga mejor podré comprobar las cosas si hay alguna confusión. Dime también la hora de llegada del Stadenhaus y dónde pasarás la noche en Nueva York. Tengo que cuidar de ti también, ya sabes. En cuanto llegues aquí soy responsable de que estés feliz y no asustada, así que me gustaría saber dónde se supone que vas a estar para llamarte para ver si todo va bien. Haz el favor de llamarme si tienes el mínimo problema; pon 10 centavos y dile a la operadora que quieres hacer una llamada a cobro revertido de estación a estación a Los Ángeles, SYCAMORE 7-XXXX. Si no respondo prueba en la facultad donde trabajo; esta vez dile a la operadora que quieres hacer una llamada a cobro revertido persona-a-persona a Richard Feynman, teléfono número SYCAMORE 5-XXXX. Si no puedes hablar conmigo y estás desesperada, trata de llamar a cobro revertido a Matthew Sands —persona-a-persona— al mismo número SY-5-XXXX. Le diré que es posible que llames; puedes contarle tus problemas y él los solucionará. Dicho sea de paso, él se alegra de oír que al fin vienes, porque le prometí a él y a su mujer que serían los primeros invitados a cenar cuando llegues. ¡Dice que quiere faisán! ¿Qué deberíamos ofrecerle?

En cualquier caso, no te asustes demasiado. América es un buen lugar y todo el mundo habla inglés —según una moda— así que simplemente pregunta lo que quieras saber.

Si vinieras dos semanas antes seguro que tendría un montón de cosas para que hicieras: voy a estar en la televisión, en una entrevista con un nuevo comentarista el 7 de junio y quizá haya muchas cartas que responder.

Deja allí tus cosas de esquiar. Aquí se puede esquiar en las montañas a 60 minutos, aunque yo nunca he esquiado, así que ahórrate el peso. Podemos ir una o dos veces si quieres tratar de enseñarme, pero podemos tomar prestado (o alquilar) las cosas de amigos las pocas veces, si hay alguna, que vayamos. Son demasiado pesadas para traerlas sólo para eso.

El clima es caliente en verano y templado en invierno; nunca he visto una helada. Normalmente 16º o 18º. Fresco por la noche. No es necesario un abrigo pesado. Nunca llevo abrigo salvo en los días lluviosos y fríos (muy pocos), que llevo una gabardina. Pero un abrigo ligero será muy práctico.

Fui a comprar neumáticos para tu coche, pero son muy caros y tendré que ir de tiendas. Por ello decidí esperar y dejarte que vayas de tiendas hasta que encuentres un precio razonable: no tiene sentido poner neumáticos caros en un coche viejo. No te preocupes por el permiso de conducir, podemos sacarlo aquí. En cualquier caso necesitarás una lección o dos conduciendo por el lado derecho para familiarizarte con nuestras calles y con el coche.

Aquí también estamos en la estación de la playa, pero todavía no he ido. La semana pasada fui con unos amigos a un viaje de acampada en el desierto durante dos noches. Fue divertido.

Bueno, me las arreglo muy mal sin ti. Ven pronto.

Tuyo,

Richard

1960-1970

La Academia Nacional de Ciencias

Todo empezó con una carta que adjuntaba un comunicado fechado en noviembre de 1959. «Según los registros de nuestra oficina de asuntos económicos, sus cuotas no han sido satisfechas durante los dos años fiscales anteriores». Lo que sigue es un intercambio de correspondencia sobre el valor de los honores —el mérito de los méritos, si se quiere— que iban a acumularse en muchas ocasiones en el curso de la vida de Feynman. Aunque la Academia Nacional de Ciencias había sido útil en el intento de asistir al congreso de Moscú algunos años antes, la distinción de ser miembro tenía ahora poco atractivo.

La correspondencia entre Feynman y las diversas partes interesadas en la Academia constituye un testimonio extrañamente cómico no sólo de la firme aversión que sentía Feynman por los clubes cuyo valor descansa principalmente en su exclusividad, sino también de su perseverancia.

B. L. Kropp a Richard P. Feynman
noviembre de 1959

Estimado doctor Feynman:

Se adjunta un estado de sus cuotas como miembro de la Academia Nacional de Ciencias para el año que comienza el 1 de julio de 1959.

Según los registros de nuestra oficina de asuntos económicos, sus cuotas no han sido satisfechas en los dos últimos años fiscales. Quizá haya un error en nuestras cuentas y agradeceríamos que nos advirtiera cuándo se hicieron los pagos. Si, por el contrario, sus registros están de acuerdo con los nuestros, haga el favor de enviar un cheque por 30 $ que cubrirá sus cuotas hasta el 30 de junio de 1960.

Muy atentamente,

B. L. Kropp

Administrador Adjunto

Richard P. Feynman a B. L. Kropp
9 de noviembre de 1960

Sr. B. L. Kropp
Administrador Adjunto
Academia Nacional de Ciencias
Washington, D.C.

Estimado señor Kropp:

Adjunto un cheque de 40 $ para cubrir mis cuotas de la Academia Nacional de Ciencias.

Me he dado cuenta de que tengo poco interés en las actividades de la Academia, así que le rogaría que acepten mi renuncia como miembro.

Atentamente,
R. P. Feynman

Richard P. Feynman a la Academia Nacional de Ciencias
20 de febrero de 1961

Estimados señores:

Me gustaría renunciar a ser miembro de la Academia.

No tengo tiempo o interés suficiente para participar activamente.

Atentamente,
Richard P. Feynman

Detlev W. Bronk a Richard P. Feynman
15 de julio de 1961

Estimado doctor Feynman:

La Secretaría de la Academia me ha hablado de su carta de renuncia. Esperaba poder verle en persona y entonces, debido a mi alta estima y gran admiración hacia usted, animarle a reconsiderar su acción.

Me siento personal y particularmente apenado por lo que le escribió nuestra Oficina de Asuntos Económicos con respecto a las cuotas de la Academia porque yo mismo he pensado siempre que no es apropiado que la Academia valore a sus miembros. Cuando hace varios años sugerí abolir las cuotas en una reunión de la Academia, hubo diferencias de opinión; algunos pensaban como yo, otros que las cuotas deberían incrementarse, la mayoría estaba a favor de la continuación de la política actual. No entiendo la razón para las cuotas ni su justificación. Los ingresos obtenidos de ellas son unos pocos miles de dólares comparados con un gasto anual de más de 15.000.000 $. No me gusta la idea de requerir pagos a nuestros miembros que de tantas maneras sirven voluntariamente a la ciencia a través de la Academia y a quienes no se les pidió que se presentaran a elección. Entiendo que no fue éste el motivo de su renuncia, pero deseo expresar mi consternación por lo que le escribieron. Trataré de que no vuelva a ocurrir.

Con respecto a la cuestión más importante de su participación como miembro, espero que nos permita mantener su nombre en las listas de la Academia. Su elección fue una expresión de nuestra alta estima por sus logros. Su presencia entre los miembros añade distinción a la Academia, y eso, a su vez, nos ayuda en el cumplimiento de nuestras muchas tareas en pro de la ciencia. Comprendo que para muchos miembros las actividades de la Academia son de interés relativamente pequeño en un momento dado, pero espero que con la rápida ampliación de su campo de actividades pueda descubrir ocasionalmente que es una organización de alguna importancia para usted.

Con cálidos saludos personales, queda suyo afectuosamente,
Detlev W. Bronk
Presidente

Richard P. Feynman a Detlev W. Bronk
10 de agosto de 1961

Detlev W. Bronk, presidente
Academia Nacional de Ciencias
Washington, D.C.

Estimado doctor Bronk:

Lamento que usted haya tenido que molestarse por el hecho de que yo quiera renunciar a ser miembro de la Academia. Debe ser bastante trabajo preocuparse por todos los raros caprichos de todos los pájaros extraños que forman su bandada.

Fue poco delicado por mi parte garabatear una pequeña nota en la factura de las cuotas; debería haber escrito una carta más formal y clarificadora. Como usted supuso, las cuotas no tienen nada que ver con ello.

Mi deseo de renunciar es meramente personal; no significa una protesta de ningún tipo, ni una crítica a la Academia o a sus actividades. Quizá es sólo que yo disfruto siendo peculiar. Mi peculiaridad es ésta: encuentro psicológicamente muy desagradable juzgar el «mérito» de las personas. Por eso no puedo participar en la actividad principal de seleccionar a personas para ser miembros. Me molesta ser miembro de un grupo cuya principal actividad es escoger a otros que se estiman dignos de ser miembros de ese grupo autoestimado. El cuidado con el que seleccionamos a «aquellos dignos del honor» de unirse a la Academia es para mí una forma de autoelogio. ¿Cómo podemos decir que sólo los mejores pueden unirse a los que ya lo son sin proclamar orgullosamente que nosotros, que ya estamos dentro, somos realmente muy buenos? Creo que soy muy bueno, por supuesto, pero eso es una cuestión privada y no puedo admitir públicamente que lo soy, hasta el punto de tener que decidir que un hombre u otro no es digno de unirse a mi club de élite.

Quizá no me explico muy bien, pero baste decir que no soy feliz como miembro de una sociedad honoraria que se autoperpetúa. Por esa razón no he hecho ninguna recomendación para miembros en el pasado (excepto durante el primer año) y siempre he querido renunciar, pero entre unas cosas y otras no lo hice hasta el día en que envié mis cuotas.

Por lo tanto, si no es una cuestión de extrema gravedad, o una que causara una molestia considerable; si es algo que puede hacerse tranquila y fácilmente sin habladurías, discusiones y preocupación de todos los miembros, preferiría que aceptara mi renuncia y borrara mi nombre de las listas de la Academia.

Considere que no es una cuestión de profundos principios para mí, de modo que si mi renuncia le causa alguna gran dificultad, siéntase libre para hacer caso omiso de mis preferencias. Pero su bandada contendrá un pájaro muy peculiar, triste y reacio.

Aprovecho esta ocasión, mientras le escribo sobre esta cuestión, para añadir una nota personal. Sin que usted lo supiera, le he profesado admiración y respeto desde mis primeros días de estudiante hace veinte años. En la facultad de Princeton algunos amigos estudiantes de biología me sugirieron que asistiese a un curso de fisiología celular impartido por E. Newton Harvey. Él no iba a permitirlo a menos que yo hiciera el mismo trabajo que los demás. Consistía en leer artículos originales y hacer un informe sobre los mismos, y a mí se me asignó el artículo de Adrian y Bronk sobre el impulso nervioso simple. ¡Qué descubrimiento fundamental, y qué buena experiencia fue leerlo en el original! (Dicho sea de paso, probablemente aún deben de estar riéndose en la Biblioteca de Biología de Princeton con la historia del estudiante de doctorado que preguntó a la bibliotecaria si tenían «un mapa de un gato». «¡Querrá decir usted una carta zoológica!», gritó indignada, pero lo conseguí y localicé el *tibicus anticus* y todos los flexores y extensores, y así pude entender su artículo.) No mucho después, en alguna reunión a la que nos llevó Harvey, vi en persona al gran Bronk.

Fue emocionante para mí porque conocía su trabajo personalmente. En física no teníamos ese estrecho contacto con los artículos originales —los métodos de enseñanza eran diferentes— y tuvieron que pasar algunos años más antes de que yo pudiera quedar impresionado al conocer a los grandes científicos en mi propio campo, en circunstancias en que yo conocía muy bien la razón de su grandeza.

Así, con atentos saludos personales, quedo suyo afectuosamente,
Richard P. Feynman

Detlev W. Bronk a Richard P. Feynman
26 de octubre de 1961

Estimado doctor Feynman:

Cuando recibo una carta que me agrada mucho, la pongo aparte para releerla. Porque lo aprecio, me digo a mí mismo que debo responderla cuando tenga tiempo y espíritu para responderla como merece ser respondida y poder mostrar mi gratitud. Las consecuencias de estos hábitos son que las cartas que más aprecio son las que tardo más en responder. Así pasó con su carta del último verano.

Ayer por la noche Ted Berlin, Keffer Hartline y yo estuvimos hablando hasta tarde. La conversación derivó hacia Dick Feynman, su trabajo sobre relatividad general, electrodinámica cuántica y partículas masivas, y cómo todo lo que él hace resulta interesante para muchos por la rara cualidad de su mente. Pero entonces me sentí avergonzado al recordar que todavía tenía que responder a su carta. Gracias por ella.

Le agradezco su disposición a continuar como miembro de la Academia; las elecciones me parecen desagradables, como lo son para usted; he hecho lo que he podido para reducir el énfasis en el «honor» de la elección y hacer de la Academia, en lo posible, una institución para el fomento de la ciencia. Debido a la gran estima que le tengo, le agradezco que continúe como miembro al menos durante mi último año como presidente.

Si regresa alguna vez a los lugares que frecuentaba en el este, sería un gran placer que se quedara con nosotros en el Instituto Rockefeller. Siempre le estarán aguardando una habitación y una calurosa bienvenida de muchos.

Con mis mejores deseos, quedo suyo afectuosamente,

Detlev W. Bronk

Richard P. Feynman a la Academia Nacional de Ciencias
1 de julio de 1968

Señores:

Les ruego que acepten mi renuncia como miembro de la Academia Nacional de Ciencias. Mis razones son enteramente personales y en ningún modo reflejan mi opinión sobre la Academia.

Atentamente,

Richard P. Feynman

Richard P. Feynman a Frederick Seitz
12 de junio de 1969

Dr. Frederick Seitz, Presidente
Academia Nacional de Ciencias
Washington, D.C.

Querido Fred:

Cuando llegaron tu telegrama y tu carta, yo estaba fuera, y por eso no respondí. Bromley llamó y le dije que no, porque no es el tipo de cosas con las que disfruto.

Sobre otro tema completamente diferente, que no tiene absolutamente ninguna relación con tu reciente petición: me gustaría renunciar a la Academia por razones personales que no tienen nada que ver con sus actividades en nombre del gobierno, ni con tu administración de la misma. Durante años he estado tratando de hacerlo en silencio sin provocar ningún revuelo, ni ningún problema de política interna, pues no tiene más trascendencia que mis personales, casi infantiles, gustos y antipatías. Te ruego que aceptes mi renuncia.

Afectuosamente,
Richard P. Feynman

Richard P. Feynman a Philip Handler
15 de julio de 1969

Profesor Philip Handler
Departamento de Bioquímica
Centro Médico de la Universidad Duke
Durham, Carolina del Norte

Estimado profesor Handler:

Mi petición de renuncia a la Academia Nacional de Ciencias se basa enteramente en caprichos psicológicos personales. De ninguna manera representa una crítica implícita o explícita a la Academia, aparte de las características que derivan del hecho de que la mayoría de los miembros consideran su pertenencia a la misma como un honor importante.

Atentamente,
Richard P. Feynman

Philip Handler a Richard P. Feynman
31 de julio de 1969

Estimado doctor Feynman:

Tengo su nota algo críptica del 15 de julio. Estoy preocupado por el razonamiento que lleva a su decisión, particularmente en vista del hecho de que el Consejo y yo estamos decididos a transformar la Academia, al menos en cierta medida, en un cuerpo activo que satisfaga las obligaciones de nuestro noble estatuto. Estamos tratando de incrementar las tareas significativas de la Academia y los mecanismos mediante los que los miembros pueden participar de una manera gratificante. ¿No querría usted unirse a nosotros en este esfuerzo?

Atentamente,
Philip Handler
Presidente

Richard P. Feynman a Philip Handler
14 de agosto de 1969

Dr. Philip Handler, Presidente
Academia Nacional de Ciencias
Washington, D.C.

Estimado doctor Handler:

Gracias por su carta del 31 de julio.

Mi nota del 15 de julio sigue siendo válida. Haga el favor de aceptar mi renuncia a la Academia.

Atentamente,
Richard P. Feynman

Richard P. Feynman a Francis D. Murnaghan
22 de enero de 1970

En una carta a Feynman del 21 de diciembre de 1969 en la que preguntaba por qué había renunciado a la Academia, el doctor Murnaghan escribía: «Supe hace unos días de su renuncia a la Academia Nacional y desde entonces he estado preocupado por ello». Seguía diciendo que la renuncia era una pérdida para la Academia y que quizá le hubiera dañado. Quería saber si había algo que él y otros pudieran hacer para mejorar la organización.

Dr. Francis D. Murnaghan
Baltimore, Maryland

Estimado doctor Murnaghan:

Mi renuncia a la Academia fue por razones puramente personales y no pretendía implicar ninguna crítica a la Academia, ni dañarla de ninguna manera. Es tan sólo el resultado de un rasgo peculiar de mi personalidad que se manifiesta en mi reacción a los «honores».

Lamento oír que esta nadería le causara alguna preocupación.

Mis mejores saludos,
Richard P. Feynman

Richard P. Feynman a J. Neyman
28 de abril de 1970

Una carta del 21 de abril del doctor Neyman preguntaba si el rumor —de que Feynman había renunciado a la Academia Nacional de Ciencias— era cierto y, también, si él tenía algo que decir sobre sus razones para ello.

Dr. J. Neyman
Departamento de Estadística
Universidad de California
Berkeley, California

Estimado doctor Neyman:

Mi renuncia a la Academia Nacional es un hecho. La razón es puramente personal y no debería repercutir de ninguna manera en la Academia.

Atentamente,
Richard P. Feynman

1960-1965

Después de fantasear con la idea durante mucho tiempo, Feynman pasó un verano y luego un año sabático investigando en el área de biología molecular en Caltech. Mientras trabajaba con Bob Edgar y otros sobre virus que atacan a las bacterias descubrió varios casos de «retromutaciones» que ocurrían bastante próximas, lo que daba quizá una clave para la secuencia del ADN. Edgar le animó a publicar sus hallazgos, y a invitación de James Watson, Feynman dio más tarde una charla sobre el tema en el Departamento de Biología de la Universidad de Harward. Luego volvió a su primer amor, la física.

Gweneth se convirtió en su mujer el 24 de septiembre de 1960. Pronto él empezó a alardear de su recién adquirida actividad doméstica, que quizá le proporcionó una forma de amortiguar las demandas de su creciente reputación.

Dirigía cada vez más su atención a la divulgación de la física, y en 1961 trabajó como consejero científico para la película *Sobre el tiempo*, que la NBC emitió en la hora de más audiencia de televisión. Parte del «Bell System Science Series», un programa de una hora de duración, llevó el nombre y la personalidad de Feynman a una audiencia que iba mucho más allá que sus colegas y compañeros. Pronto siguieron las cartas de perfectos extraños: estudiantes, legos y seguidores ocasionales.

Mi hermano, Carl, nació en 1962, un día antes de la concesión a Feynman del premio E. O. Lawrence, un premio concedido por el Departamento de Energía por las contribuciones en el campo de la energía atómica. El periódico local publicó una foto de Richard y Gweneth en el hospital, él sosteniendo su medalla y ella sosteniendo a Carl.

De mayor importancia para su reputación como profesor fue el nacimiento en este mismo período, de *The Feynman Lectures on Physics*. Basados en una serie de clases para alumnos de primero y segundo años impartidas en Caltech, y editadas por Robert B. Leighton y Matthew Sands, los libros se han convertido en un único e intemporal retrato de la física; una obra de arte, a ojos de muchos. Durante el año académico 1962-1963, Feynman también impartió sus ahora legendarias *Lectures on Gravitation*. Poco después fueron asimismo publicadas las conferencias de Feynman sobre temas más avanzados. En una carta de 1963 a un colega en Cornell se discute otro proyecto en marcha: la filmación de clases de Feynman.

Richard P. Feynman a William McLellan
15 de noviembre de 1960

En 1959 Feynman se dio cuenta de que debería ser posible reducir el tamaño físico de las palabras almacenadas, incluso de las máquinas, a una escala de algunas decenas o centenas de átomos en cada dimensión: es decir, anticipó un nuevo campo de la ciencia ahora llamado nanotecnología. En una famosa conferencia titulada, «Hay mucho sitio al fondo», expuso esta idea y la promocionó entre científicos e ingenieros ofreciendo premios de 1.000 $ cada uno para dos retos: (1) «Tomar la información contenida en la página de un libro y ponerla en un área de una escala lineal 1/25000 más pequeña de tal modo que pueda leerse con un microscopio electrónico»; y (2) Construir «un motor eléctrico rotatorio que pueda ser controlado desde el exterior y, sin contar los cables de entrada, sea sólo de 16,38 cm^2». El reto del motor fue afrontado casi inmediatamente, aunque se logró con pura habilidad manual: no se necesitaba ninguna tecnología nueva, que es lo que Feynman pretendía alentar.*

Sr. William H. McLellan
Electro-Optical Systems, Inc.
Pasadena, California

Estimado señor McLelland:

No puedo apartar mi mente del fascinante motor que usted me mostró el sábado. ¿Cómo pudo hacerse tan pequeño?

Antes de que usted me lo mostrara le dije que no había establecido formalmente el premio que mencioné en mi artículo en *Engineering and Science*. La razón de que me retrasara en hacerlo era que había que formularlo de forma precisa de modo que se evitaran discusiones legales (como podría suceder si alguien mostrara una gota de mercurio pulsante controlada por campos magnéticos exteriores y la llamara motor); había que encontrar alguna organización que actuara como juez para mí, arreglar cualquier problema de impuestos, etc. Pero seguí demorándolo y nunca volví a ello.

Pero lo que usted me mostró era exactamente lo que yo había tenido en mente cuando escribí el artículo, y usted es el primero en mostrarme algo así. Por ello, me gustaría darle el premio adjunto. Usted ciertamente lo merece.

* Pronunciada en una reunión de la Sociedad Americana de Física en Caltech el 29 de diciembre de 1959; publicada en el número de febrero de 1960 de *Engineering and Science* de Caltech. [La conferencia está publicada en castellano en *El placer de descubrir*, Crítica, Barcelona, 2004. *(N. del t.)*]

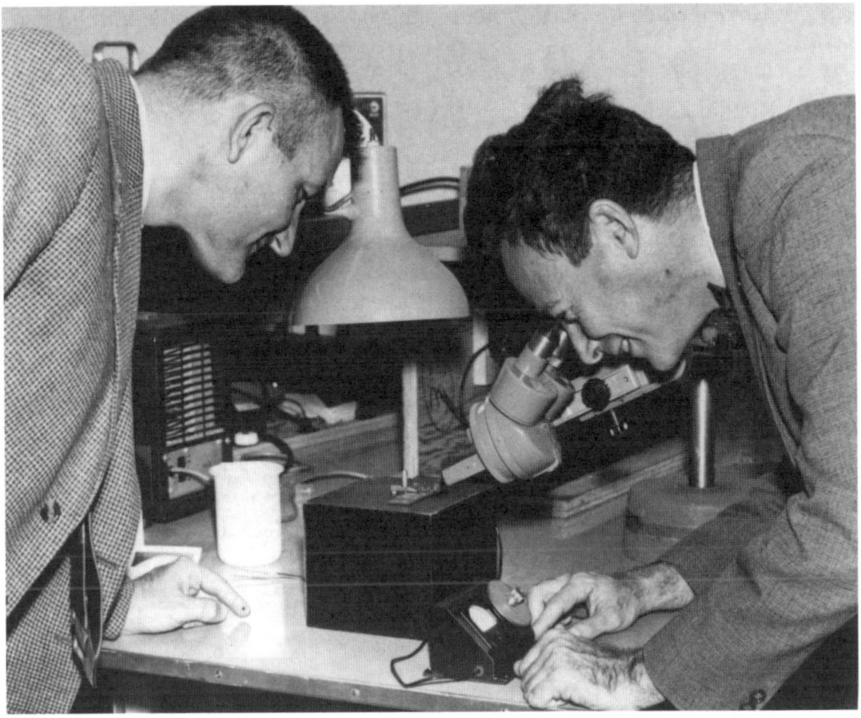

Feynman y William McLellan con un micromotor, 1960.

Sólo estoy ligeramente decepcionado porque no haya sido necesario desarrollar ninguna nueva técnica para hacer el motor. Estaba seguro de que era suficientemente pequeño para que no se pudiera hacer directamente, pero usted lo hizo. ¡Enhorabuena!

No empecemos ahora a escribir en letra pequeña.

No tengo intención de arreglarlo con el otro. ¡Desde que escribí el artículo me he casado y he comprado una casa!

Sinceramente,

Richard P. Feynman

Richard P. Feynman a Ronnie Kernaghan
20 de febrero de 1961

Un alumno de octavo curso que escribía un trabajo de revisión necesitaba alguna información sobre la vida de un físico teórico: los cursos necesarios para lle-

gar a serlo, así como las oportunidades de empleo, condiciones de trabajo y salarios.

Sr. Ronnie Kernaghan
Paso Robles, California

Estimado señor Kernaghan:

Lo lamento pero no tengo ninguna información sobre ninguna de las preguntas que usted me hace.

Si usted me preguntara si es una vida aventurera y excitante tratar de descubrir cómo trabaja la Naturaleza, podría responderle. Lo es, y es muy divertido. Pero asegúrese de que tiene talento para ello.

Atentamente,
R. P. Feynman

Richard P. Feynman a Earl Ubell
21 de febrero de 1961

Sr. Earl Ubell
New York Herald Tribune
Nueva York, Nueva York

Querido Earl:

Una tal señorita Draper de tu periódico me envió amablemente una copia de tu artículo «Gravedad, la Irrespetuosa». Muy bueno, pensé al leerlo. Normalmente los informes sobre la ciencia no son nada buenos. Pero la última línea... ¡ah, hay un hombre que lo entiende, y lo dice mejor de lo que yo puedo hacerlo!

Tengo un vago recuerdo de haber sido brusco o impaciente contigo en algún momento en el pasado. Al menos ésa ha llegado a ser mi actitud hacia la información científica que dan los periódicos en general. Te pido perdón; a ti, pero no a los demás.

Atentamente,
Richard P. Feynman

Richard P. Feynman a Floyd Gold
5 de abril de 1961

Una carta de un viejo amigo, Floyd Gold, fechada el 25 de marzo de 1961, expresaba preocupación por la futura educación de su hijo. «Tiene quince años... y ahora está construyendo una computadora digital para participar en el concur-

so Westinghouse Science Talent.» Gold seguía diciendo que su hijo era completamente autodidacta salvo un curso de siete semanas en el campo de la lógica de computadoras. El ayudante principal del Instituto Far Rockaway (el alma máter de Feynman) sugirió que Gold escribiera a Feynman y le pidiera una lista de cursos y escuelas a los que su hijo pudiera aspirar. El señor Gold tenía también curiosidad sobre lo que pensaba Feynman acerca de una formación de ingeniero frente a un enfoque de ciencia pura en la educación de su hijo.

Sr. Floyd Gold
Far Rockaway, Nueva York

Querido Floyd:

Es muy emocionante tener noticias de alguien de los viejos tiempos cuyo nombre recuerdo. Me casé con Arline Greenbaum. Ella murió en 1946 y ahora estoy en los inicios de mi tercer matrimonio con una chica inglesa. Todavía no tenemos hijos, pero espero tenerlos pronto.

Mi consejo para tu hijo es éste. Es una suerte que esté interesado en algo y saque placer de hacer algo. Debería animársele a hacer exactamente lo que quiere —no quiero decir en el futuro; quiero decir día a día— sin ningún gran proyecto. En esta etapa, la educación en ingeniería y en física es casi la misma, y lo será durante varios años. Muchos son los que han cambiado de una a otra sin ninguna gran dificultad incluso después de graduarse en la facultad (pero no tan tarde como después de doctorarse).

De modo que déjale jugar con computadoras e ideas tanto como quiera. Su formación matemática se desarrollará a medida que la necesite para entender sus circuitos, etc. Debe tener libertad para seguir lo que le guste ahora, y cuando se convierta en un gran experto en algo encontrará fácil escoger otros temas relacionados.

Si, por otra parte (contrariamente a lo que tu carta implica), él es mediocre en todo y no sobresale en nada en particular (o sobresale en todo, pero va de una cosa a otra), entonces no sé qué aconsejar.

Sinceramente,
R. P. Feynman

Richard P. Feynman a Frederich Hipp
5 de abril de 1961

Frederich Hipp, un alumno de instituto, estaba fascinado por la física («teoría atómica y mecánica cuántica en particular») y había construido una cámara de niebla para su proyecto de ciencias. Estaba preocupado, sin embargo, porque tenía poca aptitud para las matemáticas. Su pregunta a Feynman: «¿Puede una persona de capacidad matemática normal dominar las matemáticas suficientes para trabajar en un nivel profesional en este campo?».

Sr. Frederich Hipp:
New Milford, Connecticut

Estimado señor:

Para hacer un trabajo importante en física se requiere una capacidad y aptitud matemáticas muy buenas. Algunas aplicaciones pueden hacerse sin ellas, pero no será un trabajo muy inspirado.

Si usted debe satisfacer su «curiosidad personal respecto a los misterios de la Naturaleza» ¿qué sucederá si estos misterios resultan ser leyes expresadas en términos matemáticos (como resultan ser)? Usted no puede entender el mundo físico de ninguna manera profunda o satisfactoria sin utilizar el razonamiento matemático con familiaridad.

¿Cómo sabe que no es apto para las matemáticas? Quizá a usted no le gustaba su profesor, o le fueron presentadas de forma equivocada para su modo de pensar.

¿Qué le aconsejo? Olvídelo todo. No tenga miedo. ¿De dónde obtiene usted el mayor placer? ¿Es de construir una cámara de niebla? Entonces siga haciendo cosas como ésa. Desarrolle sus talentos dondequiera que puedan llevarle. ¡Fuera torpedos, a toda máquina!

¿Qué pasa con las matemáticas? Quizá (1) podría encontrarlas interesantes más adelante, cuando las necesite para diseñar un nuevo aparato, o (2) quizá no siga con su ambición actual de entenderlo todo, sino que se encuentre siendo un líder en alguna otra dirección, tal como construir los más ingeniosos aparatos de control de barcos, o (3) problemas biológicos pueden centrar en última instancia todo su interés y talento por hacer experimentos y aprender acerca de la Naturaleza, etc.

Si tiene cualquier talento, o cualquier ocupación que le divierta, hágala, y hágala sin reservas. No pregunte por qué, o qué dificultades puede encontrar.

Si usted es un alumno medio en todo y ninguna búsqueda intelectual le proporciona un placer real, entonces no sé qué aconsejarle. Tendrá que discutirlo con algún otro. Es un problema en el que no he pensado mucho.

Atentamente,
R. P. Feynman

Richard P. Feynman a Helen Choat
26 de julio de 1961

La película, Sobre el tiempo *llevaba para entonces más de dos años de realización. La Warner Brothers produjo la película, y N.W. Ayer and Son fue elegido para publicar el material y el libro de ejercicios que le acompañaba.*

The Feynman Lectures on Physics, 1962.

Srta. Helen Choat
N.W. Ayer and Son
Rockefeller Center
Nueva York, Nueva York

Estimada señorita Choat:

Me pidió que revisara el «material biográfico» sobre mí. La segunda frase del primer párrafo es errónea. Debería decir algo así como «Empezó a trabajar en relación con la bomba atómica en Princeton en 1941 y continuó en el proyecto hasta su conclusión satisfactoria en Los Álamos en 1945». Yo no trabajé con Einstein, Einstein no trabajó en la bomba atómica y Einstein no es el padre de la bomba atómica.

Finalmente, haga el favor de omitir la referencia a la Academia Nacional de Ciencias. Tampoco estoy seguro de si soy miembro de la Asociación Americana para el Avance de la Ciencia; no lo recuerdo.

Usted también quería algunas líneas sobre cómo llegué a sentirme atraído por la ciencia: «Mi padre, un hombre de negocios, tenía gran interés por la ciencia. Me contaba cosas fascinantes sobre las estrellas, los números, la electricidad, etc. Dondequiera que fuéramos había siempre nuevas maravillas de las que oír: las montañas, los bosques, el mar. Pero podría decir que él ya estaba interesándome en diseños matemáticos hechos con bloques. De modo que siempre he sido un científico. Siempre he disfrutado con ello, y le agradezco a él este gran regalo que me hizo».

Sinceramente,
Richard P. Feynman

Richard P. Feynman a Gweneth Feynman
11 de octubre de 1961

La carta siguiente fue escrita desde el Congreso Solvay en Bruselas. En esa época Gweneth estaba embarazada de Carl.

11 de octubre de 1961
Hotel Amigo, Bruselas

Hola, cariño:

Murray y yo nos quedamos despiertos discutiendo hasta que ya no pudimos aguantar más. Nos despertamos sobre Groenlandia, que estaba incluso mejor que la última vez porque fuimos rectos sobre parte de ella. En Londres encontramos a otros físicos y fuimos juntos a Bruselas. Uno de ellos estaba preocupado porque en su guía ni siquiera era mencionado el hotel Amigo. Otro tenía una guía más reciente: ¡5 estrellas! y se rumoreaba que es ¡el mejor hotel de Europa!

Realmente es muy bonito. Todos los muebles son de madera pulida en rojo oscuro, en perfectas condiciones; el baño es grande, etc. Es una pena que tú no vinieras a este congreso en lugar de al otro.

En la reunión del día siguiente las cosas fueron lentamente. Yo iba a hablar por la tarde. Eso es lo que hice, pero en realidad no tuve el tiempo suficiente. Teníamos que parar a las 16.00 debido a una recepción programada para esa noche. Creo que mi charla estuvo bien; lo que dejé fuera estará en cualquier caso en la versión escrita.

Así que por la noche fuimos al palacio a conocer al rey y a la reina. Nos esperaban taxis en el hotel —largos y negros— y llegamos a las 17.00, atravesando las puertas del palacio con un guardia a cada lado y pasando bajo un arco donde hombres con casacas rojas y medias blancas con una banda negra y flecos dorados por debajo de la rodilla abrían las puertas. Más guardias en la entrada, en el hall, en las escaleras y en la sala de baile. Estos guardias estaban muy tiesos, y llevaban sombreros de color gris oscuro tipo ruso con una correa para la barbilla, casacas oscuras, pantalones blancos, y botas de cuero negro brillantes. Cada uno de ellos sostenía en alto una espada.

En la «sala de baile» tuvimos que esperar quizá 20 minutos. Tiene suelo de parquet, con una L en cada cuadrado (de Leopoldo; el nombre del rey actual es

Oct 11, 1961 (1)

Hôtel Amigo

Hello, my sweetheart;

Murray & I kept each other awake arguing until we could stand it no longer. We woke up over Greenland which was even better than last time because we went right over part of it. In London we met other physicists and came to Brussels together. One was worried - in his guide the hotel Amigo was not even mentioned. another had a newer guide - five stars! and rumored to be the best hotel in Europe!

It is very nice indeed. All the furniture is dark red polished wood in perfect condition the bathroom is grand, etc. It is really too bad you didn't come to this conference instead of the other one.

At the meeting next day things started slowly. I was to talk in the afternoon. That is what I did but I didn't really have enough time for we had to stop at 4 PM because of a reception scheduled for that night. I think

Baudoin, o algo así). Las paredes doradas son del siglo XVIII y en el techo hay cuadros de mujeres desnudas cabalgando en carros entre las nubes o algo así. Montones de espejos y sillas doradas con cojines rojos alrededor del borde exterior de la habitación. Igual que en muchos de los palacios que hemos visto, pero esta vez era en vivo, no un museo, todo limpio y brillante y en perfectas condiciones. Varios oficiales de palacio se movían entre nosotros. Uno llevaba una lista y me dijo dónde tenía que colocarme pero no lo hice bien y más tarde estaba fuera de lugar.

Se abren las puertas del fondo de la sala: hay guardias, y también el rey y la reina, de modo que todos entramos lentamente y somos presentados uno a uno al rey y a la reina. El rey tiene un rostro juvenil y un fuerte apretón de manos, la reina es muy guapa. (Creo que su nombre es Fabriola; era una condesa española.) Salimos a otra habitación a la izquierda donde había montones de sillas dispuestas como en un teatro, con dos delante, también de frente, para K y Q, y una mesa delante con seis asientos para científicos ilustres (Niels Bohr, J. Perrin —un francés—, J. R. Oppenheimer, etc.).

Resulta que el rey quiere saber qué estamos haciendo, de modo que los viejos dan un conjunto de seis conferencias aburridas; todo muy solemne, nada de bromas. Yo tenía grandes dificultades para permanecer sentado en mi asiento porque tenía la espalda muy rígida y con molestias de dormir en el avión.

Hecho esto, los K y Q atraviesan la habitación donde les encontramos y entran en una habitación a la derecha (marcada R). Todas estas habitaciones son muy grandes, doradas, victorianas, fantasiosas, etc. En R hay muchos tipos de uniformes, guardias en la puerta, casacas rojas, chaquetillas blancas de camareros para servir bebidas y *hors d'oeuvres*, uniformes militares caquis y medallas, casacas negras, tipo enterrador (son los oficiales de palacio).

En la salida de L hacia R soy el último porque camino lentamente a causa de la espalda rígida y me encuentro hablando con un oficial de palacio —buen hombre— que enseña matemáticas a tiempo parcial en la Universidad de Lovaina, pero su principal tarea es ser secretario de la reina. También había sido tutor de K cuando K era joven y ha estado trabajando en palacio durante veintitrés años. Al menos tengo alguien con quien hablar. Otros están hablando con K o Q; todo el mundo de pie. Al cabo de un rato el profesor que es el presidente de la conferencia (profesor Bragg) me agarra y dice que K quiere hablar conmigo. Yo meto la pata #1 tratando de estrechar la mano de nuevo cuando Bragg dice «K, éste es Feynman»; error evidente, ninguna mano se extiende, pero tras una pausa embarazosa K salva la situación estrechando mi mano. K hace comentarios corteses sobre lo inteligentes que debemos ser todos y cuán arduamente debemos pensar. Respondo, haciendo bromas (habiendo sido instruido para hacerlo por Bragg, pero ¿qué sabe él?); aparentemente error #2. En cualquier caso, la tensión se alivia cuando Bragg trae a otro profesor, Heisenberg, creo. K olvida a F y F se escabulle para reanudar la conversación con el secretario de Q.

Richard y Gweneth, 1961.

Después de un tiempo considerable —muchos zumos de naranja y muchos y muy buenos *hors d'oeuvres*— un uniforme militar con medallas se me acerca y dice: «¡Hable con la reina!». Nada me gustaría más (bonita chica pero no te preocupes, está casada). F entra en escena: Q está sentada a la mesa rodeada por otras tres sillas ocupadas; no hay lugar para F. Hay varias toses en voz baja, ligera confusión, etc., y ¡ea! Una de las sillas ha quedado vacante a regañadientes. Las otras dos sillas contienen a una dama y un Sacerdote con sus Mejores Galas (que también es físico) llamado LeMaître. Tenemos una conversación (yo escucho, pero no oigo ninguna tos baja, y no soy evacuado del asiento) durante quizá quince minutos. Muestra:

Q: «Debe de ser muy duro trabajar pensando en esos difíciles problemas».

F: «No, todos lo hacemos por diversión».

Q: «Debe de ser difícil aprender a cambiar todas sus ideas» (algo que ella dedujo de las seis conferencias).

F: «No, todos esos tipos que le dieron esas conferencias son unos viejos carrozas. Todo eso que contaron fue en 1926, cuando yo sólo tenía ocho años, de modo que cuando aprendí física sólo tuve que aprender las nuevas ideas. El gran problema ahora es: ¿tendremos que cambiarlas otra vez?».

Q: «Usted debe de sentirse bien, trabajando así para la paz».

F: «No, nunca entra en mi cabeza; si es para la paz o lo contrario, no lo sabemos».

Q: «Ciertamente las cosas cambian rápidamente. Muchas cosas han cambiado en los diez últimos años».

F: «~~No en este palacio~~». (Lo pensé, pero me contuve.)

F: «Sí», y entonces me lancé a una conferencia sobre lo que se sabía en 1861 y lo que descubrimos desde entonces —añadiendo al final, riendo—: «Supongo que no puedo evitar dar una conferencia, soy un profesor, ya ve. Ja, ja».

Q: Desesperada, se vuelve a la dama que está al otro lado y empieza una conversación agradable con la misma.

Al cabo de algunos momentos se acerca K, susurra algo a Q, que se levanta y ambos salen discretamente. F vuelve con el secretario de Q, que le acompaña en persona hasta salir del palacio, pasando delante de los guardias, etc.

Lamento terriblemente que no estuvieras. No sé cuándo encontraremos otro rey para que lo conozcas.

Esta mañana me han llamado por la megafonía del hotel justo antes de salir con los demás.

Llamada telefónica: me volví a los otros y anuncié, «Señores, esa llamada era del secretario de la reina». Todos se sorprenden, pues no pasó inadvertido que F habló más tiempo con Q de lo que parecía adecuado. No les dije, sin embargo, que la llamada era sobre una reunión que acordamos: él me estaba invitando para que conociera a su mujer y dos de sus cuatro hijas, y ver su casa. Yo le había invitado a que nos visite en Pasadena cuando venga a América y ésta era su respuesta.

Su mujer y sus hijas son muy bonitas y su casa era muy bella. Habrías disfrutado de eso más incluso que visitando el palacio. Él diseñó y construyó su casa en un estilo belga, algo en la línea del estilo de una vieja granja, pero hecha ahora. Tiene muchos armarios antiguos y mesas en el interior, al lado de cosas más recientes, muy bien combinado. Es mucho más fácil para ellos encontrar antigüedades en Bélgica que para ti en Los Ángeles, pues aquí hay muchas viejas granjas, etc. Tiene un gran terreno y jardín con plantas; y un perro —de Washington—, alguien se lo dio al rey y el K se lo dio a él. El perro tiene un carácter algo parecido a Kiwi porque creo que es igualmente querido.* Él tiene incluso un banco en su jardín, oculto bajo árboles, que se hizo para sentarse en él y mirar el campo que le rodea. La casa es ligeramente más grande que la nuestra y los terrenos son mucho más grandes pero todavía no están ajardinados.

* Kiwi era el perro muy querido de mis padres. Mi padre estuvo muy orgulloso de sus perros durante años —jugaba en el suelo con ellos, les enseñaba los trucos habituales de levantar la pata, dar la mano, traer el periódico—. En una ocasión enseñó a uno a sacar la lengua a la orden, aunque nunca supimos cómo usar bien esta habilidad.

Richard y Kiwi, o Snork, 1961.

Le dije que tenía una reina en un pequeño castillo en Pasadena que me gustaría que viese, y él dijo que esperaba poder ir a América y vernos. Vendría si la Q visita alguna vez América de nuevo.

Adjunto una foto de su casa, y su tarjeta, para que no se pierda.

Sé que debes sentirte horrible por haberte quedado esta vez... pero lo remediaré algún día. No olvides que te quiero mucho y estoy orgulloso de mi familia que es y mi familia que va a ser. El secretario y su mujer envían sus mejores deseos para ti y nuestro futuro.

Desearía que estuvieras aquí, o lo que más se parece, que yo estuviera allí. Besa a SNORK y cuéntale a mamá todas mis aventuras, y estaré en casa antes de lo que tú piensas.

Tu marido te quiere.

Tu marido

La propia Gweneth planearía varias aventuras en el curso de los años. Viajes a zonas tan remotas como las tierras tribales de los indios Tarahumara en México y muchas acampadas, en medio de ninguna parte, eran la norma de la familia.

Richard P. Feynman a Volta Torrey
15 de noviembre de 1961

Feynman dio una charla titulada «El futuro de la física» en el MIT Centennial Convocation en abril de 1961. Las autoridades del centenario pensaron publicar un libro de las charlas pronunciadas ese día, pero el proyecto fue finalmente desechado. The Technology Review *tenía una alta opinión de la charla de Feynman y quería publicarla. El señor Torrey escribió a Feynman para obtener su permiso y adjuntaba el manuscrito propuesto.*

Sr. Volta Torrey
Instituto de Tecnología de Massachusetts
Cambridge, Massachusetts

Estimado editor Torrey:

Hay cierta confusión sobre el manuscrito de mi charla en el MIT Centennial. En primer lugar, yo di la charla y se hizo una grabación (la llamo Versión A). Luego alguien relacionado con el libro del centenario me envió una versión muy corregida y reescrita (la llamo Versión B) que es similar a su historia y es el manuscrito que ellos le dieron y que usted me envía. Pero no me gusta la Versión B y le remito a que pida la cinta original (Versión A), que yo corregí y devolví como Versión C.*

Trate de obtener la Versión C de los muchachos del libro. Me gusta mucho más que la Versión B que usted quiere imprimir. ¿No imprimiría usted mejor la Versión C? Yo no tengo ninguna copia de C o no le haría dar tantas vueltas.

Gracias por su paciencia.

Sinceramente,

Richard. P. Feynman

Richard P. Feynman a Alladi Ramakrishnan
30 de enero de 1962

La carta siguiente es en respuesta a una petición para publicar un trabajo inédito sobre un modelo de interacciones fuertes. El señor Ramakrishnan ya había recibido permiso para incluir algunas de las notas de Feynman sobre electrodiná-

* Véase Apéndice III.

mica en un libro, y confiaba en incluir también el trabajo inédito. Escribió: «Si a usted no le importa su inclusión, la enviaré a la imprenta; de lo contrario tengo que borrarla y esto puede provocar bastante confusión en esta fase para los impresores». El señor Ramakrishnan también proponía incluir algunos comentarios como notas a pie de página.

Sr. Alladi Ramakrishnan
Director
Instituto de Ciencias Matemáticas
Madras, India

Estimado señor Ramakrishnan:

Lamento ver que usted quería publicar el modelo de interacciones fuertes que desarrollé en cierta ocasión. La cubierta de este trabajo llevaba una nota que decía «La publicación de este trabajo no está prevista por el momento». No lo publiqué por una razón. No estaba seguro de que fuese correcto (quiero decir, de que la Naturaleza se estaba describiendo correctamente). Ahora estoy incluso menos seguro. Casi con certeza es erróneo.

Mi política es tratar de mantener el nivel de mi trabajo publicado, al menos de manera que cada artículo debería tener cierta relevancia para la Naturaleza y sus leyes. Las especulaciones sobre lo que podría suceder no son satisfactorias a menos que tenga la sensación de que con alta probabilidad la especulación es correcta (a menos que esté escribiendo un artículo de revisión sobre las especulaciones actuales, etc.).

De modo que usted me pone en una situación embarazosa al tomar en serio algo que creo que no es cierto. Preferiría que usted lo dejase.

Sin embargo, puesto que esto puede causar bastante confusión a los impresores, como segunda elección añada a lo que usted tiene la siguiente nota al pie de página:

> El profesor Feynman piensa que el problema de los físicos no es sólo hacer modelos especulativos, sino descubrir realmente lo que sucede en la Naturaleza. Puesto que, en su opinión, este modelo es una especulación y casi con certeza no describe la realidad observada, no lo cree de suficiente valor para justificar su publicación.

Luego puede usted, si lo desea, pasar a decir algo así como «De todas formas, el autor pensaba que este modelo sería de suficiente interés para sus lectores como un ejemplo del tipo de cosas que se ensayan y por eso lo ha incluido aquí» o algo parecido. Lo que usted quiera. Pero si lo publica, haga el favor al menos de añadir el párrafo que precede a éste.

Atentamente,
R. P. Feynman

Richard P. Feynman al señor Y
8 de febrero de 1962

El programa de televisión Sobre el Tiempo *fue emitido finalmente por la cadena NBC el 5 de febrero de 1962. Un espectador a quien llamaré señor Y, y que se había quejado previamente a KRCA en Los Ángeles por su presentación del punto de vista «ortodoxo» en relatividad, escribió a la emisora para quejarse una vez más.* Enviaba copia de su carta a Feynman y otros cuatro científicos, así como a tres organizaciones. En la carta, el señor Y atacaba la presentación que hacía la película de la paradoja de los gemelos, acusándola de «propaganda» dirigida a propagar una ortodoxia incorrecta, y afirmaba que se estaba suprimiendo su propio y correcto punto de vista.*

Estimado señor Y:

Usted me envió una copia de su carta a KRCA sobre el programa «Tiempo». Fui asesor científico de dicho programa y soy responsable de la inclusión de la historia de los gemelos viajeros. La incluí porque creo que es correcta. Tenga por seguro que no estoy interesado en la propaganda o en persuadir a la gente. Estamos de acuerdo en que deberíamos interesarnos solamente en lo que es correcto en ciencia.

Pero si estamos interesados solamente en lo que es correcto, ¿no deberíamos concluir que el fenómeno sugerido por los gemelos viajeros es correcto? Honestamente lo pensaba así, y creía que la larga vida media observada de los mesones mu en movimiento lo confirmaba. Usted parece pensar de otra manera. Yo debería estar agradecido por aprender de mi error si, en efecto, es un error. He utilizado estas ideas de una manera esencial en mi trabajo en física durante muchos años y no conozco ninguna violación directa de ellas; de hecho, parecen ser muy acertadas para predecir nuevos fenómenos. Estaría sorprendido, pero muy contento, de saber que hay otro punto de vista que haga dos cosas de manera satisfactoria:

(1) Predice correctamente todos aquellos efectos que han sido cuidadosamente observados hasta el momento;

(2) Predice un resultado diferente para los gemelos viajeros.

Atentamente,

R. P. Feynman

* No puedo llamarle señor X porque ése era el pseudónimo, ampliamente conocido entre sus colegas físicos, de Feynman.

Richard P. Feynman al señor Y
14 de marzo de 1962

El señor Y respondió con varias cartas sucesivas y emocionales que atacaban a Feynman por unirse a la ciencia establecida al suprimir las ideas del señor Y, pero nunca explicó claramente cuáles eran esas ideas.

Estimado señor Y:

He recibido varias cartas suyas que no comprendo. Como usted dice, la cuestión no es tanto un problema de filosofía sino de qué fenómenos ocurren. Por ello, para ver si realmente discrepamos sobre los fenómenos asociados con la paradoja del reloj, me gustaría preguntarle cuál sería, en su opinión, el resultado del siguiente experimento:

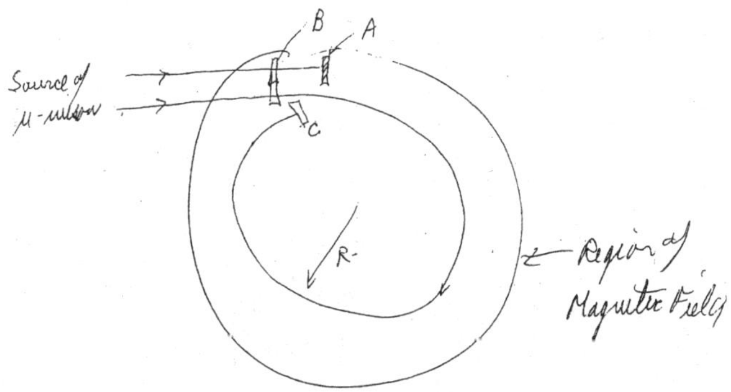

Un haz débil de mesones μ negativos de velocidad v procedentes de una fuente atraviesa un fino contador B de modo que puede anotarse el tiempo de llegada de cada uno. La mitad de ellos incide en un trozo de materia, A, suficientemente grueso para detenerlos y que, en tales circunstancias, pueda detectarse su posterior desintegración. Se mide el tiempo promedio entre la entrada en B y la desintegración en A (menos el breve tiempo estimado para ir de B a A, que puede hacerse muy pequeño). Llamémoslo τ_0 (como usted sabe, resulta ser 2,2 x 10^{-6} segundos). En particular, la probabilidad/seg. de que un mesón en A se desintegre en un tiempo t es

$$e^{-t/t_0}.$$

Además, los que no dan en A giran en un campo magnético un ángulo próximo a 360° hasta un contador C. (Puesto que C no puede ponerse exactamente a 360°, imaginemos que se hace una pequeña corrección en los datos por el pequeño tiempo necesario para ir de C al verdadero punto a 360º.) ¿Cuántas cuentas espera usted que llegarán a C? Suponiendo que el radio de la órbita es R, de modo que el tiempo que se tarda en recorrer el círculo es T = 2πR/v.

Presumo que la respuesta es una de dos. O bien (a) el tiempo medio de desintegración no depende de la velocidad, de modo que el número en C es el mismo que en A después del mismo retardo, a saber

$$e^{-T/\tau_0}.$$

O (b) el tiempo medio de un mesón en movimiento parece mayor en el sentido de que el número que llega a C es

$$e^{-T/\tau}.$$

donde τ no es τ_0, el valor de reposo, sino más bien

$$e^{-T/\tau}$$

$$\tau = \tau_0 / \sqrt{1 - v^2/c^2}$$

donde v es la velocidad de los mesones que describen el círculo, y c es la velocidad de la luz. O tal vez usted espera un resultado diferente de (a) y de (b).

No soy capaz de decir por sus cartas lo que usted esperaría en estas circunstancias. ¿Podría hacérmelo saber, para que podamos discutir más la cuestión?

Acepte mis disculpas por no responder antes a sus cartas. Estoy ocupado con varias cuestiones y no respondo enseguida a todas las cartas.

Atentamente,

Richard P. Feynman

Richard P. Feynman al señor Y
3 de abril de 1962

El señor Y, obviamente complacido porque Feynman había respondido una segunda vez y con tanto detalle, escribió una respuesta cortés que no abordaba la cuestión que Feynman había planteado. Feynman volvió a escribir.

Estimado señor Y:

Mi carta del 14 de marzo era sólo para ver si estábamos de acuerdo o discrepábamos en lo que esperaríamos que sucediera en una situación experimental.

Por supuesto, v es menor que c y no necesita acercarse a c. (Por ejemplo, v podría ser 4/5 c.) ¿Qué esperaría usted que sucediera?

Si no sé cuál es su opinión en esta cuestión no veo mucha utilidad en nuestras cartas de ida y vuelta, porque no sé si mis ideas difieren de las suyas o no. Usted habla de nuestros «puntos de vista opuestos» y de «mis argumentos», pero todavía no sé si tenemos puntos de vista opuestos o alguna discrepancia sobre los resultados de este experimento.

Por ello, espero oír su opinión clara y simplemente establecida en su próxima carta. Si tiene alguna pregunta sobre las condiciones del experimento tendré mucho gusto en explicárselas con más detalle.

Atentamente,
Richard P. Feynman

Richard P. Feynman al señor Y
10 de abril de 1962

El señor Y respondió cuestionando las premisas del experimento mental de Feynman cuando el electrón se acelera hasta alcanzar una velocidad próxima a la de la luz, y planteaba otras objeciones cualitativas a la teoría de la relatividad. Feynman lo intentó una vez más.

Estimado señor Y:

Gracias por su carta del 7 de abril. Después de leerla sigo sin saber qué esperaría usted que sucediera en el experimento en cuestión. El objetivo del pensamiento científico es predecir lo que sucederá en unas condiciones experimentales dadas. Toda discusión filosófica es evadirse de la cuestión. Los mesones no van a la velocidad de la luz. Para concretar, tome el caso de mesones con una cantidad de movimiento tal que su radio de curvatura en un campo de 10.000 gauss es de 44 cm (lo que corresponde, en el método de cálculo habitual, a una velocidad de 0,8 veces la velocidad de la luz). Suponga que el contador C está colocado a 10 cm en frente del punto a 360º —seguramente hay mucho espacio para ello—. Mi pregunta es ahora concreta: «El campo es 10.000 gauss, los mesones son seleccionados (por un imán y rendijas previas) para tener un radio de 44 cm. El contador C está a 10 cm delante del punto 360º. ¿Cuál será la relación entre el número de cuentas en A y en C?».

Ésta no es una pregunta artificial y arbitraria para tenderle una trampa. Está diseñada para ver si diferimos en nuestra comprensión predictiva de la Naturaleza. Obviamente diferimos en nuestra manera de analizar y pensar, pero la cuestión real es si diferimos en nuestras expectativas de lo que sucederá en circunstancias dadas. Si no lo hacemos, entonces no hay ninguna cuestión científica implicada, es sólo un tema de discusión filosófica y yo no podría tomar una decisión de lo que es correcto. Si diferimos en nuestras expectativas, entonces es muy fácil decir quién tiene razón. Hacemos el experimento y vemos lo que pasa.

Por favor, [Sr. Y], responda a la pregunta. No siga diciendo que ignoro la relatividad en «mi tesis», o hablando de «mi filosofía» o que ignoro el hecho de que el mesón es una partícula, etc., etc. Todo eso puede ser o no cierto. ¿Está usted tratando de decirme que no puedo montar los contadores en la disposición indicada o que no puede crearse un campo magnético de aproximadamente 10.000 gauss, o que no existen mesones mu? Si no es así, y usted está de acuerdo en que puede montarse el aparato en cuestión, dígame cuál espera que sea el ritmo de recuento en los contadores.

Atentamente,
Richard P. Feynman

Los papeles archivados de Feynman no contienen ninguna respuesta más del señor Y.

Richard P. Feynman a Douglas M. Fowle
4 de septiembre de 1962

Un artículo en una revista sobre Feynman y Caltech llamó la atención del señor Fowle, y él escribió para discutir el sorprendente ritmo de abandono del 35 por ciento. El señor Fowle señalaba que Caltech aceptaba sólo 180 estudiantes entre 1.500 de los mejores y más brillantes solicitantes. Seguía diciendo: «El abandono de un 35 por ciento supone una mala dirección en tiempo y talento por parte de los docentes, así como una crueldad descarada con muchos jóvenes».

Sr. Douglas M. Fowle
Milwaukee, Wisconsin

Estimado señor:

No creo que los métodos de selección de los alumnos de primer curso en Caltech sean buenos. Nunca he prestado mucha atención a ello, al estar «ocupado» con otras cosas. Esto no es una excusa, sino una admisión de irresponsabilidad. Gracias por su carta; quizá me ayudará a prestar más atención al problema.

Hoy no hay, en mi opinión, ninguna ciencia capaz de seleccionar o juzgar adecuadamente a las personas. Por eso dudo de que se conozca cualquier método inteligente.

No estoy seguro, pero es incluso posible que una gran tasa de abandono no sea resultado de la selección, sino de lo que les pasa a los pobres muchachos cuando llegan aquí. Por ejemplo, un alumno que ha sido el primero de su clase durante sus años de escuela anteriores y que se encuentra por debajo de la media en Caltech, puede tener una probabilidad 2:1 de desanimarse y abandonar, por razones psicológicas. No importa cómo los seleccionemos, la mitad de los alumnos están por debajo de la media cuando llegan aquí.

Estos problemas humanos son muy difíciles, y no sé mucho sobre ellos; pero creo que nadie sabe realmente mucho de estas cosas.

Gracias por su carta. Por supuesto estaré más atento cuando se discutan estas cuestiones en el futuro.

Atentamente,

Richard P. Feynman

Richard P. Feynman a Gweneth Feynman
1962

Gran Hotel Varsovia

Queridísima Gweneth

Para empezar, te quiero.

También te echo de menos a ti y al niño y a Kiwi, y realmente desearía estar en casa.

Ahora estoy en el restaurante del Gran Hotel. Me advirtieron los amigos que el servicio es lento, así que volví a por papel y lápiz para trabajar en mi charla de mañana, pero ¿qué podría ser mejor que escribir a mi tesoro en su lugar?

¿Cómo es Polonia? Mi impresión más vívida, y la que me causa tanta sorpresa, es que es exactamente como la imaginé (salvo por un detalle), no sólo en su aspecto, sino también en la gente: qué sienten, qué dicen y piensan del gobierno etc. Al parecer estamos bien informados en Estados Unidos y las revistas como *Time* y *Atlas* no son tan malas. El detalle es que había olvidado que Varsovia fue completamente destruida durante la guerra y, por lo tanto, que con pocas excepciones (que son fácilmente identificables por los agujeros de bala en ellos), todos los edificios están construidos después de la guerra. De hecho es una hazaña muy considerable; hay muchísimos edificios nuevos, es una gran ciudad toda reconstruida (a partir de 7/8 de destrucción). Por supuesto, como tú sabes, la aspiración de los constructores de aquí es poder construir sobre viejos edificios. Y así es: hay edificios con fachadas decadentes, paredes cubiertas con cemento con zonas de ladrillo gastado que se dejan ver a través de aquél, ventanas rústicas con grietas que bajan por el edificio, etc. Además la arquitectura es antigua —decoraciones como las de 1927 pero más pesadas—, nada interesante que mirar (excepto un edificio).

La habitación del hotel es muy pequeña, con mobiliario barato, un techo muy alto (5 metros) y viejas manchas de humedad en las paredes, plásticos que señalan dónde la cama rozaba la pared, etc. Me recuerda un viejo «Gran Hotel» en Nueva York, con su colcha de algodón cubriendo una cama abombada, etc. Pero las cosas del baño son brillantes; eso me confundió, pues parecían relativamente nuevas en este hotel viejo. Finalmente descubrí —el hotel sólo tiene tres años— que habían olvidado su habilidad para construir cosas viejas. (Todavía no he conseguido que me atienda el camarero, así que no he aguantado más y he preguntado a uno qué pasaba con el servicio: una mirada confusa, ha llamado a otro. Resultado neto: me dicen que no hay servicio en esa mesa y me piden que me mueva a otra. Doy señales de enfado: ¿acción? Me ponen en otra mesa —me dan un menú y quince segundos para elegir— y ordeno SZNYCEL PO WIEDIENSKU (Wiener Schnitzel).

Sobre la cuestión de si la habitación está intervenida. Busco tapas de viejos enchufes (como el que hay en el techo de nuestra ducha). Hay cinco, todas cerca del techo —5 m— necesito una escalera y decido no investigarlas, pero hay una gran placa cuadrada similar en el rincón inferior de la habitación cerca del teléfono. Lo levanto un poco (faltaba una tuerca). Raramente he visto tantos cables —como la parte trasera de una radio— qué es, quién sabe, no he visto ningún micrófono, los extremos de los cables estaban sellados (como las conexiones o salidas que ya no están en uso). Quizá en la tapa esté el micrófono. Bueno, no tengo un destornillador y no saco la placa para investigar más. En resumen: si no está pinchado están gastando un montón de cables.

La gente polaca es buena, pobre, al menos tienen un estilo medio (llega la sopa) en la ropa, etc., así que hay bonitos lugares para bailar en grupo, etc. De modo que no es muy pesado y aburrido, como se dice que es en Moscú. Por otra parte te encuentras en cada vuelta con ese tipo de atraso estúpido característico del gobierno —ya sabes, como el hecho de que no se pueden cambiar veinte dólares cuando quieres renovar tu tarjeta en la Oficina de Inmigración americana—. Ejemplo, perdí mi lápiz y quería comprar uno nuevo en el «Kiosco». La pluma vale 1,10 $... No, yo quiero un lápiz de madera con mina de grafito. No, sólo hay plumas de 1,10 $. Está bien, ¿cuántos zlotis es eso? Tú no puedes comprarlo en zlotis, sólo por 1,10 $. ¿Por qué? —quién sabe—, de modo que tengo que subir a por dinero americano. Doy 1,25 $. No, no puedo dar cambio... debe ir al cajero del hotel, se escribe la factura por cuadruplicado; el funcionario se queda una copia, el cajero otra, y yo me quedo con dos copias. ¿Qué voy a hacer con ellas? En el reverso dice que debería conservarlas para no tener que pagar derechos de aduana. Es un Papermate hecho en Estados Unidos (se llevan el plato de sopa).

La cuestión de gobierno versus empresa privada se discute sobre una base demasiado filosófica y abstracta. En teoría la planificación puede ser buena, etc., pero nadie ha descubierto aún la causa de la estupidez del gobierno; y hasta que lo hagan y encuentren la cura, todos los planes ideales se derrumbarán en la arena.

No calculé bien cuál era el palacio en el que se celebraba la reunión. Imaginaba una sala grande y muy vieja, del siglo XVI o así. Olvidé que Polonia ha sido completamente destruida. El palacio era de cosecha nueva: estamos en una habitación redonda con paredes blancas con decorados dorados, y con una balconada y un techo pintado con un cielo azul y nubes (llega el plato principal, lo como, está muy bueno, pido el postre: pasteles con zumo de piña 125 g; dicho sea de paso el menú es muy preciso —los 125 g es el peso— ¡125 g!, cosas como «filete de arenque», 144 g, etc. No he visto a nadie comprobar con una escala que no están haciendo trampa; no comprobé si el Schnitzel tenía los 100 g declarados). No voy a sacar nada de la reunión, no estoy aprendiendo nada. Este campo no es un campo activo (pues no hay experimentos), y pocos de los mejores hombres están trabajando en él. El resultado es que hay un montón (126) de pasmarotes aquí y eso no es bueno para mi presión arterial. Se dicen y se discuten seriamente cosas inanes —y yo me enzarzo en discusiones fuera de las sesiones formales, por ejemplo en la comida, cuando alguien me hace una pregunta o empieza a hablarme de su «trabajo»—. Siempre es o bien (1) completamente incomprensible, o (2) vago e indefinido, o (3) algo correcto que es obvio y evidente pero calculado mediante un análisis largo y difícil y presentado como un descubrimiento importante, o (4) una afirmación, basada en la estupidez del autor que dice que algo obvio y correcto, aceptado y comprobado durante años, es de hecho falso (éstos son los peores... ningún argumento convencerá a los idiotas... (5) un intento de hacer algo probablemente imposible, pero con certeza de ninguna utilidad y que, finalmente se revela, al final falla (llega el postre; es comido), o (6) sólo falso. Hay mucha «actividad en el campo» estos días, pero esta «actividad» consiste principalmente en mostrar que la «actividad» previa de algún otro terminó en un error o en nada útil, o en algo prometedor, etc., como un montón de gusanos tratando de salir de una botella arrastrándose sobre los demás. No es que la materia sea difícil; es simplemente que los buenos están ocupados en otro lugar. Recuérdame que no vaya a más congresos sobre gravedad.

Fui una tarde a casa de uno de los profesores polacos (joven, con una mujer joven). A la gente se le permite siete metros cuadrados por persona en los apartamentos. Él tiene suerte y tiene 21 para él y su mujer: sala de estar, cocina, baño. Estaba un poco nervioso con sus huéspedes (yo, el profesor Wheeler y su mujer y otra persona) y parecía disculparse por tener una casa tan pequeña (pido la cuenta, durante todo este tiempo el camarero tiene entre dos y tres mesas ocupadas incluyendo la mía), pero su mujer estaba muy relajada y besaba a su gato siamés «Boobosh» igual que yo hago con Kiwi. Ella hizo un trabajo maravilloso: hubo que sacar de la cocina la mesa para comer, un truco que requería sacar previamente la puerta del baño de sus goznes. (Hay sólo cuatro mesas ocupadas en todo el restaurante ahora, y cuatro camareros). La comida estuvo muy bien y todos disfrutamos.

¡Oh!, mencioné que hay un edificio en Varsovia interesante. Es el mayor edificio de Polonia: el Palacio de la Cultura y la Ciencia, «dado como regalo por la Unión Soviética, diseñado por arquitectos soviéticos, etc. Cariño, ¡es increíble! No puedo describirlo, es la monstruosidad más disparatada sobre la tierra. (Llega la cuenta, traída por un camarero diferente; espero el cambio.)

Esto debe ser el fin, confío en no esperar demasiado tiempo por el cambio. No tomaré café porque pienso que tardará demasiado. Incluso así, mira qué carta tan larga puedo escribir mientras ceno un domingo en el Gran Hotel.

Lo digo otra vez, te quiero y desearía que estuvieses aquí, o mejor que yo estuviera allí. El hogar es bueno. (El cambio ha llegado. Está ligeramente equivocado, en 0,55 zlotis = 15 centavos, pero lo dejo pasar.)

Adiós por ahora.

Richard

Richard P. Feynman a Thomas K. Moylan
25 de marzo de 1963

Feynman fue nombrado para la Comisión del Plan de Estudios de California el 14 de marzo de 1963, y pronto empezó el largo proceso de evaluación de los libros de texto utilizados en las escuelas públicas estatales.

Sr. Thomas K. Moylan
Gerente, División del Pacífico
Silver Burdett Company
San Francisco, California

Estimado señor Moylan:

Gracias por su carta de felicitación. En ella usted ofrecía alguna información sobre sus libros y sugería que nos conociésemos. No he leído su material. Me sentiría incómodo para discutir los libros de texto con cualquier editor sin hacer lo mismo con todos. Pero para hacer esto último necesitaría más tiempo del que dispongo.

Espero dedicar la mayor parte del tiempo que tengo a examinar cuidadosamente cada uno de los libros de texto presentados. Espero que usted no piense que estoy siendo injusto. Estoy seguro de que sus libros hablarán por sí mismos.

Atentamente,

Richard P. Feynman

Hubo respuestas similares a otros editores, incluyendo Scott, Foresman and Company, y Laidlaw Brothers.

Ernest D. Riggsby a Richard P. Feynman
17 de abril de 1963

Estimado doctor Feynman:

Actualmente estoy embarcado en un proyecto de investigación doctoral concerniente a la naturaleza de los métodos científicos tal como son interpretados por

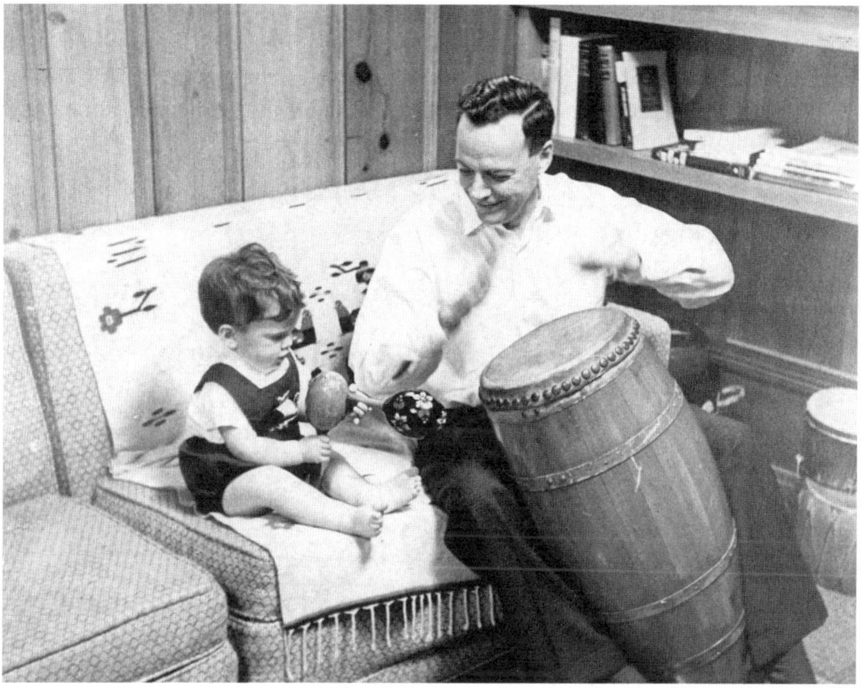

Richard y Carl, 1963.

científicos investigadores activos y filósofos de la ciencia. Consciente de que las fuentes bibliográficas no suelen contener listados críticos, me veo obligado a buscar cierta ayuda directamente de ciertos científicos. Si pudiera prestarme alguna ayuda en este esfuerzo, le estaría muy agradecido.

Si está dispuesto, haga el favor de comentar brevemente su interpretación del método científico o los métodos científicos.

Hemos investigado las fuentes bibliográficas estándar en busca de declaraciones de científicos eminentes, como usted mismo, sobre este tema. Creemos, no obstante, que algunas declaraciones actualizadas procedentes directamente de estos científicos facilitarían mucho nuestro programa.

Esta petición de ayuda no pretende inmiscuirse en el valioso tiempo de nadie. Si usted encuentra inconveniente o no deseable colaborar en este esfuerzo, por supuesto que lo entenderemos.

Nos hemos dado cuenta de que un número apreciable de nuestros libros de texto de ciencias en todos los niveles presentan el método científico como algo más rígido de lo que muchos científicos activos consideran. Esperamos que esta carta nos ayude a encontrar una descripción más realista de este tema.

Si usted no tiene tiempo o no desea dar una respuesta por escrito a esta petición, quizá sea posible que nos remita a fuentes en las que ya ha hecho alguna afirmación concerniente a los métodos científicos; con frecuencia tales afirmaciones están incluidas en artículos que no estarían indexados bajo el encabezamiento de método científico.

Se pide respetuosamente permiso para citarle.

Atentamente,
Ernest D. Riggsby
Profesor Asociado

Richard P. Feynman a Ernest D. Riggsby
30 de abril de 1963

Profesor Ernest D. Riggsby
Troy State College
Troy, Alabama

Estimado profesor Riggsby:

Lamento que no haya publicado afirmaciones sobre el «método científico». Acabo de dar tres conferencias (denominadas *John Danz Lectures*)* en la Universidad de Washington, la primera y tercera de las cuales contienen comentarios sobre el tema. No sé cuándo serán publicadas (a partir de las cintas grabadas).

Brevemente, sin embargo, el único principio es que el experimento y la observación son los únicos y definitivos jueces de la verdad de una idea. Todos los demás denominados principios del método científico son subproductos del anterior que dependen de la naturaleza del material y de lo que se descubra. Se han encontrado también varios trucos (como razonar por analogía, o escoger la explicación «aparentemente más simple») para aumentar la facilidad con la que cocinamos nuevas ideas para someter al test de la experiencia.

Atentamente,
R. P. Feynman

L. G. Parrat a Richard P. Feynman
30 de agosto de 1963

Querido Dick:

¿Llegaste a escribirme esa carta para que pueda hacerla llegar al Messenger Lectures Committee para que puedan pedir a nuestro presidente (es decir, de Cornell) que te extienda la invitación formal oficial?

* Hay traducción en castellano: *Qué significa todo esto*, Crítica, Barcelona, 1999. *(N. del t.)*

En la hora del café en Caltech, junio 1964.

Dicho sea de paso, una carta reciente de la Comisión sobre Física Universitaria pregunta si podrían poner aquí tus Messenger Lectures en vídeo para una audiencia mayor. No sé lo que el Messenger Lectures Committee podría decir sobre esto, pero antes ¿qué piensas tú?

Afectuosamente,
L. G. Parrat
Presidente

Las Messenger Lectures han tenido lugar anualmente desde 1924, cuando el graduado y profesor de Cornell Hiram Messenger estableció un fondo «para impartir una serie de conferencias sobre la evolución de la civilización con el objetivo especial de elevar el nivel moral de nuestra vida política, económica y social».

Richard P. Feynman al doctor L. G. Parratt
6 de septiembre de 1963

Dr. L. G. Parratt
Director, Departamento de Física
Universidad de Cornell
Ithaca, Nueva York

Querido Lyman:

No sé lo que quieres en tu carta del 30 de agosto. Si soy invitado para dar las Messenger Lectures estaré contento de aceptar. Mi tema sería «El Carácter de la Ley Física»;* el título de cada conferencia individual (¿cuántas son, 6?) será difícil de decidir hasta el último minuto (a menos que insistas con suficiente fuerza).

Con respecto al vídeo, no sé cómo se hace eso. Todo lo que me preocupa es que no haya ninguna distracción. Ninguna iluminación fuerte especial, ninguna cámara cercana delante de la audiencia, ningún amasijo de cables en el suelo, etc. Una sencilla cámara en la cabina de proyección o en la parte de atrás es perfecta. Si puede hacerse de modo que no sea obvio que se está haciendo, y que la audiencia no sea molestada por técnicos que saltan de un lugar a otro y mueven luces o cámaras, no veo objeción, a menos que el Comité piense que no es una buena idea.

Confío en que esta carta sea lo que tú buscabas.

Sinceramente,
Richard P. Feynman

Feynman impartió una serie de siete Messenger Lectures en noviembre de 1964.

Richard P. Feynman a D. Blokhintsev
25 de junio de 1964

D. Blokhintsev, Presidente
Comité Organizador
Instituto Conjunto para Investigación Nuclear
Moscú, Unión Soviética

Estimado señor:

Muchas gracias por su invitación para el Congreso Dubna. He pensado mucho sobre la cuestión y me hubiera gustado ir. Sin embargo, creo que me sentiría incómodo en un congreso científico en un país cuyo gobierno no respeta ni la liber-

* Hay traducción en castellano: *El carácter de la ley física*, Tusquets, Barcelona, 2000. *(N. del t.)*

tad de opinión de la ciencia, ni el valor de la objetividad, ni el deseo de muchos de sus ciudadanos científicos de visitar a científicos en otros países.

Atentamente,

Richard P. Feynman

D. S. Saxon a Richard P. Feynman
15 de octubre de 1964

Estimado profesor Feynman:

El doctor Marvin Chester está siendo considerado actualmente para una promoción a profesor asociado en nuestro departamento. Le agradecería mucho una carta suya valorando sus contribuciones investigadoras y su talla como físico.

Le agradezco por adelantado su cooperación en esta cuestión.

Atentamente,

D. S. Saxon

Director

Dick:

Siento molestarte pero, por desgracia, realmente necesitamos algo así.

David S.

Richard P. Feynman a D. S. Saxon
20 de octubre de 1964

Dr. D. S. Saxon, Director
Departamento de Física
Universidad de California, Los Ángeles
Los Ángeles, California

Querido David:

Esto es en respuesta a tu petición de una carta valorando las contribuciones investigadoras del doctor Marvin Chester y su talla como físico.

¿Qué pasa con tus colegas, él ha estado allí los últimos años, no podéis «evaluarle» mejor vosotros mismos? Yo no puedo hacerlo mucho mejor que la primera vez que me preguntaste, hace algunos años, cuando él estaba trabajando aquí, porque no he seguido su investigación en detalle. En esa época yo estaba muy impresionado con su originalidad, su capacidad para llevar un argumento teórico a sus conclusiones experimentales y prácticas, y para diseñar y realizar los experimentos clave. Raramente he encontrado esa combinación tan bien equilibrada en un alumno. ¿Estaba equivocado? ¿Cómo lo ha estado haciendo?

Atentamente,

R. P. Feynman

La carta anterior destaca en los archivos de recomendaciones. Después de esto, cualquier petición de una recomendación por parte de la institución donde estaba trabajando el científico fue rechazada.

R. C. Fox a Richard P. Feynman
26 de octubre de 1964

Estimado profesor Feynman:

No soy capaz de expresar cuánto disfruté leyendo y estudiando el vol. I de sus *Lectures in Physics*. Hay mucho que decir sobre ese libro y realmente poco tiempo para decirlo. Me he pegado con muchos libros sólo para perderme finalmente antes de alcanzar al objetivo, seco y polvoriento entre cajones. Es cierto que las recompensas eran dignas del esfuerzo, pero también eran difíciles los caminos. Se dejan fuera pasos «obvios», y no queda otra cosa que los huesos, disecados y casi sin interés.

¿Por qué se escriben tantos libros malos, al menos para mí, y por qué salen tan raramente unas gemas como los suyos?

Por supuesto su estilo conversacional añade mucho. Me recuerda a los diálogos de Galileo, que empezaron todo esto. Sé que algunos aprecian la tendencia hacia la brevedad, pero no es mi caso.

Y la forma como usted maneja los interesantes aspectos colaterales por los que yo y otros nos hemos preguntado pero hemos tenido miedo de plantear la pregunta estúpida que era necesaria para obtener la respuesta que usted nos ha dado.

Hablemos de vino; manejar ese libro suyo es realmente embriagante. Se me hace larga la espera del vol. II. Estoy seguro de que espero demasiado pero desearía que hubiera un vol. III, IV, V, etc., todos ellos construidos uno sobre otro. Si necesita algún apoyo me gustaría dárselo. ¡Vaya!, me gustaría tener información sobre tensores, teoría de grupos, mecánica cuántica, etc., sobre la misma base que el vol. I. Pero, una vez más, eso es esperar demasiado aunque nunca abandono la esperanza.

Gracias de nuevo por el muy entretenido vol. I. Tengo la sensación de que puede revolucionar la física para alumnos de primer año. Debería hacerlo. De tan hueco al Sears que espero que nunca tengamos que vernos con eso otra vez.

Lamento si esto suena muy radical, pero yo lo soy. Que no le desanime nada; ha hecho usted un maravilloso trabajo. No se detenga ahora, si es posible.

Respetuosamente,

R. C. Fox

Richard P. Feynman a R. C. Fox
4 de enero de 1965

Sr. R. C. Fox
San Rafael, California

Estimado señor Fox:

Gracias por su carta de «fan». Tuve algún problema con los «editores». El volumen I fue editado por Leighton, que hizo un gran trabajo, dejando todas las pequeñas golosinas y cuestiones secundarias. El volumen II sale ahora. Fue editado por una empresa complicada y me molestaba tener que decir «pongan eso de nuevo». ¿Quién soy yo para pensar que cualquier palabra que emita es tan maravillosa? Además, las conferencias originales del volumen II no fueron tan buenas como las del volumen I. Tenga paciencia, el volumen III saldrá dentro de pocos meses; espero. (Los tensores están en el volumen II, la mecánica cuántica en el volumen III —lo siento, no hay teoría de grupos— y no hay volumen IV, V, etc. He terminado, al menos por un tiempo.)

Gracias de nuevo por el ánimo.

Sinceramente,

Richard P. Feynman

Betsy Holland Gehman a Richard P. Feynman
1 de diciembre de 1964

Querido Dick:

Hace muchos, muchos años, tú estabas en Brookhaven y yo estaba en un espectáculo ridículo en el teatro John Drew en Easthampton. Si eso no te ayuda a recordar, prueba con esto: soy amiga de tu prima Peggy Phillips.

Pero, por supuesto, tú te acuerdas.

Supongamos que ya se hayan dicho todas las trivialidades usuales, y pasemos a los negocios. Tu nombre ha aparecido en varios lugares en años recientes, con información suficiente para hacer que tu trabajo suene interesante e importante (lo que fue siempre, el cielo lo sabe). ¿Ha hecho alguien una larga semblanza tuya para una revista nacional? Si no es el caso, me gustaría hacerla. No es necesario incluir aspectos del trabajo que estés haciendo que pueda ser clasificado, pero creo que una explicación simple, clara y comprensible de cómo sois los misteriosos científicos ayudaría a romper la barrera contra la que siempre despotrica C. P. Snow. Tal como te recuerdo, tu forma de hablar y tu imagen eran divertidos, además de instructivos, y eras, si perdonas la expresión, un tipo excéntrico.

En los últimos años he trabajado como escritora y editora para revistas, y he escrito un libro sobre gemelos y hermanamiento que está a punto de ser publicado por Lippincott (tengo mis propios gemelos). He mantenido alguna correspondencia sobre nacimientos múltiples con tu colega Albert Tyler.

Si me das tu permiso, me gustaría presentarte como tema para el *Saturday Evening Post* o para el *Fortune Magazine*. Hazme saber si estás de acuerdo.

Supe por Peggy que estabas felizmente casado, y que eras padre. Me alegro de ambas cosas por ti.

Espero tener noticias tuyas cuando mejor te venga, como se dice en las cartas de negocios.

Mis mejores deseos,
Betsy Holland Gehman

Richard P. Feynman a Betsy Holland Gehman
4 de enero de 1965

Sra. Betsy Holland Gehman
Carmel, Nueva York

Querida Betsy:

Por supuesto, te recuerdo muy bien.

Ciertamente me sorprendes al querer hacer una semblanza para una gran revista nacional. Estaba tentado, pero creo que tendría que encerrarme aún más en mi torre de marfil y dejar que C. P. Snow siga despotricando. Quizá en el caso de los científicos, como en el de las mujeres, nuestro encanto está en nuestro misterio. ¿Presuntuoso?, no. Ciertamente las mujeres tienen encanto, ¿pero los científicos?

En cualquier caso, gracias por pensar en mí de esta forma tan halagadora.

Sinceramente,
Richard P. Feynman

Lawrence Cranberg a Richard P. Feynman
6 de enero de 1965

Estimado profesor Feynman:

Acabo de toparme por casualidad con su artículo «La relación entre la ciencia y la religión». Algunos aspectos de este tema podríamos tratar de incluirlos en un curso que se está organizando actualmente en ciencia para estudiantes. Acogería con entusiasmo un intercambio de puntos de vista con usted en este tema desafiante. Para empezar déjeme que me manifieste de acuerdo con usted en su afirmación de que «las cuestiones morales están fuera del dominio científico».

Fue apuntado por Darwin (*Descent of Man*, cap. IV) que los códigos éticos no son únicos para el homo sapiens, y representan una forma de adaptación social favorable para la supervivencia. Como tales, ¿no están sometidos propiamente al estudio y la mejora científica?

La distinción entre las proposiciones «será» y «debería ser» puede ser más de énfasis que de naturaleza. Sugiero que la exhortación moral es una forma abreviada de predicción condicional, donde la condición está a menudo omitida porque es esencialmente el sine qua non de la supervivencia de la sociedad. ¿Cuál es la diferencia lógica entre enunciados tales como: «Si una partícula va de A a B en el mínimo tiempo su trayectoria será una parábola», y «Si X va a sobrevivir debería aprender a vivir con su vecino»? Considerando las circunstancias muy idealizadas según las cuales el primero es cierto, y el papel del principio de incertidumbre, el «será» es una exageración sobre cualquier sistema físico, y los dos enunciados son lógicamente idénticos. ¿No podría ser la regla de oro una especie de principio de Fermat aplicado a la sociedad?

Insistir en que la ética y la ciencia están separadas puede confundir y debilitar a ambas. Si Darwin está en lo cierto, la ética requiere un cambio constante para adaptarse a los requisitos cambiantes de la supervivencia. Excluir la ciencia —la búsqueda de la razón— de este proceso de adaptación parece apartarla de su función principal. El funcionamiento efectivo de la propia ciencia depende de forma vital de su adhesión a los cánones de conducta que son claramente «éticos»; un hecho especialmente claro en nuestros tiempos cuando vemos que dichos cánones sufren una erosión importante (mientras permanece el liderazgo de la ciencia).

Sinceramente,
Lawrence Cranberg
Profesor de Física

Lawrence Cranberg a Richard P. Feynman
6 de enero de 1965

Estimado profesor Feynman:

Releyendo mi carta de esta mañana, despachada con demasiada rapidez, vi que había omitido la frase «en el mínimo tiempo» en medio del tercer párrafo, y la pregunta al final de dicho párrafo.

Sobre la regla de oro, me referiré en su lugar a la página final del capítulo de Darwin, citado en mi carta original.

El término «liderazgo» en el último párrafo debe ser interpretado haciendo referencia al liderazgo de varias organizaciones de científicos importantes.

Sinceramente,
Lawrence Cranberg

Richard P. Feynman a Lawrence Cranberg
3 de marzo de 1965

Profesor Lawrence Cranberg
Departamento de Física
Universidad de Virginia
Charlottesville, Virginia

Estimado profesor Cranberg:

Gracias por su carta en la que discute «La relación entre la ciencia y la religión». No pretendía realmente insistir en que la ética y la ciencia están separadas, sino más bien en que la base fundamental de la ética debe escogerse de alguna manera no científica. Luego, cuando se ha escogido, la ciencia puede ayudar, por supuesto, a decidir si deberíamos o no hacer ciertas cosas. La ciencia puede ayudarnos a ver lo que podría suceder si las hacemos, pero la pregunta sobre si queremos que algo suceda depende de una elección del bien ético último. Como usted menciona, tal elección no dice que haya una separación de los campos, y no podemos discutir sobre la elección del bien último de cada uno. Usted ha escogido la supervivencia como un valor último, y entonces ya no hay ninguna ética no científica que sirva al valor último. Si tenemos dos formas alternativas de poder sobrevivir, una en la que el superviviente está seguro, pero es desgraciado, y la otra en la que estamos igualmente seguros de sobrevivir, pero no estamos contentos con los que viven ni tenemos buena disposición para vivir con ellos, pensando que debe sobrevivir la raza mejor, ¿cómo equilibrar las dos? ¿Podría la supervivencia del Reich alemán justificar las acciones del tirano y los valores del mártir religioso porque ellos colocan la supervivencia individual por debajo de un bien general?

Todo lo que estoy tratando de hacer es arrojar alguna duda o confusión sobre el principio de que la supervivencia permite la ética sin más problemas, y que todas las personas estarán de acuerdo en que la supervivencia es el bien real. Si uno se da cuenta de que hay muchas dudas sobre eso, ¿quién puede resolver la duda en el campo de la ciencia?

Así, no hay diferencia lógica entre los enunciados «Si una partícula va de A a B, en el mínimo tiempo, su trayectoria será una parábola», y, «Si X tiene que sobrevivir, debería aprender a vivir con su vecino».

Sinceramente,
Richard P. Feynman

Richard P. Feynman a Alan Sleath
7 de abril de 1965

La carta siguiente se refiere a una transcripción de las Messenger Lectures de Feynman, publicada posteriormente en forma de libro como El carácter de la ley física.

Sr. Alan Sleath
The British Broadcasting Corp.
Londres, Inglaterra

Queridos Alan y/o Fiona:

Os devuelvo las conferencias 4 a 7. Creo que son bastante pobres en su forma actual pues el inglés es horrible: la estructura de las frases es atroz. (Comprendo que estas atrocidades son de mi responsabilidad.) No tengo tiempo de editar estas conferencias en un inglés razonablemente legible. He hecho algunas correcciones menores para hacer la física más clara, pero no tengo tiempo de hacer más que esto.

Entiendo que vuestra intención es publicarlas de modo que tengáis algo que dar a la gente como referencia. Estoy dispuesto a aceptarlo incluso si lo publicáis en su forma actual; sin embargo, para proteger mi reputación a este respecto, podría hacerse algún comentario o dar alguna explicación. Quizá podría decirse en el prefacio que estas conferencias no fueron pronunciadas a partir de un manuscrito preparado; que esto es un informe directo, *verbatim*, presentado ante una audiencia que podía verme mover los brazos, etc.

Quizá decidáis después de leer estas conferencias en forma impresa que no queréis publicarlas. Si es así, me satisfaría completamente.

Mis más cordiales saludos, y muchas gracias.

Sinceramente,
Richard P. Feynman

Richard P. Feynman a R. E. Marshak
18 de mayo de 1965

Sr. R. E. Marshak
Departamento de Física y Astronomía
Universidad de Rochester
Rochester, Nueva York

Querido Marshak:

Lo lamento pero no tendré tiempo de escribir el artículo que tú quieres para el volumen dedicado a Bethe. Haces que me sienta incómodo: quiero tanto a Hans que sé que «debería» hacer lo que tú quieres, pero ¿a quién se le ocurrió la idea diabólica de escribir un artículo para un tipo cuando llega a los sesenta? ¿No es más fácil mostrar amistad y respeto? Me siento como me sentía en el Día de la Madre.

Sinceramente,
Richard P. Feynman

Barbara Kyle a Richard P. Feynman
13 de agosto de 1965

A Richard Feynman de una lega ignorante que ha oído por primera vez (pero sin haberlas leído todavía... están encargadas) las Messenger Lectures.

¿Qué entiendo yo? Que cuando uno va a contar qué partículas han atravesado los agujeros que hay en su camino, la luz que uno enciende para verlas cambia la situación y, sin querer, las hace desaparecer.

Entiendo que cuando uno quiere ver con qué rapidez van o a qué se parecen exactamente, altera su velocidad y cambia su carácter.

Así que nosotros, bajo nuevas luces de carbón en las calles, nos volvemos verdes y nos damos la vuelta, por el feo brillo y su demasiado curiosa inspección; y habiendo escapado a la detección, reaparecemos.

En un nivel más profundo puedo entender que usted siente la necesidad de cuestionarse sus hipótesis —datos— que toma por comprobadas.

Si usted las ha inventado para que desempeñen papeles en sus ecuaciones, quizá hay más de ellas que las que ha permitido, y éstas pasan inadvertidas, sin ser contadas a través de los agujeros.

Puedo entender que usted quiera que sus todavía no probadas falsas hipótesis sean reconciliables, y que precisamente ahora esto no es así.

Las matemáticas le dan, dice usted, infinito cuando había esperado (¿qué era?, no lo capté) que fuera cero. ¿U otro número preconcebido? Si es cero, ¿es eso tan diferente de infinito? ¿No son ambos círculos?

Ya sé, ya sé que hacer esta pregunta, o cualesquiera otras en las que estoy pensando, es ofrecer una combinación de seis cifras para un candado de cinco cifras conocidas y pido perdón por esta futilidad.

Entonces, como profana ¿qué aprendo de sus conferencias?, ¿qué mensaje aporta a mi ignorancia? Sólo sé que el conferenciante tiene un rostro honesto.

Todo lo que entiendo de lo que él dice tiene sentido. Todo lo que no consigo entender parece que tiene sentido. Entiendo que cuando las explicaciones encajan en su lugar el todo es bello, pero entonces llegan los turistas y crean confusión.

Pero luego usted pasará a la biología, y me gustaría estar ahí para verlo.

Barbara Kyle

Richard P. Feynman a Barbara Kyle
20 de octubre de 1965

Srta. Barbara Kyle
Dorking, Surrey
Inglaterra

Estimada señorita Kyle:

Quiero agradecerle su carta.

Por su lista de «Lo que yo entiendo» estoy muy contento de ver que realmente ha entendido mucho. Recibe una alta calificación del profesor, quizá noventa por ciento. No cien por cien porque no ha entendido por qué es tan molesto obtener infinito en un cálculo.

Creyendo que entiendo la geometría y queriendo cortar una pieza de madera para ajustar la diagonal de un cuadrado de dos metros, trato de calcular lo larga que debe ser. Al no ser muy experto, obtengo infinito: inútil; no vale decir que quizá sea cero porque son dos círculos pegados. No vamos en pos de alguna filosofía, sino que buscamos el comportamiento de las cosas reales. Así que, desesperado, lo mido directamente: ¡vaya!, está cerca de tres metros, ni infinito ni cero. Por eso, hemos medido estas cosas para las que nuestra teoría da esas respuestas absurdas. Buscamos una teoría o una comprensión mejores que nos dé números próximos a los que medimos. Estamos buscando la fórmula que da la raíz cuadrada de ocho.

¿Pensará usted que es sólo cortesía si digo sinceramente que raramente veo en los legos una comprensión tan real como la de su carta?

Sinceramente,
Richard Feynman

1965

El premio Nobel

El 21 de octubre de 1965 llegó un telegrama.

> La Real Academia de Ciencias concedió hoy a usted, Tomonaga y Schwinger conjuntamente el premio Nobel de Física de 1965 por su trabajo fundamental en electrodinámica cuántica con enormes consecuencias para la física de las partículas elementales stop un tercio del importe del premio para cada uno stop nuestra calurosa felicitación stop sigue carta.

Pronto llegó un diluvio de cartas y telegramas de felicitación. Lo que sigue es lo mejor del manojo: cartas de colegas y otras luminarias científicas, amigos y conocidos con los que había perdido el contacto, antiguos profesores y estudiantes. Un amigo de los días del Instituto Far Rockaway escribió: «Sólo te recuerdo, por supuesto, como un muchacho flaco y muy vivo al que le gusta la música; también divertido y con un brillo pícaro en los ojos. Por la foto del periódico pareces el mismo». Otro escribió dándole la enhorabuena y recordando cómo contribuyó Feynman a su clase de geometría de sólidos, con el profesor «recostado y dejándote hacer su trabajo. Es extraño que ésa sea una de las pocas clases que puedo recordar con algún grado de animación».

Richard P. Feynman a Erik Rundberg
4 de noviembre de 1965

Profesor doctor Erik Rundberg
Real Academia de Ciencias Sueca
Estocolmo, Suecia

Querido profesor Rundberg:

Gracias por su carta confirmando el telegrama de la concesión del premio Nobel. Usted debe saber, por supuesto, la gran emoción y el gran placer que dicho telegrama ha supuesto para mi familia, mis amigos y conocidos. Me siento agradecido y honrado por haber sido considerado para este premio.

Mi mujer y yo estamos planificando con impaciencia nuestro viaje a Estocolmo. Esperamos llegar el 7 de diciembre a última hora, y por supuesto asistiremos, con gran placer, a la cena en su casa el 8 de diciembre. Le agradezco mucho la invitación.

Tendré mucho gusto en impartir mi conferencia el 11 de diciembre por la tarde, tal como usted sugiere. Le enviaré el título en cuanto lo sepa con seguridad.

Estoy deseando conocerle.

Atentamente,

Richard P. Feynman

Jules Greenbaum a Richard P. Feynman
22 de octubre de 1965
Telegrama

Dr. Richard Feynman:

Instituto de Tecnología de California Pasadena Calif. Felicidades por tu logro bien merecido. Nuestros mejores deseos para ti.

Jules y Rosalee Greenbaum

Richard P. Feynman al señor y la señora Greenbaum
23 de octubre de 1965

Sr. y Sra. Jules Greenbaum
New Rochelle, Nueva York

Queridos Rosalee y Jules:

Estaba sorprendido y feliz al saber que había ganado el premio, pero tener noticias de vosotros removió recuerdos de hace muchos años. También vosotros debéis recordar a alguien que habría sido realmente feliz este día.

Siempre,

Richard P. Feynman

Jules es hermano de Arline.

Lyndon B. Johnson a Richard P. Feynman
22 de octubre de 1965
Telegrama

Las buenas noticias son siempre buena medicina. Me encantó saber que usted había ganado el premio Nobel de Física. La nación está agradecida por su ejemplo y a mí personalmente me emociona compartir su felicidad. Bien hecho.

Lyndon B. Johnson
La Casa Blanca
Washington, D.C.

El presidente Johnson había sufrido recientemente, con éxito, una operación de vesícula biliar. Dos días antes de enviar este telegrama había mostrado su cicatriz de treinta centímetros a toda la nación durante una alocución televisada.

Richard P. Feynman a Lyndon B. Johnson
27 de octubre de 1965

Presidente Lyndon B. Johnson
La Casa Blanca
Washington, D.C.

Querido presidente Johnson:

Uno de los grandes placeres de ser premiado con el premio Nobel de Física fue recibir su telegrama. Estaba sorprendido, honrado y encantado por ello. Que sigan las buenas noticias y recupere rápidamente su buena salud.

Atentamente,
Richard P. Feynman

Robert R. Wilson a Richard P. Feynman
22 de octubre de 1965

Querido Dick:

¡Qué placer y satisfacción ha supuesto para todos los del Lab el que hayas recibido el premio Nobel que tanto te merecías! Esperamos, no obstante, tu trabajo futuro, que apostamos que igualará el ya hecho. Así que ¡mantente ocupado!

Afectuosos saludos,
Robert R. Wilson

Richard P. Feynman a Robert R. Wilson
23 de noviembre de 1965

Dr. Robert R. Wilson
Universidad de Cornell
Laboratorio de Estudios Nucleares
Ithaca, Nueva York

Querido Bob:

¡Aún piensas que eres mi jefe diciéndome que me mantenga ocupado! ¿No hay reposo para los cansados? Ahora que he recibido el premio, qué más esperas de mí.

Muchas gracias por tu nota.

Afectuosamente,
Richard P. Feynman

Hans A. Bethe a Richard P. Feynman
21 de octubre de 1965

Querido Dick:

Acabo de oír la maravillosa noticia. Ciertamente merecías el premio; lo pienso desde hace más de diez años. Me alegra mucho que el Comité Nobel mostrara tan buen gusto.

Mis mejores deseos.

Afectuosamente,
Hans A. Bethe

Richard P. Feynman a Hans A. Bethe
30 de noviembre de 1965

Profesor Hans A. Bethe
Laboratorio de Estudios Nucleares
Universidad de Cornell
Ithaca, Nueva York

Querido Hans:

Tú sabes cuánto te debo, así que felicidades a ti también. Muchas gracias por tu carta. Mis mejores saludos.

Afectuosamente,
Richard P. Feynman

Bethe recibiría el premio Nobel de Física en 1967.

Edward Teller a Richard P. Feynman
27 de octubre de 1965

Querido Dick:

¡Felicidades! Es maravilloso que tú y Julian compartáis el premio Nobel, que estoy seguro de que merecéis por igual, aunque no os parezcáis en nada más. Creo que para los suecos seréis una excelente ilustración de que no todos los americanos son iguales.

Desearía poder estar allí para observar cómo os portáis en vuestro encuentro con el rey de Suecia. Será un verdadero fenómeno.

Con mis mejores deseos,

Edward Teller

Richard P. Feynman a Edward Teller
30 de noviembre de 1965

Profesor Edward Teller
Universidad de California, Davis
Livermore, California

Querido Edward:

Gracias por tu amable carta de felicitación. El fenómeno que deseas observar en mi encuentro con el rey de Suecia me aterra tanto como a ti te interesa. Puede suceder cualquier cosa, pero supongo que no pasará nada. Espero salir vivo. Estuvo bien recibir noticias tuyas.

Afectuosamente,

Richard P. Feynman

Laurie Brown a Richard P. Feynman
21 de octubre de 1965
Telegrama

Querido Dick:

Felicidades por un reconocimiento que debería haberse producido hace tiempo. Siempre he estado orgullosa de conocerte, y agradecida por lo que tú me has dado y por lo que has añadido a la emoción, placer y seriedad de nuestra profesión.

Laurie Brown

Richard P. Feynman a Laurie M. Brown
2 de noviembre de 1965

Dra. Laurie M. Brown
Departamento de Física
Universidad de Northwestern
Evanston, Illinois

Querida doctora Brown:

Estoy muy emocionado por todos los telegramas de felicitación, pero el tuyo destacaba y tuvo un significado muy especial para mí. Fue como otro pequeño premio. Muchas gracias.

Afectuosamente,
Richard P. Feynman

Richard P. Feynman a Herbert Jehle
29 de noviembre de 1965

Dr. Herbert Jehle
Departamento de Física
Universidad George Washington
Washington, D.C.

Estimado doctor Jehle:

Gracias por su tarjeta de felicitación. Todo se debe a que usted me mostró el artículo de Dirac en la biblioteca de Princeton. Muchas gracias.

Afectuosamente,
Richard P. Feynman

Isidor I. Rabi a Richard P. Feynman
27 de octubre de 1965

Querido Dick:

No puedo expresar cómo me encantó oír la buena noticia, no sólo por ti, sino también por Julian. Él fue mi primer alumno de doctorado auténtico, honesto en extremo y merece el premio. Tomonaga es también un buen tipo, así que espero que lo paséis bien juntos en Estocolmo.

Confío en que puedas hacer una parada en Nueva York, a la ida o a la vuelta, para que te pueda dar de palabra mi enhorabuena.

Un consejo de alguien cuyo gran día fue hace veintiún años.* No bajes la guardia. Aún vas a estar más presente en la lista de la compra de los que quieren hacerte perder el tiempo. Diles que se vayan al infierno.

Saludos y mis mejores deseos.

Afectuosamente,

Rabi

Richard P. Feynman a Isidor I. Rabi
22 de noviembre de 1965

Dr. I. I. Rabi
Departamento de Física
Universidad de Columbia
Nueva York, Nueva York

Querido Rabi:

Muchas gracias por tu nota de felicitación y consejo... necesitaba consejo.

En cuanto supe que había ganado el premio, me vino un refrán a la cabeza «No es el dinero, es el principio de la cosa», y te imaginé tocando con un papel y un peine hace veintiún años.

Lo siento, no podré parar en Nueva York ni a la ida ni a la vuelta pues he recibido una carta de un profesor sugiriendo que tenga mucho cuidado con mi tiempo.

Mis más cordiales saludos.

Afectuosamente,

Richard P. Feynman

Julius Ashkin a Richard P. Feynman
29 de octubre de 1965

Querido Dick:

Sólo quiero decirte que todos aquí, algunos que estaban en Los Álamos, otros a quienes no has conocido, y especialmente los alumnos, que están leyendo ávidamente tus lecciones, respondieron con espontánea satisfacción a la noticia de tu premio Nobel. La belleza en física es su propia recompensa, pero el reconocimiento formal sirve a un propósito general.

Con los mejores deseos para ti y Gweneth, y para Carl, de todos nosotros,

Ash

* Isidor Rabi había ganado el premio Nobel de Física en 1944. *(N. del t.)*

Richard P. Feynman a Julius Ashkin
23 de noviembre de 1965

Profesor Julius Ashkin
Instituto Carnegie de Tecnología
Pittsburgh, Pensilvania

Querido Ash:

Muchas gracias por tu amable nota de felicitación. Fue una alegría recibir noticias tuyas. Estoy seguro de que si el artículo que finalmente publiqué no hubiera sido tan cuidadosamente corregido y estudiado por ti antes de su publicación, no hubiera merecido la consideración del Comité Nobel. Ya ves que te debo no sólo el gran placer de haberte conocido personalmente, sino también en definitiva, sin duda, el hecho de recibir el premio Nobel.

Mis mejores deseos para toda la familia. Espero que nos encontremos pronto en alguna parte.

Afectuosamente,
Richard P. Feynman

Richard P. Feynman a M. S. Vallarta
22 de noviembre de 1965

Dr. M. S. Vallarta
Comisión Nacional de Energía Nuclear
Insurgentes Sur 1079
México 18, D. F. México

Querido Manuel:

Gracias por tu telegrama de felicitación. Debo agradecerte tu parte en esto. Aprecio lo que me enseñaste y el apoyo que me diste, incluyendo tu colaboración en la publicación de mi primer artículo.

Mis más cordiales saludos.

Afectuosamente,
Richard P. Feynman

Felix Bloch a Richard P. Feynman
24 de octubre de 1965

Querido Dick:

¡Mis más calurosas felicitaciones para ti y tu mujer por el premio Nobel! Me gustaría estar en la ceremonia en Estocolmo para oír lo que vas a decir.

Deseándoos a los dos un viaje muy agradable y con saludos cordiales,

vuestro Felix

Richard P. Feynman a Felix Bloch
22 de noviembre de 1965

Profesor Felix Bloch
Palo Alto, California

Querido Felix:

Gracias por tu nota de felicitación. Me gustaría saber lo que voy a decir en la ceremonia en Estocolmo. Cualquier consejo sobre ello y sobre cómo andar hacia atrás sin tropezar cuando me retire después de saludar al rey sería sinceramente agradecido.*

Mis más cordiales saludos.

Afectuosamente,

Richard P. Feynman

Donald Jones a Richard P. Feynman
21 de octubre de 1965
Telegrama

Felicidades por el premio Nobel. Encantado de ver que escribir un buen libro de texto está siendo por fin reconocido.

Donald Jones
Addison Wesley Publishing Company, Inc.
Reading, Massachusetts

* Felix Bloch había ganado el premio Nobel de Física en 1952. *(N. del t.)*

Richard P. Feynman a Donald Jones y Personal
23 de octubre de 1965

Sr. Donald Jones y Personal
Addison Wesley Publishing Co.
Reading, Massachusetts

Estimados señor Jones *et al.*:

Gracias por su telegrama de felicitación. No tenía ni idea de su enorme influencia en el Comité Nobel y nunca subestimaré el poder de una editorial.

Gracias a todos ustedes, que idearon y llevaron a cabo esta ingeniosa maniobra publicitaria.

Sinceramente,
Richard P. Feynman

Tom Dailey a Richard Feynman
21 de octubre de 1965

Instituto de Tecnología de California
Memorándum Interno
A *R. P. Feynman*
De *Tom Dailey*
Fecha *21/10*
Asunto
No he podido encontrar una tarjeta adecuada para enviarte. Felicidades.

Richard P. Feynman a Thomas M. Dailey
23 de octubre de 1965

Sr. Thomas M. Dailey
Dabney House
Campus

Querido Tom:

Ciertamente encontraste una «tarjeta adecuada» para felicitarme. Ese gran cartel en Throop fue, para mí, una de las señas de felicitación más emocionantes y significativas que he recibido. Te lo agradezco y te pido que transmitas lo mucho que lo he apreciado y disfrutado a todos tus compinches que arriesgaron su vida para colocarlo en lo más alto.

Afectuosamente,
Richard P. Feynman

La «postal» de Tom Dailey sobre Throop Hall.

Sandra Chester a Richard P. Feynman
22 de octubre de 1965
Telegrama

Viva el Comité del Premio Nobel por su reconocimiento de tu logro insuperable en el arte de los bongos.

Sandra Chester

Richard P. Feynman a Sandra Chester
fecha desconocida

Querida Sandra:

También quedé encantado cuando supe del premio Nobel, pensando como tú que por fin se había reconocido mi manera de tocar los bongos. Imagínate cómo lo sentí cuando me di cuenta de que había sido un error: citaban unos garabatos que hice en un papel hace quince años y ni una sola palabra sobre la técnica de percusión.

Sé que compartes mi decepción.

Gracias,

Richard P. Feynman

Richard P. Feynman a David Kraus
23 de octubre de 1965

David Kraus
Departamento de Ciencia
Instituto de Far Rockaway
Far Rockaway, Nueva York

Queridos señor Kraus *et al.*:

Gracias por su telegrama de felicitación.

Nadie puede hacer nada solo y todas las influencias de los padres, profesores y amigos se suman para lograr un éxito. En mi caso, siempre he sido consciente de la gran contribución que me aportó mi instituto. Espero que usted estará haciéndolo tan bien con todos los demás alumnos como lo hizo conmigo.

Afectuosamente,
Richard P. Feynman

H. H. Barschall a Richard P. Feynman
21 de octubre de 1965

Querido Dick:

Cuando era alumno de doctorado, algunos de los otros alumnos hicieron comentarios desagradables sobre un joven que acababa de llegar y que afirmaba saber tanto que ni siquiera necesitaba seguir ningún curso. Un poco más tarde, después de que me hubiera acercado sin éxito a varios profesores en busca de ayuda para un cálculo, decidí probar con el recién llegado y quedé impresionado y encantado al recibir al instante una solución completa.

No mucho tiempo después, el humor de los estudiantes derivó hacia la depresión cuando empezamos a preguntarnos si no estaríamos en el campo de estudio equivocado, porque era evidente para todos que no estábamos en la misma categoría intelectual que tú. Era obvio que teníamos entre nosotros un ganador del premio Nobel en potencia. Mi única sorpresa fue el tiempo que necesitó la Academia Sueca para llegar a las mismas conclusiones.

Me encantó oír el anuncio y quería felicitarte por este honor bien merecido.

Afectuosamente,
H. H. Barschall

Richard P. Feynman a H. H. Barschall
30 de noviembre de 1965

Profesor H. H. Barschall
Departamento de Física
Universidad de Wisconsin
Madison, Wisconsin

Querido Heinz:

Muchas gracias por tu muy amable carta de felicitación.

Has mantenido el secreto durante mucho tiempo; nunca me di cuenta de que otros alumnos habían hecho comentarios desagradables sobre mí. Quizá ahora es demasiado tarde para enfadarse por ello. Especialmente después de todos los agradables comentarios que haces sobre mí en tu carta.

Ciertamente disfruté con tu amistad en nuestros días en la escuela y también en Los Álamos. He apreciado mucho tu carta.

Afectuosamente,
Richard P. Feynman

Richard P. Feynman a los Hermanos de Pi Lambda Phi
2 de noviembre de 1965

Los Hermanos de Pi Lambda Phi
Instituto de Tecnología de Massachusetts
Cambridge, Massachusetts

Señores:

Muchas gracias por su telegrama de felicitación. $\pi\ \lambda\ \Phi$ (como $\Phi\ \beta\ \Delta$) es el lugar donde pasé de ser un muchacho sesgado hacia la ciencia a ser un hombre más equilibrado que podía integrar y bailar a la vez (aunque no igualmente bien).

Recuerdo también que dejé el lugar con un crédito de 70 $ en mi cuenta que nunca recogí. Con esto les libero de dicha deuda puesto que estos días me siento rico y feliz.

Afectuosamente,
Richard P. Feynman

Walter Bleakney a Richard P. Feynman
22 de octubre de 1965
Telegrama

Todo el Departamento de Física de la Universidad de Princeton le felicita por el premio Nobel.

Walter Bleakney

Richard P. Feynman a Walter Bleakney
29 de octubre de 1965

Doctor Walter Bleakney
Laboratorio Palmer de Física
Universidad de Princeton
Princeton, Nueva Jersey

Estimado doctor Bleakney:

Gracias por su telegrama de felicitación en nombre del Departamento de Física de Princeton.

Creo que ustedes mismos deberían felicitarse por haberlo hecho posible.

Afectuosamente,
Richard P. Feynman

Lars Söderström a Richard P. Feynman
27 de octubre de 1965

Muy señor mío:

La Unión de Estudiantes de Ciencia de la Universidad de Estocolmo le felicita sinceramente por haber sido galardonado con el premio Nobel.

El 13 de diciembre vamos a celebrar nuestra Lucia, una tradición específicamente sueca que conmemora el regreso de la luz tras nuestra oscuridad invernal, para cuya solemne ocasión hemos convertido en tradición invitar a los ganadores de los premios Nobel de ciencia.

Nos gustaría mucho que asistiera a nuestra celebración durante la cual sería nombrado caballero de la Orden de la Rana Sonriente y Saltarina, como anteriormente lo fueron muchos ganadores de los premios Nobel de Física y de Química.

A su llegada a Suecia tendremos el placer de enviarle una invitación formal, y confiamos en que reserve esa noche para nosotros.

Afectuosamente,
Lars Söderström
Presidente

Richard P. Feynman a Lars Söderström
19 de noviembre de 1965

Presidente Lars Söderström
Naturventenskapliga Föreningen
vid Stockholms universitet
Estocolmo, Suecia

Estimado presidente Söderström:

Muchas gracias por su carta de felicitación. Seré muy feliz al convertirme en caballero de la Orden de la Rana Sonriente y Saltarina. Lo he sido desde que fui informado de que había ganado el premio Nobel de Física.

Afectuosamente,
Richard P. Feynman

Sonny Lundin a Richard P. Feynman
13 de noviembre de 1965

Muy señor mío:

La presente es para transmitir nuestra calurosa felicitación por sus contribuciones sobresalientes a la ciencia de la física.

Hemos sido informados, no obstante, de que es muy probable que tenga usted la oportunidad de visitar personalmente nuestra ciudad y recibir el premio Nobel de la anciana, pero bien temperada y graciosa mano de nuestro regidor supremo Su Majestad el Rey de Suecia y, pedimos y presumimos, de pronunciar una conferencia en nuestro instituto, como ha sido siempre la costumbre.

Estaríamos también muy contentos si usted, y si es posible su familia, tuvieran el tiempo y la ocasión de estar presentes en nuestro «festival Lucia» el 13 de diciembre por la mañana. La mañana Lucia es algo muy sueco, una costumbre que probablemente parece muy exótica para el resto del mundo. La fiesta es muy informal y empieza a las 7.30 en los locales de la Unión de Estudiantes, donde profesores y alumnos del Departamento de Física toman café y *glögg* (una bebida especialmente preparada para esta ocasión) y disfrutan de la serena procesión Lucia.

Entendemos perfectamente que usted y todos los académicos valoran mucho una mañana de sueño profundo, y somos muy conscientes de nuestra intrusión, pero aún confiamos inocentemente en verle la mañana citada.

Esperando que tenga una agradable estancia en nuestro país, quedamos, muy señor nuestro,

Afectuosamente,
Por la Sección de Física Técnica
en la Unión de Estudiantes del Real Instituto de Tecnología
Sonny Lundin
Presidente

Richard P. Feynman a Sonny Lundin
22 de noviembre de 1965

Profesor Sonny Lundin
Sección de Física Técnica
Unión de Estudiantes
Real Instituto de Tecnología
Estocolmo, Suecia

Querido profesor Lundin:

Muchas gracias por su carta de felicitación. También aprecio su amable invitación pasa asistir a su «festival Lucia» el 13 de diciembre.

Quiero responder afirmativamente: sin embargo, me he visto algo limitado por varias invitaciones. Se supone que voy a convertirme en una rana en algún momento del día. Si no hay conflicto de horarios, estaré contento de que me despierten temprano, gracias.

Afectuosamente,
Richard P. Feynman

Richard P. Feynman a John M. Richardson
1 de noviembre de 1965

Dr. John M. Richardson
Laboratorios Hughes Research
Malibu, California

Querido doctor Richardson:

Muchacho, quedé sorprendido por la recepción que tuve cuando llegué a Hughes la semana pasada. Por favor, transmite a todos los de allí lo feliz que me hicieron con la recepción y con cuánta inmodestia disfruté del aplauso a mi llegada. Sospecho que la situación en Estocolmo no podrá ser más emocionante que cortar ese maravilloso pastel. No creo que haya pasteleros suecos que puedan diseñar una guinda más adecuada. Mi tarjeta de felicitación es apreciada por todos los que entran en el despacho.

He estado leyendo con avidez el libro sobre el premio Nobel para hacerme una idea de a lo que voy. Transmite mi agradecimiento más sincero a todos, realmente me hace sentirme bien.

Prometo regresar al trabajo este miércoles y dar una conferencia sobre superconductividad. Mi agradecimiento una vez más.

Afectuosamente,
Richard P. Feynman

Entrada sobre alfombra roja en Hughes Aircraft Company.

Martin B. Einhorn a Richard P. Feynman
23 de octubre de 1965

Querido doctor Feynman:

Como uno de los conejillos de Indias de las «Feynman Lectures» de hace tres años, me doy cuenta de que se me ha confiado una divertida responsabilidad. Ahora que las Lecciones se han convertido en una lectura popular entre todos los alumnos de física, se supone que una persona que asistió a ellas las ha entendido todas. Bromas aparte, disfruté mucho de ellas y, habiendo empezado ahora un doctorado en física teórica, aprecio aún más la «ventaja» que tuve en Caltech gracias a la revisión del currículum de física.

Felicidades por su premio Nobel. En una época de «publica o perece» ha sido un placer para mí entrar en contacto con un buen físico que era también un buen profesor.

Afectuosamente,

Martin B. Einhorn

Richard P. Feynman a Martin B. Einhorn
22 de noviembre de 1965

Sr. Martin B. Einhorn
Laboratorio Palmer de Física
Universidad de Princeton
Princeton, Nueva Jersey

Querido Martin:

Felicidades por haber sobrevivido al experimento de hace tres años. Me alegra saber que todavía existe alguno de los alumnos.

Gracias por su nota de felicitación.

Afectuosamente,

Richard P. Feynman

Richard P. Feynman al *California Tech*
2 de noviembre de 1965

Estimados señores:

Prefiero creer que es la inexperiencia periodística antes que buena voluntad la que explica la calidad del «extra» que ustedes publican con motivo de que yo haya recibido el premio Nobel.*

* Véase el Apéndice IV.

Saliendo de Hughes Aircraft Company.

En primer lugar, es increíble que en esta ocasión tan importante hayan utilizado una simple instantánea en lugar de una foto de estudio. ¿Qué pensará el Comité Nobel, después de meses de deliberación y cuidadosa selección, al ver cómo es considerada su elección por un periódico de una institución tan estrechamente ligada al ganador? Y la errata de «diz» por «dice» no requiere más comentario, pues la escritura descuidada y la corrección de pruebas descuidada no son lo que uno puede esperar del *Tech*.

Hay también dos fallos manifiestos que muestran que sus reporteros son muy chapuceros en la realización de sus tareas. El patinazo más sorprendente fue disculparse por robarme tiempo cuando me entrevistaron e introducir la petición diciendo «¡Sé que usted debe estar muy ocupado en asuntos más importantes!». En segundo lugar, que todo el artículo fuera claro, comprensible, bien escrito y exacto sólo puede explicarse por un completo desprecio de los cánones profesionales en estas materias. Por ejemplo, no pude encontrar, atribuida a mí, una sola cita de algo que no hubiera dicho.

Me pregunto si ustedes pueden enviarme una docena de copias de este artículo: me gustaría utilizarlo cuando organizaciones más profesionales pidan una explicación de lo que hice para ganar el premio. Me gustaría poder darles una copia de lo que no hay que escribir.

Sinceramente agradecido a todos ustedes por su buen trabajo.

Afectuosamente,

Richard P. Feynman

Hubert H. Humphrey a Richard P. Feynman
12 de noviembre de 1965

Estimado doctor Feynman:

¿Puedo añadir mis sinceras felicitaciones al gran honor que ha recibido? El premio Nobel es un reconocimiento adecuado a sus sobresalientes logros en física.

Espero que continúe haciendo muchas más contribuciones notables a la incesante búsqueda humana de conocimiento.

Puede estar muy orgulloso por el honor que ha traído a nuestra nación y a la ciencia internacional.

Mis mejores deseos.

Afectuosamente,

Hubert H. Humphrey

Richard P. Feynman a Hubert H. Humphrey
22 de noviembre de 1965

Sr. Hubert H. Humphrey
Vicepresidente
Washington

Señor vicepresidente:

Gracias por su muy amable carta de felicitación por ganar el premio Nobel. Como bien puede imaginar, recibir esta carta suya ha sumado mucho a la emoción y felicidad de mi familia. Ha sido un placer especial para mí recibir una carta de alguien a quien he admirado desde hace mucho tiempo.

Afectuosamente,

Richard P. Feynman

Joseph E. Johnston a Richard P. Feynman
22 de octubre de 1965

Querido Richie:

¡FELICIDADES! Es lamentable que hayan necesitado tanto tiempo para llegar a ti. Me has tenido preocupado durante los últimos diez años, a pesar de haber ganado el premio Einstein hace unos pocos. Sin embargo, los periódicos clarificaban un poco las cosas esta mañana cuando explicaban el retraso. Durante un tiempo pensé que los bongos o los hexaflexágonos te estaban desviando del camino principal. Pero todos sabíamos que tenía que pasar... y pasó.

Hace mucho tiempo —treinta y siete años, para ser exactos— que venías en tu bicicleta desde el viejo P. S. 39 hasta el nuevo instituto y me pedías hacer un experimento. La escuela acababa de abrir y todos los equipos eran de marcas nuevas y yo sacaba los imanes, los botes repletos o cualquier cosa con la que quisieras jugar. Como era después de las 3 en punto tú tenías el lugar para ti solo cuando te dejaba en la puerta cerca del laboratorio.

Uno o dos años después entraste como alumno y no pasó mucho tiempo antes de que estuvieses allí de nuevo, esta vez como estudiante de química. Seguías presionándome hasta que finalmente te dejé hacer un experimento bastante difícil para un alumno de instituto, la determinación del Número de Avogadro. Una vez que montamos el aparato bastante tosco, te dejé solo y un día o así después llegaste a una respuesta de $5{,}6 \times 10^{23}$, que yo encontré muy sorprendente y trabajé contigo para pulirla. Lo repetí varios años más tarde en otra escuela donde llegué a ser encargado de ciencia y lo publiqué. Adjunto una copia.

Estuve a punto de encontrarme contigo un par de veces en este tiempo —en una reunión de Physics Teachers en Nueva York y una vez que di una conferencia en el Instituto Mellon en Pitsburgh hace unos años—. Me preguntaron si alguna vez había tenido un alumno sobresaliente y cuando mencioné tu nombre me dijeron que tú habías dado allí una conferencia poco tiempo antes.

Cada vez que veo a Abe Bader en las reuniones de Chairmen Science intercambiamos notas sobre ti, y por supuesto, la noche pasada fuimos realmente a la ciudad. El doctor Wierda y el señor Barnes se han jubilado; el último tiene casi ochenta y cinco años y está de maravilla. Cuando le escribo o en las raras ocasiones en que le veo siempre me pregunta por ti. Sé que le gustaría tener noticias tuyas. Su dirección es 18 Congress St., Trumansburg, Nueva York.

Dicho sea de paso, a todos nos gustaría felicitarte personalmente en uno de tus viajes al este. Tus logros nos hacen sentir a todos que enseñar ha valido la pena, aunque somos conscientes de que tú habrías logrado lo que hiciste independientemente de cualquier maestro.

Reitero mi más calurosa felicitación.

Afectuosamente,

Joseph E. Johnston

Richard P. Feynman a J. E. Johnston
24 de noviembre de 1965

Sr. J. E. Johnston
Instituto del Distrito Este
Brooklyn, Nueva York

Querido señor Johnston:

¡Gracias por la felicitación! Me emocionó tener noticias suyas. Recuerdo, por supuesto, todas las veces que iba en mi bicicleta desde P. S. 39 a trabajar en el laboratorio del instituto. Aprendí mucho de usted y fue un gran estímulo. Me alegré de recibir las noticias sobre el doctor Wierda y el señor Barnes, pero la historia del experimento sobre electrólisis ya me la había contado. Lo recuerdo muy bien, por supuesto, incluyendo el momento en que pensamos en conectar un reloj eléctrico al mismo interruptor que utilizábamos para hacer pasar la corriente a través del agua. Siempre he creído que no medimos realmente el número de Avogadro sino sólo lo que se denomina el Faraday. Tuvimos que utilizar el valor de Millikan para la carga del electrón y ese experimento es el que trabaja con cantidades muy pequeñas. Ahí radica toda la dificultad. Pero considero que no estaba mal para alumnos de instituto. Como resultado de ganar el premio he recibido tantas cartas de antiguos profesores y alumnos del Instituto de Far Rockaway que he decidido volver y visitar la escuela algún día a principios del próximo año. El director me invitó. No sé aún qué día.

Usted ha olvidado aparentemente que nos encontramos un día en la calle cerca de la Universidad de Columbia y entramos en un bar para tomar refrescos y tuvimos una larga conversación.

Muchas gracias de nuevo por su carta, y muy en especial gracias por todo lo que usted hizo por mí antes y durante el tiempo en que fui alumno en Far Rockaway.

Afectuosamente,
Richard P. Feynman

Abram Bader a Richard P. Feynman
30 de octubre de 1965

Querido Richard:

Una carta de felicitación tardía tiene más probabilidades de ser leída, puesto que no está sumergida bajo un montón de otras cartas. En cualquier caso, puedes aplicarle inversión temporal y leerla la semana pasada.

Me alegró mucho oír la recompensa largo tiempo aplazada del premio Nobel. Ahora puedo disfrutar de la gloria reflejada y afirmar que al Comité no le quedó otra elección cuando se dio cuenta de que tú habías estado en mi clase.

Finalmente me llegó el segundo volumen de tu libro de texto y me llegó al corazón cuando leí la amable referencia a una discusión que tuvimos en cierta ocasión. Nunca he olvidado otra ocasión en la que nos preguntaste a Rube Miller y a mí sobre si era aconsejable que siguieras cursos en educación para poder convertirte en profesor de instituto. Sospecho que habrías sido un buen profesor, pero ¡qué pérdida de talento! Simplemente nos reímos de tu idea.

Una foto publicada en un periódico de Long Island muestra a un niño bien parecido en tu regazo. Mi hijo tiene cinco años e insiste en que él va a ganar el premio Nobel. Ya ha construido una máquina del tiempo con su Tinkertoy y quedó algo decepcionado cuando no le llevó a la segunda guerra mundial para poder unirse a mí en la Royal Air Force (yo estuve implicado en el trabajo sobre el radar).

Déjame felicitarte una vez más y señalar que no hay ninguna ley ni precedente en contra de ganarlo de nuevo.* Por cierto que el mensaje del señor Seiden sobre la llamada que le hiciste era algo enigmático. ¿De qué se trataba?

Mis mejores deseos para ti y tu familia.

Afectuosamente,

Abram Bader

Richard P. Feynman a Abram Bader
29 de noviembre de 1965

Sr. Abram Bader
Instituto John Jay
Brooklyn, Nueva York

Querido señor Bader:

Muchas gracias por su carta de felicitación. Me alegro de que haya visto el segundo volumen de mi libro de texto. La discusión que tuvimos sobre la acción no fue la única que recuerdo. Tengo mucho que agradecerle por educarme y dirigirme hacia la física. No recuerdo la vez que le pregunté sobre si era aconsejable seguir cursos de educación pero veo que no sólo me proporcionaron una buena educación sino también un buen consejo. Otra cosa que recuerdo, y que fue muy importante para mí, es cuando usted me llamó después de la clase y me dijo «Haces demasiado ruido en clase». Luego siguió diciendo que entendía la razón, que era que la clase resultaba demasiado aburrida. Entonces sacó un libro que había detrás de usted y dijo: «Lee esto, llévatelo al fondo de la sala, siéntate solo y estúdialo; cuando sepas todo lo que hay en él, puedes volver a hablar». Así que en la

* De hecho, en 1972 John Bardeen, que ya había ganado el premio Nobel de Física en 1956, ganó un segundo premio Nobel también de Física. Mucho antes, Marie Curie había ganado asimismo dos premios Nobel, pero uno era de Física y el otro de Química. *(N. del t.)*

clase de física yo no prestaba atención a lo que estaba pasando, sino que sólo estudiaba el *Cálculo avanzado* de Woods en el fondo de la sala. Fue allí donde aprendí las funciones gamma, las funciones elípticas y a derivar dentro del signo integral. Un truco en el que me hice un experto. Muchos años más tarde, cuando estaba enseñando métodos matemáticos de la física a alumnos de doctorado en Caltech, uno de los estudiantes, que quería quejarse porque yo estaba tratando un tema avanzado, me preguntó en qué curso había aprendido eso. Antes de que yo pudiera advertir su intención y lo que podría molestarle mi respuesta, respondí inmediatamente: «En el instituto». Fue muy emocionante para mí tenerle como profesor en el instituto, y usted sabe desde luego cómo forzar la mente de un muchacho hasta su máxima capacidad. Muchas gracias.

Me alegro de saber de su hijo; el mío tiene tres años y medio y todavía no controla su Tinkertoy como lo hace el suyo, pues todavía no ha sido capaz de construir una máquina del tiempo, ni siquiera una que no funcione.

Quizá ahora ya sepa de qué trata el mensaje del señor Seiden. No tiene nada que ver con el premio Nobel, y tuvo su origen antes de que se anunciara el premio. Se trata de lo siguiente. El representante de la Asociación Americana de Profesores de Física, el señor E. U. Condon, me llamó para decirme que ellos honraban cada año especialmente a los buenos profesores de física, y que el profesor Philip Morrison había estado leyendo mi libro de texto y sugirió que una posibilidad sería honrarle a usted como ejemplo de un profesor que supo cómo manejar (disculpe mi inmodestia) a un estudiante excepcional. Así que, en algún momento de enero, en una reunión en Nueva York, quieren hacerle alguna mención. Espero que se hayan puesto en contacto con usted para ello. La razón de que el señor Seiden estuviera implicado es que tuve que llamarle para conseguir su dirección.

Ha sido un placer estar en contacto de nuevo con usted y descubrir que se encuentra bien y feliz. Mis mejores deseos para usted y su familia.

Afectuosamente,
Richard P. Feynman

Richard P. Feynman a Howard Lemberg
6 de diciembre de 1965

Sr. Howard Lemberg, Editor
The Chat
Instituto de Far Rockaway
Far Rockaway, Nueva York

Muy señor mío:

Muchas gracias por su felicitación por haber recibido el premio Nobel.

Cuando vi el sobre recordé de pronto el nombre de un periódico que había leído con frecuencia hacía tiempo pero casi había olvidado. Me complació mucho su ofrecimiento de escribir para el periódico, y puse su carta aparte esperando cada día en enviarle una respuesta. Pero he estado más ocupado de lo que esperaba y no he tenido ocasión de responderle.

Mientras tanto, sin embargo, ha surgido otra posibilidad. He decidido visitar mi antigua escuela en enero. Espero que entonces tendré una oportunidad de hablar directamente con los alumnos. Si usted lo desea, sus reporteros podrían entrevistarme entonces o hacer lo que usted quiera.

Sé que el negocio periodístico depende de que las noticias y los artículos se publiquen en el momento adecuado, de modo que confío en que excuse mi tardía respuesta a su carta de entrega especial. Trataré de compensarle lo mejor que pueda este enero, en que espero que podamos conocernos en persona.

Afectuosamente,
Richard P. Feynman

En una entrevista del 10 de enero de 1966, Feynman contó a The Chat *que cuando era alumno en el Instituto de Far Rockaway «no era bueno en inglés, ni bueno en idiomas, incorregible en dibujo, y un santo en la escuela. He cambiado».*

Harold I. Lief a Richard P. Feynman
10 de noviembre de 1965

Querido Dick:

Durante algunas semanas he intentado sumar mi felicitación a los elogios que has estado recibiendo por el reconocimiento más honroso que la sociedad puede otorgar.

Si tu profesor de geometría de sólidos en FRHS, el señor Augsbury, vive aún, debe estar realmente orgulloso. Es divertido pensar cómo acostumbrabas a enseñar a esa clase con el «viejo Augsbury» recostado y dejándote hacer su trabajo. Es extraño que ésa sea una de las pocas clases que puedo recordar con algún tipo de entusiasmo.

Estoy muy contento de ver que tu trabajo gana el reconocimiento mundial que sin duda merece.

Con mis cordiales saludos.

Afectuosamente,
Harold I. Lief, M.D.
Profesor de Psiquiatría

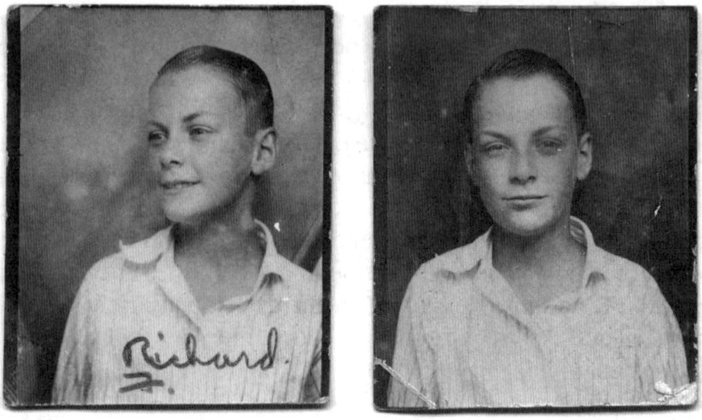

Feynman, 1928.

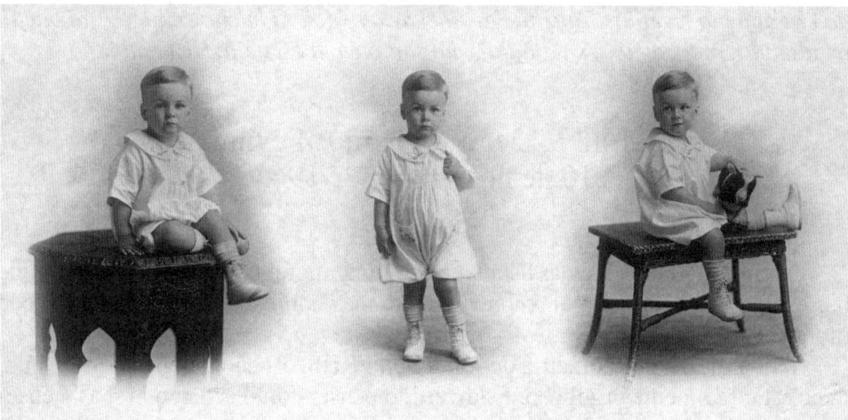

Feynman, 1920.

Richard P. Feynman a Harold I. Lief
30 de noviembre de 1965

Harold I. Lief, M.D.
Universidad de Tulane
Facultad de Medicina
Nueva Orleans, Louisiana

Querido Harold:

Muchas gracias por tu nota de felicitación. Uno de los grandes placeres de obtener este premio es saber de los viejos amigos, de los que normalmente no habría esperado tener noticias. Recuerdo cómo me soplabas en voz baja palabras alemanas cuando me quedaba atascado en la clase de alemán. Muchas gracias por tu ayuda para superarlo.

Afectuosamente,
Richard P. Feynman

Richard P. Feynman a Morrie Jacobs
24 de noviembre de 1965

Sr. Morrie Jacobs
Wantagh, Long Island
Nueva York

Querido Morrie:

Quedé decepcionado por tu nota de felicitación, no me decías cómo te había ido y qué haces ahora. Los viejos amigos deberían contarse lo que están haciendo. Ahora tengo un niño de tres años y medio, y una mujer inglesa muy cariñosa (adivina quién vino primero). Te recuerdo, mi buen amigo, muy bien, después de pasar tantas horas en la trastienda de la tienda de equipajes de tu padre, discutiendo de temas serios y observando tus pinturas. Por favor, escríbeme una nota contándome más sobre tu situación actual.

Afectuosamente,
Richard P. Feynman

Richard P. Feynman a Bertha Cohen
15 de noviembre de 1965

Sra. Bertha S. Cohen
Nueva York, Nueva York

Querida señorita Cohen:

Muchas gracias por su nota a propósito del premio Nobel. Fue agradable tener noticias de una vieja amiga de la familia.

Sospecho que fue algo que usted debió haberme enseñado mientras me sostenía cuando era un niño lo que me permitió recibir el premio.

Mis mejores saludos para Johanna y para usted.

Afectuosamente,
Richard P. Feynman

Richard P. Feynman a Jesse M. Davidson
6 de diciembre de 1965

Sra. Jesse M. Davidson
Nueva York, Nueva York

Querida tía Bea:

Te agradezco mucho tu nota de felicitación. Es agradable recibir noticias de alguien que me conoce desde hace mucho tiempo. Tú has pasado por todas las etapas con mamá, desde las gastadas toallas de lino hasta las preocupaciones de mamá por si yo iba a volar la casa con mi laboratorio.

Todo salió muy bien, ya ves.

Amor,
Richard P. Feynman

Richard P. Feynman a Mimi Phillips
15 de noviembre de 1965

Srta. Mimi J. Phillips
Miami Beach, Florida

Queridísima Mimi:

Muchas gracias por tu nota de felicitación. Fue agradable recibir noticias tuyas y descubrir que tú también estás haciendo de niñera.

Gracias también por enviarme el artículo del periódico. No había visto nada de U. P. antes de que llegara. Me gustó que tuvieras la idea de enviármelo.

Tu comentario de que he engordado gracias a la cocina de Gweneth es un error. Era delgado antes, cuando me viste por última vez, por las preocupaciones y todo lo que pasaba a mi alrededor... ahora he sentado la cabeza. Bueno, ¡quizá la comida también tenga algo que ver!

Amor,
Richard P. Feynman

Reverendo John Alex y Sra. Howard a Richard P. Feynman
16 de noviembre de 1965

El reverendo John Howard bautizó al sobrino inglés de Feynman, Christopher Shaw.

Queridos doctor y señora Feynman:

Esto suena horriblemente formal, pero no deseo que parezca de ningún modo descarado. En realidad, aquí os consideramos como Richard y Gweneth. Y no penséis que lo hacemos por mala educación, sino más bien porque gracias a Eric y Jackie y a la tía Minnie, os sentimos como parte de nuestra familia.

Marjorie y yo queremos expresar lo tremendamente emocionados que nos sentimos al oír que te habían concedido el premio Nobel. Esto es sencillamente maravilloso, un gran honor realmente, y todos aquí están muy contentos por ti, compartiendo la alegría y la felicidad que te ha llegado. De hecho, yo lo oí por la radio, pero no lo creía, y pense: «¡No, no puede ser, pero el nombre es muy *parecido*!». De hecho, lo pronunciaban «Fineman». Pero tía Minnie dijo que realmente eras tú, y que así es como se pronuncia tu nombre en Estados Unidos. Recibe nuestra más sincera felicitación por lo que debe ser un acontecimiento maravilloso en tu vida, y esperamos que cuando vayas a Suecia sea un momento muy emocionante y edificante para ti. Me pregunto si te veremos cuando vengas. Me atrevo a decir que no vendrás a Gan Bretaña esta vez.

Vimos tu libro recomendado en *Radio Times*, y confío en que no sea demasiado difícil para los legos, pues pienso comprarlo estas navidades y leerlo. Este trabajo es muy, muy importante, y las cosas que están sucediendo, y las que *sucederán*, harán tambalearse el mundo entero, pues podemos hacer la vida completamente diferente para el año 1980 y más allá. Me pregunto si seremos capaces de utilizar todo nuestro conocimiento y tecnología para tratar la desalinización del mar, la reforestación de las áreas que necesitan árboles y la recuperación del desierto. Es maravilloso saber de estos nuevos productos petrolíferos con los que se puede rociar los desiertos, y que permiten mantener la humedad pero impiden que se evapore con el calor del sol.

Pero además de trabajar con la tecnología, y las sequías, etc., tenemos que trabajar con la gente, con el problema racial, el nacionalismo, el comunismo, y el mayor de todos los problemas: el materialismo y el egoísmo de nuestros corazones. Pese a todo, creo que podemos afrontar el desafío, un nuevo mundo podría nacer. La cuestión es si queremos hacerlo, porque nuestros objetivos y motivaciones son muy limitados y con mucha frecuencia no van más allá de nuestras propias familias. Pero estoy seguro de que tu gente en América piensa de forma mucho más global que nosotros, y de que el verdadero americano tiene un corazón grande y generoso. Soy consciente de que a veces se da una imagen muy diferente del americano. ¡Así es el pueblo británico! Pero por debajo hay aún millones de buenas personas, sirviendo por todo el mundo, y pienso que la guerra de Vietnam es algo en que se debe combatir, y apoyo lo que América está haciendo, pues a pesar de los errores cometidos, sigue siendo el Mundo Occidental el que tiene las semillas de la Fe Cristiana, que es superior a cualquier ideología ajena de odio o de clase. Nuestro trabajo —el tuyo y el mío— es para vivirlo así, y sé que dondequiera que vayas con tu familia, tu naturalidad, tu amor y tu franqueza darán a mucha gente nueva fe y esperanza. Así que muchas gracias por tu trabajo. Nuestro cariño de ambos. Dios os bendiga.

Afectuosamente,
Marjorie y John Howard

Richard P. Feynman al reverendo John Alex y a la Sra. Howard
6 de diciembre de 1965

Reverendo John Alex y Sra. Howard
Ripponden, Near Halifax
Yorkshire, Inglaterra

Queridos Marjorie y John:

Esto suena muy informal, pero quiero que sigáis considerándonos como Gweneth y Richard.

Me alegró mucho vuestra bonita carta de felicitación. Me gusta todo lo que viene de Ripponden porque la gente me trató tan bien que me siento parte de allí, pues parte de mi familia vive allí. Aunque sólo nos hemos visto algunas veces, uno de mis amigos en Ripponden eres tú.

Dices que el americano de verdad tiene un corazón grande y generoso, lo que muestra el corazón grande y generoso que tienes tú. Pues debes saber que una gran nación, al menos una en donde florecen las ideas británicas de libertad, es muy compleja, y conviven lo grande y lo mezquino, lo generoso y lo egoísta, como conviven en cada ser humano.

Para ver generosidad uno tiene que ser suficientemente generoso para no ver la mezquindad, y para ver sólo la mezquindad en un hombre hay que ser suficientemente mezquino para no ver la generosidad.

Lo siento. No podré hacer una parada en el viaje a Estocolmo, pero seguramente volveré pronto a Ripponden... para presumir de Carl. Así que tendremos otra ocasión para hablar.

Afectuosamente,
Richard P. Feynman

Richard P. Feynman a Arnold H. Phillips
18 de noviembre de 1965

Sr. Arnold H. Phillips
Phillips News Co., Inc.
Wheeling, Virginia Occidental

Querido Arnold:

Gracias por tu carta de felicitación. Tenemos que hacer algo para generar noticias y que tengas algo que distribuir, así que estoy contento por colaborar con tu negocio. Tuve noticias de Mimi Jean como habrás adivinado y ella parecía muy excitada. Sigo viéndola como una niña, pero supongo que ya no lo es.

Probablemente ya sepas que Joan tuvo una niña y mamá estaba visitándola cuando se anunció el premio, de modo que vino corriendo a casa. Mamá parece feliz en su nuevo apartamento, al que se trasladó recientemente.

No seas demasiado severo con Mike por su C* en física. Yo tuve una C en literatura inglesa. Quizá nunca hubiera recibido un premio en física si hubiera sido mejor en inglés.

En cualquier caso, gracias por tu carta. Espero verte de nuevo muy pronto. Gweneth y yo te enviamos nuestro cariño a ti y a los tuyos.

Afectuosamente,
Richard P. Feynman

Richard D. Pettit al Dr. Richard Feynman y Sra.
26 de octubre de 1965

Querida familia:

Felicidades a los dos por el anuncio de la concesión del premio Nobel de Física a Richard. Es un gran logro y estoy muy feliz por vosotros.

Puedo añadir que me gusta mucho la modestia con la que recibiste a la prensa. Sentí que era una reacción verdaderamente científica ante un premio semejante, y te deseo lo mejor por ello.

Con sinceros saludos,
Richard D. Pettit, M. D.

El doctor Pettit fue el obstetra que ayudó a nacer a Carl.

Richard P. Feynman a Richard D. Pettit
15 de noviembre de 1965

Richard D. Pettit M.D.
Pasadena, California

Querido doctor Pettit:

Muchas gracias por su carta de felicitación. Me gustó mucho.

Me sorprendió leer que en su comentario sobre mi encuentro con la prensa no mencionaba lo guapo y maravilloso que aparecía mi hijo. ¿Podría ser modestia?

Afectuosamente,
Richard P. Feynman

* Equivalente a un simple aprobado. *(N. del t.)*

Richard y Carl, 1965.

Richard P. Feynman al Dr. Herman F. Davis y Sra.
29 de noviembre de 1965

Queridos doctor y señora Davis:

Muchas gracias por vuestro telegrama de felicitación. Es divertido recibir un telegrama de alguien al que puedes llamar con un grito al otro lado de la calle. Supongo que no pensasteis en una carta incluso si yo podía haberos respondido a gritos: «Gracias».

Afectuosamente,

Richard P. Feynman

Betsy Holland Gehman a Richard P. Feynman
27 de octubre de 1965

Querido Dick:

Tu misterioso encanto (una cita directa de tus propios escritos) parece estar sacándote de nuevo de tu torre de marfil.

Sé cómo odias la notoriedad, así que mis simpatías están contigo en esta triste ocasión. Esa gente del Nobel no es respetuosa con los derechos de los científicos a fingir que no son ejemplares especiales.

Ésta es la multa que pagas por pensar. Al menos por pensar de esa extraordinaria manera.

Pese a la evidencia en contra, tengo pruebas de que tus procesos mentales no son demasiado diferentes de los de las masas igNobel: en una nota que me enviaste el 4 de enero de este año, escribiste la fecha 1964... como yo lo hice durante casi todo el mes de enero. Me llevó todo ese tiempo admitir que soy un año más viejo.

Felicidades. Ahora, vuelta al I.T.

Tuya,

Betsy

Richard P. Feynman a Betsy Holland Gehman
23 de noviembre de 1965

Sra. Betsy Holland Gehman
Carmel, Nueva York

Querida Betsy:

Muchas gracias por tu nota de felicitación. Es muy duro ser sacado de la torre de marfil, la luz es tan fuerte que molesta. Lo que más molesta es verme de frac recibiendo algo del rey de Suecia mientras observan las cámaras de televisión. Estaría bien si se limitaran a darte el premio, pero hacerte atravesar el ring para cogerlo es un truco sucio.

Gracias por tu nota, fue agradable tener noticias tuyas.

Tuyo,

Richard P. Feynman

Jack Liberman a Richard P. Feynman
31 de octubre de 1965

Querido Dick:

Espero que después de todos estos años pueda dirigirme a ti de esta manera.

En primer lugar, déjame darte mi enhorabuena por haber compartido este año el premio Nobel de Física.

Antes de seguir, déjame explicar quién soy. Cuando tú eras un Senior en el M I T yo era un novato y un miembro de Phi Beta Delta. Dudo que me recuerdes, pero incluso entonces ya se veía que estabas destinado a grandes cosas. Sin embargo, son los rasgos humanos los que yo recuerdo. Un fin de semana, en un baile, yo estaba con mi chica, que había venido de Nueva York, y tú estabas solo. Así que cuando la llevé a la sala de reuniones del segundo piso para besuquearla, te uniste a nuestra conversación y luego dijiste que deberíamos comportarnos como si no estuvieras allí —sólo querías observar—, algo curioso, tal como yo lo recuerdo, y nos olvidamos de que estabas allí. Recuerdo que pasaste un fin de semana con personas sordomudas que conociste aprendiendo el alfabeto, recuerdo una discusión a la hora de comer sobre si las ancas de rana o las gambas (lo he olvidado) tenían un sabor parecido al pollo.

Estoy seguro de que te convertí en un héroe. Y desde entonces he seguido tu carrera con interés y orgullo.

Hoy enseño física y química en el Instituto Sharon en Sharon, Massachusetts. En realidad es una serie unificada de dos años basada en el Curso de la Academia Phillips Exeter. También durante los dos últimos años, en mi clase de física avanzada, he utilizado el primer volumen de tus *The Feynman Lectures on Physics* como base del curso. Ha sido un gran desafío.

Estoy casado desde 1943, tengo un hijo de veinte años y dos gemelas de dieciséis años... Hemos vivido en Boston, New Hamsphire, Florida y ahora en Massachusetts.

Así que esto ha sido sólo una nota para felicitarte, desearte un éxito continuado, y disfrutar en una carta del reflejo de tu fama como alguien que te ha conocido hace años.

Afectuosamente,
Jack Liberman

Richard P. Feynman a Jack Liberman
30 de noviembre de 1965

Jack Liberman
Bridgewater, Massachusetts

Querido Jack:

Estabas equivocado en tu carta de felicitación. Te recuerdo y me gustó mucho saber de tu vida. Dios mío, hacer de mí un héroe. Cualquier tipo normal en esas circunstancias me hubiera dicho que tres es una multitud y que me fuera al infierno: acepta mis disculpas por molestarte al cabo de todos estos años.

La discusión que describes sobre el parecido entre el gusto de las ancas de rana y el del pollo parece típica de mí. Nunca he probado las ancas de rana. Siempre entro en este tipo de discusiones, en las que no sé nada del tema. No obstante, ello no me impide expresar opiniones muy vehementes. Ahora estoy casado, y sólo tengo un hijo de tres años y medio. Si pasas por aquí alguna vez, házmelo saber y podremos hablar de los viejos tiempos.

Afectuosamente,
Richard P. Feynman

Alan Farley a Richard P. Feynman
29 de octubre de 1965

Estimado profesor Feynman:

Estoy seguro de que no me recuerda, pero yo era uno de los miembros iniciales en sus discusiones de «Física X» que empezaron una noche después de cenar en Blacker House. Sé que hablo por todos los miembros de dicho grupo, así como por todos los alumnos de Caltech que han estado en contacto con usted alguna vez, cuando le felicito por ganar el premio Nobel; siempre confiamos y esperamos que usted lo recibiría algún día.

Mis mejores deseos para usted en esta feliz ocasión.

Afectuosamente,
Alan Farley
Presidente en funciones
Departamento de Matemáticas
Morehouse College

«Física X» era una de las clases no oficiales, sin créditos, que mantenía Feynman en Caltech, donde los alumnos preparaban cuestiones de física. Él trataba cualquier cuestión sobre física, fuese o no de su especialidad. No se permitía asistir a otros miembros del claustro.

Richard P. Feynman a Alan Farley
29 de noviembre de 1965

Dr. Alan Farley
Departamento de Matemáticas
Morehouse College

Estimado doctor Farley:

Muchas gracias por su nota de felicitación. Veo que mis discusiones de «Física X» no hicieron ningún bien, pues usted terminó como director en funciones de un Departamento de Matemáticas. Bien, todo lo que podemos hacer es intentarlo.

Afectuosamente,
Richard P. Feynman

Edwin J. Wesely a Richard P. Feynman
22 de octubre de 1965

Querido Dick:

Mi familia y yo, así como millones de otras personas, te saludamos por el gran honor de ser recompensado con el premio Nobel. Aunque no estoy en posición de juzgar, me dicen los miembros de tu «negocio» particular, que deben ser discípulos tuyos, que el honor se ha retrasado un poco.

Aunque tu tamborileo se limitaba a golpear los archivadores en Telluride House, ¿es cierto el rumor de que intentabas utilizar el dinero del premio con el fin de desarrollar unos archivadores-bongos mejorados?

Dicho sea de paso, aunque quizá recuerdes la doble cita que tuvimos con las gemelas brasileñas, no estoy totalmente seguro de que hayas sido informado de que yo me casé con una de ellas y ahora tenemos dos hijas de diez y de ocho años.

Felicidades de nuevo por tu gran logro.

Con mis mejores deseos y calurosos saludos, quedo
afectuosamente,
Ed

Richard P. Feynman a Edwin J. Wesely
30 de noviembre de 1965

Sr. Edwin J. Wesely
Winthrop, Stimson, Putnam y Roberts, Despacho de Abogados
Nueva York, Nueva York

Querido Ed:

Lo mejor de obtener este premio es tener noticias de los viejos amigos. Me alegró mucho recibir noticias tuyas y recuerdo vagamente que supe que te habías casado con una de las gemelas brasileñas. ¿Qué ha sido de la otra? ¡Vaya!, casi he olvidado que soy un hombre casado y tengo un hijo de tres años y medio.

Fue en Telluride donde hice todo eso por lo que me dieron el premio, así que recuerdo aquellos días con nostalgia.

Muchas gracias por tu carta.

Afectuosamente,
Richard P. Feynman

David L. Anderson a Richard P. Feynman
8 de noviembre de 1965

Estimado profesor Feynman:

A primeros de septiembre sugerí su nombre al Oberlin Assembly Committee como posible orador.

Tengo entendido que el presidente Carr le ha escrito ahora, en un momento tremendamente inoportuno, pidiéndole que venga. Es probable que, como resultado de los últimos acontecimientos, haya tenido usted que contratar una secretaria sólo para escribir cartas declinando invitaciones para dar una charla. Pero simplemente quiero añadir a lo que haya dicho el presidente que el Departamento de Física confía en que pueda usted tener un jueves libre en algún momento de la próxima era geológica, y que pueda venir. No es fácil encontrar a científicos elocuentes.

Usted quizá me recuerde —o quizá no— como un colega-inquilino del Dorm T-101, o lo que fuera, en Los Álamos, y como colega participante en la semana Mack-Brixner entre los navajos.

En cualquier caso, permítame ser la persona n.º 13.759 en felicitarle por este premio bien merecido.

Con mis mejores deseos,

David L. Anderson

Richard P. Feynman a David L. Anderson
22 de noviembre de 1965

Dr. David L. Anderson
Director, Departamento de Física
Oberlin College

Estimado doctor Anderson:

Lamento tener que decirle que supuso bien y estoy demasiado ocupado debido a recientes acontecimientos para poder aceptar su invitación para dar una charla en Oberlin. Haga el favor de comunicarle esta mala noticia al presidente Carr.

Ciertamente le recuerdo muy bien a usted y el viaje con Mack y Brisner entre los navajos. Tengo fotografías de ese viaje y aún me gusta sacarlas y mirarlas de vez en cuando. Este verano fui, con mi mujer y mi hijo, a Monument Valley y a esa parte del país. Ha cambiado algo, lo que no le sorprenderá. Pero la situación de los navajos parece ser la misma, aunque tienen automóviles y frigoríficos y los juguetes de los niños están hechos de metal y hay menos caballos.

Muchas gracias por la felicitación, me ha gustado recibir noticias suyas.

Afectuosamente,

Richard P. Feynman

Richard P. Feynman a Arnold O. Beckman
6 de diciembre de 1965

Arnold O. Beckman, presidente del Consejo de Administración, redactó el borrador de una resolución ofreciendo sinceras felicitaciones y elogios a Feynman, «con el convencimiento de que seguirá en la vanguardia de la física teórica como miembro productivo del claustro durante muchos años futuros».

Sr. Arnold O. Beckman
Presidente del Consejo de Administración
Instituto de Tecnología de California
Pasadena, California

Querido señor Beckman:

¿Podría transmitir al Consejo de Administración mi agradecimiento por su resolución de felicitación? Me halagaron las amables pero exageradas valoraciones de mis servicios prestados en Caltech pero intentaré, en el futuro, decepcionarles lo menos posible.

Afectuosamente,
Richard P. Feynman

Richard P. Feynman a Albert Ruddock
23 de noviembre de 1965

Después de ver a Feynman en televisión, el señor Ruddock escribió: «Mi mujer y yo pensamos que si usted acabara cansándose de la ciencia tendría futuro en la televisión».

Sr. A.B. Ruddock
Pasadena, California

Estimado señor Ruddock:

Muchas gracias por su amable nota de felicitación. Es bueno saber que puedo recurrir a la televisión si el Consejo de Administración empieza a cansarse de mí.

Lamento no poder acceder a su deseo de que no responda a su nota, pero la maquinaria que he establecido para responder cartas de felicitación no permite ese grado de flexibilidad. Padecemos la edad del ordenador.

Afectuosamente,
Richard P. Feynman

Max Rafferty a Richard P. Feynman
22 de noviembre de 1965

Estimado doctor Feynman:

La Junta de Educación del Estado, en la reunión del 12 de noviembre de 1965 en Los Ángeles, adoptó la siguiente resolución:

CONSIDERANDO que la Junta de Educación del Estado de California nombró el 14 de marzo de 1963 al profesor Richard P. Feynman del Instituto de Tecnología de California para la Comisión del Plan de Estudios del Estado de California,

CONSIDERANDO que el profesor Feynman formó parte de dicha Comisión durante más de un año, período durante el cual desempeñó el papel principal en la selección de los libros de texto de matemáticas para los escolares de California,

CONSIDERANDO que el profesor Feynman ha sido galardonado con el premio Nobel de Física,

POR TODO ELLO SE RESUELVE QUE esta Junta felicite al profesor Feynman por la magnitud de su logro y llama la atención al pueblo de California sobre el servicio prestado a los niños de California por alguien que en medio de su trabajo creativo cedió libremente su tiempo para ayudar a asegurar el conocimiento de los futuros ciudadanos, y sobre la buena disposición de alguien que vuelve a romper moldes.

Cordialmente,

Max Rafferty

Richard P. Feynman a Max Rafferty
29 de noviembre de 1965

Querido doctor Rafferty:

Transmita, por favor, mi gratitud y estima a la Junta de Educación Estatal por su resolución de felicitación. Siempre me he sentido incómodamente infeliz por el hecho de que tuve que cortar mi conexión con ellos precisamente en el momento en que estaban llegando los libros de ciencias para su evaluación. Me pareció un poco irónico ser citado por el servicio prestado a los niños de California durante un año cuando quienes me citan son un grupo de personas que sirven a los mismos niños de forma tan regular y tan buena durante un período de tiempo mucho más largo.

Lamento no poder estar ahí para agradecer personalmente a cada uno de ustedes sus buenos deseos. Pues en un corto período de tiempo, cuando serví en la Junta, pude conocer y apreciar a cada uno de ustedes individualmente, y no he tenido ocasión de verles de nuevo.

Me sentí sorprendido, feliz y honrado al leer la resolución. Gracias de nuevo.

Afectuosamente,

Richard P. Feynman

Jon A. Johnsen a Richard P. Feynman
21 de octubre de 1965

Estimado profesor Feynman:

Aunque suspendí su bello curso de física el año pasado, puse su nombre a mi gato. Ahora me encuentro con que mi gato no sólo me fue regalado por el hijo de Urey sino que también lleva el nombre de Feynman. (Se llama Richard P.)

Gracias por dar tal distinción a mi pequeño siamés.

¡Felicidades!

Afectuosamente,

Jon A. Johnsen

Richard P. Feynman a Jon A. Johnsen
14 de diciembre de 1965

Jon A. Johnsen
Petaluma, California

Estimado señor Johnsen:

Muchas gracias por su carta de felicitación.

Algunos miden la fama sólo por un premio Nobel, pero yo he conseguido que se ponga mi nombre a un gato. Muchas gracias por este honor distinguido y sutil.

Afectuosamente,

Richard P. Feynman

Richard P. Feynman a Madan Mohan Pant
24 de noviembre de 1965

El señor Pant había leído recientemente The Feynman Lectures on Physics *(volumen III) y comentó cuánto había disfrutado del enfoque directo de Feynman. Empezaba a pensar en Feynman como su «profesor por correspondencia». Decía que bailó de alegría cuando vio el nombre de Feynman en los periódicos como ganador del premio Nobel y escribió para felicitarle.*

Estaba también preocupado por las primera líneas del epílogo del volumen II, en el que Feynman decía que iba a dejar de enseñar física elemental y quería saber en qué estaba trabajando Feynman en ese momento.

Sr. Madan Mohan Pant
Allahabad, India

Estimado «Estudiante por correspondencia»:

Gracias por su muy amable carta de felicitación. Es un placer saber que en un lugar tan lejano como la India hay estudiantes que se inspiran en algunas cosas que pueda haber hecho yo. Aprecio mucho su interés en mi trabajo. Ahora no estoy trabajando muy bien. Las ideas ya no llegan con tanta facilidad. Así que supongo que serán los jóvenes como usted quienes resolverán los problemas, pero estoy trabajando en el problema de entender las partículas que interaccionan fuertemente, i.e. protones, neutrones y mesones. Creo que ahora casi tenemos la información suficiente procedente del experimento para que un hombre inteligente pudiera conjeturar las leyes que relacionan dichas partículas.

Le agradezco de nuevo su muy amable y halagadora carta. Me tomo la libertad de enviarle una corta biografía y una fotografía que he firmado. Le deseo los mayores éxitos en los estudios y en la vida.

Afectuosamente,
Richard P. Feynman

Richard P. Feynman a P. Paelinck
24 de noviembre de 1965

Profesor doctor P. Paelinck
Secretariado de la Reina
Bruselas
Bélgica

Estimado profesor Paelinck:

Muchas gracias por su amable nota de felicitación. Recuerdo muy bien nuestro encuentro en el Congreso Solvay, y especialmente el día tan agradable que pasé en su casa conociendo a su familia.

Quizá ahora ya haya transcurrido el tiempo suficiente para contarle una historia divertida sin que se sienta molesto. Después de volver a Estados Unidos, le expresé a mi mujer el placer que tuve en conocerle y en hablar con usted y su familia, y decidimos enviarles algunos libros a usted y a sus hijos. Así que compramos varios libros, la mayoría de ellos para niños, sobre gatos y otras cosas infantiles, y se las enviamos a nombre del Secretario de la Reina. Al cabo de algún tiempo recibimos una nota diciendo que la reina apreciaba mucho los libros que le habíamos enviado. Ella debió de haber pensado que yo era un chiflado por enviarle un libro con historias de gatos para niños, pero no se me ocurrió cómo arreglarlo, así que no hice nada.

Espero que nos volvamos a ver algún día.

Afectuosamente,
Richard P. Feynman

Roger Sperry a Richard P. Feynman
fecha desconocida

Colega en Caltech, el profesor Roger Sperry recibiría el premio Nobel de Fisiología en 1981 por su trabajo sobre el cerebro humano.

Hola, Dick:

He esperado a que disminuyera un poco la corriente felicitatoria para decirte que todos estamos tremendamente contentos de que estés aquí (¡y especialmente que esperamos que ahora estés *motivado* para dedicarte a tiempo completo a la psicobiología!?)

Te deseo lo mejor,

Roger Sperry

Richard P. Feynman a Roger Sperry
30 de noviembre de 1965

Querido Roger:

Finalmente voy a responder a tu nota de felicitación. Te advierto que no tengo ninguna intención de donar todo mi tiempo a la psicobiología. Ahora que he ganado el premio espero relajarme y disfrutar de la vida y no hacer más ciencia. No obstante, estaré disponible para opinar sobre cuestiones administrativas en todos los campos de las ciencias y las humanidades, y sobre cómo puede conseguir citas un alumno novato.

Tuyo,

Richard P. Feynman

Bob Williams a Richard P. Feynman
21 de octubre de 1965

Querido Dick:

Hoy las noticias son realmente gratificantes. Aunque no escasean los Admiradores de Feynman (la lista, si no estoy equivocado, está encabezada por el propio R. P. Feynman) siempre he tenido la sensación de que yo poseía una información interior: que este tipo está Realmente en la Pista. Me alegra ver que el resto del mundo lo ha captado.

Felicidades. Espero con interés ver lo que nos traerán los próximos veinte años.

Tuyo,

Bob Williams

Richard P. Feynman a Bob Williams
29 de noviembre de 1965

Querido Bob:

Fue agradable recibir noticias tuyas y tu nota de felicitación. Supusiste bien quién encabeza la lista de Admiradores de Feynman, pero debo decir que no está mal saber que puedo mirar la lista de cuando en cuando y ver que no soy el único en ella.

Todo va bien aquí y espero que todo te vaya bien a ti. Una vez más, gracias por tu amable nota.

Afectuosamente,

Richard P. Feynman

Richard P. Feynman a Koichi Mano
3 de febrero de 1966

Un antiguo alumno, que también fue alumno de Tomonaga, escribió para extender su felicitación. Feynman respondió, preguntando al señor Mano qué estaba haciendo en ese momento. La respuesta: «Estudiar la teoría de la Coherencia con algunas aplicaciones a la propagación de ondas electromagnéticas a través de una atmósfera turbulenta... un tipo de problema humilde y práctico».

Querido Koichi:

Me alegró mucho recibir noticias suyas, y que usted tenga ese puesto en los Laboratorios de Investigación.

Por desgracia su carta me preocupa pues parece que usted está realmente triste. Parece que la influencia de su profesor ha consistido en darle una falsa idea de cuáles son los problemas que valen la pena. Los problemas que valen la pena son los que uno puede realmente resolver o ayudar a resolver, aquellos en los que uno puede aportar algo. Un problema es grande en ciencia si se presenta ante nosotros irresuelto y vemos alguna manera de avanzar en él. Le aconsejaría tomar problemas aún más simples o, como usted dice, más humildes hasta que encuentre uno que realmente pueda resolver fácilmente, por trivial que sea. Obtendrá el placer del éxito, y de ayudar a su prójimo, incluso si sólo se trata de responder a una pregunta en la mente de un colega menos capaz que usted. No debe privarse de estos placeres porque usted tenga una idea errónea de lo que vale la pena.

Usted me conoció en la cima de mi carrera, cuando según usted yo estaba interesado en problemas próximos a los dioses. Pero al mismo tiempo tenía otro alumno de doctorado (Albert Hibbs) cuya tesis trataba de cómo pueden los vientos formar ondas cuando soplan sobre el agua en la superficie del mar. Le acepté como alumno porque vino a mí con el problema que quería resolver. Con usted

Recibiendo el premio Nobel del rey Gustavo Adolfo VI.

cometí un error. Le di el problema en lugar de dejar que usted encontrase el suyo; y le dejé con una idea equivocada de lo que es interesante o agradable o importante para trabajar (a saber: los problemas en los que usted ve que puede hacer algo). Lo siento, perdóneme. Espero que esta carta ayude a corregirlo un poco.

He trabajado en innumerables problemas que usted calificaría de humildes, pero con los que disfruté y me sentí muy bien porque a veces podía obtener un éxito parcial. Por ejemplo, experimentos sobre los coeficientes de fricción en superficies altamente pulidas para tratar de aprender algo sobre cómo funcionaba la fricción (fracaso). O cómo dependen las propiedades elásticas de los cristales de las fuerzas entre sus átomos, o cómo hacer que el metal galvanizado se adhiera a objetos de plástico (como los botones de una radio). O cómo se difunden los neutrones en el uranio. O la reflexión de ondas electromagnéticas en las láminas que recubren el vidrio. El desarrollo de ondas de choque en explosiones. El diseño de un contador de neutrones. Por qué algunos elementos capturan electrones de órbitas L pero no de órbitas K. La teoría general de cómo doblar papel para hacer una especie de juguetes infantiles (llamados flexágonos). Los niveles de energía

Bailando con Gweneth en la Ceremonia Nobel.

en los núcleos ligeros. La teoría de la turbulencia (le he dedicado varios años sin éxito). Más todos los problemas «mayores» de la teoría cuántica.

Ningún problema es demasiado pequeño o demasiado trivial si realmente podemos hacer algo con él.

Dice usted que es un hombre anónimo. No lo es ni para su mujer ni para su hijo. Tampoco lo será para sus colegas inmediatos si puede responder a sus sencillas preguntas cuando entren en su despacho. Usted no es anónimo para mí. No permanezca anónimo para usted mismo, es una manera demasiado triste de ser. Conozca su lugar en el mundo y valórese justamente, no en términos de los ingenuos ideales de su juventud, no en términos de lo que usted imaginó erróneamente que son los ideales de su profesor.

Mucha suerte y felicidad.

Afectuosamente,

Richard P. Feynman

1966-1969

Aunque el premio Nobel supuso para Feynman mayor reconocimiento internacional, como prueban las cartas que siguen, esta aclamación tenía sus inconvenientes. Mientras llegaban cartas desde todas partes, desde Suiza hasta Australia, desde la India hasta Hungría, él empezó a decir «no» con más frecuencia a las muchas peticiones que se le hacían para prestar su tiempo y su saber.

Hizo una notable excepción, no obstante, al seguir trabajando en la Comisión del Plan de Estudios del Estado de California, pese a que había renunciado oficialmente en 1964. En un extenso memorándum enviado en abril de 1964 a la señora Whitehouse, miembro de la Comisión del Plan de Estudios, Feynman comentaba los méritos de cada uno de los libros de texto de ciencias escritos para los alumnos de la escuela elemental. Entre los comentarios había un tema del que se ocupó muchas veces a lo largo de su carrera:

> Uno tiene la impresión entonces de que la ciencia va a ser un conjunto de fórmulas aprendidas de memoria para las preguntas estándar. «¿Qué es lo que le hace moverse», rápidamente se levantan todas las manos ansiosamente, la lección está aprendida, van a responder «La energía le hace moverse», «La gravedad le hace caer», «Las suelas de nuestros zapatos se gastan debido al rozamiento». Sólo palabras, nada se explica. Es como decir simplemente «Debido a la voluntad de Dios» y no dejar nada para examinar.

A juzgar por este memorándum y otras cartas que decidió responder, la enseñanza de la física, y de la ciencia en general, era ahora su principal interés. Disfruté especialmente al leer que él y mi hermano Carl (entonces de tres años y medio) hicieron algunos de los experimentos de los libros que había que revisar. Esto anticipaba la estrecha relación y la asociación intelectual que se establecería entre ellos.

En 1967 la Universidad de Chicago le ofreció a Feynman su primer doctorado honoris causa. Él declinó aceptarlo, como haría con el resto de ofertas semejantes.

Fui adoptada en 1968.

Virendra K. Singh a Richard P. Feynman
17 de octubre de 1965

Estimado señor Feynman:

Hace mucho tiempo empecé a estudiar sus libros y ahora los he acabado. Mis más cordiales felicitaciones por su hazaña, pues los libros son un hito. No encuentro palabras para valorarlos. Exponer la teoría más difícil de una forma muy fácil es un gran reto y no todos pueden hacerlo. He recomendado estos libros al director del departamento y he insistido en que todo estudiante debe tener estos ejemplares: tienen que leerse muy a fondo como el Ramayana de los hindús.

Me ha influido tremendamente su trabajo y le ruego que me haga saber sus logros académicos. De hecho, le considero «Mi profesor Ideal» y le pido una fotografía de tamaño natural con su firma: me gustaría tenerla en mi departamento de la universidad.

Espero su contestación. Por favor, envíe la fotografía.

Gracias,

V. K. Singh

Richard P. Feynman a Virendra K. Singh
23 de noviembre de 1965

Dr. Virendra K. Singh
Universidad de Rajastán
Jaipur, India

Estimado doctor Singh:

Muchas gracias por su amable y aduladora nota de felicitación. Adjunto una fotografía para usted.

Afectuosamente,

Richard P. Feynman

Virendra K. Singh a Richard P. Feynman
7 de febrero de 1966

Respetado doctor Feynman:

Realmente me duele que haya malinterpretado mi profundo sentido de respeto y mi fe en usted. Quizá haya utilizado mal la palabra «aduladora». Fue en parte culpa mía pues no le escribí premeditadamente que soy un estudiante de física aquí. Temía que no me enviara la fotografía. ¡Oiga! Un flujo de pensamientos espontáneos para elogiar a alguien (que lo merece vivamente) NO es adulación. La gente tiene diferentes técnicas para decir las cosas, la mía era simple y directa.

Comprendo que uno no puede esperar esa carta (n.º 1) de un profesor, y era natural que usted la entendiera de la otra manera.

Créalo, acabo de colocar su fotografía en mi mesa de trabajo.

Gracias,

V. K. Singh

P. D. No hace falta que responda, porque la gente ocupada como usted no puede perder mucho tiempo.

Richard P. Feynman a Virendra K. Singh
14 de febrero de 1966

Estimado doctor Singh:

Lamento haberle molestado con mi uso descuidado del lenguaje. De ninguna manera pretendía insinuar que su carta no fuera sincera. La palabra «aduladora» fue utilizada incorrectamente, pues acabo de mirarla en el diccionario y me doy cuenta que tiene connotaciones negativas, que ciertamente no era mi intención. En su lugar debería haber utilizado una palabra como «halagadora».

Si me conociera bien, sabría que soy lo bastante inmodesto como para tomar todos los halagos al pie de la letra y no pensar que pueda ser pura adulación. Sencillamente no sabía lo que realmente implicaba la palabra.

Estaba sinceramente complacido, incluso casi abrumado, por su comparación de mis notas de clase con el Ramayana.

Espero no haber cometido más errores en esta carta, y que usted ya no se sienta molesto o incómodo en modo alguno como resultado de nuestra correspondencia.

Afectuosamente,

Richard P. Feynman

Richard P. Feynman a J. M. Szabados
30 de noviembre de 1965

J. M. Szabados
Victoria, Australia

Estimada señorita Szabados:

Muchas gracias por su amable nota sobre mis lecciones. Me alegro de que le gusten y de que se haya tomado el tiempo para escribirme y decírmelo. Me parece que quizá haya oportunidad de que usted pueda tener éxito puesto que dice que nunca ha estudiado física de una manera disciplinada. Tanto mejor, pero estudie arduamente lo que más le interese de la forma más indisciplinada, irreverente y original que pueda.

Mucha suerte en su empresa.

Afectuosamente,

Robert P. Feynman

Richard P. Feynman a E. U. Condon
6 de diciembre de 1965

Dr. E. U. Condon
Instituto Conjunto para el Laboratorio de Astrofísica
Universidad de Colorado
Boulder, Colorado

Querido Ed:

Me ha costado escribir la recomendación para Abram Bader porque estoy involucrado personalmente, es casi como tratar de escribir la mía. Lo mejor que pude hacer es lo que sigue:

«Se recomienda al señor Bader por su soberbia enseñanza a un alumno excepcional. Normalmente al alumno realmente sobresaliente se le deja ir a su aire. Pero cuando Abram Bader encontró a Richard Feynman (que este año ha compartido el premio Nobel de Física) en su clase planteó al muchacho grandes retos, le dio buen consejo y nueva y fascinante información sobre la física. Le eximió de prestar atención en clase pero le retó a utilizar el tiempo para aprender cálculo avanzado de un libro de su biblioteca personal. Le fascinó explicándole el principio de mínima acción, un punto central de casi todo el trabajo de Feynman. Finalmente, el amor y la admiración por su profesor dio como resultado que el muchacho quisiera convertirse en maestro y científico. Bader lo aconsejó bien».

Se supone que el comentario final es humor sutil. Por supuesto, él me persuadió, con considerable esfuerzo, para que me hiciera científico. Quizá tú prefieras hacerlo más claro, o evitar el «humor», que puede molestar a muchos de los maestros. Cámbialo como quieras.

Afectuosamente,

Richard P. Feynman

Raymond R. Rogers a Richard P. Feynman
17 de diciembre de 1965

Estimado señor:

Observé y escuché esta noche su discusión con algunos comentaristas de noticias de la KNXT y quedé sorprendido por la colosal ignorancia y autosuficiencia de su aprendizaje y sus logros. Su uso del término «tíos» en su charla fue exasperante.

Su comentario sobre el smog fue de un hombre completamente ignorante del problema. Dice que hay muchos problemas más importantes que el smog. Con una civilización que está muriendo lentamente en su propia porquería, ¿cuáles pueden ser esos problemas? Se resolverán en cuanto se supere el obstáculo financiero de los fabricantes y las compañías petrolíferas.

Nunca he llegado más allá del instituto. Quería asistir al Throop College que es ahora Caltech. Mi I.C. era demasiado bajo para ingresar. Fui aprendiz de maquinista empezando a tres centavos la hora. Toda mi vida ha consistido en ser el mejor maquinista que hubiera.

Cuando me jubilé en los Laboratorios Técnicos (ahora T.R. W. Systems) debido a la edad había trabajado hasta donde pude llegar sin tener un título. Sus inteligentes jóvenes de Caltech vinieron a decirme cómo deberían hacerse las cosas. Sonaba como la cháchara de niños pequeños.

Una parte del satélite O.G.O. estaba tan mal diseñada que así se lo dije, y que yo podía diseñar una que realmente funcionara. Se rieron de mí (un pobre hombre sin educación). Dos años más tarde cuando O. G. O. fue puesto en órbita, esa parte de O.G.O. era exactamente igual a como yo la diseñé.

Su discusión sobre la energía atómica apenas era la de un hombre ilustrado. Su jerga técnica no me impresionó un ápice. A veces pienso que la educación es un obstáculo.

¿Cómo obtuvo usted el premio Nobel?

Atentamente,

Raymond R. Rogers

Richard P. Feynman a Raymond R. Rogers
20 de enero de 1966

Sr. Raymond R. Rogers
Gardena, California

Estimado señor Rogers:

Gracias por su carta sobre mi entrevista en la KNXT. Tiene mucha razón en que soy muy ignorante acerca del smog y muchas otras cosas, incluido el uso del inglés más correcto.

Gané el premio Nobel por el trabajo que hice en física tratando de desvelar las leyes de la Naturaleza. Lo único de lo que realmente sé mucho es de estas leyes. Me pidió la cadena de televisión que apareciera en su nuevo programa de entrevistas, y lo que sucedió fue que me hicieron todo tipo de preguntas sobre lo que yo no sabía nada. Tuve que responderlas de un modo u otro, y lo hice lo mejor que pude, que usted dice que no fue demasiado bien.

Pero los dos estamos en la misma barca, porque aunque usted ha llegado a ser un maquinista muy bueno y yo un buen científico, ninguno de nosotros sabe realmente del problema del smog. Igual que mis comentarios sobre ello le parecen ignorantes a usted, del mismo modo sus comentarios sobre ello en su carta no me parecen a mí muy sabios.

¿Le gustaría recibir un premio por ser un gran maquinista, y luego ir a la televisión para ser entrevistado por un grupo de hombres a los que no les preocupa nada la maquinaria y sus problemas, sino que en su lugar le hacen preguntas sobre el smog? Lo que molesta es que no le pregunten sobre las cosas que uno ama y a las que ha dedicado su vida y por las que ha recibido el premio.

Por ello le ruego que me perdone por no haber estado acertado y cortés durante mi entrevista, y que me viera obligado a responder a preguntas sobre algo de lo que no tenía ningún conocimiento especial.

Dicho sea de paso, uno de mis deseos había sido tener alguna habilidad con las máquinas, pero todo lo que hacía ajustaba muy mal, mis engranajes oscilaban, etc. La buena maquinaria es esencial para construir buenos aparatos para las medidas precisas y cuidadosas que se requieren en física para descubrir las leyes de la Naturaleza. Por ello, nosotros, los físicos, siempre hemos trabajado cerca de y dependientes de hombres como usted y algunos de nosotros (como Rowland, que hizo los primeros motores reguladores de precisión para hacer redes de difracción) han sido grandes maquinistas.

Sobre el uso de la palabra «tíos», lamento que le ofendiera, pero es porque nunca he creído que la gente que utiliza palabras altisonantes y habla de forma espectacular fuera especialmente inteligente o buena. Creo que sólo es importante expresar claramente lo que uno quiere decir. Admito no obstante que «tíos» no suena delicado, así que supongo que no estuvo tan bien.

Afectuosamente,
R. P. Feynman

Richard P. Feynman a Gilberto Bernardini y Luigi A. Radicati
9 de febrero de 1966

Profesores Gilberto Bernardini
Luigi A. Radicati
Escuela Normal Superior
Pisa, Italia

Queridos colegas:

Muchas gracias por su invitación. Me gustaron Pisa y Toscana y por supuesto disfrutaría de estar con ustedes. El problema es que también me gusta estar aquí.

Tengo una casa cómoda y bonita con una familia excelente y no quiero trasladarlo todo temporalmente a Italia para un período tan largo. Soy el tipo de persona apegado a la vida cómoda.

Gracias de nuevo en cualquier caso. Algún día un período más corto podría ser una posibilidad, pero un año es demasiado.

Afectuosamente,

Richard P. Feynman

J. W. Buchta a Richard P. Feynman
18 de febrero de 1966

Estimado profesor Feynman:

Se nos ha dado el siguiente «problema» como tema para una nota en *The Physics Teacher*. Un aspersor del tipo aquí esbozado gira en el sentido de las agujas del reloj cuando expulsa agua por los grifos. También rota en el sentido de las agujas cuando está colocado bajo el agua. ¿Cómo se comportaría cuando se coloca bajo el agua pero se invierte la dirección del flujo, es decir, cuando el agua *entra* por los grifos y fluye hacia la manguera conectada? El problema se denominaba problema *de Feynman*, supongo que porque usted lo propuso. ¿Estaría dispuesto a aportar una nota sobre el mismo para su publicación en *The Physics Teacher*?

La cuestión parece ofrecer una oportunidad para discutir la simetría y la reversibilidad, además de la mecánica de fluidos. Estoy seguro de que nuestros lectores apreciarían una nota suya concerniente a este problema. Confío en que pueda recibir una respuesta favorable de usted.

Afectuosamente,

J. W. Buchta

Richard P. Feynman a J. W. Buchta
3 de marzo de 1966

Sr. J. W. Buchta
Editor
The Physics Teacher
Washington, D.C.

Estimado señor Buchta:

El problema del aspersor no debería ser llamado «problema de Feynman». Oí hablar de él por primera vez a alguien en Princeton cuando era un alumno de doc-

Feynman en su casa, 1966.

torado. Tuvimos varias discusiones, e hice un experimento para verificar las expectativas (que terminó en una explosión catastrófica menor). El problema aparece en *La Ciencia de la Mecánica* de Ernst Mach, publicado en 1883 (traducido en 1893 por McCormack, publicado por Open Court Publishing Co., véase la página 299, en relación con la figura 153a).

No tengo ningún otro comentario que hacer para *Physics Teacher*.

Afectuosamente,

Richard P. Feynman

El problema del aspersor también aparece en ¿Está Usted de Broma, señor Feynman?: «*La respuesta es perfectamente clara a primera vista. El problema era que algunos pensaban que era perfectamente clara en un sentido, y otros pensaban que era perfectamente clara en el sentido contrario*».

Thomas J. Ritzinger a Richard P. Feynman
2 de marzo de 1966

Estimado doctor Feynman:

Soy profesor de física en Northwestern Wisconsin, y doy cuatro clases de Física PSSC* al día. Debido a nuestra situación geográfica, es extraordinariamente difícil para mis alumnos poder hablar o visitar fácilmente a científicos y personas que investigan.

He pensado que, con su cooperación, sería posible que tuvieran una experiencia que, estoy seguro, recordarán durante mucho tiempo. Me preguntaba si usted consideraría alguna vez en el futuro dar una charla a mis alumnos mediante una conexión telefónica a larga distancia a una hora convenida. Me daría una gran alegría si esa llamada encajara en su agenda y yo pudiera reunir a todos mis alumnos en nuestro auditorio de modo que pudieran escucharle y posiblemente hacerle algunas preguntas. Yo podría hacer todos los arreglos a través de nuestra compañía telefónica local. He pensado que, si usted quisiera, podría hablar a los estudiantes durante 20 o 25 minutos y darles luego la oportunidad de hacerle algunas preguntas. El tiempo total empleado sería de 35 o 40 minutos.

Esto es un experimento total por nuestra parte, pero pienso que sería muy estimulante para mis 130 alumnos de física, que representan la mitad de nuestra clase junior.

Si usted cree que podría robar tiempo a su apretada agenda para un experimento como éste, tendría mucho gusto en comunicarme con usted con más detalle cuando más le convenga. Agradeciendo su amable consideración, quedo

atentamente,

Thomas J. Ritzinger

Richard P. Feynman a Thomas J. Ritzinger
15 de marzo de 1966

Sr. Thomas J. Ritzinger
Instituto Rice Lake
Rice Lake, Wisconsin

Estimado señor Ritzinger:

¡Qué maravillosa idea! Suena terriblemente cara, pero si usted lo dice estoy de acuerdo.

En cualquier caso, intentemos esa gran llamada telefónica. Creo que funcionará mejor si yo no hago otra cosa que responder a preguntas durante los 35 o

* El Physical Sciences Study Committee se creó a finales de los años cincuenta con apoyo de la National Science Foundation para reformar el plan de estudios y elaborar un libro de texto para la enseñanza de la física en la escuela secundaria. *(N. del t.)*

40 minutos. Probablemente me volveré loco tratando de explicar las cosas sin una pizarra. Pero suena divertido y me gustaría intentarlo.

Miércoles y jueves por la tarde y martes por la mañana son malos para mí. Otros momentos están bien, excepto 2 de abril y 22-27 de abril, en que voy a ir a Nueva York.

¡Una idea grande y original que nunca he oído antes! (¿cuánto cuesta?).

Afectuosamente,

Richard P. Feynman

El 25 de abril de 1966, Tom Ritzinger escribió para darle las gracias a Feynman. Decía que los más «jóvenes estaban my emocionados, y los comentarios tras nuestra conversación me demuestran que sacaron mucho provecho de sus respuestas y comentarios».

Richard P. Feynman a Mary E. Hawkins
21 de marzo de 1966

Asociación Nacional de Profesores de Ciencias
Washington, D.C.

Estimada señorita Hawkins:

Haga el favor de no fijar ninguna conferencia para mí (como sugería M. Ruth Broom en su carta del 7 de marzo). Mi único objetivo es intervenir en su conferencia, como se me pidió en «¿Qué es la Ciencia?», el sábado 2 de abril de 1966. El propósito de la charla es simplemente discutir el significado de ciencia con las personas que asistan a la conferencia. No tendré nada de gran valor o importancia que decir, por lo que yo sé, y seguramente no tengo nada de interés para el gran público. No espero ningún «cubrimiento» de mi charla fuera de la audiencia que venga a escucharme.

Puesto que es una conferencia sobre educación los periodistas querrán saber sobre cuestiones educativas. No sé prácticamente nada sobre estas cosas, y por ello no creo que valga la pena que de una conferencia sobre novedades. No habrá novedades.

Afectuosamente,

Richard P. Feynman

Richard P. Feynman a la Sra. Whitehouse
13 de abril de 1966

Feynman ya no formaba parte oficialmente en la Comisión del Plan de Estudios del Estado de California, pero de todas formas revisó libros de texto de ciencias para la comisión en 1966.

Sra. Whitehouse: He aquí algunas notas sobre los Cursos 1 y 5 de seis series sobre ciencia.

Scott Foresman —Regular. Una mezcla salpicada de bueno y de malo.

En el primer curso, experimentos claros y simples sobre condensación, etc., pero la mayor parte del material sobre animales trata de cómo difieren en aspectos superficiales (no se menciona cómo crecen, huevos, crías, etc.)

En quinto grado, la química y el sonido son buenos y claros, pero el material sobre el clima y la electricidad no es muy bueno. En particular, en ambas partes (clima y electricidad) el manual del profesor no se da cuenta de las posibilidades de respuestas correctas diferentes de las esperadas y la formación del profesor no es suficiente para permitirle tratar con desviaciones perfectamente razonables del camino trillado. Además, en estas secciones, se sugieren experimentos difíciles que quizá no funcionen tan fácilmente como se espera, pero al profesor no se le dan claves de que esto podría suceder o qué hacer con ello.

MacMillan —Bueno.

El primer curso es legible y directamente comprensible. Bonitos experimentos y una cantidad de contenidos razonables. El quinto curso es buena ciencia y muy real, incluyendo muchas fotos reales (no recreaciones artísticas) pero en mi opinión hay demasiado material.

Laidlaw —Malo, en ambos cursos.

En primer curso, mucho ruido sobre clasificación de animales mediante un esquema de clasificación incorrecto (por pelo, alas, caparazones, escamas). En el manual del profesor, muchos enunciados confusos y poco claros. Muchas preguntas pero no hay dirección ni motivación (como por qué clasificar los animales). La idea es hacerles decir algo preconcebido sobre los seres vivos.

Muchas de las preguntas «guiando el experimento» tienen respuestas en el manual del profesor que requerirán mucha interpretación y reformulación antes de que puedan ser comprendidas por los niños. Para el profesor con menos formación científica no basta con ir al manual para poder hacerlo por sí mismo.

En quinto curso de nuevo hay una carencia en el manual del profesor. Raramente puedo leer más de un párrafo en el texto del alumno sin encontrar algo un poco confuso o impreciso (donde no es muy difícil decirlo de forma precisa y correcta). Parece que estuviera hecho por una mente confusa y no por una reflexiva. No hay suficiente en la edición del profesor para permitirle remediar esta carencia. Incluso en la edición del profesor, una buena parte está equivocada.

Heath —Bueno.

En primer curso, sencillo, correcto y bueno. No mucho material. Trabajado con sencillez. La edición del profesor es una lección de ciencias buena y clara para profesores, que les coloca muy por delante de los alumnos.

En quinto curso se produce un sano énfasis en hacer y calibrar buenos instrumentos y hacer experimentos importantes. Hay un punto de vista bueno y práctico. Pero hay muchos experimentos, muchos aparatos que hacer, etc. ¿No es demasiado?

Harcourt, Brace y World —Regular.

En primer curso un texto por lo demás bueno tiene una debilidad muy grave que un profesor científicamente orientado podría remediar, pero que un mal profesor seguiría alegremente. De hecho, la primera lección es la más peligrosa en este sentido y es fácil que todos empiecen por el camino equivocado. Utilizo un ejemplo de esta primera lección para mostrar qué es lo que me preocupa: «¿Por qué el perro de juguete se mueve cuando se le da cuerda?». Un buen comienzo si luego fuéramos a desarmarlo, mirar los engranajes y palancas impulsados por el muelle, y ver en detalle cómo va la cosa. Pero la pregunta directa tiene una respuesta oscura y sin sentido (para los niños, y casi sin sentido para mí): «La energía le hace moverse». Esta misma respuesta va a darse a la misma pregunta sobre perros reales, motocicletas, etc.

Uno tiene la impresión de que la ciencia va a ser un conjunto de fórmulas aprendidas de memoria a preguntas estándar, «¿Qué le hace moverse?», rápidamente se levantan ansiosamente todas las manos, la lección está aprendida, van a decir, «La energía le hace moverse», «La gravedad le hace caer», «Las suelas de nuestros zapatos se gastan debido a la fricción». Sólo palabras, nada se explica. Es como decir simplemente: «Por la voluntad de Dios» y no dejar nada para investigar.

La energía en particular es un concepto muy sutil, muy difícil de comprender en primer curso (pero fácil, por supuesto, de aprender de una manera formal, como un loro, sin entender nada). La fuerza es mucho más fácil. Es desafortunado que esta serie empiece tan mal. Esta tendencia a tratar de obtener de los alumnos respuestas de una forma dada se da en otras partes del libro de primer curso.

Otra debilidad, creo que menos importante, son las imágenes artísticas como «evidencia» de lo que sucede. (Por ejemplo, en la página 34 de la edición del profesor dice, «Verifiquemos sus predicciones examinando la cuarta imagen», etc.) De nuevo, no hay imágenes reales, por ejemplo, de un fósil, y no se hace ninguna referencia a que se haya sacado de un fósil real.

El quinto curso es buena ciencia, bastante detallada sin muchos experimentos. Me parece bien si no es demasiado.

Harper y Row —Bueno.

En primer curso, parece muy bueno y llega lejos. El quinto curso es también muy bueno, en particular los procesos, así como los hechos, están bien tratados, y la discusión sobre cómo aprendemos las cosas es buena. Posiblemente demasiado (véase, por ejemplo, vocabulario p. 180).

He advertido unos pocos errores bastante grandes o afirmaciones ambiguas en ambos cursos, pero son excepciones y pueden remediarse.

(No puedo dejar de añadir, de forma poco científica, que mi hijo de tres años y medio ha puesto sus manos en este conjunto que me envió la compañía cuando yo estaba en la Comisión. A menudo me pide que se los lea. Hemos hecho algunos de los experimentos. Los consideraba libros muy pobres, y me sentía estúpido leyendo algunas de las cosas que había en ellos. En comparación con otros libros, y examinando la edición del profesor, me doy cuenta ahora de que el Curso 1 y el Curso 5 son bastante buenos.

Sigo pensando que otros cursos quizá tengan demasiado de «observamos, sin ninguna buena razón». Pero no puedo incluir esto pues no he visto los otros cursos en las otras.

En cualquier caso, tengan en cuenta que leer sólo el Curso 1 y el Curso 5 quizá no baste para juzgar una colección de libros de 1 a 6.)

Conclusión

Hay muchas colecciones buenas. Pero ¿puedo expresar una opinión poco científica? Creo que algunas de las mejores están tratando de enseñar demasiada ciencia. Hay muchas cosas en muchos temas para que aprendan los niños, y los nombres detallados de las partes de una célula nerviosa, etc., son realmente innecesarios en el quinto curso. La ciencia no debería aplastar a las otras materias. Demasiado de algo bueno producirá indigestión a todos. Además, ¿estamos ya en peligro de una crisis general y un colapso por la sobrecarga del profesor?

Usted pregunta si aconsejaría la adopción co-basal. Si eso significa que una escuela puede seleccionar una colección u otra, quizá esté de acuerdo. Pero no creo que sean necesarias dos colecciones en la misma clase (excepto posiblemente tener un ejemplar en una biblioteca como referencia). Mi examen superficial no muestra serias debilidades en cualquiera de las colecciones calificadas «Buenas» que *necesiten* ser complementadas por otro punto de vista de otro texto. Ya hay una tendencia a demasiada ciencia; no necesitamos más, excepto como referencias. (Supongo que usted no tendrá la tentación de adoptar Laidlaw debido a su aparente simplicidad y baja cobertura.) El nivel de cobertura es bueno, pero el material no está cubierto claramente. Sus profesores pueden pensar que les gusta porque hay menos que enseñar y parece bastante sencillo, pero el aprendizaje de memoria de un profesor que siga esa edición para la enseñanza no es un entrenamiento útil para un pensamiento claro, uno de los objetivos de enseñar ciencia.

¿Hay alguna forma de que usted pueda recomendar que *no* se enseñe toda la materia de algunos de estos buenos libros de quinto curso?

Finalmente, todos los textos suponen la existencia de un gran equipamiento, desde serpientes hasta huevos de gallina o cables. ¿Cómo van a proporcionarlo? Creo que alguien que recomienda estos libros tiene la responsabilidad de recomendar también una manera práctica de ayudar en el suministro del material experimental adecuado para seguirlos.

Si lo desea puedo señalar errores detallados que advertí en los diferentes libros.

Lamento no haber tenido tiempo de examinar los *Principios de ciencia* de Merryl.

Saludos a todos mis viejos amigos.

Dick Feynman (firmado)

Miércoles mañana 3.30

Richard P. Feynman a Richard Godshall, 2 de marzo de 1966

En una carta del 19 de febrero de 1966, el señor Godshall agradecía a Feynman el haberle enviado su artículo sobre «Libros de texto para las Nuevas Matemáticas». El señor Godshall pedía la opinión de Feynman sobre el Greater Cleveland Math Program del SRA y decía que quería comprar diez copias del artículo de Feynman para presentarlas al director y a otras personas en la reunión escolar. También escribía con cierta extensión sobre sus preocupaciones por las «nuevas matemáticas». Uno de los ejemplos que citaba el señor Godshall era que después de tres meses de SRA y «muchos días tratando las propiedades, pedí a un buen alumno que me contase lo que estaba haciendo. Estábamos en la propiedad distributiva de la multiplicación respecto de la suma.*

$$\begin{aligned} 2 \times 2 &= (1+1) \times 2 \\ &= (1 \times 2) + (1 \times 2) \\ &= \underline{\quad\quad} + \underline{\quad\quad} \\ &= \underline{\quad\quad} \end{aligned}$$

Aún puedo oír su comentario: "Sé lo que es dos por dos pero no entiendo todas esas tonterías". Sí, ¿y cuántos otros alumnos están preguntando: "Por qué todas esas tonterías"?».

Sr. Richard Godshall
San Jose Christian School
San Jose, California

Estimado señor Godshall:

Me gustaría comentar sus notas sobre el programa SRA. Señalan las mayores y más serias críticas a buena parte del programa de las «nuevas matemáticas». Afectan a la confianza de profesores y padres. Los estudiantes tienen cierta resistencia y una tendencia a reconocer «todas esas tonterías» sólo como «tonterías». ¡Fue un niño quien entendió el traje del Emperador!

Creo que un libro debería ser solamente una ayuda para un buen profesor, y no un dictador. Tenga confianza en su sentido común y proteja a los niños de ser

* Véase el Apéndice V.

intimidados por las abstracciones innecesarias y las pseudosofisticaciones de los libros escolares. Siga siendo humano, y póngase del lado de sus alumnos.

Si necesita un truco para recordar los símbolos para «mayor» o «menor que», note simplemente que el símbolo > tiene un lado ancho (aquí, a la izquierda donde las dos líneas divergen) y un lado estrecho (la punta). El número en el lado ancho es mayor que el del lado estrecho ($9 > 5$ y $5 < 9$).

Eché una mano para seleccionar los libros y con muchas reservas me decidí por el SRA pese a muchos defectos (el peor de los cuales es la falta de problemas). Tuvimos que seleccionar algo de entre lo que se ofrecía y todos los demás eran todavía peores (¡aunque le cueste creerme!). Recomendamos algunos libros suplementarios para acompañar al SRA en su austeridad formal, carencia de problemas, etc., y hacer un programa equilibrado. En el último minuto el Senado del Estado decidió ahorrar un poco de dinero y recortó los libros suplementarios.

Adjunto las diez copias que usted pedía.

Afectuosamente,

Richard P. Feynman

Borrador de una carta escrita por Feynman

No se sabe a quién estaba escrita, la fecha en que fue escrita o si fue siquiera enviada.

Estimado señor:

Gracias por su crítica de mi artículo sobre los nuevos libros de texto para las matemáticas de grado elemental.

Tiene usted razón en que no soy un experto en las materias de mi ensayo. No he tratado de escribir una unidad de ninguna asignatura para estos cursos, ni tengo una idea consolidada del estado de las experiencias de los alumnos o la capacidad de los profesores, etc., etc. El único material experimental que tenía eran los propios libros de texto, que leí en su totalidad cuidadosamente.

Tiene usted mucha razón cuando dice que es imposible hacer una crítica de un artículo de divulgación, pues un artículo semejante está lleno de ejemplos que son fácilmente mal interpretados. Su carta es un ejemplo de lo que usted critica; critica un punto mal interpretado tras otro. No soy responsable de sus malas interpretaciones; muchas parecen proceder de una lectura descuidada.

En primer lugar usted niega que las matemáticas que se utilizan en ingeniería y en ciencia fueran básicamente desarrolladas antes de 1920 dando ejemplos de antes de 1920. A continuación usted interpreta «una buena parte de las matemáticas que se utilizan en física no fueron desarrolladas por matemáticos únicamente, sino en gran medida por los propios físicos teóricos» como si dijeran «la mayoría de las matemáticas aplicables han sido inventadas por no matemáticos». «Una buena parte» no es «la mayoría» y ciertamente no es «todas». Sus ejemplos sólo muestran que no todas las matemáticas aplicables fueron inventadas por no matemáticos.

Niego su afirmación de que yo insinúo que los matemáticos *tienen algo de culpa* por no interesarse en las aplicaciones. Simplemente dije que los matemáticos puros no se interesan en las aplicaciones, y que los usuarios de las matemáticas deben prestar más atención a la conexión entre las matemáticas y las cosas a las que se aplican de lo que probablemente hacen los matemáticos. ¿No es así?

No estoy en contra de la abstracción de las matemáticas —que es lo que las hace útiles—. Haga el favor de leer mi artículo otra vez. Sé por numerosas experiencias (por ejemplo, con muchos autores matemáticamente formados que escriben artículos sobre mecánica cuántica) que la abstracción sola no es suficiente para muchos fines prácticos. También (léase «también», no «sólo») es importante comprender la relación entre los símbolos y aquello a lo que son aplicados si las matemáticas van a ser realmente útiles. Tengo ante mí todos estos libros de texto. Es fácil ver que 17 amperios y 15 voltios raramente se suman. Pero qué hacemos con un libro de texto que (a diferencia de la mayoría de los demás) dice que las matemáticas son útiles en las ciencias y luego da el ejemplo: «Las estrellas rojas tienen una temperatura de 8.000 grados, y las estrellas azules de 12.000 grados. John ve 3 estrellas azules y 1 estrella roja. ¿Cuál es la temperatura total de las estrellas que ve John?». Me alegró tanto haber encontrado un texto que trataba de dar un ejemplo científico del uso de las matemáticas, y quedé tan conmocionado por el ejemplo (y no sólo uno, todos los ejemplos de la sección sumaban o restaban temperaturas de estrellas de varios colores) que usted no debe culparme por pensar que algo está mal en los libros de texto presentados para ser adoptados en el Estado de California. ¿Leyó usted alguno de estos libros de texto?

Yo no condeno las palabras técnicas; me opongo a enseñar sólo las palabras y no decir nada con las palabras. Respecto a «palabras» y «hechos», yo no me opongo a las «palabras» en mi artículo, sólo a «palabras» y *no* «hechos». ¿No cree usted que deberían ir algunos hechos con las palabras de modo que se aprenda algo sobre las palabras de los matemáticos y no *sólo* las palabras que usan los matemáticos? Usted puede pensar que exagero, pero lea algunos de los libros; por ejemplo, en geometría encontré centenares de definiciones y sólo dos hechos (los hechos eran que una figura cerrada divide a un plano en dos regiones y que las diagonales de un rectángulo son iguales). Pienso simplemente que puede desarrollarse un conocimiento más semiintuitivo de la geometría en el tiempo considerable que los alumnos dedicaban a estudiarla. Si no es así, entonces ahorremos el tiempo para otros temas en matemáticas.

Usted decía: «Usted denuncia el uso de cualquier base que no sea 10».

Estudiante novato: «¡Oh excúseme!, no sabía que usted estaba leyendo».

Profesor: «No lo hacía».

Atentamente,

[sin firma]

Richard P. Feynman a Edwin H. Land
19 de mayo de 1966

Sr. Edwin H. Land
Polaroid Corporation
Cambridge, Massachusetts

Estimado señor Land:

Lo pasé muy bien visitándole a usted y a sus colegas (cuyos nombres por desgracia no recuerdo). Los experimentos provocaron muchas reflexiones, y aún sigo pensando. Es una pena que yo no esté en el MIT, para poder volver y molestarle otra vez, pues hay varios efectos que me gustaría ver de nuevo con más detalle. Había muchas cosas nuevas y hasta después no me di cuenta de la importancia de algunas de ellas. Le escribiré algunas de mis elucubraciones, aunque quizá usted ya haya pensado en ellas y lo que le estoy diciendo no sea nada nuevo, sino más bien una conversación informal para ver si he aprendido bien mis lecciones.

En el avión empecé a pensar en por qué el «positivo en rojo, negativo en blanco» no da color, e inmediatamente me di cuenta de que había alguna otra cosa mucho más fundamental que no entendía (y esto quizá sea simplemente un caso especial de ella). El enigma es por qué, cuando las fotos en rojo y blanco (que dan buena sensación de color) están ligeramente desenfocadas, el color desaparece por completo en toda la foto. En resumen, creo que entiendo (a través de la visión retiniana) cómo decidir el color que se va a ver, si uno lo ve. Pero ¿qué principio determina la circunstancia en que usted no lo ve, y por qué?

La respuesta correcta debe decidirla el experimento y no hay lugar para la pura especulación... pero al no poder experimentar no podía refrenar mi mente en el avión. De modo que debería dar cuenta de mis puras especulaciones sólo por diversión, no en el sentido de que crea que estas cosas son necesariamente así, sino sólo por el placer de pensar en lo excitante que podría ser.

Nuestro primer principio es que eso está hecho para vivir. Un animal debe reconocer un bicho como el mismo bicho no importa a qué distancia, qué ángulo, con qué iluminación, etc. Y esto es de primera importancia para el más simple animal vidente. Debe barajar las claves e interpretarlas. Por «interpretar» entiendo que debe descubrir (de alguna manera) algún «concepto objeto» que explique lo que ve. Si uno ve (en el sentido primario de luz en la retina) una elipse, debe percibirla como un círculo inclinado en el espacio (si eso es lo que es) inmediata y directamente. El «círculo inclinado en el espacio» o el «bicho» son lo que yo entiendo por «conceptos objeto». Realmente son como teorías para explicar lo que uno está viendo (en el sentido de luz en la retina). De modo que la constancia de forma (e.g., trapezoides o paralelogramos vistos son percibidos como un mismo rectángulo en diversas posiciones), constancia de iluminación, constancia de color, etc., son todos ejemplos de la acción del paso de «interpretación» en la visión.

Esta «interpretación» fija cuál es el gradiente de iluminación y cuál es la variación de color de un objeto, etc.

Lo llamaré un «interpretador», aunque no tengo idea de cómo trabaja. Nuestras máquinas hechas por el hombre son simples, pero no pueden hacer esto muy bien. Tendemos a pensar que las primeras etapas de la visión deben ser simples y mecánicas también en este sentido. Por ejemplo, suponemos que el artilugio A mide la iluminación media, controla el nivel de sensibilidad del artilugio B, que mide la intensidad en un punto, etc., etc., para explicar la constancia de iluminación, y un mecanismo enteramente nuevo para transformar la discrepancia binocular en distancia, y otro más para determinar que una fila de puntos forma una línea recta, y otra máquina imaginaria compleja para reconocer elipses como círculos, etc., etc. No sé cómo trabaja realmente ninguna de éstas. Pero es evidente que el resultado neto y la función de todas son cualitativamente muy similares; de modo que por el momento, quizá es muy prudente reconocer simplemente (1) que está hecho, (2) que es vital para la supervivencia del animal sensitivo más simple, de modo que puede utilizar sus sentidos para distinguir la comida de las piedras, (3) debe haber muchas características de este proceso que son comunes entre un caso y otro. Por lo tanto, estudiemos la «interpretación» y sus características por sí mismas, dejando los mecanismos detallados para un estudio futuro. (Supongo que lo que llamo «interpretación» debe ser lo que los psicólogos llaman «formar la gestalt».)

Por consiguiente, sus experimentos sobre visión de los colores son de vital importancia psicológica porque permiten estudiar este proceso de «interpretación» en un ejemplo que es fácil de controlar experimentalmente y está lo menos posible bajo la influencia del esfuerzo consciente.

Supongamos que el «método de interpretación» va a proporcionar una teoría (o concepto objeto) para explicar las claves vistas y, si la teoría encaja todas las claves, percibe la «visión» como el objeto, y envía su opinión a la siguiente capa mental por encima de ella para un nivel posterior de interpretación. Imagino la jerarquía: manchas de luz interesantes, líneas rectas; rectángulos en el espacio; una caja que descansa en una mesa; el ataúd de Jack; tragedia y tristeza como una serie de «interpretaciones» en un nivel tras otro hasta llegar a los niveles del cerebro. Estamos estudiando sólo un «interpretador», el de los «objetos coloreados».

Así pues las luces del Mondrian son percibidas como objetos coloreados, pues la teoría encaja perfectamente. Y si la iluminación cambia la teoría de «objetos coloreados en iluminación anormal» sigue funcionando perfectamente y los colores no cambian. Análogamente, las fotografías roja y blanca superpuestas producen imágenes retinianas para las que «los objetos coloreados con cierta iluminación» es una teoría adecuada que encaja casi todos los hechos (claves binoculares, otra información cambia la teoría) de modo que uno es realmente consciente de que no hay objetos y es sólo una imagen en una pantalla, pero no puede revocar al interpretador de color pues eso está en el nivel más bajo, fuera del control de la voluntad. Pero si las fotos están ligeramente descompensadas la teoría no funciona, los «objetos» son demasiado complicados, y hay regularidades en la doble imagen que no son explicadas por ella. Ya no vemos «objetos coloreados».

¿Es impensable que una parte del cerebro pueda hacer «pensar» mucho, e interpretar, y que no fuéramos conscientes de ello y no pudiéramos controlarlo? Tal vez. Pero tal vez no. El animal más simple debe ser capaz de pensar a este nivel si ve siquiera. ¿No es concebible que, una vez inventado por la evolución, este maravilloso «proceso de interpretación» se utilice una y otra vez en una capa por encima de otra a medida que se desarrolla la complejidad del cerebro? ¿Es este pensamiento «superior» muy parecido al pensamiento inferior? Es decir, que la interpretación inferior se nos aparece muy semejante a pensar. ¿No sería aconsejable dejar que los procesos de pensamiento inferior en la visión procedan automáticamente fuera del control consciente por razones de eficiencia? Está incorporado e innato en el hombre, como sucede con el comportamiento incorporado y poco aprendido de los insectos y otros animales simples.

Los físicos que estudian psicología tratan de sugerir, por la fuerza de la costumbre, que se busque algún elemento simple que estudiar, en lugar de todo el cerebro humano a la vez. Con frecuencia han sugerido utilizar animales simples, pero la dificultad está en que nuestro cerebro no está conectado a ellos y tenemos dificultades experimentales para determinar «cómo es el mundo para una oruga». Pero es posible que tengamos «animales simples» en nuestro propio cerebro, dejados relativamente intactos en la evolución, a los que se hallan conectados nuestros centros superiores pero que no están fácilmente bajo el control de dichos centros superiores. Uno de estos «animales simples» puede ser muy bien el «interpretador de color».

Así pues, me gustaría saber todo lo que usted pueda decirme sobre cuándo vemos y cuándo no vemos los colores. Mi primera conjetura sobre los interpretadores serían dos leyes: (1) Si un «concepto objeto» explica todas las cuotas adecuadamente, la escena es interpretada como dicho «objeto». (2) Si aparecen otras regularidades fuertes que no son explicadas por dicho «concepto objeto», o bien no se hará la interpretación, o se hará de vez en cuando alternando con otras interpretaciones ensayadas de vez en cuando. Si no se hace una interpretación, la imagen no interpretada es enviada a centros superiores (quizá... lo que quiera que eso signifique).

Pensé algunas otras cosas, menos importantes. En primer lugar, lo que procede físicamente de cada punto de la pantalla de una de sus proyecciones rojas y blancas con varios tipos de «luz rosada» (donde por «luz rosada» entiendo luz que es la suma de cierta cantidad de luz de los proyectores blancos más cierta cantidad de luz de los protectores con filtro rojo. La «luz rosada» puede aparecer verde, o marrón, etc.). De ahí que una única diapositiva en un proyector que contenga algunas tintas rojas más absorción gris podría imitarla exactamente y en teoría sería capaz de enviar demostradores a todos sus amigos: una diapositiva que vista a través fuera del proyector parece sólo gris y roja, etc., producirá una proyección a «pleno» color. («Pleno» significa tan pleno como parecen ser sus proyecciones roja y blanca... verdes, naranjas, marrones, rojas, etc.)

Concurso de talentos de Caltech, 1966.

En segundo lugar, y esto es más difícil, sería posible producir un objeto, una especie de pintura en rojo y gris, que cuando se coloca frente a un fondo de terciopelo oscuro y se ilumina con un foco (que lo ilumina solamente, y al resto de la habitación sólo indirectamente) parece estar a «pleno» color.

Tuve otras ideas, pero me ha costado dos semanas, con muchas interrupciones, escribir esta carta que empecé en cuanto regresé.

La amenaza sigue en pie, si usted no viene aquí y da charlas sobre sus experimentos, las daré yo.

Atentamente,

Richard P. Feynman

Tomas E. Firle a Richard P. Feynman
7 de agosto de 1966

Estimado doctor Feynman:

¡Debo agradecérselo! En un ensayo de hace algún tiempo usted expresaba sus ideas en unas estrofas que empezaban «Estoy en la orilla del mar...».

Cuando oí por primera vez estas expresiones tuve una respuesta inmediata y profunda de buen sentimiento, fe y belleza. Me tomé la libertad de reordenar gráficamente sus palabras para hacerlas más expresivas para mí. Dicho sea de paso, hay otras interesantes permutaciones posibles.

Al recibir la noticia de la muerte de mi padre en Alemania el pasado 4 de julio, quise compartir algunos sentimientos de creación y vida con mi madrastra y me encontré ensayando una «traducción» de sus ideas al alemán. Puesto que ha transcurrido mucho tiempo desde que dejé Alemania mi «traducción» es sin duda pobre, pero transmitía algo de mi pensamiento y mis sentimientos, tal como usted los expresaba, a mi madrastra.

¿Por qué le escribo esta carta? En parte para hacerle llegar mi agradecimiento, decirle que con estas líneas, para usted quizá poco importantes, ha llenado las necesidades de otro ser humano. También, francamente, disfruto con la sensibilidad de sus «ideas» especialmente porque para mí indican la proximidad de la creación artística a la grandeza científica.

Atentamente,
Tomas E. Firle

7 de julio, 1966

Estoy en la orilla del mar,
solo, y empiezo a pensar...
Están las olas que rugen...
Montañas... de moléculas.
Cada una ocupándose estúpidamente de su propio trabajo...
Billones por separado
pero formando espuma blanca al unísono.
Época tras época...
Antes de que cualquier ojo pudiera ver...
Año tras año tronando en la costa como ahora.
Para quién, para qué
en un planeta muerto,
Sin ninguna vida que mantener.
Nunca en reposo...
Torturado por energía
derrochada prodigiosamente por el sol...
Derramada en el espacio.
Una pulga hace que el mar ruja.

En lo profundo del mar, todas las moléculas
repiten las mismas pautas que cualquier otra
hasta que se forman nuevas pautas complejas,
construyen otras semejantes a sí mismas
y empieza una nueva danza
creciendo en tamaño y complejidad...
Seres vivos,
masas de átomos, ADN, proteínas...
En una danza cada vez más complicada
desde la cuna a la tierra seca
aquí está en pie...
Átomos con conciencia...
Materia con curiosidad
de pie junto al mar...
Maravillado ante las maravillas
Yo...
un universo de átomos,
un átomo en el universo.

Richard P. Feynman, *Science and Ideas*, editado por A. B. Arons (Prentice Hall, 1964), p. 5.

Richard P. Feynman a Tomas E. Firle
4 de octubre de 1966

Sr. Tomas E. Firle
Del Mar, California

Estimado señor Firle:

Debo agradecérselo. Gracias por advertir y disfrutar de lo que yo traté de «ocultar» en mi conferencia. Realmente, también pensaba en ello poéticamente pero temía el ridículo si trataba de escribir un poema en una conferencia. La reordenación está casi exactamente en la forma como yo la hubiera hecho. Es más, debería usted ver las notas manuscritas de la conferencia que me sirvieron de guía cuando impartí la conferencia por primera vez: están escritas en versos, como usted las «descifra». Naturalmente estoy muy complacido y halagado porque usted pensara que son dignas de ser traducidas al alemán. Pero significa aún más para mí que las considerara de relevancia para usted ante la muerte de su padre.

Afectuosamente,
Richard P. Feynman

Richard P. Feynman a Hobart Ellis, Jr.
3 de octubre de 1966

En respuesta a un cuestionario de Physics Today, *Feynman escribió: «Nunca leo su revista. No sé por qué se publica, haga el favor de quitarme de su lista de correo. No la quiero». El 25 de agosto de 1966 el editor escribió para decir que la reacción de Feynman «nos plantea algunas preguntas interesantes». Su preocupación principal era en qué había fallado la revista. «¿Es en el objetivo o en la forma de exponerlo?... Si* Physics Today *no es la revista que los físicos quieren y necesitan, nos gustaría proporcionar lo que ellos quieren y necesitan». Ésta es la respuesta de Feynman.*

Sr. R. Hobart Ellis, Jr.,
Physics Today
Nueva York, Nueva York

Estimado señor:

Yo no soy «los físicos», sólo soy yo. No leo su revista, de modo que no sé lo que hay en ella. Quizá sea buena, no lo sé. Simplemente no me la envíen. Hagan el favor de eliminar mi nombre de la lista de correo, como les pedí. Lo que otros físicos necesitan o no necesitan, quieren o no quieren, no tiene nada que ver con esto.

Gracias por dedicar tanto tiempo para escribirme una carta tan larga. No era mi intención quebrantar su confianza en su revista, ni sugerir que suspenda su publicación, sino sólo que deje de enviarme ejemplares. ¿Podría hacerlo, por favor?

Afectuosamente,
Richard P. Feynman

Irwin L. Shapiro a Richard P. Feynman
21 de octubre de 1966

Querido profesor Feynman:

Pensé que le divertiría saber que después de que se mostrase aquí la semana pasada una película de su soberbia conferencia «Grandes Principios de Conservación», se oyó decir a varios de los que estaban entre la audiencia que usted debería presentarse a gobernador. No está claro, no obstante, si la intención era que fuese candidato en California o aquí, en Massachussets.

Afectuosamente,
Irwin L. Shapiro

Richard P. Feynman a Irwin L. Shapiro
6 de diciembre de 1966

Profesor I. L. Shapiro
Instituto de Tecnología de Massachusetts
Laboratorio Lincoln
Lexington, Massachusetts

Querido profesor Shapiro:

Hablaban de California, por supuesto. En este momento creo que es mejor no emitir comunicados negando un interés aunque sin despertar grandes esperanzas en los militantes de base. En el momento apropiado anunciaré que, aunque con reservas, acepto con gusto las responsabilidades a que me animan mis votantes. Hasta entonces, por favor, no haga ninguna afirmación pública, aunque en privado puede sentirse libre para dar una palabra de apoyo y esperanza a aquellos que están trabajando arduamente en mi nombre.

Gracias por su informe sobre la situación en Massachusetts. Tenga por seguro que no olvidaré a mi buen amigo Irwin Shapiro cuando esté en posición de ayudarle de forma más directa.

Afectuosamente,
Richard P. Feynman

Richard P. Feynman a Mike Flasar
9 de noviembre de 1966

Sr. Mike Flasar
Boston, Massachusetts

Estimado señor:

La información que tiene usted sobre el número y necesidad de físicos teóricos y experimentales es totalmente correcta. La B en matemáticas no tiene importancia, pues ese tipo de matemáticas, aunque popular, no es realmente necesaria en física teórica o experimental.

Trabaje duro para encontrar algo que le fascine. Cuando lo encuentre sabrá cuál es el trabajo de su vida. Un hombre puede estar cavando una zanja para algún otro, o porque está obligado, o porque es estúpido —ese hombre es un «instrumento tonto»—* pero otro que trabaja aún más duro quizá no sea reconocido como diferente por los que pasan por ahí, aunque puede estar buscando un tesoro. Así que busque un tesoro, y cuando lo encuentre sabrá qué hacer. Hasta entonces no

* Juego de palabras intraducible entre *toolish* y *foolish*, «estúpido».

necesita tomar la decisión; lleve sus asuntos prácticos de modo que las opciones sigan abiertas para usted.

En cualquiera de las escuelas de doctorado que usted mencionaba hay siempre oportunidad de pasar de la teoría a los experimentos, y viceversa, en cualquier momento.

Mientras busca lo que pueda fascinarle, no deseche por completo la posibilidad de que pueda encontrarlo fuera de la física. El hombre feliz en su trabajo no es el especialista estrecho de miras, ni el hombre completo, sino el hombre que está haciendo lo que le gusta hacer. Debe usted enamorarse de alguna actividad.

Atentamente,
Richard P. Feynman

Richard P. Feynman a Jehiel S. Davis
6 de diciembre de 1966

Sr. Jehiel S. Davis
Van Nuys, California

Estimado señor:

Lo lamento pero no tengo información con respecto a la televisión en color utilizada en la Feria Mundial de Chicago en 1922 ni sé a quién remitirle para dicha información.

Atentamente,
Richard P. Feynman

Richard P. Feynman a Ashok Arora,
4 de enero de 1967

Master Ashok Arora
Debra Dun (U.P.), India

Estimado Master Arora:

Su discusión de las fuerzas atómicas muestra que usted ha leído mucho más allá de lo que puede comprender. Estamos hablando de algo real y cercano: la Naturaleza. Aprendemos tratando de entender cosas sencillas en términos de otras ideas, siempre honesta y directamente. Qué es lo que mantiene las nubes, por qué no puedo ver estrellas durante el día, por qué aparecen colores en el agua con grasa, qué produce las líneas en la superficie del agua derramada por una jarra, por qué oscila una lámpara colgada... y todas las innumerables pequeñas cosas que están a nuestro alrededor. Luego, cuando uno ha aprendido a explicar las cosas más simples, de modo que ha aprendido lo que es una explicación, puede pasar a cuestiones más sutiles.

No lea tanto, mire a su alrededor y reflexione sobre lo que ve.

He pedido a la oficina adecuada que le envíe información sobre Caltech y la disponibilidad de becas.

Afectuosamente,

Richard P. Feynman

Richard P. Feynman a Tord Pramberg
4 de enero de 1967

Sr. Tord Pramberg
Estocolmo, Suecia

Estimado señor:

El hecho de que yo toque los bongos no tiene nada que ver con el hecho de que haga física teórica. La física teórica es una empresa humana —uno de los más altos desarrollos de los seres humanos— y este perpetuo deseo de demostrar que las personas que la hacen son humanas mostrando que también hacen cosas que hacen otros seres humanos (como tocar los bongos) me resulta insultante.

Soy lo bastante humano como para decirle que se vaya al infierno.

Afectuosamente,

Richard P. Feynman

A. R. Hibbs a Richard P. Feynman
10 de enero de 1967

El doctor Albert Hibbs fue un alumno de doctorado, co-autor (de Quantum Mechanics and Path Integrals*) y amigo íntimo de Feynman. Durante años ocupó muchos puestos en el Laboratorio Jet Propulsion, pero era más conocido como «la voz del JPL», por su trabajo como portavoz en las transmisiones de muchas de sus misiones planetarias. (Dicho sea de paso, mi marido y yo nos casamos en su casa; el doctor Hibbs dirigió la ceremonia, pues era un Ministro Ordenado —por correo— de la Iglesia de la Madre Tierra.)*

Laboratorio Jet Propulsion
Memorándum Interdepartamental
Asunto: Solicitud para ser astronauta

Ésta es la hoja de la que te he hablado. Mi solicitud para ser astronauta está hecha con considerable optimismo. Tengo exceso de edad y de altura. De todas formas, cuento con la frase que ha utilizado la Academia Nacional para describir estas limitaciones: «Se permitirán excepciones a estos requisitos en casos excepcionales». Obviamente debo mostrarme como sobresaliente en alguna área concreta. Tengo una buena formación en ciencia espacial y especialmente en sistemas de instrumentación espacial. La amplitud de dicha formación puede ser única, pero quizá esto no sea demasiado importante para el Proyecto Apolo. De todas formas, cuento con que la Academia y la NASA desean encontrar lo que ellos llaman «observadores astutos e imaginativos», y espero que mi formación me capacite en esta área.

Pero creo que el campo donde podría ser considerado excepcional es en mi experiencia en comunicar resultados científicos a los demás. De modo que es una combinación de observador y comunicador lo que espero presentar como caso excepcional.

Gracias por adelantado por tu ayuda,

Al

Bette Brent a la Academia Nacional de Ciencias
25 de enero de 1967

Científico como Astronauta
Academia Nacional de Ciencias
Consejo Nacional de Investigación
Washington, D.C.

Estimado señor:

Adjunto un Informe Confidencial sobre Albert Hibbs completado por el profesor Richard P. Feynman de Caltech.

Me he tomado la libertad de pasar a máquina los comentarios del profesor Feynman para facilitar la lectura para S-1, D-8, D-9 y D-10.

Afectuosamente,
(Señorita) Bette Brent
Secretaria de Richard P. Feynman

Comentarios y Resumen

Solicitante: HIBBS, Albert Roach

S-1

La única debilidad de Hibbs es que no es un especialista con mucha formación en ninguna área científica concreta. Para sus necesidades esto sería una ventaja pues su comprensión y espíritu científico es perfecto, justo lo que se necesita para estudiar fenómenos inesperados. Demasiada formación, digamos en geología, podría lleva a esperar que haya accidentes en la Luna semejantes a los que existen en la Tierra, mientras que una mente más abierta pero extraordinariamente cuidadosa y observadora (como la que tiene Hibbs) vería más claramente lo que realmente hay. Su tranquilidad general, su profunda y general actitud científica y sus intereses le hacen un observador ideal. Finalmente, no hay que olvidar la amplia experiencia en divulgar ciencia por radio y televisión: cómo será capaz de contar al mundo lo que ha visto, lo que eso significa y lo que significa todo el programa lunar.

Características Personales

D-8

Ninguna oportunidad para observar. Conociendo al hombre diría que seguirá siendo anormalmente claro y observador —siempre lo es—, lleva su espíritu científico de observación a todas sus experiencias y busca experiencias inusuales.

D-9

Ha hecho un gran trabajo de exposición tanto muy técnico (escribimos juntos un libro) como no técnico para audiencias de radio y televisión, y es muy bueno en ello; siempre mantiene su buen sentido y su sabiduría sobre lo que es importante.

D-10

Ha tenido muchos puestos de responsabilidad y liderazgo, y no he tenido noticia de «ninguna dificultad de personalidad» en los trabajos que ha desempeñado, aunque no tengo información de primera mano de sus colegas y quienes trabajan a sus órdenes salvo en dos o tres casos. He trabajado con él íntimamente y siempre lo he hecho con gusto.

Richard P. Feynman a George W. Beadle
16 de enero de 1967

Doctor George W. Beadle
Universidad de Chicago
Oficina del Presidente
Chicago, Illinois

Querido George:

El suyo es el primer doctorado honoris causa que se me ha ofrecido, y le agradezco por considerarme para tal honor.

Sin embargo, recuerdo el trabajo que hice para obtener un título real en Princeton y a los tipos que recibían títulos honorarios sin trabajar, y que pensaba que un «título honorario» era una degradación de la idea de un «grado que confirma que se ha realizado cierto trabajo». Es como dar un «título de electricista honorario». Juré entonces que si por casualidad se me ofrecía uno alguna vez no lo aceptaría.

Ahora, al fin (veinticinco años después), usted me ha dado una oportunidad de cumplir mi juramento.

Así que gracias, pero no deseo aceptar el título honorario que usted me ofrece.

Afectuosamente,
Richard P. Feynman

Richard P. Feynman a Tina Levitan
18 de enero de 1967

Tina Levitan escribió a Feynman pidiéndole una semblanza biográfica y una fotografía en blanco y negro para su inclusión en el libro que estaba preparando, Los laureados: ganadores judíos del premio Nobel.

Srta. Tina Levitan
Nueva York, Nueva York

Estimada señorita Levitan:

No sería adecuado incluirme en «ganadores judíos del premio Nobel» por varias razones, una de las cuales es que a los trece años me convertí a ideas religiosas no judías.

Afectuosamente,
Richard P. Feynman

Tina Levitan a Richard P. Feynman
30 de enero de 1967

Estimado doctor Feynman:

Su carta del 18 de enero, en la que afirma que no sería adecuado que le incluyera en mi libro de los ganadores judíos del premio Nobel ha sido recibida.

Mi lista de ganadores de premio Nobel judíos incluye no sólo a judíos confesos y a aquellos que tienen ancestros judíos en parte, sino también a aquellos de orígenes judíos por la simple razón de que normalmente han heredado sus valiosos talentos y elementos transmitidos de su pueblo.

En estas circunstancias, ¿puedo incluirle? No presentaré el hecho de que a los trece años se convirtió a ideas religiosas no judías.

Si hay otra razón por la que no desea ser incluido, hágamela saber.

Afectuosamente,
Tina Levitan
(Señorita) Tina Levitan

Richard P. Feynman a Tina Levitan
7 de febrero de 1967

Estimada señorita Levitan:

En su carta expresa la teoría de que las personas de origen judío han heredado sus valiosos elementos transmitidos de su gente. Es muy cierto que muchas cosas son heredadas pero es peligroso mantener, en estos días de poco conocimiento de estas materias, que hay una verdadera raza judía o un carácter hereditario judío específico. En cualquier hombre hay mezcladas muchas razas y muchas influencias culturales de hombres de todo tipo. Seleccionar, para aprobación, los elementos peculiares que proceden de alguna supuesta herencia judía es abrir la puerta a todo tipo de sinsentidos sobre teoría racial.

Esas ideas teóricas fueron utilizadas por Hitler. No puede mantener usted, por una parte, que ciertos elementos valiosos pueden ser heredados del «pueblo judío» y, por otra, negar que otros elementos que otras personas puedan encontrar molestos o peores no son heredados por estas mismas «personas». Ni podría usted entonces negar que elementos que otros considerarían valiosos podrían ser la virtud principal de una herencia «aria».

La lección de la última guerra consiste en no considerar que las personas tienen atributos heredados especiales simplemente porque han nacido de padres particulares, sino tratar de enseñar esos elementos «valiosos» a todos los hombres porque todos los hombres pueden aprender, no importa cuál sea su raza.

Es la combinación de características de la cultura de cualquier padre y del padre de su padre con el aprendizaje e ideas e influencias de personas de todas las razas y formaciones la que me hace lo que soy, bueno o malo. Aprecio los elementos valiosos (y los negativos) de mi formación, pero creo que es de mal gusto y un insulto para otras personas llamar la atención de un modo directo sobre ese elemento en mi composición.

Cuando tenía casi trece años dejé de ir a la escuela dominical justo antes de la confirmación debido a discrepancias en las ideas religiosas pero principalmente porque de repente me di cuenta de que la imagen de la historia judía que se nos estaba enseñando, la de un pueblo maravilloso y con talento rodeado de extranjeros estúpidos y malos, estaba lejos de la verdad. El error del antisemitismo no es que los judíos no sean realmente malos después de todo, sino que el mal, la estupidez y la grosería no son un monopolio del pueblo judío sino una característica universal de la humanidad en general. La mayoría de las personas no judías en América hoy lo han comprendido. El error del prosemitismo no es que el pueblo judío o la herencia judía no sean realmente buenos, sino que más bien el error es que la inteligencia, buena voluntad y afabilidad no son, gracias a Dios, un monopolio del pueblo judío, sino una característica universal de la humanidad en general.

Por lo tanto, ya ve que a los trece años no sólo me convertí a otras ideas religiosas, sino que también dejé de creer que el pueblo judío es «el pueblo elegido». Ésta es otra de mis razones para pedirle que no me incluya en su obra.

Confío en que respetará mis deseos.

Atentamente,
Richard P. Feynman

Richard P. Feynman a Tina Levitan
16 de febrero de 1968

La señorita Levitan escribió el 16 de febrero de 1967 accediendo a respetar sus deseos y no incluirle en su libro. Un año más tarde informó a Feynman de que le estaba considerando de nuevo, esta vez para un artículo sobre «El científico y la religión», «una galería de científicos judíos de gran inteligencia y poder creativo». Adjuntaba un cuestionario y pedía una fotografía.

Estimada señorita Levitan:

Tengo su carta y cuestionario del 14 de febrero. Haga el favor de leer mi correspondencia anterior, en particular mi carta del 7 de febrero de 1967, para entender por qué no deseo cooperar con usted en su nueva aventura.

Atentamente,
Richard P. Feynman

Richard P. Feynman a James D. Watson
10 de febrero de 1967

A principios de 1967, mientras ambos visitaban la Universidad de Chicago, James Watson dio a Feynman una copia del manuscrito del libro que más tarde sería publicado como La Doble Hélice. *Se habían conocido cuando Watson visitó Caltech para dar unas conferencias sobre los sistemas de codificación del ADN. La carta que sigue fue la reacción de Feynman.*

No dejes que nadie critique ese libro si no lo ha leído hasta el final. Sus aparentes fallos menores y sus cotilleos tienen su lugar pues son profundamente significativos y vitalmente necesarios para su obra (el libro, la obra literaria) cuando uno llega al final. Desde las trivialidades de la vida ordinaria mezcladas con unos cuantos garabatos y fracasos científicos, hasta la intensa concentración dramática cuando uno se acerca a la verdad y la decisión final (más, con frecuencia cada vez menor, los repentinos ataques de duda), así es como se hace la ciencia. Me reconozco en las experiencias con el descubrimiento muy hermosamente (y quizá por primera vez) descritas a medida que el libro se aproxima a su conclusión. Es completamente exacto.

Y toda la «novela» tiene un argumento ejemplar y esboza una pregunta profunda y humana sin respuesta al final: ¿se debe la repentina transformación de todos los personajes científicos relevantes, desde los hombres insignificantes hasta los grandes y generosos, a que ven juntos un bello rincón de la Naturaleza desvelado y se olvidan de sí mismos ante la presencia de lo maravilloso? ¿O es que nuestro escritor ve repentinamente a todos sus personajes con una luz nueva y generosa y por eso ha conseguido el éxito y la confianza en su trabajo, y en sí mismo?

No trates de resolverlo. Déjalo de esa manera. Publícalo con los menores cambios posibles. La gente que dice «No es así como se hace la ciencia» está equivocada. En las primeras partes del libro describes la impresión de un joven nervioso que imputa motivos (posiblemente erróneos) para hacer la ciencia a los hombres que le rodean. (No he vivido ese tipo de experiencias con mis colegas que me lleve a pensar que sus motivos fueran a menudo como los que tú describes; creo que puedes estar equivocado, pero no conozco a los individuos que tú conoces. En cualquier caso, eso no importa, tú describes *tus impresiones* cuando eras joven.) Pero cuando describes lo que pasaba en *tu* mente en las últimas etapas, estás describiendo cómo se hace la ciencia. Yo lo sé, pues he tenido la misma experiencia bella y estremecedora.

Si quisieras realmente en serio algo para la solapa, dímelo y podemos pensarlo.

La edición en tapa dura del libro de Watson lleva una cita de Feynman en la solapa: «Ha descrito admirablemente cómo es vivir esa experiencia bella y estremecedora de hacer un gran descubrimiento científico».

Danny Robinson a Richard P. Feynman
13 de febrero de 1967

Estimado señor:

Estoy en sexto curso y mi nombre es Danny Robinson. Mi profesor nos estuvo leyendo en clase algo sobre microminiaturización. El libro era de *Life* y se llamaba *The Scientist*. En el libro se dice que usted ofreció personalmente 1.000 $ a quien pudiera construirle un motor electrónico que tenga un volumen de no más de un cuarto de millonésima de pulgada cúbica. En el libro se dice que un hombre construyó uno. ¿Es cierto? Si lo es, ¿podría decirnos qué tipo de herramientas utilizó? ¿Para qué servía? ¿Cómo funcionaba? ¿Cuánto tiempo le llevó construirlo? ¿Dónde lo conserva?

Le agradezco mucho que lea mi carta y que, si es tan amable, responda a...

Gracias,

Danny Robinson

Richard P. Feynman a Danny Robinson
24 de febrero de 1967

Sr. Danny Robinson
Petaluma, California

Estimado señor Robinson:

Tiene razón: existe el motor que usted describe. Fue construido por el señor McLellan en respuesta a un reto que planteé en una conferencia. Adjunto una copia de mi conferencia original, y una descripción y fotografías del motor y sus piezas construido por el señor McLellan.

Se hicieron varios motores; yo tengo uno, hay otro en una exposición aquí en Caltech y el señor McLellan tiene varios. Todos siguen funcionando muy bien.

No hay ningún uso para ellos; todo se hizo simplemente por diversión. Y si usted lee la conferencia cuidadosamente verá que hay otro premio ofrecido para escribir con letra pequeña, que aún no ha sido ganado.

Afectuosamente,
Richard P. Feynman

Richard P. Feynman a Aron M. Mathieu
17 de febrero de 1967

Sr. Aron M. Mathieu, Editor
Investigación y Desarrollo
Cincinnati, Ohio

Estimado señor:

Mi médico me prohíbe servir como consultor editorial porque es malo para mi presión arterial. Acabo queriendo escribir el libro y me frustra no ser el autor real.

Adjunto encontrará un cheque por 25,00 $ que me envió algún chiflado que quería tirar el dinero. Cómprele flores a su mujer con ello.

Atentamente,
Richard P. Feynman

P. D. El resumen que usted me envía carece de imaginación, y es difícil creer que algo bueno pueda salir de ello.

P. P. D. Devuelvo los dos capítulos que usted envió en cartas posteriores. No he tenido oportunidad de examinarlos.

R. B. S. Manian a Richard P. Feynman
6 de marzo de 1967

A,
Doctor Feynman,
Iluminador de nuevos senderos

Señor:

Le parecerá muy improcedente y absurdo recibir una misiva (¡o un misil!) de un don nadie como yo. Soy un alumno de doctorado en física y di con su serie *Lectures in Physics*. Cuando pasé el prefacio quedé perplejo. La física es sin duda un elixir, pero meterlo a la fuerza por la garganta es otra cosa diferente. Estas diversas facetas se transforman rápidamente en su cerebro (como lo hacen las armas en *Red Square*)... Una vez que se desvanecen las vistas sólo queda una sensación de estar perdido en un laberinto. Usted no entiende hasta dónde se puede llegar de un golpe: es demasiado para el estudiante de primero o segundo curso. Mucho revuelo y mucho ruido de tam-tam por parte del Comité de Revisión de Física para nada. Tengo entendido que la mayoría de los alumnos lo dejan después de algunos meses de confusión. Si las cosas siguen así Caltech no puede dar estudiosos. Uno no puede o no debería comer más de lo que puede masticar. La física debería ser dosificada, i.e., dada en tabletas sucesivas de modo que los alumnos puedan asimilarla a un ritmo continuo. Incluso cuando un perro bebe agua en un río sólo puede asimilarla en cantidades mínimas. Tenemos sus vol. II, III, IV en nuestro plan de estudios de posgrado.

Incluso libros de electrodinámica escritos por personas tan bien conocidas como «Reitz y Milford» y Tralli son para cursos para graduados, como se menciona en su prólogo. Las formulaciones matriciales, los tensores, la teoría de grupos, el cálculo operacional no son para novatos. Quizá usted esté ahora en un proceso de retrospección y le haya quedado un sentimiento de culpabilidad una vez que se han evaporado las ideas. Ni siquiera un trabajador incansable como usted estaría dispuesto a introducir reformas que son cortas de vista. Sus libros son sin duda excepcionales pero son como meter un bloque cuadrado en un agujero redondo. Es cierto que los planos inclinados pueden estar obsoletos pero son pasos hacia temas más complejos. Una subida a lo más alto necesita escaleras o un ascensor: no se puede llegar en un momento a lo alto del Empire State. ¿Cómo llegó usted a ello? No por la muy deficiente manera moderna de enseñar física. Usted escaló de una forma ordenada. Si mis ideas son cortas de miras o derivo de fuerzas conservadoras, haga el favor de ilustrarme. Súbame también al carro e introdúzcame en el calidoscopio de figuras siempre cambiantes.

Por favor, responda.

Creo en su rectitud y bonhomía.

Afectuosamente,

R. B. S. Manian

Richard P. Feynman a R. B. S. Manian
14 de marzo de 1967

R. B. S. Manian
Bombay, India

Estimado señor:

Creo que quizá tenga mucha razón en su crítica. Por otra parte, es igualmente equivocado insistir en que todos los alumnos suban por escalones lentos y fáciles a lo largo de la misma ruta. Todos los alumnos son diferentes, a algunos les sirve una vía, a otros otra. Si a usted no le gusta mi libro porque es demasiado avanzado por una u otra razón, hay libros mucho más elementales que el mío. Posiblemente en su caso haya uno mucho más útil para usted.

Si la escuela en la que usted está estudiando ha escogido mi libro para los cursos de primer año, critíquelos a ellos, no a mí. Lo que yo trataba de hacer cuando empecé estas lecciones era enseñar a los alumnos que tenía cuando di las clases. La decisión de editar y publicar estas lecciones y utilizarlas en los años siguientes no la tomé yo. Estoy orgulloso de estos libros como libros de física, pero sobre el problema de cuándo, dónde y por quién utilizarlos no tengo opinión.

Muchas gracias por sus comentarios. Si necesita esta carta para sugerir a la escuela que no utilice los libros con los alumnos de cursos elementales, hágalo si lo desea. Buena suerte en su aventura.

Afectuosamente,
Richard P. Feynman

Richard P. Feynman a Beryl S. Cochran
27 de abril de 1967

Sra. Beryl S. Cochran
Proyecto Madison
Weston, Connecticut

Querida señora Cochran:

A medida que adquiero más experiencia me doy cuenta de que no sé nada sobre cómo enseñar aritmética a los niños. Escribí algunas cosas antes de alcanzar mi estado actual de sabiduría. Quizá las referencias que usted oyó procedían del artículo que le adjunto.

Actualmente, sin embargo, no sé si estoy de acuerdo o no con mi yo pasado.

Inseguro,
Richard P. Feynman

Richard P. Feynman a Hugh DeGaris
27 de abril de 1967

El señor DeGaris, un alumno de física, matemáticas y filosofía de segundo año, decía que le gustaría continuar la obra de Feynman cuando Feynman fuera «demasiado viejo». Al señor DeGaris le preocupaba perder la mitad de sus años productivos en aprender en lugar de crear, y pensaba que quizá Caltech sería una atmósfera más propicia que aquella en la que se encontraba. Estaba de acuerdo con la postura de Murray Gell-Mann sobre la teoría de campos unificada —«la mayor aventura de nuestro tiempo»— y decía que también le gustaría estar «en ella».

Sr. Hugh DeGaris
c/o Quenns College
Victoria, Australia

Estimado señor DeGaris:

Si usted quiere estar «en ella» no supone ninguna diferencia respecto a dónde esté usted. Debe aprender a desarrollar y evaluar *sus propias* ideas. Para empezar, por qué no escoge sus ideas de las dimensiones fraccionarias, como una idea puramente matemática, y la desarrolla. Está abocado a aprender algo. Si no sale nada o se realiza en cosas poco interesantes (lo que es casi imposible) debe encontrar otra idea de las suyas propias y desarrollarla.

Al mismo tiempo estudie física de la forma convencional en las escuelas o mediante libros o enciclopedias. Eso quizá le aporte otras ideas, pero necesita saber algo sobre los problemas de física que está tratando de resolver (para poder juzgar qué probabilidad hay de que «quizá él se relacione con esta idea de algún modo» etc.).

No hay ningún atajo rápido, que yo sepa.

Afectuosamente,
Richard P. Feynman

Margaret Gardiner a Richard P. Feynman
6 de mayo de 1967

Estimado profesor Feynman:

Tengo muchas esperanzas en que usted acceda a firmar el texto adjunto que se propone para publicar como anuncio en el *Times* (de Londres) y, si llegan los fondos, también en alguno de los periódicos más populares y de mayor difusión. Busco las firmas de un número más bien pequeño —alrededor de 50— de americanos eminentes cuyos nombres son también conocidos en este país (no siempre en categorías que se solapan). Entre los que ya han firmado se encuentran Naum Gabo, Joseph Heller, profesor Stuart Hughs, Thomas Merton, profesor Anatol Rapoport, profesor Meyer Schapiro, William Schirer y profesor Victor Weisskopf. Espero obtener varias firmas de aquellos cuyos nombres no están aún públicamente ligados con esta protesta, o al menos, no en este país.

Creemos que este anuncio podría tener un efecto importante en la opinión pública de aquí, donde las protestas por el apoyo de nuestro gobierno a la guerra se enfrentan constantemente a descalificaciones —tanto oficiales como no oficiales— que las consideran pruebas de antiamericanismo y a la respuesta de que «todo es culpa de Hanoi». También creemos que puesto que Gran Bretaña es la única potencia importante que apoya explícitamente la guerra, incluso una desvinculación parcial de nuestro gobierno podría ser de importancia.

Me propongo publicar el anuncio el 1 o el 2 de junio, cuando el Parlamento reanude sus sesiones y mientras el señor Wilson visita al señor Johnson. Así que si usted acepta firmar, como espero que lo haga, le agradecería una respuesta rápida.

Afectuosamente,
Margaret Gardiner
Londres, Inglaterra

Si desea contribuir a los costes de este anuncio, puede extender su cheque a nombre de «Gardiner y Kustow. Cuenta Vietnam».

COMUNICADO PARA PUBLICAR COMO ANUNCIO EN *THE (LONDON) TIMES* y para ser firmado por americanos eminentes que son también muy conocidos en Gran Bretaña.

Nosotros, ciudadanos de Estados Unidos, profundamente preocupados por la guerra del Vietnam, queremos hacer público que no subscribimos la idea oficial de nuestro país y del suyo, según la cual sólo Hanoi bloquea el camino de la negociación. Por el contrario, hay pruebas considerables que han sido presentadas a nuestro gobierno, pero que nunca han recibido respuesta, que muestran que la escalada de la guerra por parte de Estados Unidos ha destruido repetidamente las posibilidades de una negociación.

Le aseguramos que cualquier expresión de su horror por esta vergonzosa guerra —una guerra que está destrozando los propios valores que afirma defender— no debería considerarse antiamericana sino, más bien, como apoyo a los americanos que amamos y de quienes estamos orgullosos.

Richard P. Feynman a Margaret Gardiner
15 de mayo de 1967

Srta. Margaret Gardiner
Londres, Inglaterra

Estimada señorita Gardiner:

Me gustaría firmar su carta pues estoy en total sintonía con su espíritu y su último párrafo. Sin embargo, no conozco muy bien, por desgracia, las pruebas de que la escalada ha destruido las posibilidades de negociación. Desde luego la escalada ha fracasado en sus intentos de «forzar» a Hanoi a negociar, pero no he seguido las cosas tan de cerca como para saber que hubiera habido cualquier posibilidad real de negociación sin escalada. Creo que la política de Hanoi nunca ha incluido esa alternativa, pero que eso no es justificación para nuestra presencia allí destruyendo lo que afirmamos querer salvar.

Me siento incómodo porque no estoy suficientemente seguro de mi posición para firmar su carta. Como mejor opción incluyo un cheque de pequeña cuantía para ayudar a que su anuncio sea publicado.

Afectuosamente,
Richard P. Feynman

Richard P. Feynman a Donald H. Deneck 27 de junio de 1967

No está claro si fue en respuesta a una carta o a una llamada telefónica, pero el 13 de junio de 1967 un editor de física de una editorial de Nueva York escribió a Feynman para disculparse por cualquier malentendido concerniente a una carta promocional que le fue enviada. «Aunque pudiera parecer que la carta era única, ello es simplemente otro ejemplo del estado avanzado de una parte de la industria gráfica. Dicho brevemente, la carta era una copia exacta de otras cartas enviadas a más de 3.000 profesores de física de este país.» Esperaba que no hubiera causado a Feynman ninguna molestia ni lo hubiera ofendido.

Donald H. Deneck
John Wiley and Sons, Inc.
Nueva York, Nueva York

Estimado señor:

Usted me ha entendido mal; sólo trato de reducir la cantidad de correo que recibo. No tiene nada que ver con ser un autor, o ser molestado. Trato de salir de listas de correo. ¿Haría usted el favor de quitar mi nombre de sus listas de correo? Se lo pido a todos los editores, incluyendo Addison-Wesley. Gracias. No es ninguna ofensa.

Atentamente,
Richard P. Feynman

Richard P. Feynman a Mark Kac
3 de octubre de 1967

Profesor Mark Kac
The Rockefeller University
Nueva York, Nueva York

Querido Kac:

Lo lamento pero no quiero ir a ningún lado a dar conferencias. Estoy bien aquí y quiero trabajar en paz y tranquilidad. Prepararlas, ir, dar las conferencias y volver es demasiada perturbación para mi vida tranquila.

Gracias por la invitación, no obstante.

Tuyo,
Richard P. Feynman

Richard P. Feynman a *The New York Times Magazine*
octubre de 1967

Al editor:

Fue divertido ver mi nombre y la foto de mi perro en *The New York Times Magazine* («Dos hombres en busca del quark», 8 de octubre).* Aunque hice muchas de las cosas descritas en su artículo, no soy realmente uno de los responsables de que los científicos empezaran a pensar en los quarks. Eso fue resultado de una de las grandes ideas que tuvo Gell-Mann cuando trabajaba independientemente.

Richard P. Feynman
Instituto Tecnológico de California
Pasadena, Calif.

Richard P. Feynman a la señora de Robert Weiner
24 de octubre de 1967

En respuesta a algunos comentarios que hizo en Los Angeles Times *a propósito de la poesía moderna, la señora de Robert Weiner escribió a Feynman. Pensaba que los comentarios de Feynman «se sumaban a una queja de que los poetas modernos no muestran interés por la física moderna... La verdad es que los poetas modernos escriben prácticamente sobre todo, incluyendo los espacios intereste-*

* Véase el apéndice VI.

lares, el desplazamiento hacia el rojo y los cuásares». Concluyendo que Feynman tenía reputación «por amar cosas difíciles», adjuntaba una copia de «Después de leer la Guía para la Física Moderna de un Niño»:

Si todo un físico de primera sabe
Qué Verdad es cierta,
Entonces, por todos los esto y aquello,
Nuestro mundo común contiene
Futilidad y mugre.
Tenemos un tiempo mejor
Que la Nebulosa Mayor,
O los átomos de nuestros cerebros.

El matrimonio raramente es dicha
Pero seguramente sería peor
Lanzar partículas
A miles de millas por segundo
En un universo
En el que el beso de un amante
No se hubiera sentido
O rompe el cuello del amado.

Aunque el rostro que veo
Mientras lc afcito sea cruel
Pues, año tras año, repele
Un pretendiente envejecido, tiene,
Gracias a Dios, masa suficiente
Para estar allí entero,
Y no es un fluido indeterminado
Que está parcialmente en alguna otra parte.

Nuestros ojos prefieren suponer
Que un lugar habitable
Tiene una visión geocéntrica,
Que los arquitectos rodean
Un espacio euclídeo en reposo:
Mitos echados por tierra... pero ¿quién
Se sentiría cómodo a horcajadas
En una silla en continua expansión?

Esta pasión de nuestra naturaleza
Por el proceso de descubrir
Es un hecho que apenas se puede dudar,
Pero me alegraría más
Si supiera más claramente
Para qué queremos el conocimiento,

Carl y Kiwi en el desierto, 1968.

Sentir seguro que la mente
Es libre de saber o no.

Ha escogido una vez, parece,
Y si nuestro interés
Por magnitudes extremas
Llega a ser una criatura
Que alcanza un tamaño medio,
O si politizando la Naturaleza
Somos completamente sabios,
Es algo que aprenderemos.

W. A. AUDEN, de *About the House*

Sra. de Weiner
Del Mar, California

No he respondido a su carta del 7 de julio antes de ahora porque estaba de vacaciones y justo ahora me pongo a responder el correo que se ha acumulado durante este verano.

Lo que decía en mis comentarios sobre los poetas no pretendía ser una queja porque los poetas modernos no muestren interés por la física moderna; de lo que me quejaba era de que no muestran un aprecio emocional por los aspectos de la Naturaleza que se han revelado en los últimos cuatrocientos años.

El poema del señor Auden sólo confirma esta falta de respuesta a las maravillas de la Naturaleza pues él mismo dice que le gustaría saber más claramente «para qué queremos el conocimiento». Lo queremos para poder amar más a la Naturaleza. ¿No daría vueltas a una bella flor en su mano para verla también desde otras perpectivas?

Por supuesto, los hombres también buscan el conocimiento con muchos otros fines, para hacer la guerra, para tener un éxito comercial, para ayudar a los enfermos o a los pobres, etc., motivos con diversos valores. Los poetas entienden estos motivos obvios y sus consecuencias y escriben sobre ellos. Pero las emociones de asombro, maravilla, deleite y amor que se experimentan al descubrir cómo trabaja la Naturaleza en los mundos animado e inanimado, raramente se expresan juntos (pues son sólo uno) en la poesía moderna donde el aspecto de la Naturaleza que hay que apreciar es el que podría haber sido conocido para los hombres del Renacimiento.

Y la insensibilidad de nuestra época, tan lamentada, es una insensibilidad que sólo puede ser aliviada por el arte, y desde luego no por la ciencia sin arte. El arte y la poesía pueden evocar la belleza y hacer poco a poco la vida más bella.

Lo que lamento es que el tipo de belleza intensa que veo que me da la ciencia, sólo lo ven otros pocos; pocos poetas y, por lo tanto, aún menos personas corrientes.

Por otra parte, quizá usted tenga razón, porque yo he leído muy poco. Pero al menos el ejemplo que usted adjunta sólo confirma mi idea; pues un poeta moderno está confesando directamente que no entiende el valor emocional del conocimiento de la Naturaleza.

Atentamente,
Richard P. Feynman

P. D. Puede usted encontrar mis comentarios más completos de primera mano en *The Feynman Lectures on Physics*, vol. I, pp. 3-6, nota al pie de página.

Richard P. Feynman a Robert F. Boheen
16 de febrero de 1968

Doctor Robert F. Boheen
Cámara del Presidente
Universidad de Princeton
Princeton, Nueva Jersey

Estimado señor:

Lo lamento pero no deseo aceptar el doctorado honoris causa que usted me ha ofrecido. Ya tengo un doctorado, ganado honradamente, de Princeton. Recuerdo que en la ceremonia de graduación en que lo recibí observaba los doctorados honorarios que se estaban otorgando y pensaba que un doctorado «honorario» era una degradación de la idea de un título que confirma que se ha completado cierto trabajo.

Atentamente,

Richard P. Feynman

Richard P. Feynman a Bruce Jowers
25 de abril de 1969

El señor Bruce Jowers, un alumno de instituto que se describía a sí mismo como futuro científico, escribió dos cartas a Feynman —aunque por desgracia sólo se ha conservado una— sobre dispositivos de fusión, describiendo los que él veía como los defectos básicos; luego ofrecía sugerencias.

1. Él creía que el intento de calentar el gas hasta que tuviera energía suficiente para la fusión era demasiado. «¿Por qué no mantienen reducido el calor de los gases a digamos 3/4 del calor necesario? Luego se toma el plasma resultante y se le hace pasar por un acelerador de plasma. Luego toman este haz de plasma y lo dirigen contra otro. Esto debería proporcionar a las partículas del gas la energía suficiente para fusionarse.»

2. En lugar de intentar controlar la fusión conteniéndola, el señor Jowers sugería hacer pasar el gas por un largo tubo magnético, y señalaba que esto haría que la reacción ocurriese a alta velocidad, y la inercia de la alta velocidad ayudaría a controlar la reacción.

3. Pensaba que debería añadirse carbón u otro catalizador para ayudar a la reacción. «Todos los libros de astronomía que he leído me han informado de que en las reacciones de fusión en el Sol se utiliza carbón como catalizador. No he leído que ustedes traten de aplicarlo.»

Se adjuntaba un diagrama del aparato recomendado. Para concluir, el señor Jowers decía: «Espero que esta carta haya sido de algún valor para usted. Si es posible me gustaría que usted desmenuzase mis ideas y me enviase lo que queda. Necesito la experiencia, pues aún estoy en el instituto. Gracias».

Sr. Bruce Jowers
Sepulveda, California

Estimado señor:

Usted me envió dos cartas pidiéndome que desmenuzase sus ideas. Le alegrará saber que no lo haré puesto que son, en conjunto, básicamente correctas. Por otra parte, no debe disgustarse mucho si le digo que muchas de ellas ya han sido pensadas.

Sobre el reactor: se han sugerido catalizadores, pero no carbón. Usamos átomos más fáciles de fusionar que H^1. Utilizamos H^2 (deuterio) o H^3 (tritio) que reaccionan más fácilmente, y a veces añadimos catalizadores como litio si eso acelera la reacción. El Sol tiene muy poco deuterio o tritio y debe empezar con H^1 casi puro, de modo que el carbón sí sirve allí como catalizador. Además los ritmos de reacción en el Sol son demasiado bajos para nuestro uso, de modo que debemos ensayar otras reacciones. Mover haces de plasma unos contra otros, etc., es una buena idea, y la gente ensaya cosas así. El problema del confinamiento significa ayudar a que los haces o plasmas no se dispersen en el aparato, por ejemplo, hacia los lados.

Sobre su pegamento nuclear, quizá esté básicamente en lo cierto. Sin embargo, los núcleos con grandes números de neutrones son inestables no porque los electrones les presionen, sino porque hay una regla que dice que hace falta una gran energía para colocar muchas partículas del mismo tipo en el mismo espacio. (Por eso es por lo que, por ejemplo, todos los electrones en un átomo no están próximos al núcleo; no se mezclan con los demás, sino que se ajustan en «capas» o movimientos de mayor extensión espacial.) Los electrones sólo tienen un efecto minúsculo sobre los procesos nucleares, como sabemos por experimentos del tipo que usted sugiere. Diferentes formas químicas de un elemento en diferentes sustancias (para las que los movimientos de los electrones serían alterados cerca del núcleo) tienen solamente efectos muy minúsculos sobre las energías nucleares y ritmos de desintegración. Los núcleos se mantienen juntos por las fuerzas fuertes entre neutrones y protones (y también entre protón y protón, y entre neutrón y neutrón). Son modificados por la pequeña repulsión electrostática entre protones. Los problemas en los que yo personalmente trabajo ahora están relacionados con lo que constituye esta fuerza nuclear.

Afectuosamente,
Richard P. Feynman

Richard P. Feynman a Sandor Solt
25 de abril de 1969

Sandor Solt
Director, Muszaki Konyvkiado
Budapest, Hungría

Estimado señor Solt:

Me agrada mucho saber que usted tiene en tan buena consideración las *Feynman Lectures* y las está traduciendo al húngaro. Es bueno saber que quiere ponerlas a disposición de sus alumnos húngaros.

Ha sugerido usted excluir algunas secciones (por ejemplo, las páginas 46-48) y me ha pedido permiso para hacerlo. No puedo darle este permiso porque puede resultar incómodo para usted si se compara su traducción con otras ediciones en muchas lenguas. La razón para que usted excluya las secciones (que son repetitivas o que la investigación moderna ha mostrado que son incorrectas) pueden ser mal entendidas y podría perjudicar a la confianza en la fidelidad de su traducción de otras partes.

En su lugar, sugiero que traduzca todo pero, en el caso del párrafo 46-48 (y otros que usted pueda elegir) añadir una «nota al pie de página del traductor» en la que usted señale las partes que cree que son erróneas y por qué. Sería muy interesante que los estudiantes aprendieran que la ciencia es algo en continuo desarrollo en donde la investigación reciente está siempre modificando viejas ideas, y a mí mismo me alegraría ver la cuidadosa crítica de mis ideas que han hecho sus físicos (pues todavía no soy consciente de que dichas ideas se hayan mostrado no válidas). Estas críticas ampliarían el libro y le animo a incluirlas, si usted lo desea, en dichas notas al pie de página, pero el texto principal debe dejarse intacto.

Una vez más, gracias por su paciente trabajo de traducción y crítica.

Atentamente,

Richard P. Feynman

Richard P. Feynman a H. Dudley Wright
1 de mayo dc 1969

La Beca Feynman fue fundada por Dudley Wright, un viejo amigo de Feynman. El receptor del año 1969-1970 fue el señor Kenneth Young, un alumno de física de Caltech.

Sr. H. Dudley Wright
Ginebra, Suiza

Querido Dudley:

El decano Bohnenblust te escribió sobre la elección para tu Beca Feynman del año próximo. Me proponía escribirte una nota que la acompañe pero estos decanos son más eficaces que los profesores distraídos y se me han adelantado.

Es un tipo muy bueno el que tenemos como receptor; el mejor que tenemos. A veces es fácil porque un tipo sobresale claramente entre los demás y ésta es una de esas veces. Estamos en un buen comienzo.

Se ha comentado que nuestros alumnos de doctorado están empeorando año tras año (quizá por la competencia de otras facultades). Teníamos este buen licenciado y pensábamos que debería ser recompensado. Más tarde descubrimos que había estado diciendo a sus amigos que iba a ir a Princeton, pero la beca le hizo cambiar de opinión, así que te estamos agradecidos.

¿Qué hay de nuevo? ¿Te veremos pronto otra vez?

Aquí las cosas son como siempre. Todos en la familia están bien. La novedad es que hemos adoptado una niña. La hemos tenido desde que tenía dos meses y ahora tiene ocho meses, y por supuesto es lo más guapa que se puede ser. También hice una pequeña exposición, con una inauguración, etc., de mis dibujos aquí en Caltech en el sótano del Ateneo. Para que no te quejes, tú los tenías mejores entre los que te envié.

Un abrazo,
R. P. F.

Richard P. Feynman en una carta al claustro 12 de mayo de 1969

Carta al claustro
c/o The California Tech
Winnett Student Center
Campus

Se cree generalmente que el alumno de Caltech no es feliz, y que todo lo que necesita es reconocimiento social por parte del claustro de profesores. Por esta razón muchos alumnos y comités han estado trabajando en el problema de la relación alumnos-profesorado. Hasta ahora, nosotros hemos hecho a menudo todos los esfuerzos concebibles sin ninguna respuesta por parte de los alumnos. Quiero informar aquí, no obstante, de un atisbo del inicio de un pequeño esfuerzo de los alumnos en esa dirección. Un esfuerzo que creo que debería ser correspondido por el claustro.

Habiendo sido invitado el último sábado por la noche a Page House, estaba viendo una película cuando fui raptado por varios hombres y mujeres con togas y espadas de madera, y fui llevado a Fleming donde me vistieron (unas encantadoras doncellas) con una toga, se me dio una corona y se me declaró emperador (de lo que los más puritanos entre ustedes podrían llamar una orgía romana).* Me sirvieron pan con cuatro tipos de quesos y vinos mientras presenciaba una batalla de gladiadores para mi diversión. Un oráculo declaró que el emperador necesitaba una consorte, de modo que se seleccionaron doncellas para que eligiese entre ellas. Después de observar cómo danzaban para mí, me encontré con mi cabeza en el regazo de una de las más bellas y gentiles damas de Claremont, a la vez que era alimentado con uvas, por supuesto, mientras mirábamos una representación. (Yo tenía dificultades para seguir el argumento de la obra.) Cualquier cosa que deseara estaba garantizada —mi espalda fue frotada con lociones especiales preparadas para la ocasión (por el Zoltan Tokes, supongo); trajeron una olla de agua caliente, mi dama me quitó los zapatos y los calcetines y puse mis pies en remojo, mientras un grupo de músicos con flautas y tambores tocaba para mí. Un Baco danzante ofrecía vino y más vino; y un delicioso ron caliente fue preparado (más de una vez) para el emperador.

* Habría que señalar que en Caltech no se admitieron mujeres hasta 1970, de modo que las mujeres que había en el campus procedían de facultades próximas.

Carl, Michelle y Richard en el primer cumpleaños de Michelle, 1969.

Como en todas las situaciones semejantes, surgieron los celos, y hubo un intento de deponer al emperador, pero habiendo sido advertido previamente por una espía entre mi círculo de doncellas no me fue difícil reprimir el conato de revolución.

Finalmente se decidió (después de algunas pruebas) que no debía conducir mi propio coche hasta casa, y se encontró un auriga sobrio para escoltarme.

Teniendo en cuenta su inexperiencia para entretener al claustro (fueron incapaces de producir una naranjilla a petición), creo que esto representa un sincero primer paso en un intento de mejorar las relaciones. Tengo muchas razones para creer que esto representa una nueva política. Por ello, sugeriría que la próxima vez que ustedes sean invitados a casas de alumnos acepten, pues seguramente serán tratados mejor que yo, ya que ellos ganan experiencia y se entabla competencia entre las casas.

Dicho sea de paso, al concluir la relación entablada durante la noche a través del ron caliente descubrí cuáles eran sus demandas reales: que se traiga paz y felicidad a este campus mientras otras facultades tienes caos. No es una demanda

Richard y sus hijos en la playa.

de más chicas, o de más alumnos en las decisiones de la administración o del claustro, o ninguna de esas complejidades psicológicas. Éstas son sólo tapaderas de verdadera inquietud subyacente. Ellos piden sólo una cosa y, en las circunstancias en que yo mismo me vi, parecía muy fácil conceder. Sólo tenía que anunciar que a todos los hombres de Fleming se les garantizara una A en física para hacerles felices hasta el delirio.

Estoy seguro de que mis colegas encontrarán fácil arreglárselas para convertir mi promesa en realidad —en nombre de las relaciones alumnos-profesores—, de modo que este campus no tenga que temer nunca los problemas que asaltan a los demás.

Y a los hombres de Fleming, y a sus damas, gracias. ¡Fue el mejor momento de mi vida!

Ricardus Feynmanius, Emperador

Richard P. Feynman a Andy Wang
30 de septiembre de 1969

El señor Andy Wang, un alumno extranjero de Hong Kong, quería estudiar física en una facultad pero había tenido dificultades previas con la materia. En una carta a Feynman, adjuntaba como referencia su certificación académica del año anterior.

Sr. Andy Wang
Haverford College
Haverford, Pensilvania

Estimado señor Wang:

Lo lamento, pero por supuesto no puedo aconsejarle sin conocerle mejor. A veces una situación como la suya es resultado de un pequeño bloqueo por mala comprensión que puede ser identificado y corregido. Otras veces puede ser más difícil de enderezar y realmente no vale la pena. Su 93 en electricidad y magnetismo parece bueno. Pero no es bueno que usted se dé contra un muro de piedra, así que, ¿qué puedo decir?

Digo lo siguiente. Trate de encontrar algunos amigos que estén también interesados en la física y trate de discutir de física con ellos. Si usted se ve capaz de explicar las cosas con sus propias palabras, de modo que ellos lleguen a entender las cosas a partir de lo que usted dice, usted está bien. Pronto se notará capaz de explicarse las cosas a usted mismo. De lo contrario, abandone y busque una carrera diferente. Si no puede encontrar esos amigos, trate de dar clases particulares de física elemental y vea cómo le va.

Afectuosamente,
Richard P. Feynman

1970-1975

La importancia que Feynman le dio a la educación le valió la medalla Oersted de la Asociación Americana de Profesores de Física en 1972. Era una distinción que compartía con muchos de sus corresponsales durante años: Hans Bethe, J. W. Buchta, Freeman Dyson, David L. Goodstein, Philip Morrison, Frank Oppenheimer, Isidor Rabi, Victor Weisskopf, John Wheeler y Jerrold R. Zacharias. Al año siguiente recibió también la medalla de oro internacional Niels Bohr.

Su trabajo en el campo de la física durante este período consistió en el desarrollo de un importante concepto de partones (es decir, quarks asintóticamente libres), que aún se utiliza hoy. Más lecciones se transformaron en libros de texto muy especializados (*Statistical Mechanics: A Set of Lectures* y *Photon-Hadron Interactions*), y Feynman continuó su trabajo con quarks relativistas. Se interesó cada vez más por los ordenadores, y en 1973 empezó a discutir con Edward Fredkin del MIT sobre la posibilidad de «inteligencia artificial».

Es interesante, y quizá no sorprendente dados los tiempos tumultuosos, que muchas de las personas que le escribían durante este período trataran de comprometerle en temas políticos. Entre la defensa de su decisión de trabajar en la bomba atómica y sus comentarios sobre la capacidad de las mujeres para la ciencia hay varias cartas profundamente cariñosas y francas.

Memorándum a los delegados
1 de mayo de 1970

A: Delegados en la XV Conferencia Internacional sobre Física de Altas Energías
De: Henry Abarbanel, Universidad de Princeton
Asunto: Exclusión Política de Delegados en Conferencias Internacionales en la Unión Soviética

Como muchos de ustedes saben, desde junio de 1967 la Unión Soviética ha hecho una práctica de excluir de las Conferencias Internacionales celebradas dentro de sus fronteras a los delegados de Israel. El método de exclusión ha consistido en invitar a los delegados y luego negarse a darles visados. Puesto que la exclusión de cualquier grupo de una conferencia de estudios por razones claramente políticas es intolerable, propongo que actuemos de la siguiente manera en un intento de evitar que ocurra esto en nuestra reunión.

Enviemos una petición (véase más abajo) a los científicos soviéticos que organizan la conferencia, a la Academia Soviética de Ciencias y al Ministerio Soviético de Asuntos Exteriores diciendo, en esencia, que los abajo firmantes renunciarán a asistir a la reunión de Kiev si cualquier grupo es excluido por razones políticas. Puesto que la delegación israelí ha pedido que los visados sean entregados para el 1 de junio de 1970, la petición será enviada a los soviéticos después de dicha fecha, si es necesario. Si ustedes están de acuerdo con la idea básica, hagan el favor de devolver la copia firmada de la petición adjunta, junto con una dirección donde pueda entrar en contacto con ustedes durante el mes de agosto de 1970, especialmente durante la semana antes de la conferencia. Intentaré que los interesados reciban en la dirección dada, al menos 72 horas antes del comienzo de la reunión, notificación de si los israelíes o cualquier otro grupo han visto rechazados o no sus visados. En ese momento cualquier acción que usted adopte con dicho conocimiento es cosa suya. La coordinación es un problema importante porque normalmente se requiere cierto tiempo para que alguien reciba un visado de los soviéticos, y puede llegar sólo semanas o días antes de salir incluso en los casos en que quieren concederlo.

Déjeme decir que aceptaría con mucho gusto sugerencias sobre la implementación de esta idea y espero sinceramente que no haya necesidad de hacer nada semejante. No obstante, es mejor estar preparado, y por eso le escribo esta nota.

Una copia de esta petición junto con los nombres de todos los delegados en la Conferencia de Kiev que la firmen será enviada al Comité Organizador, la Academia de Ciencias Soviética y el Ministerio Soviético de Asuntos Exteriores. Devuélvala antes del 25 de mayo de 1970. Si usted ha pasado su invitación a otro físico, haga el favor de pasar también esta nota. Gracias.

> El abajo firmante, delegado invitado a la XV Conferencia Internacional de Física de Altas Energías, apoya la idea de una reunión abierta a todos los físicos. Nos negaremos a asistir a esta Conferencia si llega a saberse que algún grupo ha sido excluido selectivamente por razones claramente políticas.

Richard P. Feynman a Henry Abarbanel
14 de mayo de 1970

Dr. Henry Abarbanel
Departamento de Física
Universidad de Princeton
Princeton, Nueva Jersey

Estimado doctor Abarbanel:

Ya me he negado a ir a muchas conferencias en Rusia, incluyendo la conferencia de Kiev. No visito Rusia con fines científicos debido a las políticas gubernamentales que mantienen el derecho a controlar dónde van y qué hacen científicamente sus científicos. Estoy de acuerdo con su petición pero no puedo firmarla dando a entender que iría si el tema israelí se corrigiera pues no iré, ya que pienso que la enfermedad es peor que este síntoma.

Atentamente,

Richard P. Feynman

Richard P. Feynman a K. A. Cardy
27 de agosto de 1970

Un miembro de la Real Sociedad UNESCO (Organización de las Naciones Unidas para la Educación, la Ciencia y la Cultura) propuso presentar a Feynman para el premio Kalinga por la Divulgación de la Ciencia.

Richard y Michelle, 1970.

Sr. K. A. Cardy
Comisión Nacional para el Reino Unido
Londres, Inglaterra

Muy señor mío:

Me sentí honrado al saber que usted me consideraba para ser propuesto para el premio Kalinga de este año por la divulgación de la ciencia. Lamento no considerarme yo mismo apto para el premio. Es lo mismo que si me tentaran ofreciéndome un viaje a la India: no creo que pudiera cargar con la responsabilidad de interpretar la ciencia india a mi regreso.

Lamento haber tardado tanto en responderle, pero estaba de vacaciones cuando llegó su carta y acabo de enterarme de ello.

Afectuosamente,
Richard P. Feynman

Informe confidencial de la Fundación John Simon Guggenheim Memorial sobre el candidato para la beca, Murray Gell-Mann 9 de diciembre de 1970

Solicitado a:
Sr. Richard P. Feynman

Informe:

No hay casi ningún descubrimiento teórico en el campo de la física de altas energías que no lleve el nombre de Gell-Mann. Prácticamente todo lo que sabemos de la simetría de estas partículas es un resultado directo de su trabajo. Ustedes no podrían contribuir al desarrollo de la física de una manera más importante y más ciertamente fructífera que ayudando a este candidato a realizar cualquier cosa que necesite hacer. Daría crédito a su fundación aceptar su petición.

Firmado Richard Feynman

Tuviera o no algo que ver la carta de Feynman, el doctor Gell-Mann recibió una Beca Guggenheim en 1971.

Richard P. Feynman a Stanistow Kruk 18 de enero de 1972

El señor Stanistow Kruk, un joven de dieciocho años de Polonia, escribió a Feynman y le preguntó: «¿Cuál es su actitud respecto al mundo de la ciencia? ¿Cómo

Feynman dando una charla en el Laboratorio Argonne National, 1970.

logró su gran carrera científica? ¿Cuáles son sus ideas sobre las leyes de la física aún desconocidas?... Cuando usted tenía dieciocho años, como yo tengo ahora, ¿podía imaginar el gran futuro que tenía ante usted?».

Sr. Stanistow Kruk
Kielce, Polonia

Estimado señor Kruk:

Lo lamento pero sus preguntas son demasiado importantes para dar respuestas breves. Sólo puedo remitirle a mis conferencias publicadas con el título *El carácter de la ley física.* Lecciones de física más detalladas publicadas en polaco son «Feynman Wykxady Z. Fisyki, Warszawa, 1970, Pantswowe Wydawnictwo Naukowe», pero quizá ya las conozca.

Cuando yo tenía dieciocho años no sabía lo que podría deparar el futuro, pero sabía que debía ser un científico, que eso era excitante, interesante e importante.

Atentamente,
Richard P. Feynman

Dra. Vera Kistiakowsky a Richard P. Feynman
11 de febrero de 1972

Estimado profesor Feynman:

Me gustaría comentar brevemente las observaciones concernientes a las mujeres que hizo usted en la reciente reunión de la APS y la crítica de las anécdotas de su libro. Acabo de terminar un informe como presidenta del Comité de la APS sobre Mujeres en Física y, por consiguiente, para mí éstas son cuestiones muy candentes.

Su afirmación de que las mujeres han sido discriminadas de manera desfavorable y que esto es ridículo fue enormemente útil, especialmente porque fue hecha ante una audiencia donde había muchos profesores de física. También fue inusual. Aunque la mayoría de los físicos hablan en voz baja de un tratamiento igual para igual capacidad y competencia, ellos despachan las desigualdades existentes como resultado de los problemas de matrimonio y maternidad. Incluso las estadísticas que muestran que las mujeres casadas tienen más éxito que las solteras son pasadas por alto, porque «hay demasiados factores involucrados». Por consiguiente, si su prestigio añade aceptación a su afirmación, usted está decididamente en situación para que se le entregue la medalla Elizabeth Cady Stanton.*

Sin embargo, debo discrepar en lo que concierne a las anécdotas que hay en su libro. Digo esto aunque lo he utilizado como libro de texto con mucho gusto y

* Elizabeth Cady Stanton fue contemporánea de Susan B. Anthony y una pionera del movimiento de los derechos de la mujer.

sin hacer caso del subconsciente feminista. Esto fue varios años antes de que empezara a leer y pensar de un forma coherente sobre los problemas de las mujeres. Desde entonces, las observaciones de mis propias reacciones y las de mi hija apoyan los resultados que aparecen en muchos estudios psicológicos y sociológicos: que todos los medios de comunicación empujan a la mujer hacia una infravaloración de sus capacidades y hacia un sentimiento muy ambivalente respecto al éxito. Dicho muy brevemente, entonces, permítame sugerir cuáles podrían ser los efectos subconscientes de anécdotas como las suyas: Feynman (el gran físico) retrata a las mujeres como menos inteligentes y no como miembros del conjunto que agrupa a los físicos; yo soy una chica; quizá esté realmente excluida de ser un físico. Posiblemente esto es una supersimplificación, pero creo que hay bastante de verdad en ello. Trate de reemplazar «mujer» por «negro» en esas anécdotas para hacerse una idea. El hecho de que usted sea famoso multiplica el efecto. Por lo tanto, no creo que esto sea trivial, es más bien crucial para el problema de un trato igual para las mujeres doctoras en física.

Afectuosamente,
Vera Kistiakowsky
Instituto Tecnológico de Massachusetts
Cambridge, Massachusetts

Richard P. Feynman a Vera Kistiakowsky
14 de febrero de 1972

Estimada doctora Kistiakowsky:

Muchas gracias por su carta. Es cierto que las citas en mi libro son desafortunadas; en la actualidad, dada la creciente sensibilidad, probablemente habría sido más cuidadoso y no las habría incluido. No obstante, estoy de acuerdo con mi hermana en que en cierto modo son triviales a menos que se malinterpreten. «Feynman retrata a las mujeres como menos inteligentes y no como miembros del conjunto que agrupa a los físicos», puede ser una conclusión subconsciente pero no una conclusión justa (en particular la mitad final). Aunque hay dos frases en todo el libro sobre una mujer que conducía y «lo voluble de la mente de una mujer», también están una «madre muy ingeniosa» y los «experimentos de la Srta. Wu de Columbia» para compensar las impresiones (la historia real sobre la novia del físico nuclear trata de un individuo en concreto, y no de las mujeres en general).

Lo que señala mi hermana es que la física es una materia difícil que requiere pensamiento objetivo y seguir la materia sin ser distraído por cosas subsidiarias y menores. Ella cree que a alguien que se desconcentra muy fácilmente cuando se consideran las sutilezas de la definición de velocidad, o de la universalidad de la capacidad de medir, porque está seriamente interesada en las ilustraciones que se utilizaban casualmente, le resultará difícil la física.

Puede estar equivocada. Pero me inclino a estar de acuerdo en que todos deberíamos tratar de ser más racionales e intentar ver lo que hay realmente y controlar nuestro subconsciente si extrae conclusiones exageradas. Ya hay suficientes problemas en lo que es real.

Como usted dice, usted misma no siente un tic subconsciente. Ésa es mejor prueba que su teoría de cuál pudiera ser el efecto en algún otro.

Afectuosamente,

Richard P. Feynman

Richard P. Feynman a A. V. Seshagiri
4 de octubre de 1972

A. V. Seshagiri, de diecinueve años, escribió una carta de ocho páginas desde la India. Tenía un grave problema de tartamudeo. Decía que le torturaba y atormentaba su impedimento en el habla, y también tenía problemas con sus profesores. El señor Seshagiri pensaba que éstos «desanimaban a los alumnos». Acababan con el entusiasmo de los alumnos... No querían transmitir sus conocimientos a los alumnos. Creía que Caltech podía ser un lugar donde podría estudiar «tranquila y pacíficamente, sin ninguna ansiedad».

Sr. A.V. Seshagiri
Bombay, India

Estimado señor Seshagiri:

Gracias por su carta.

Es una suerte que usted esté interesado en la física porque su estudio no está seriamente imposibilitado por una dificultad del habla. De hecho, la física debe estudiarse en solitario... usted debe enseñarse a sí mismo. No se preocupe demasiado por sus instructores. Hay muchos libros de varios grados de dificultad escritos en muchos estilos y sobre diferentes aspectos de la física. Debe encontrar los apropiados: los que disfrute leyendo y de los que pueda aprender más fácil y rápidamente. En caso de que mi libro le parezca interesante —aunque por ahora podría ser demasiado difícil para usted— le envío un pequeño libro de problemas que le acompaña. No se alarme si no puede resolver ninguno de ellos en la actualidad. Tómeselo con calma, leyendo primero las cosas que entienda honestamente, y su conocimiento aumentará.

Tenga por seguro que las dificultades que tiene ahora con sus profesores no son inevitables en la India. Le he comentado lo que usted me escribió a un colega mío que vivió en la India varios años y conoce algo la situación. A medida que vaya avanzando en su tarea encontrará, cada vez con mayor frecuencia, profesores que son amables y entienden su problema.

Es extraordinariamente difícil entrar en Caltech, como licenciado, viniendo de lejos, pero es mucho más fácil como alumno de doctorado (trabajando para conseguir un doctorado). De hecho, este año, de los veinte nuevos alumnos de física, dos son de la India. Le sugeriría que continuara sus estudios allí, en la India, hasta que consiguiera la licenciatura y también un máster, y entonces podría solicitar el ingreso en una escuela de doctorado en Estados Unidos si aún lo desea.

Mientras tanto, estudie tranquila y reposadamente aquellas cosas que más le interesen y que honestamente pueda comprender. No le recomendaré ningún libro en especial porque depende de su interés y de su nivel. Debe encontrarlo usted mismo en las bibliotecas de Bombay.

Afectuosamente,
Richard P. Feynman

Richard P. Feynman a Bart Hibbs
13 de octubre de 1972

Bart Hibbs es hijo del doctor Albert Hibbs.

Bart Hibbs
Pasadena, California

Querido Bart:

Me pediste que te escribiera mi opinión sobre por qué el Sol se ve rojo en el ocaso.

Las moléculas del aire dispersan la luz azul más que la roja. El color del cielo ordinario (en las direcciones que se apartan del Sol) es luz dispersada por el aire y todos sabemos que el cielo es azul. La luz que no es dispersada —la que llega del Sol al ojo directamente— tiene menos azul, y aún menos azul cuanto más aire atraviesa. Así, cuando el Sol se pone, y lo vemos a través de una columna de aire muy larga, parece muy rojo.

Los colores de las nubes y del cielo al atardecer son muy bellos pero igualmente complicados: algunas nubes están directamente iluminadas por un Sol que se pone, otras están iluminadas de manera parcial por luz dispersada algunas veces en lo alto del cielo, etc.

Espero que eso responda a tus preguntas. Si hace que te plantees más preguntas, escríbeme y trataré de responderlas también.

Tuyo,
Dick Feynman

Richard P. Feynman a K. Chand, M. D.
6 de noviembre de 1972

Feynman iba de camino de la Conferencia sobre Física de Altas Energías en Chicago cuando en una acera parcialmente oculta por hierba alta tropezó y se rompió la rótula.

Doctor K. Chand, M.D.
Chicago, Illinois

Estimado doctor Chand:

Soy uno de sus pacientes a los que se le quitó una rótula el 7 de septiembre. Me pidió usted que le escribiera sobre mis progresos un mes o dos después de salir del hospital. Todo va bien y avanza exactamente como usted predijo: hoy puedo doblarla 90 grados (por eso es por lo que he recordado que tenía que escribirle) y ha estado aumentando aproximadamente 1 grado por día. Le doy las gracias a usted y al doctor Kuhlkani por hacer tan buen trabajo. Haga el favor de enviar mis saludos al doctor Kuhlkani.

El viaje en avión no tuvo complicación. Había sillas de ruedas preparadas a la salida y la llegada. Me colocaron en un asiento especial cerca de la entrada de modo que hubiera espacio para la pierna, pero, mejor que eso, puesto que el avión no iba lleno se las arreglaron para que los asientos a cada lado del mío estuviesen desocupados, de modo que tenía tres asientos juntos e hice todo el viaje con la pierna reposando cómodamente sobre almohadas en los tres asientos (American Airlanes).

Disfruté bastante de mi estancia en el hospital y recuerdo con agrado a muchas buenas personas, aparte de los médicos; por ejemplo a Henry Pinicke, el enfermero, la señorita Chan, la chica de la dieta, al señor Blas y a Joyce, del Departamento de Terapia Física, etc. (¡salvo que me quedé de piedra cuando me enteré de lo que debía que pagar la compañía de seguros por cada día que estuve allí!).

Cuando me rompa la otra rótula espero estar en Chicago para poder verles de nuevo. Voy a ir allí (al Laboratorio Nacional del Acelerador) a primeros de diciembre y si la experiencia es buena consejera, me la romperé allí, así que estén preparados.

Afectuosamente,
Richard P. Feynman

Richard P. Feynman a Malcolm Gibson
29 de diciembre de 1972

El señor Malcolm Gibson, de quince años, escribió desde Inglaterra preguntando cuáles fueron las razones personales de Feynman para trabajar en la bomba, «sabiendo las consecuencias de su trabajo». Entendía que el tiempo de Feynman era valioso, y «sobre todo usted debe pensar que no tiene por qué justificar sus acciones ante mí». Terminaba diciendo que no estaba seguro de si Feynman había trabajado en la bomba atómica y se disculpaba por molestarle si no era así.

Malcolm Gibson
Yorkshire, Inglaterra

Querido Malcolm:

Yo trabajé en la bomba atómica. Principalmente lo hice por el temor a que los nazis la fabricaran primero y conquistaran el mundo.

Atentamente,
Richard P. Feynman

Richard P. Feynman a Niels Fosdal
9 de mayo de 1973

Sr. Niels Fosdal
Copenhague, Dinamarca

Estimado señor Fosdal:

Acepto, por supuesto, el gran honor que supone su oferta de la medalla de oro internacional Niels Bohr, ¡qué agradable sorpresa! A mi mujer y a mí nos encantará estar en Copenhague del 30 de septiembre al 7 de octubre como sugiere usted. (Estamos pensando en llevar a nuestro hijo de once años.) Estaré encantado de dar una conferencia, aunque todavía no sé sobre qué tema.

Gracias por considerarme digno de la medalla. Aprovecharemos a fondo la oportunidad que usted nos brinda de visitar Copenhague. Sé lo maravillosa que es, por haberla visitado ya varias veces, pero mi mujer nunca ha estado y me encantará enseñársela.

Afectuosamente,
Richard P. Feynman

Richard P. Feynman a Ben Hasty
3 de junio de 1973

«¡Feliz cumpleaños, Richard Feynman! De una agradecida clase de Física General, que utilizó su libro. ¿Gracias?» La escritura a mano en la carta que acompaña está decorada con símbolos matemáticos (flechas, símbolos de suma, signos de incremento, signos de infinito, quilates, exclamaciones, signos de producto, signos de integrales para la «F» de su apellido, etc.) Y lleva dieciséis firmas.

Ben Hasty
Springfield, Missouri

Querido Ben:
No lo creería si no lo hubiera visto. Una clase de física agradecida que envía una felicitación de cumpleaños al autor de su libro de texto. En mis tiempos lo normal era odiar al autor del libro de texto que nos causaba tantas penalidades. Quizá los tiempos han cambiado, pero veo que tú no has caído; al menos, había un interrogante después de «gracias».
Fue muy bonito por parte de todos vosotros y una gran sorpresa. Una historia increíble más para contar a mis nietos.
Muchas gracias, y buena suerte.
Afectuosamente,
Richard P. Feynman

Richard P. Feynman a Aage Bohr
6 de septiembre de 1973

Profesor Aage Bohr:
Copenhague

Querido Aage:
Estaría encantado de hablar con físicos o estudiantes de física en algún momento, pero prefiero no dar una charla formal. ¿Podríamos simplemente tratar de reunirnos y discutir cosas mediante preguntas y respuestas? Si piensas que no es una buena idea házmelo saber y trataré de pensar en algún tema preparado, pero espero no tener que hacerlo.
Afectuosamente,
Richard P. Feynman

Richard P. Feynman a H. B. Hingert
12 de septiembre de 1973

El profesor Hingert preguntaba si había entendido mal que Feynman había aprendido español antes de ir a dar clases a Brasil, y pensaba que en su lugar debía haber aprendido portugués.

Profesor H. B. Hingert
Milán, Italia

Recibiendo la medalla Niels Bohr en octubre de 1973
de la reina Margarıta II de Dinamarca.

Estimado profesor Hingert:

Gracias por su nota. Las *Feynman Lectures* están publicadas por Addison Wesley y creo que están disponibles en las librerías inglesas. Aprendí español antes de ir a Sudamérica; no había decidido dónde ir y estaba aprendiendo español como preparación. Entonces recibí una invitación para visitar Brasil y hacer investigación allí durante tres meses. La invitación llegó seis semanas antes de salir y pasé las seis semanas «convirtiendo» mi recién aprendido español en portugués. A la gente le gusta inventar historias sobre lo loco que he estado en ocasiones. Así que dejé correr la historia, como si yo no supiera que en Brasil se habla en portugués. Espero que se queden satisfechos con esa historia y no sondeen más profundamente para descubrir que he estado mucho más loco en otras ocasiones y empiecen a contar historias sobre eso.

Afectuosamente,

Richard P. Feynman

Richard P. Feynman a Hubert Speth
10 de octubre de 1973

Hubert Speth
San Gabriel, California

Estimado señor Speth:

Gracias por la amable nota de buenos deseos. Fuimos a Copenhague y acabamos de volver. Carl vino con nosotros y, tiene usted razón, estaba orgullosísimo al ver a su padre recibiendo una medalla de la reina.

Atentamente,
Richard P. Feynman

Richard P. Feynman a Edward Fredkin
18 de octubre de 1973

Profesor E. Fredkin
MIT

Querido Fredkin:

Tengo que agradecerte varias cosas.

Hay un colega aquí, en Caltech, *M. Weinstein*, que está interesado en «inteligencia artificial», sea eso lo que fuere. Me sugirió que fuera a trabajar regularmente en una terminal de computador que conecta todos los sistemas avanzados del país, para que pudiéramos ver lo que sucede. Supongo que voy a familiarizarme con las actuales capacidades de computación y pensar en lo que necesitamos a continuación, etc., o algo así. Me divertiré mucho haciéndolo. Dijo que tú sugeriste que hablase conmigo, así que gracias.

Quizá, si quisieras, puedes aconsejarme sobre lo que te gustaría verme hacer, o en qué pensar. Aún no he echado a cara o cruz lo que vamos a hacer. Estoy empezando con MACSYMA. Un hombre llamado Don Brabstone me está enseñando. ¿Tienes alguna sugerencia sobre líneas de pensamiento? Mi primera impresión es que MACSYMA no es lo bastante inteligente para ser útil en las pequeñas manipulaciones algebraicas que tengo que hacer en mi trabajo de cuando en cuando, pero no sé si ésa es una observación relevante (si, de hecho, resulta ser cierta en última instancia).

Sobre otro tema: una vez diste dinero a Caltech para que yo lo utilizara como quisiera. Nunca pude imaginar un buen uso. Pero el año pasado un buen investigador (tiene un doctorado), llamado Finn Ravndal, decidió que tenía que volver a Noruega (su hogar) para conseguir un trabajo. Yo había trabajado estrechamente con él y habíamos escrito un artículo juntos, y me sentía bastante incómodo porque (a) teníamos que separarnos, y (b) se ataría a un trabajo en Noruega muy por debajo de sus aptitudes e intereses. De repente recordé tu donación, propuse un nombramiento para él y salvé la situación. Nuestro campo (física de altas energías) se ha cargado repentinamente de ideas y excitación, y este año nuestro trabajo conjunto será importante.

Y, mientras tanto, le han ofrecido un trabajo para el año próximo en el Instituto Bohr en Copenhague, que es un lugar excelente y muy respetable. Así que hemos salvado a un buen hombre. Gracias.

Doné tu Musa a los chicos de una de las casas de alojamiento después de haberla disfrutado yo.

¿Te ha ocurrido algo nuevo en estos días?

Afectuosamente,

Dick Feynman

La «Musa» a la que aludía Feynman era una caja de música digital. Según lo que sabía el profesor Fredkin, esta caja era el primer aparato hecho para gente corriente con circuitos digitales.

Richard P. Feynman a R. B. Leighton
18 de abril de 1974

Asunto: Memorándum profesor E. Fredkin

El profesor E. Fredkin, actual director del proyecto MAC, el Laboratorio de Ciencias de la Computación en el MIT, ha mostrado interés en visitar Caltech el año próximo durante un período de un año. Hay muchas ramas de la ciencia de la computación y los intereses de nuestra gente en ese campo han variado, de modo que aunque el tipo de trabajo que hace Fredkin tiene interés directo para algunos, eso no es cierto para todos los de la división. Por ello sería útil que otros también apoyaran una recomendación para que venga con una beca Fairchild.

Hay una dirección de la ciencia de la computación que tiene para mí un atractivo especial. (Se conoce con el desafortunado nombre de «inteligencia artificial», desafortunado porque en el pasado varias ideas obviamente ingenuas llevaron ese nombre.) Prácticamente todos los programas de ordenador actuales siguen simplemente instrucciones paso a paso; hacen exactamente lo que uno les dice. No pueden hacer uso de ningún tipo de explicación de lo que tú estás haciendo o quieres hacer y descubrir cómo hacerlo por sí mismos. Sirva de ejemplo la gran industria de programación. Dado un problema, tal como hacer un sistema informatizado de inventario para un negocio, uno debe pasar el problema, con explicaciones de lo que quiere, a un programador. El programador hace un gran trabajo para escribir un programa de instrucciones para que un ordenador haga lo que deseas. ¿Hasta qué punto podemos utilizar máquinas para ayudar en este trabajo de los programadores, en definitiva, para hacer máquinas que programen por sí

México, 1974.

mismas con poca más información que la que ahora damos al programador que por el momento hace el programa?

En psicología se plantea la cuestión profunda de qué tipo de facultad es la que permite a un niño aprender un lenguaje a partir de oír hablarlo y ver que se utiliza. Estamos lejos de saber cómo se hace. Es todavía muy difícil ver cómo puede hacerse. Pero lo hacen todos los niños. No podemos esperar que tales problemas se resuelvan estudiando máquinas. De todas formas, es una investigación académica fascinante descubrir, al menos en teoría, alguna manera de que pudiera ser realizado por una máquina. De ese modo podríamos al menos empezar a conjeturar qué tipo de facultades podría tener el cerebro que permiten aprender un lenguaje. Además, si semejante máquina (o una con menos, aunque análogas, capacidades) pudiera realmente ser diseñada o implementada mediante *software* en las máquinas actuales, sería precisamente del tipo capaz de programación automática.

Se han dado cuenta en el MIT de que tales problemas son extraordinariamente interesantes. Están haciendo un trabajo muy prometedor respecto a ellos. Pretendo dedicar parte de mi tiempo el año próximo a reflexionar sobre estas ideas. Las discusiones con Fredkin serían muy valiosas. Por eso es por lo que personalmente me gustaría apoyar esta recomendación.

Pero la visita del profesor Fredkin tendría un interés mucho mayor que éste. El profesor Fredkin ha tenido experiencia en los aspectos prácticos y comerciales de los ordenadores así como ideas sobre cómo debería desarrollarse la ciencia y la industria. Por ejemplo, fue uno de los primeros investigadores sobre el desarrollo de los terminales de ordenador *on line* y de tiempo compartido realizados básicamente en el MIT. Es bien conocido por su invención y desarrollo de *software* especial y también de *hardware* para el procesamiento de imágenes. También fue uno de los primeros impulsores en el interesante desarrollo del *software* del manejo de símbolos, álgebra, ecuaciones y cálculo. (El sistema desarrollado en el MIT se llama MACSYMA.)

Tener aquí al profesor Fredkin nos ayudaría a ampliar nuestro abanico de intereses en los ordenadores. Podríamos ampliar las oportunidades de un número cada vez mayor de nuestros alumnos interesados en los ordenadores.

Creo que esta visita sería una buena oportunidad para Caltech, y me gustaría añadir mi nombre a los del Departamento de Ciencias de la Computación que le han recomendado. Espero que estén de acuerdo otros del Departamento de Física, de modo que podamos mostrar un interés en su visita suficientemente grande para poder traerlo aquí.

Profesor Feynman
c.c. Profesor F. H. Clauser
Profesor M. Weinstein

El profesor Fredkin acudió para un año, y dicho sea de paso, también lo hizo Stephen Hawking, con otra Beca Fairchild.

Richard P. Feynman a Paul Olum
31 de octubre de 1974

Paul Olum, un amigo y colega de Feynman desde sus días de alumnos de doctorado en la Universidad de Princeton, escribió para pedir a Feynman que diera una charla en la Universidad de Texas. El doctor Olum había llegado a ser allí decano de la Facultad de Ciencias Naturales después de una breve temporada en la administración en la Universidad de Cornell. El doctor Olum comentaba que su decisión de dejar la Universidad de Cornell por la Universidad de Texas había tenido mucho que ver con el hecho de que era «mucho más excitante y creativo formar parte en la construcción de algo que simplemente tratar de mantener la calidad de algo que ya existe, lo que habría sido el caso en Cornell». La carta terminaba con un doctor Olum inseguro de su permanencia en la Universidad de Texas, pues el presidente había sido despedido recientemente.

Profesor Paul Olum
Facultad de Ciencias Naturales
Universidad de Texas
Austin, Texas

Querido Paul:

Es magnífico tener noticias tuyas. Lamento oír que has sido incapaz de resistirte a un ataque de nuestra enfermedad ocupacional. Por fortuna yo no he sucumbido y aún estoy haciendo física con gran placer, aunque no tan inteligentemente como en otros tiempos.

Estoy felizmente casado con una inglesa y tengo dos niños (chico 12, chica 6) que son una delicia y me hacen muy feliz. ¡Me siento como si al final se hubieran resuelto todos los problemas de la vida!

Pero el hecho de estar tan feliz en casa y en el trabajo aquí me hace muy reacio a ir a cualquier otra parte, incluso por dos semanas. Así que aunque lamente no verte de nuevo, declinaré tu invitación para visitar Austin.

Mis mejores saludos,

Richard P. Feynman

Richard P. Feynman a David Paterson
19 de noviembre de 1974

Sr. David Paterson
BBC TV
Londres, Inglaterra

Querido David:

Vi la otra noche tu programa sobre la caza del quark y quiero felicitarte por un trabajo de primera. Sé lo difícil que debe haber resultado el tema para ti, un profano, pero debes haberlo dominado por completo para juntar todas estas piezas de entrevistas y aparatos en un conjunto tan coherente. Se contaba la historia de lo que a los físicos nos gusta pensar respecto a un tema abstruso de una manera muy clara y simple. Me sorprendía de que pudiera hacerse, pero tú me lo has demostrado.

También debo admitir que me sentí orgulloso de mis colegas cuando vi lo bien que se explicaban. Los físicos no parecen ser tan malos, después de todo.

Por supuesto, no hace falta hablar de la importancia de estas emisiones; ambos lo sabemos.

Así que gracias.

Afectuosamente,

Richard P. Feynman

Richard P. Feynman a Roberta Berry
18 de diciembre de 1974

La señora Berry escribió para pedir permiso para reimprimir «¿Qué es la Ciencia?» para un curso universitario llamado «El Ciudadano y la Ciencia».*

Sra. Roberta Berry
Asistente Editorial
Universidad de Indiana
Bloomington, Indiana

Estimada señora Berry:

De acuerdo, señora Berry, pero los tiempos han cambiado desde que di la charla en 1966. De modo que algunos de los comentarios sobre la mente femenina podrían no ser tomados a la luz del espíritu con que se hicieron. Quizá no haya nada que podamos hacer después de todos estos años, pero si tras leer estos comentarios usted aún quiere reimprimirlo como está, por mí no hay ningún problema.

Afectuosamente,
R. P. Feynman

Richard P. Feynman a B. E. Bushman
7 de enero de 1975

B. E. Bushman escribió buscando una referencia para la idea de «partón».

B. E. Bushman
Laguna Beach, CA

Estimado señor Bushman:

No puedo sugerir una simple referencia. La idea se discute extensamente, pero muy técnicamente, en mi libro *Photon Hadron Interactions* publicado por W. A. Benjamin.

Sin embargo, la palabra significa algo simple: si podemos suponer que los protones, neutrones, piones, etc., no son «elementales» sino que están hechos de partes más fundamentales, es decir, están hechos de partículas más simples (igual que los átomos están hechos de otras partículas, electrones y núcleos —o electrones, protones y neutrones—), entonces necesitamos un nombre para estas partículas desconocidas; ese nombre es «partones». La siguiente cuestión es «cómo son los partones», es decir, qué cargas llevan, etc. (si existen).

* Hay traducción castellana en *El placer de descubrir*, Crítica, Barcelona, 2004. (*N. del t.*)

Por el momento parece que esta idea es buena y la mayoría de los partones son quarks (pero también puede haber otros tipos sin carga).

Atentamente,

Richard P. Feynman

David A. Marcus a Richard P. Feynman
13 de enero de 1975

Estimado señor Feynman:

En esta fase de investigación y control atómico, ¿considera que la energía nuclear es una maldición para la humanidad o la salvación potencial del género humano?

Como alguien que contribuyó de forma tan importante a los medios de utilización por el hombre de esta impresionante fuerza, ¿cuáles son sus ideas cuando recuerda el desarrollo científico?

¿Ve el futuro con miedo o con esperanza?

Soy un historiador y sociólogo aficionado y agradecería mucho su comentario.

Respetuosamente,

David Marcus, D. D. S.

Richard P. Feynman a David Marcus
18 de febrero de 1975

Doctor David Marcus
Palm Springs, California

Estimado doctor Marcus:

Lamento tener que responder a su pregunta (respecto a si considero la energía nuclear como una maldición o una salvación para la humanidad) diciendo que realmente no lo sé. No miro el futuro ni con esperanza ni con miedo sino con incertidumbre por lo que ocurrirá.

Atentamente,

Richard P. Feynman

Richard P. Feynman a David Hamilton
26 de marzo de 1975

El 22 de febrero de 1975, un detallista de equipamiento de oficina escribió a Feynman pidiendo un comentario sobre una idea que había tenido. El señor Hamilton empezaba advirtiendo que ya había escrito al colega de Feynman Murray

Gell-Mann, pero todavía no había recibido respuesta. Esperaba que Feynman respondiera, puesto que él había disfrutado con las apariciones de Feynman en la televisión pública.

La idea del señor Hamilton consistía en construir un acelerador de partículas fundamentales con forma de 8. Esa forma tendría la ventaja, decía, de que las partículas podrían colisionar unas con otras cuando pasasen en direcciones opuestas por el punto de cruce de sus trayectorias en forma de 8. Preguntaba si las nuevas partículas producidas en estas colisiones podrían moverse a más velocidad que la luz, puesto que la velocidad relativa de las partículas que chocasen sería casi el doble de la de la luz, y sugería utilizar una variante de un detector de partículas llamado «cámara de chispas» para estudiar las partículas.

Sr. David Hamilton
Venice, Florida

Estimado señor Hamilton:

Su idea es muy buena. Tan buena que está en pleno uso ahora, en una máquina que llamamos «máquina colisionadora de haces» en la Organización Europea para Investigación Nuclear que está en Ginebra, Suiza. Utilizan protones cuya energía es tan alta que su masa está aumentada treinta veces (por efectos relativistas). Su velocidad es menor que la velocidad de la luz en sólo una parte en dos mil. Dan vueltas en dos anillos que se intersecan en un lugar donde se hacen los experimentos para ver lo que sucede. Los protones procedentes de un «acelerador» se «almacenan» en los anillos donde dan vueltas y vueltas, colisionando de cuando en cuando en la intersección en A. Para tener el mismo tipo de colisión de la manera convencional (haciendo chocar un protón rápido contra otro en reposo en el laboratorio), se necesitaría una energía sesenta veces mayor que la que hay en estos anillos (es decir, protones cuya masa está aumentada 1.800 veces).

En la forma habitual de calcular, y puesto que cada protón va casi a la velocidad de la luz, parece que la velocidad relativa es casi dos veces la de la luz. Pero Einstein demostró que esta forma de pensar es errónea y los efectos de la relatividad hacen que la velocidad aparente de un protón visto por el otro sea menor que la velocidad de la luz (¡en sólo una parte en 7.000.000 en este caso!).

Las cámaras de chispas (y otros aparatos) se utilizan para estudiar las partículas producidas en las colisiones. Se obtienen resultados muy interesantes que nos intrigan a todos los que tratamos de entenderlos plenamente.

Hay un aparato colisionador de haces similar en la Universidad de Stanford (SLAC) pero aquí hay sólo un anillo con electrones que dan vueltas en un senti-

Uno de los bocetos de «Ofey».

do, y positrones en sentido contrario. Hace algunos meses se encontró una nueva partícula totalmente inesperada (llamada un ∅, unas tres veces más pesada que un protón).* Está destinada a cambiar, drásticamente, nuestras ideas sobre la constitución de la materia.

Así que su idea está en la vanguardia experimental de la física de altas energías actual. Espero que no esté demasiado decepcionado porque ya se haya pensado en ella.

Atentamente,
Richard P. Feynman

* Se refiere a la partícula J/ψ, donde se mostraba por primera vez el «sabor» encanto. *(N. del t.)*

Richard P. Feynman a William L. McConnell
5 de marzo de 1975

William L. McConnell, que había estado trabajando en emparejar alumnos de instituto con talento con investigadores en el área de St. Louis, estaba intrigado por la idea de que aquellos con niveles superiores de inteligencia podían trabajar en más disciplinas que la mayoría de las personas. Se había enterado de que Feynman había empezado a dibujar y quería un boceto suyo para la pared de su despacho.

Dr. William McConnell
Director, Science MAT
St. Louis, Missouri

Estimado doctor McConnell:

No sé mucho sobre la «teoría general de la inteligencia» pero recuerdo que cuando era joven era muy sesgado. Para mí había ciencia y matemáticas pero no humanidades. (Excepto para enamorarme de una maravillosa e inteligente amante del piano, la poesía, etc.) Sólo cuando me hice mayor traté de dibujar (empecé en 1964). Tocar los bongos nunca ha sido «música» para mí: no leo las notas ni sé nada sobre música convencional, simplemente ha sido divertido hacer ruido con ritmo, no hay implicada mucha «inteligencia» en el sentido intelectual.

Lamento no querer enviarle un dibujo, porque mi política ha sido no venderlos a las personas que los quieren sólo porque es un físico quien los ha hecho.

Atentamente,
Richard P. Feynman

Richard P. Feynman a Kenneth R. Warner, Jr.
1 de abril de 1975

El 6 de marzo de 1975 un hombre que había visto a Feynman en un programa PBS Nova y se esforzaba en entender The Feynman Lectures on Physics *le escribió en busca de ayuda. El señor Warner encabezaba su pregunta expresando su desilusión por el aparente rechazo hacia los diletantes que Feynman mostraba en el programa* Nova, *puesto que las propias circunstancias vitales del señor Warner le obligaron a ser un diletante. Luego describía el gran placer que experimentó al calcular cosas, tales como por qué, como se describía en el libro de Feynman, una partícula que rebota en una pared transfiere un momento 2mv a la pared (donde* m *es su masa y* v *su velocidad). El factor 2 resulta de que la partícula tiene primero que detener su movimiento y luego empezar de nuevo.*

Luego el señor Warner planteaba su pregunta: en el capítulo 15 de las Lectures, *Feynman había postulado que es imposible determinar la velocidad abso-*

luta de un barco en movimiento por medio de experimentos realizados dentro del mismo (por ejemplo, experimentos que comparan la marcha de dos tipos de relojes diferentes). Feynman utilizaba después este postulado para deducir comportamientos de algunas leyes de la física, como el incremento de la masa de un cuerpo a medida que se mueve a velocidad cada vez mayor. El señor Warner estaba intrigado por la premisa de Feynman de que es imposible determinar la velocidad absoluta. ¿Cómo podría justificarse esa premisa? «No puedo verlo, e incluso ese fallo al no verlo me fascina.»

Feynman respondió como sigue.

Sr. Kenneth R. Warner, Jr.
Pittsburgh, Pensilvania

Estimado señor Warner:

Usted parece entender mucho más que muchos diletantes que he conocido. Alguien que se detiene para asegurarse del 2 en Dp = 2mv o no es un verdadero diletante o es alguien que corre grave riesgo de dejar de serlo.

Su visión de indicios de una *reductio ad absurdum* con los relojes se debe a que usted no apreció la fuente de algo que introdujimos. *Hemos supuesto que es imposible* determinar la velocidad absoluta de nuestro barco en movimiento, no por ninguna razón lógica o necesaria, sino por razón del argumento, como un posible principio de la Naturaleza. Este principio estaba sugerido por muchos experimentos (e.g., uno de Michelson y Morley) diseñado para medir la velocidad absoluta de la Tierra. Todos ellos fracasaron, hasta que se abrió paso en nuestras estúpidas mentes humanas (de hecho sólo en algunas, como la de Poincaré o la de Einstein) que quizá fuera imposible, y ellos se propusieron descubrir cuáles serían las consecuencias si suponíamos esto como una cuestión de principio. En el libro yo estaba siguiendo su tipo de argumentación. Tuvo éxito, los necesarios fenómenos consiguientes (como la masa variable con la velocidad) fueron finalmente observados experimentalmente.

Atentamente,
Richard P. Feynman

Richard P. Feynman a Michael Stanley
31 de marzo de 1975

El señor Stanley era un licenciado en farmacología que buscaba consejo para permanecer fresco en métodos de razonamiento. «¿Cómo es posible alcanzar ese alto nivel de preparación sin perjudicar el proceso creativo que permite el examen de problemas de maneras novedosas?»

Ceremonia de graduación en Caltech.

Michael Stanley
Departamento de Farmacología
Facultad de Medicina de Monte Sinaí
Nueva York, Nueva York

Estimado señor Stanley:

No sé cómo responder a su pregunta; no veo ninguna contradicción. Todo lo que tiene que hacer es, de cuando en cuando, y a pesar de todo, tratar simplemente de examinar un problema de una forma nueva. No «perjudicará el proceso creativo» si se acuerda de pensar de cuando en cuando. ¿No tiene usted tiempo para pensar?

Atentamente,
Richard P. Feynman

Richard P. Feynman a Edmund G. Brown, Jr.
23 de junio de 1975

Honorable Edmund G. Brown, Jr.
Gobernador del Estado de California
Capitolio del Estado
Sacramento, California

Muy señor mío:

Me gustaría animarle a apoyar los programas escolares para los superdotados mentalmente firmando el Acta del Senado 480.

Soy un físico teórico (premio Nobel de 1965) cuyos hijo (13) e hija (7) son muy inteligentes e intelectualmente activos. A menudo me preguntan a qué escuela les envío para que puedan desarrollar mejor sus mentes. Me siento orgulloso de responder, «a las escuelas públicas del Estado de California». Pues en la escuela pública regular ambos han sido alumnos felices, allí donde hubiera supuesto el tedio y el aburrimiento que experimenté en mi época (en las escuelas públicas de Nueva York). Pero las escuelas tienen que hacer un largo camino para mejorar el plan de estudios, y especialmente para reconocer el problema de ofrecer materiales variados para tratar de afrontar la variedad de las mentes de los niños. El mayor contribuidor, en concreto, a la felicidad y el desarrollo de mi hijo han sido las clases especiales diseñadas para su tipo: los programas para los menores mentalmente superdotados. Hasta cierto punto es un oasis en un desierto para ambos.

Mantener intelectualmente vivos y activos a los mejores alumnos es obviamente útil para ellos, y para la sociedad, pues se desarrollan sus talentos especiales en lugar de ser «apagados» por la «educación». Además, la competencia de las escuelas privadas es tal que sería una vergüenza que los padres de niños inteligentes pensaran que para darles la «mejor» educación deberían sacarles de las escuelas públicas (cuando, por el contrario, las escuelas públicas son mejores). Pues eso haría de nuestras escuelas lugares relativamente aburridos, con muy pocos destellos brillantes de los alumnos que iluminaran el día de un profesor y que dieran ideas a otros alumnos. Las ideas sugeridas por los compañeros estudiantes muestran a los otros lo que puede hacerse y mantienen altos los niveles y el rendimiento.

Mi interés en la educación estatal no es sólo por mis propios hijos, sino que como profesor (de física en la universidad) tengo un interés general. Serví en la Comisión del Plan de Estudios Estatal escogiendo libros de texto durante dos años, 1964-1965. Por ello le animo a continuar el programa para hacer nuestras escuelas interesantes para nuestros mejores estudiantes.

Atentamente,
Richard P. Feynman
Richard Chase Tolman Profesor de Física

Ilene Ungerleider a Richard P. Feynman
fecha desconocida

Querido Richard:
Me he enamorado de ti
Al verte en Nova
Estoy encantada de que vivas
Aprecio tu: ingenio
sabiduría
brillantez
aspecto
Tú eres un feyn-man
¿Hay muchos físicos con fans?
¡Tú tienes una!

Ilene Ungerleider

Richard P. Feynman a Ilene Ungerleider
11 de agosto de 1975

Sra. Ilene Ungerleider
Seattle, Washington

Querida Ilene:

Ahora soy único; un físico con una fan que se ha enamorado de él al verle en TV.

Durante un viaje de acampada, c. 1975.

Gracias, ¡oh fan! Ahora tengo todo lo que cualquiera podría desear. Ya no tengo que estar celoso de las estrellas de cine.

Tu fan-nee (o como quiera que lo llames; todo esto es nuevo para mí).

Richard P. Feynman

Richard P. Feynman a William Neva
14 de agosto de 1975

«Siendo un lego, curioso por la creación y todas sus consecuencias, me asalta una pregunta (como estoy seguro de que le pasa a usted y a miles de otras perso-

nas) y es ésta: ¿PUEDE INDUCIRSE LA INVISIBILIDAD, CREARSE para volver un objeto invisible para el sistema óptico humano?»

William Neva, en una carta a Richard P. Feynman, el 23 de julio de 1975.

Sr. William Neva
Henrietta, Nueva York

Estimado señor Neva:

Gracias por su carta y por su pregunta sobre la invisibilidad. Sugeriría que la mejor manera de obtener una buena respuesta a su pregunta es hacérsela a un mago profesional de primera fila. No pretendo que esta respuesta sea burlona o humorística, hablo en serio. En lo que es muy bueno un mago es en hacer que las cosas aparezcan de una manera inusual sin violar ninguna ley física, sino manejando la materia de una forma adecuada. No conozco ningún fenómeno físico, tal como los rayos X, etc., que cree invisibilidad como usted quiere. Por lo tanto, si es siquiera posible estará de acuerdo con fenómenos físicos familiares. Para eso es para lo que es bueno un mago de primera fila, para crear efectos aparentemente imposibles a partir de causas «ordinarias».

Atentamente,
Richard P. Feynman

Richard P. Feynman a David Rutherford
14 de agosto de 1975

David Rutherford preguntaba si sería posible grabar los sueños en una cinta, igual que se graban los programas de televisión.

Sr. David Rutherford
Davis, CA

Estimado señor Rutherford:

La dificultad para ver lo que pasa en el cerebro midiendo solamente ondas cerebrales está en que los impulsos no son verdaderamente traducibles en imágenes de vídeo que se estén viendo en el cerebro. Si fueran traducibles tendrían que serlo a través de algún tipo de código pero no sabemos cuál. No obstante, estoy seguro de que la cantidad de información o detalle que hay en una imagen de un sueño es enormemente mayor que la transportada en las groseras variaciones medidas en el EEG. Es como tratar de describir o «ver» qué aspecto tiene un cuadro a partir de algunos hechos generales como el peso del cuadro, o la cantidad de pintura utilizada para cada color, etc. Se necesitan más detalles, como dónde está situado el cuadro. Estoy seguro de que es imposible tratar de descifrar los detalles de los impulsos en los millones (?) de fibras nerviosas que constituyen una imagen de un sueño mirando simplemente el efecto EEG.

Afectuosamente,

Richard P. Feynman

Beulah Elizabeth Cox a Richard P. Feynman
22 de agosto de 1975

Los físicos piensan en las fuerzas eléctricas como si estuvieran producidas por líneas de campo eléctrico que salen de cualquier carga eléctrica. La ley de Gauss establece que el número total de líneas de campo eléctrico que atraviesan cualquier superficie cerrada (tal como una esfera o un cubo) es proporcional a la carga eléctrica total contenida dentro de la superficie. El siguiente intercambio de correspondencia concierne a la ley de Gauss.

Estimado doctor Feynman:

Recientemente he seguido un curso de física elemental en el colegio de William y Mary en Virginia. Una pregunta del examen concernía a la ley de Gauss y los conductores, a saber, ¿apantalla un conductor hueco la región externa al conductor de los efectos de una carga colocada dentro del hueco pero sin tocarlo?

Leo el capítulo 5, volumen II de *The Feynman Lectures on Physics*, y lo entiendo todo salvo el penúltimo párrafo, en el que usted dice «... ninguna distribución estática de cargas dentro de un conductor cerrado puede producir un campo fuera». Esto era confuso, pues parecía contradecir todas sus afirmaciones anteriores. Mi profesor me mostró cómo una simple aplicación de la ley de Gauss, con una superficie de integración que encierra al conductor entero, demuestra que el vector E fuera del conductor no es cero.

¿Podría usted explicar lo que significa el párrafo en cuestión? Agradecería mucho una respuesta pues ahora estoy muy confusa. Mi dirección está arriba.

Atentamente,

Srta. Beulah Elizabeth Cox

P. D. Debo admitir que tengo un motivo inconfesable al escribirle ya que respondí al examen con la explicación que da su libro. Sin embargo, mi profesor no me dio ningún punto, incluso después de que yo me sirviera de su libro para hacer válida mi respuesta. Si usted pudiera clarificar esta cuestión para mí, quedaría muy agradecida. Gracias por adelantado.

Richard P. Feynman a Beulah E. Cox
12 de septiembre de 1975

Srta. Beulah E. Cox
Williamsburg, Virginia

Estimada señorita Cox:

Su profesor tenía razón en no darle ningún punto pues su respuesta era errónea, como demostró utilizando la ley de Gauss. En ciencia uno debería creer en la lógica y los argumentos, cuidadosamente formulados, y no en las autoridades.

Usted también lee el libro correctamente y lo entendió. Cometí un error, de modo que el libro está equivocado. Probablemente estaba pensando en una esfera conductora *unida a tierra*, o alguna al efecto de que mover las cargas en diferentes lugares del interior no afecta a las cosas de fuera. No estoy seguro de cómo lo hice, pero metí la pata. Y usted metió la pata también por creerme.

Ambos tuvimos mala suerte.

Para el futuro le deseo buena suerte en sus estudios de física.

Atentamente,
Richard P. Feynman

Richard P. Feynman a Alexander George
26 de septiembre de 1975

La cuestión de si un «avance fundamental independiente» era todavía posible en el mundo científico actual era la que el señor Alexander George planteó el 20 de septiembre de 1975. En esa época el señor George estaba haciendo investigación de forma independiente y se le había dicho repetidamente que para hacer descubrimientos se necesitaban equipos de investigación.

Estimado señor George:

La respuesta a su pregunta depende de en qué rama de la física esté trabajando. En física de altas energías los experimentos son tan complicados y elaborados y requieren máquinas tan caras que casi todos los experimentos son realizados por grandes equipos. Pero cuando se trata de comprender lo que un experimento podría significar, o de inventar y producir una manera nueva e inteligente de hacer algo, eso podría hacerlo un individuo por su cuenta. Finalmente, creo que el buen trabajo teórico es como ha sido siempre: las buenas ideas aparecen en cerebros individuales, no en reuniones de un comité. Por supuesto, como siempre, leer el trabajo de los demás en conversaciones y discusiones con colegas ayuda mucho en las etapas preliminares de la reflexión.

Atentamente,
Richard P. Feynman

Richard P. Feynman a R. H. Hildebrand
28 de octubre de 1975

Profesor R. H. Hildebrand
Presidente, Comité de Contrataciones, EFI
Universidad de Chicago
Chicago, Illinois

Estimado profesor Hildebrand:

Ésta es en respuesta a su carta del 1 de octubre. Lo lamento, pero tengo como política general no escribir nunca valoraciones de personas para instituciones donde esa persona ha pasado un tiempo recientemente, o sigue allí. La razón de ello es que las personas de la institución han tenido amplia oportunidad para observarle ellas mismas (más recientemente, y más estrechamente, que yo) y deberían ser capaces de hacer su propia valoración.

Ésta es una regla general que yo sigo y, por supuesto, no tiene nada que ver con el individuo en concreto sobre el que usted me pregunta.

También por esa razón, no puedo hacer ninguna excepción, pues de lo contrario otros a quienes he aplicado mi regla malinterpretarían mi negativa a escribir, si llegasen a descubrir que a veces escribo tales valoraciones.

Lamento, por consiguiente, tener que rechazar su petición.

Afectuosamente,
Richard P. Feynman

Después de la carta a D. S. Saxon del 20 de octubre de 1964, Feynman escribía una carta de este tipo cada vez que una institución le pedía una valoración de alguien que todavía estaba en dicha institución.

Comunicado de Max Delbrück en la conferencia de prensa en nombre del académico Andrei Sakharov, organizada por el Comité de California de Derechos Humanos
9 de diciembre de 1975

En 1968 el condecorado físico soviético Andrei Sakharov escribió un artículo que salió clandestinamente de la Unión Soviética y fue publicado en The New York Times. *Titulado «Reflexiones sobre el progreso, la coexistencia pacífica y la libertad intelectual», era muy crítico con el sistema político soviético y advertía de los riesgos que correrían a causa de escapes radiactivos de las pruebas nucleares cientos de miles de personas inocentes. Los esfuerzos de Sakharov por eliminar las pruebas nucleares, así como promover la democracia, le valieron el premio Nobel de la Paz en 1975. El gobierno soviético se negó a dejarle asistir a la ceremonia.*

El siguiente comunicado fue preparado por Max Delbrück, ganador del premio Nobel de Medicina en 1969 y amigo de nuestra familia (fuimos a muchos viajes de acampada con los Delbrück). Feynman se unió al comunicado, como lo hicieron los compañeros laureados Harold Urey, Carl Anderson y Julian Schwinger.

Los proyectos de Sakharov para una mayor apertura se hicieron ampliamente conocidos en Occidente en 1968 a través de su magnífico ensayo en 10.000 palabras, «Progreso, coexistencia y libertad intelectual», que fue publicado entonces en *The New York Times*.

Sakharov argumentaba que los sistemas capitalista y socialista tienen grandes méritos y deméritos. Debería haber un flujo más libre de información, de intercambio y de discusión crítica abierta para acelerar el proceso natural de convergencia entre los dos sistemas, y esto llevaría a un modo de vida más humano para todos nosotros, incluido el Tercer Mundo.

El Comité Nobel del Parlamento Noruego en Oslo deseaba aplaudir las ideas de Sakharov y darles amplia resonancia pública. También deseaba dar reconocimiento a sus incesantes esfuerzos por organizar campañas en favor de los derechos humanos, especialmente el derecho a disentir públicamente, y a su enérgica y valerosa toma de postura en muchos casos individuales de derechos humanos.

Las autoridades de la Unión Soviética han apoyado, quizá sin quererlo, las intenciones del Comité Nobel: al negar a Sakharov el permiso para viajar a Oslo han hecho que la atención mundial dedicada a sus ideas haya aumentado enormemente. Así pues, quizá no le han hecho un favor, personalmente, pues tal vez él hubiera disfrutado del viaje. Pero han favorecido su causa, ampliando su repercusión pública. Por supuesto no estaríamos hoy aquí si la presencia de Sakharov en Oslo mañana no fuera muy dudosa.

Sakharov es un científico del máximo calibre, y un gran ciudadano del mundo. Es, quizá por encima de todo, un gran patriota ruso, perteneciente a lo que llamaríamos leal oposición a su gobierno, un concepto por desgracia no totalmente aceptado en la Unión Soviética .

Deseamos unirnos a sus muchos amigos en la Unión Soviética y fuera de ella para saludarle en el día en que se le concede el premio Nobel de la Paz.

1976-1981

En junio de 1978, a los sesenta años de edad, Feynman se sometió a la primera operación de cáncer abdominal. Había notado un bulto en un costado y fue al médico para que se lo examinaran. Cuando se le extirpó, el tumor pesaba tres kilos y tenía el tamaño de un balón de rugby. Ambos, Richard y Gweneth, estaban luchando contra el cáncer en esa época, y ambos soportaron las operaciones y los tratamientos con valor. A causa de la enfermedad disminuyó sus tareas de enseñanza y su correspondencia, y se hizo aún más selectivo en la respuesta de las cartas.

Para esta etapa en su carrera, sin embargo, las historias de Feynman estaban bien asentadas en la tradición de Caltech. En los días de su operación, algunos alumnos de un dormitorio de Caltech le escribieron contándole sus intentos de hacerle un honor. Habían pintado un mural que mostraba un viejo salón del Oeste y una mujer desnuda con una anatomía muy detallada. Los alumnos firmaron el cuadro con «R. P. F» (aunque Feynman firmaba su obra artística como «Ofey»), y pronto el desnudo fue recortado del lienzo y paseado por el campus. Finalmente terminó en una sala de conferencias, pero su presencia ofendió a las secretarias del departamento, que lo sacaron de allí de inmediato. La carta de los alumnos concluye: «Nunca se recuperó la obra maestra pero, por lo que sabemos, aún existe. Pensábamos que usted podría estar interesado en ella pues es probablemente la primera falsificación artística documentada de un Feynman».

Respuesta de Feynman: «Creía que podía meterme en bastantes dificultades yo solo, pero vosotros lo estáis haciendo por mí sin que tenga que hacer nada».

En el mundo de la física desarrolló un trabajo fenomenológico sustancial con chorros de quarks (con la colaboración de Rick Field, que hizo los cálculos en el ordenador). Hubo también un arduo intento por demostrar el confinamiento de quarks en QCD (la única evidencia publicada a favor de esto parece ser un artículo de 1981, «The Qualitative Behavior of Yang-Mills Theory in 2+1 Dimensions»).

Caltech, 1976.

Richard P. Feynman a Viktor Weisskopf
6 de enero de 1976

Inmediatamente después de que a Feynman le concedieran el premio Nobel se hizo una apuesta. El profesor Weisskopf estaba convencido de que Feynman acabaría aceptando un puesto en la administración, o sucumbiría a lo que Feynman llamó, en una carta a Paul Olum, una «enfermedad ocupacional».

Profesor V. Weisskopf
Departamento de Física
MIT
Cambridge, Massachusetts

Querido profesor:

He encontrado el documento que describe nuestra apuesta y veo que me diste demasiado dinero, así que aquí hay 15 $ de vuelta. Para tus archivos, puedo poner por escrito que con esta fecha, 6 de enero de 1976, no estoy ocupando, ni he ocupado durante los diez últimos años, un puesto de responsabilidad como se definía en el contrato de la apuesta. Por lo tanto, considero que la apuesta ha sido pagada por el profesor Weisskopf, ¡y ya está!

Afectuosamente,
Richard P. Feynman

— En este DÍA QUINCE de DICIEMBRE, del AÑO MIL NOVECIENTOS SESENTA Y CINCO, en un almuerzo ofrecido en los Laboratorios de la Organización Europea para Investigación Nuclear (CERN), Meyrin, Ginebra, se hace la siguiente APUESTA entre el profesor Viktor F. WEISSKOPF* y el profesor Richard P. FEYNMAN.

Los términos de la citada APUESTA son los siguientes:

— El señor FEYNMAN pagará la suma de DIEZ DÓLARES AL Sr. WEISSKOPF si en algún momento durante los próximos DIEZ AÑOS (i.e., antes del DÍA TREINTA Y UNO de DICIEMBRE del AÑO MIL NOVECIENTOS SETENTA Y CINCO), el citado señor FEYNMAN ha ocupado un «puesto de responsabilidad».

— Del mismo modo, si el DÍA TREINTA Y UNO de DICIEMBRE del AÑO MIL NOVECIENTOS SETENTA Y CINCO, el citado señor Feynman no ha ocupado ni está ocupando un puesto semejante, se considerará que el señor WEISSKOPF ha perdido su APUESTA y estará obligado a pagar la suma de DIEZ DÓLARES al señor Feynman.

— A efectos de la antes mencionada APUESTA, se considera que el término «puesto de responsabilidad» significa un puesto que, por razón de su naturaleza, obliga a quien lo ocupa a dar órdenes a otras personas para realizar ciertos actos, independientemente del hecho de que quien lo ocupa no tenga ningún conocimiento de lo que está ordenando que realice la persona en cuestión.

— En caso de disputa o no satisfacción de las condiciones mencionadas, el árbitro único será el señor Giuseppe COCCONI.

Firmado en Meyrin en este DÍA QUINCE de DICIEMBRE del AÑO MIL NOVECIENTOS SESENTA Y CINCO.

Richard P. Feynman
Viktor F. Weisskopf
Firmado y testificado: G. Cocconi

* Weisskopf era director general del CERN en 1965. *(N. del t.)*

A. M. Hughes a Richard P. Feynman
19 de enero de 1976

Estimado señor:

El volumen III de *A supplement to the Oxford English Dictionary* está en preparación aquí, en Oxford, y me pregunto si usted, como acuñador de la palabra partón, podría darme alguna información sobre sus orígenes.

El *Supplement* es un diccionario histórico que recoge la primera aparición conocida de cada palabra o frase, y en el caso de partón la primera aparición ha sido difícil de encontrar. La he visto utilizada en el número de *Physical Review* del 25 de septiembre de 1969 (p. 1.975), y también parece haber sido acuñada por usted en las actas de la conferencia sobre colisiones a altas energías celebrada el 5 y 6 de septiembre de 1969 (editadas por C. N. Yang *et al.*). El asunto sería sencillo si no fuera porque la palabra también apareció *antes* en un informe de R. H. Dalitz en la Conferencia Bakeriana de la Royal Society (*New Scientist*, 26 de junio de 1969, p. 679).

¿Puede usted decirme si hay algún uso impreso de la palabra partón antes del artículo de *New Scientist*? Dalitz se refiere en su conferencia a la «denominada teoría de Feynman del "partón"», pero no he podido localizar la palabra en ninguna publicación suya anterior. ¿Quizá en esta etapa usted no lo había enviado a la imprenta? Si lo hizo, le estaría muy agradecido si pudiera enviarme la referencia exacta.

De paso, podría comentar la definición propuesta provisionalmente para el *Supplement*:

> Cada uno de los hipotéticos constituyentes puntuales del nucleón que fueron propuestos por R. P. Feynman para explicar la dispersión inelástica de electrones de muy alta energía por parte del nucleón.

Confío en que esta petición no le cause demasiadas molestias, y espero con interés recibir noticias suyas.

Atentamente,

A. M. Hughes, Editor Ayudante (Ciencia)

Richard P. Feynman a A. M. Hughes
4 de febrero de 1976

A. M. Hughes
Editor Ayudante
Oxford English Dictionary Supplement
Oxford, Inglaterra

Estimado señor Hughes:

En respuesta a su carta del 19 de enero, Ref. O.C./RWB, su investigación y definición de la palabra «partón» es admirable. No conozco ninguna publicación anterior. Utilicé la palabra antes en discusiones orales, pero por lo que yo sé usted tiene la primera referencia publicada.

Atentamente,
Richard P. Feynman

Richard P. Feynman a Andrzej Trautman
4 de febrero de 1976

Profesor Andrzej Trautman
Directorio del Instituto de Física Teórica
Universidad de Varsovia
Varsovia, Polonia

Estimado profesor Trautman:

Tenemos aquí a una joven alumna polaca, Isabel Kierkowska, que está realizando un notable trabajo. Lo primero que hizo es pasar un «examen de transferencia», para ver si estaba cualificada para nuestra institución. Es un examen muy difícil porque tenemos una excelente reputación y muchos más solicitantes de los que podemos aceptar, por lo que ponemos un nivel inusualmente alto como criterio de admisión. La señorita Kierkowska superó este examen con una nota excepcionalmente alta y fue inmediatamente aceptada para estudiar aquí. Y no fue un error. Ascendió rápidamente hasta ocupa el primer puesto en su clase y lo está haciendo maravillosamente. Es el tipo de alumno para el que está diseñado este lugar, y en el caso de una alumna así creemos que hacemos realmente una contribución diferente y única. Todo su potencial científico se desarrolla y amplía al máximo.

Interrumpir un comienzo tan bueno, y romper una relación tan natural como la que se ha producido aquí entre institución y alumno, significaría una trágica pérdida de potencial humano.

Ha llegado a mi conocimiento que está teniendo alguna dificultad para obtener el necesario visado de salida para continuar sus estudios aquí en Estados Unidos. Le escribo con la esperanza de que usted pueda, y desee, ayudar a una de sus compatriotas a desarrollar plenamente sus capacidades para hacerse lo más útil posible a la sociedad. ¿Podría usted hacer algo para solucionar el problema de su documentación?

Muchas gracias.
Afectuosamente,
Richard P. Feynman
Profesor de Física

El profesor Trautman estuvo de acuerdo en que se le debería dar una oportunidad a la señorita Kierkowska para terminar sus estudios en Caltech y respondió con un consejo para rellenar una nueva solicitud para una ampliación del pasaporte de la señorita Kierkowska.

Richard P. Feynman a David Paterson
11 de febrero de 1976

Sr. David Paterson
Jefe de Producción de Programas Científicos
British Broadcasting Corporation
Londres, Inglaterra

Querido David:
Estoy encantado de tener noticias tuyas. Vi tu programa «Viajar en el tiempo» pero no leí más allá de la segunda frase porque también creo que el viaje en el tiempo es imposible, y pensaba que mis colegas estaban de acuerdo conmigo. Los escritores de ciencia ficción que han interpretado mi idea del positrón como un electrón que va hacia atrás en el tiempo no se han dado cuenta de que dicha teoría es completamente coherente con los principios de causalidad, y de ninguna manera implica que podamos viajar hacia atrás en el tiempo.
Afectuosamente,
Richard P. Feynman

Richard P. Feynman al editor del *California Tech*
27 de febrero de 1976

En 1974 la Facultad de Literatura de Caltech recomendó unánimemente a la doctora La Belle, una profesora auxiliar inglesa, para un puesto permanente. El presidente de Humanidades Robert Huttenback lo rechazó, cambiando los criterios para las plazas permanentes (que ella a su vez satisfizo) y rechazando el arbitraje (que falló a favor de ella). La Comisión de Igualdad de Oportunidades en el Empleo también estuvo a favor de la doctora La Belle, y se llegó a un acuerdo con Caltech. La Belle se convirtió en la primera profesora permanente en Caltech en 1979.

Deseo felicitar al *Tech* por ceder su primera página entera a la profesora La Belle para que esboce su visión compleja de una situación lamentable, y complemente la exposición perfectamente clara y transparente que se hizo del caso en la edición anterior. La señorita La Belle no tenía que haber respondido a la otra exposición. Uno de mis colegas me mostró el informe de su reportero y dijo «Menuda maniobra para encubrir los hechos». Yo había seguido la situación cuando se desarrolló y sabía que él estaba en lo cierto, pero él no la había seguido; ¿cómo lo sabía? Él sonrió y me recordó que era experto en juzgar la evidencia en difíciles experimentos de física. En física la verdad raramente es perfectamente clara, y eso es universalmente cierto en el caso de los asuntos humanos. Entonces, lo que no está rodeado por incertidumbre no puede ser la verdad (a menos que esté escrito en el ruso *Pravda).*

He conocido a Jenijoy desde que empezaron a tomarse las primeras decisiones sobre su plaza, pues ella me introdujo en la investigación literaria y en la biblioteca Huntington y en la maravilla que supone sostener en mis propias manos un viejo libro escrito por Newton. Pude apreciar directamente cuánto sabía él y cuánto no sabía, y qué expresiones utilizaba que aún seguimos utilizando. Será muy triste que se marche. Caltech es el que pierde.

No sé nada de literatura inglesa y no puedo juzgar eso, pero lo primero que me sorprendió fue saber que en Humanidades, aquí en Caltech, el criterio era «publica o perece»... o más bien: «publica en las revistas más prodigiosas o perece». Ahora, habiendo publicado en las mejores, es «perece en cualquier caso». ¿Por qué?

Lo más chocante de todo, para mí, fue ver cómo fueron tratados los profesores de inglés durante todo este proceso. Me alegro de que Jenijoy, con su sufrimiento personal, pudiera hacer pública esta situación. Nadie les prestó atención, sus opiniones no fueron respetadas. Han hecho mucho por nosotros y nuestros alumnos para hacer este lugar habitable y humano, como pretende ser el Departamento de Humanidades. Un propósito de esta nota es tener una oportunidad de decirles que, aunque suelo ridiculizar sus temas por ignorancia (pues, lamentablemente, sé menos de su materia de lo que ellos saben de la mía), les respeto a ellos y su contribución a nuestra institución y respecto a ustedes los alumnos, y he sentido pena y vergüenza por cómo han sido tratados.

Escribir cartas es peligroso; si uno muestra interés en un tema, es probable que esas manjostas (secre: déjalo como está, quiero probar que no sé inglés) acaparadoras que toman decisiones te pongan en un comité. Es muy difícil tomar decisiones.

Atentamente,
Richard P. Feynman

Richard P. Feynman a V. L. Ginsburg
16 de marzo de 1976

Profesor V. L. Ginsburg
Instituto de Física Lebedev de la Academia de Ciencias
Moscú, URRS

Estimado profesor Ginsburg:

He tenido noticia de que hay una posibilidad de que usted pueda venir a visitarnos en Caltech el año que viene.

¡Me alegré al saberlo! Podemos confiar en intercambiar muchas ideas de nuevo y aprender cosas uno de otro como hicimos en nuestro breve encuentro en Polonia (¿1961?). Pero esta vez podría ser durante mucho más tiempo y podríamos abordar los problemas de la física con muchas más profundidad. Aquí hay muchas personas que piensan igual; van en manadas como lobos. Por las revistas que leo y los físicos que he conocido (en Polonia y en Hungría), creo que en Rusia hay un pensamiento más independiente e ideas diferentes, o al menos, énfasis bastante diferentes. Por ello creo que un intercambio de ideas será muy fructífero.

Haga el favor de aceptar y venga, no quiero sufrir una decepción.

Saludos personales,

Richard P. Feynman

Richard P. Feynman a John Elliot
7 de abril de 1976

Fred Hoyle era un astrofísico británico y profesor en la Universidad de Cambridge. Generó un gran número de ideas creativas, algunas de las cuales fueron espectacularmente aceptadas (por ejemplo, sus ideas sobre la generación de elementos pesados en el interior de las estrellas quemando combustible nuclear, como se describe en la carta siguiente), y muchas de las cuales resultaron ser erróneas. Era más conocido por defender que no hubo un Big Bang que diera origen al universo, sino que en su lugar el universo ha existido siempre, con materia que se está creando continuamente en los vastos confines del espacio interestelar e intergaláctico para llenar el vacío dejado por la expansión del universo. Esta teoría del estado estacionario fue más tarde refutada por observaciones astronómicas en los años sesenta, y la teoría del Big Bang con la que competía fue confirmada.

Feynman conocía algo a Hoyle por las frecuentes visitas de Hoyle a Caltech, y Feynman habló a sus amigos de forma bastante positiva sobre Hoyle. En 1976 la BBC pidió a Feynman que participara en un documental sobre Hoyle. Feynman aceptó, después de algunas dudas iniciales.

Sr. John Elliot
British Broadcasting Corporation
Londres, Inglaterra

Estimado señor Elliot:

Me siento incómodo. No creo que conozca o haya conocido a Hoyle tan bien como para hablar ante una cámara en un programa dedicado a su vida. Trato de imaginar las cosas que podría decir y me siento inseguro sobre lo que él hizo u otros hicieron. Por ejemplo, usted quiere que hable «sobre el trabajo en partículas» pero no sé realmente si desarrolló algún trabajo sobre partículas y cómo era.

Posiblemente algo apropiado que podría decir es que cuando él vino aquí por primera vez dio una serie de seminarios sobre cómo podrían formarse los elementos más pesados en las estrellas si al principio todo era hidrógeno (como proponía su teoría del estado estacionario). Todo fue muy cuidadosamente analizado e impresionaba su atención al detalle. Llegaba a la conclusión de que no funcionaría a menos que hubiera un nivel nuclear en el carbono próximo a 7,62 MeV. Puesto que creía en su teoría del hidrógeno, dijo que debería haber ese nivel.

Todos quedamos muy impresionados. Encontrar la posición de un nivel nuclear (todavía desconocido) mirando no en los núcleos en el laboratorio sino en las estrellas del cielo nos pareció muy notable y valeroso.

Hoyle tenía razón, el nivel fue pronto encontrado.

Tuve pocas ocasiones de discutir otros problemas astrofísicos con él y con William Fowler en otros momentos. También desarrolló varias teorías de campos relacionadas con la cosmología o la gravedad (¿es eso lo que usted entiende por «trabajo en partículas»?) que nunca creí probable que fueran correctas, aunque no creo que lo que usted busca sea una valoración técnica como ésta.

Por supuesto, me gusta mucho el tipo, personalmente, y me gustaría ayudar. Sin embargo, hay tantos otros que están mucho más íntimamente ligados a su vida que me sorprende que usted pensara que yo sería adecuado. Quizá tenga una falsa impresión sobre lo cerca que Hoyle y yo hemos estado.

Atentamente,
Richard P. Feynman

Mark Minguillon a Richard P. Feynman
14 de abril de 1976

Estimado doctor Feynman:

Soy un estudiante de física de diecinueve años y he estudiado mucho sobre usted y sus famosas contribuciones a la ciencia.

Por lo que puedo entender, usted estuvo en el equipo del Proyecto de la Bomba Atómica y junto con otros científicos preparó el camino hacia la era nuclear.

En mi clase de química iniciamos una discusión sobre el Proyecto Manhattan y sobre cuántos de los científicos que estuvieron una vez muy implicados y eran «pro bomba atómica» han cambiado ahora de opinión y están en contra de la idea global de energía atómica o nuclear.

Si recuerdo bien, leí un artículo tiempo atrás que hacía mención al hecho de que, entre otras cosas, usted estaba aún a favor de la energía nuclear, y pese a todo mi profesor lo negaba.

Doctor Feynman, le estaría muy agradecido si pudiera robar algún tiempo de su muy ocupada agenda para ayudar a clarificar este mini debate entre mi profesor y yo, y posiblemente iluminar a toda la clase en cuanto a sus ideas sobre la energía nuclear.

Muchas gracias por su muy precioso tiempo.

Respetuosamente,

Mark Minguillon

Richard P. Feynman a Mark Minguillon
23 de abril de 1976

Mark Minguillon
Poway, California

Querido Mark:

Por supuesto que se necesita más de «algún tiempo» para discutir algo tan complejo e incierto como la bomba atómica y su relación con la energía nuclear. Para hacer un resumen muy rápido, no veo nada erróneo en el poder nuclear excepto la posibilidad de explosiones, sabotajes, robo de combustible para hacer bombas, fugas de residuos radiactivos, etc. Pero todas éstas son cuestiones técnicas o de ingeniería, sobre las que podemos hacer mucho. Así que creo que los riesgos pueden ser controlados y esa energía nuclear, si es económica, debería ser desarrollada. Los problemas sobre la bomba atómica son mucho más complicados y aquí no puedo hacer ninguna afirmación breve para resumir lo que pienso.

Bueno, supongo que eso significa que usted ganó el debate, pero eso no significa que sepamos lo que es verdadero. Sólo porque Feynman diga que él está a favor de la energía nuclear, eso no es en absoluto un argumento digno de prestar atención porque yo puedo decirle (pues lo sé) que Feynman no sabe realmente de lo que está hablando cuando habla de estas cosas. Él sabe de otras cosas (quizá).

No preste atención a las «autoridades», piense por sí mismo.

Afectuosamente,

Richard P. Feynman

Mark Minguillon a Richard P. Feynman
31 de julio de 1976

Unos meses más tarde, el señor Minguillon tenía otra razón para escribir a Feynman.

Estimado doctor Feynman:

Soy un alumno de física de diecinueve años en una facultad aquí en el Sur de California y he tropezado con una pequeña dificultad al escoger el campo concreto de la física en que centrar mis estudios.

Mi interés por la física se remonta a 1972, y fue durante ese año cuando mi interés realmente cristalizó (después de conocer a un gran profesor en este campo en una escuela en España a la que asistí), hasta el punto de tomar una decisión respecto a cuál iba a ser mi carrera futura.

Me interesé en leer sobre los primeros descubrimientos científicos concernientes al átomo y su núcleo. Bohr, Thomson, Heisenberg y Chadwick se convirtieron en mis «ídolos». Pronto me interesé por la física nuclear y de partículas (por supuesto no todavía a un nivel muy complejo, por eso es por lo que estoy estudiando física).

El problema que tengo, doctor Feynman, es que nadie con quien he podido hablar está suficientemente informado en esta área para poder decirme si el campo se está abriendo o si se está saturando cada vez más. Nadie es capaz de decirme si ya se ha hecho toda la investigación que puede hacerse. Éste es el campo que me gustaría estudiar pero, por lo que sé, quizá no quede nada para investigar.

He escrito a otros científicos en el pasado pero supongo que un alumno de diecinueve años no es suficientemente importante para molestarse, pues no he recibido ninguna respuesta.

La razón para escribirle ahora es que sé que usted ha hecho investigación en física nuclear (quién puede olvidar su gran contribución al Proyecto Manhattan durante su estancia en Los Álamos) y física de partículas, y que es probablemente uno de los físicos más respetados en la actualidad. Si alguien lo sabe, es usted. Lamento tener que pedirle algo de su tiempo, pero nadie parece querer o ser capaz de ayudarme. Le estaría muy agradecido si lo hiciera.

Muchas gracias, doctor Feynman.

Respetuosamente,

Mark Minguillon

Richard P. Feynman a Mark Minguillon
16 de agosto de 1976

Sr. Mark Minguillon
Escondido, California

Estimado señor Minguillon:

Relájese. En ningún campo está hecha toda la investigación. La investigación lleva a nuevos descubrimientos y nuevas preguntas a las que responder con más investigación.

La física de partículas es la frontera de las leyes físicas desconocidas por descubrir. Es un área que ahora está muy activa y completamente abierta, pero es muy difícil conseguir trabajo en ella porque hay mucha demanda.

Pero no tenga miedo; usted sólo está empezando y no debería elegir un tema dentro de la física tan pronto. Siga aprendiendo y vea sobre la marcha qué es lo que

The reason I write to you now is because I know you have done research into nuclear physics (who can forget your great contributions to the Manhattan Project during your stay at Los Alamos) and particle physics and you are probably one of today's most respected physicists. If any one should know, you would.

I am sorry to have to ask you for some of your time, but no one seems to want to, or be able to, help me. I would be very grateful if you would.

Thank you very much Dr. Feynman.

Most respectfully yours,

Mark Minguillon

Mark Minguillon

Dear ~~Mr~~ Mr Minguillon:

Relax. In no field is all the research done. ~~New discove~~ Research leads to new discoveries and new questions to answer by more research.

Particle physics is the frontier of unknown physical laws to be discovered. It is very active and completely open now—but it is ~~very~~ hard to get a job in it because so many people want ~~too~~ to.

But have no fear—you are just starting out and

should not pick a subfield of physics so soon. Just learn more and see what interests you most and what you like to do best as you go along and ~~you~~ you will not have any ~~diffi~~ trouble choosing when you know more.

By the way at about your age I didn't know even what field I wanted. I entered M.I.T. in mathematics, changed to Electrical Engineering for a while and then settled in physics. What field(s) of physics? ~~I have worked in~~ Aside from deciding I liked theoretical work best I have wandered around from stress in molecules to quantum ~~theo~~ theory electrodynamics, theory of liquid helium, nuclear physics, turbulence in the flow of water (I didn't succeed in those but [illegible]), quantum gravity and recently particle physics. You do any problem that you can, regardless of field.

Yours
RF.

más le interesa y lo que más le gusta hacer, y no tendrá ningún problema en escoger cuando sepa más.

Dicho sea de paso, cuando yo tenía su edad ni siquiera sabía a qué campo quería dedicarme. Entré en el MIT en matemáticas, me pasé a ingeniería eléctrica durante un tiempo y luego me asenté en física. ¿Qué campo de la física? Aparte de decidir que prefería el trabajo teórico, he ido desde las tensiones en las moléculas a la teoría de la electrodinámica cuántica, la teoría del helio líquido, la física nuclear, la turbulencia en el flujo de agua (no tuve éxito en estos dos últimos problemas, así que no publiqué nada), y recientemente física de partículas. Uno trabaja en cualquier problema en el que pueda hacerlo, independientemente del campo.

Afectuosamente,
Richard P. Feynman

Richard P. Feynman a Sidney Coleman
13 de agosto de 1976

Una fundación estaba interesada en patrocinar conferencias de física. Feynman y otros dos físicos, Geoff Chew y David Finkelstein, habían sugerido al profesor Sidney Coleman como asesor.

De la carta del profesor Coleman, «(1) los participantes en la conferencia serán aquellos de los siguientes que estén dispuestos y puedan venir: C. Callan, G. Chew, S. Coleman, R. Dashen, L. Faddeev, R. Feynman, D. Finkelstein, F. Goldhaber, J. Goldstone, D. Gross, R. Jackiw, T. D. Lee, S. Mandelstam, Y. Nambu, A. M. Polyakov, C. Rebbi, L. Susskind, G.'t Hooft y K. Wilson (Roman Jackiw me ayudó a confeccionar esta lista)». Se sugirió un posible título «Nuevas Configuraciones en Teoría Cuántica de Campos», y aunque Feynman y Geoff Chew no estaban trabajando en el tema, fueron animados a acudir, pues «estaríamos contentos de tenerles con nosotros».

Profesor Sidney Coleman
Departamento de Física
Universidad de Harvard
Cambridge, Massachusetts

Querido Coleman:

Sobre la conferencia. En mi opinión deberíamos reducir la conferencia todo lo posible y tener sólo a tipos que estén trabajando realmente de forma activa en el tema. Sobre el punto 1, ¿para qué demonios está invitado Feynman? Él no está a la altura de los otros tipos y no está haciendo nada, por lo que yo sé. Si depura la lista de invitaciones, y deja sólo a los que trabajan con más dedicación, empezaría a pensar en asistir.

Atentamente,
Richard P. Feynman

El profesor Coleman respondió que Feynman quedaba borrado de la lista y le animaba a acudir. Feynman asistió a la conferencia.

Richard P. Feynman a Fred Carlisle
24 de enero de 1977

La Universidad Estatal de Michigan estaba desarrollando un curso especial de escritura científica para licenciados en ciencias y quería utilizar «La Teoría de la Gravitación» de The Feynman Lectures on Physics *en una antología de escritos científicos.*

Profesor E. Fred Carlisle
Departamento de Inglés
East Lansing, Michigan

Estimado profesor Carlisle:

Por supuesto que tiene usted mi permiso para utilizar «La Teoría de la Gravitación» de *The Feynman Lectures on Physics* de la forma que propone en su carta. Espero que le sea de utilidad.

Sin embargo, siendo su curso un curso de escritura podría estar interesado en cómo se escribió el material. Lo di directamente como lección oral (a partir de una página de «notas» muy breves para guiarme), que fue grabada tal como se dictó. Luego algunas personas, quizá especialmente Robert Leighton, la editaron en un inglés correcto, omitiendo algunas partes, introduciendo o reorganizando ideas, y ateniéndose estrechamente en otras partes a lo dicho originalmente. Fue un gran trabajo pues no hablo un inglés que pueda escribirse. Después la repasé e hice algunas modificaciones adicionales, etc., las discutimos un poco y entonces pasaba a preparar las ideas de la lección siguiente.

Caltech posee el *copyright*, así que les voy a pedir que le envíen una nota confirmando mi permiso.

Atentamente,
Richard P. Feynman

Richard P. Feynman a Ramón Cortines
25 de abril de 1977

Superintendente Ramón Cortines
Distrito Escolar Unificado de Pasadena
Oficina de la Administración
Pasadena, California

Estimado señor Cortines:

Mi amigo Ralph Leighton* ya le ha hablado sobre este problema y sugirió que le escribiera esta carta. En el año escolar entrante mi hijo Carl será un junior en el Instituto John Muir. La ley estatal exige que curse salud y educación vial, y la Escuela Unificada del Distrito de Pasadena que curse educación para el consumidor. Mi hijo habría seguido estos cursos este año si hubiera tenido dieciséis años, pero puesto que se saltó el jardín de infancia, Carl ha ido un año por delante que la mayoría de sus condiscípulos.

Si tuviera que cursar salud y educación vial además de educación para el consumidor en el undécimo curso, Carl tendría que dejar una de sus asignaturas optativas, i.e., física, cálculo o latín. Por supuesto, podría seguir una de estas asignaturas en la escuela de verano, pero trabaja muy duro en la escuela y creo que un joven debería tener tres meses enteros de vacaciones cada año para refrescarse y disfrutar de algún tiempo alejado del trabajo escolar.

Creo que Carl es capaz de aprender el temario de salud y de educación vial, y de educación para el consumidor en menos tiempo que el año entero requerido para estas asignaturas. He descubierto, a través de la Escuela Politécnica, que la Universidad de California en Berkeley imparte salud y educación vial por correspondencia, en la que el alumno completa un número de créditos y pasa una prueba final administrada por un profesor (o un bibliotecario público) de su escuela. Además, Ralph Leighton, que ha sido profesor en la Escuela Unificada del Distrito de Pasadena, me dice que el temario de cada curso que se enseña en el distrito está disponible en la Junta de Educación.

Por lo tanto, pregunto si se le podría permitir a mi hijo cursar salud y educación vial por correspondencia y educación para el consumidor mediante examen, con acceso al material del curso. Si es así, intentaría que Carl haga los acuerdos necesarios con algunos profesores adecuados en Muir, y con el señor Snyder, si es necesario, a menos que usted aconseje lo contrario.

Atentamente,
Richard P. Feynman
Profesor de Física

Richard P. Feynman a J. T. Devreese
26 de octubre de 1977

El profesor Devreese escribió para decir cuánto echaba de menos a Feynman en el Instituto de Estudios Avanzados sobre Integrales de Camino. Las actas de la reunión iban a aparecer en un volumen a principios de 1978, y ellos proponían dedicar el volumen a Feynman en honor de su sexuagésimo cumpleaños. Puesto

* Ralph Leighton es hijo de Robert Leighton, que fue profesor de Caltech y editor de *The Freynman Lectures*.

Viaje familiar, 1977.

que Feynman era el creador del método, creían que sería un gran honor que escribiera un epílogo para el volumen.

Profesor J. T. Devreese
Amberes, Bélgica

Estimado profesor Devreese:
Lamenté mucho no poder asistir a su conferencia. Mi mujer y yo habíamos planeado un largo viaje con los niños por el Oeste de Estados Unidos y Canadá durante esas fechas. Muchas veces, descansando en mi saco de dormir, me preguntaba qué haría en su conferencia y pensaba en lo que hubiera disfrutado estando ahí.
Quedé encantado cuando llegaron las actas y fue un gran placer leerlas. Muchas gracias por enviarlas.
Su idea de honrarme en mi cumpleaños dedicándome el libro es muy bonita. Usted le quitó algo del placer que me proporcionaba al sugerir que trabaje para eso (escribiendo algo... ¿un epílogo?). Eso no es justo, y soy demasiado perezoso para escribir.
Es un detalle por su parte pero completamente innecesario hacer algo formal en «mi honor». Usted, y Thornber, y tantos otros de los conferenciantes ya me han

honrado directamente, y mucho, prestando atención a mi trabajo y desarrollándolo más. Me ha producido gran placer ver estos trabajos de otros y verlos reunidos en las actas de la conferencia. Para mí representa una demostración de que lo que inventé (en 1941) es de utilidad real y continuada para los físicos. ¿Qué otro honor es posible?

Gracias de nuevo.

Afectuosamente,

Richard P. Feynman

Lewis H. Strauss a Richard P. Feynman
2 de agosto de 1977

Estimado doctor Feynman:

Se le escribe esta carta en calidad de antiguo receptor del premio Einstein. Este premio fue concedido en los siguientes años y a las personas que figuran más abajo:

Profesor Julian Schwinger	1951
Profesor Kurt Godel	1951
Dr. Richard P. Feynman	1954
Dr. Edward Teller	1958
Dr. Willard F. Libby	1959
Dr. Leo Szilard	1960
Dr. Luis Álvarez	1961
Dr. Shields Warren	1962
Dr. John A. Wheeler	1965
Dr. Marshall N. Rosenbluth	1967
Dr. Yuval Ne'eman	1970
Dr. Eugen P. Wigner	1972

Los ejecutivos de la Lewis and Rose Strauss Memorial Fund decidieron no convocar este premio desde la muerte de su creador, Lewis L. Strauss.

Ahora, sin embargo, ha pasado el tiempo suficiente, de modo que quizá alguno de los problemas circunstanciales asociados con el premio han tenido oportunidad de ser subsanados. Hemos tomado nota del trabajo del doctor Stephen Hawking de la Universidad de Cambridge, que parece haber hecho avances teóricos importantes en las áreas en las que Einstein trabajó durante tanto tiempo. ¿Cree usted que el trabajo de Hawking es de suficiente importancia como para justificar el premio Einstein, aparte de los aspectos humanitarios de la cuestión? ¿Hay algún otro cuyo nombre venga a su mente como más digno del premio? Su consejo será apreciado.

Atentamente,

Lewis H. Strauss

Richard P. Feynman a Lewis H. Strauss
9 de agosto de 1977

Sr. Lewis H. Strauss
Washington, D.C.

Estimado señor Strauss:

En respuesta a su carta del 2 de agosto, estoy completamente de acuerdo en que el trabajo del doctor Stephen W. Hawking es merecedor del premio Einstein.

Atentamente,
Richard P. Feynman

Richard P. Feynman a Michael E. Fisher
15 de noviembre de 1977

El doctor Michael Fisher estaba trabajando con Christopher Longuet-Higgins en una memoria biográfica de Lars Onsager y preguntó a Feynman por los recuerdos personales que tenía del doctor Onsager.

Dr. Michael E. Fisher
Departamento de Química
Universidad de Cornell
Ithaca, Nueva York

Estimado doctor Fisher:

Me ha pedido alguna información sobre mi relación con Lars Onsager. Se la daré de memoria sin comprobar fechas, etc. No me referiré a relación indirecta vía lectura de sus artículos, etc., sino sólo a contactos personales directos con él.

Mi primer contacto fue (¿probablemente?) hacia 1951 en una reunión de física teórica en Japón. Yo había desarrollado una teoría del helio líquido, que era un nuevo campo para mí, de modo que en esa reunión me encontré por primera vez con muchas de las personas que trabajaban en esa área. En una cena la noche anterior al día en que yo iba a hablar, estaba sentado cerca de Onsager. Éste dijo: «¿Así que usted cree que tiene una teoría del HeII líquido?». Respondí: «Sí, lo creo», a lo que él simplemente respondió: «Mmm», y no dijo nada más. Consideré que eso significaba que él no creía que mi teoría pudiera ser otra cosa que un absurdo.

Al día siguiente en la reunión presenté mi artículo, en el que afirmaba que explicaba todo excepto, lo dejé bien claro, que había un grave defecto y era que yo no entendía adecuadamente la naturaleza detallada del comportamiento de las funciones termodinámicas en la transición. En el tiempo de las preguntas Onsager habló primero. «El señor Feynman es nuevo en nuestro campo. Evidentemente hay algo que él no sabe sobre esto, y deberíamos educarle.» Quedé petrificado; esto era incluso peor que el gruñido de la noche anterior. ¿Qué me había dejado fuera?, ¿que estúpido error había encontrado? Onsager continuó: «Así que creo que deberíamos decirle que el comportamiento exacto de las funciones termodinámicas cerca de una transición no está todavía adecuadamente comprendido para ninguna transición real en ninguna sustancia. Por lo tanto, el hecho de que él no pueda hacerlo para el HeII no es reflejo en absoluto del valor de su contribución para entender el resto de los fenómenos».

Así fue como aprendí que era un hombre amable y generoso cuyo hábito de hablar lo menos posible me había producido la impresión equivocada. Después de eso coincidimos en varias reuniones y tuvimos muchas conversaciones sobre problemas de física (transiciones, turbulencia, helio, superconductividad, etc.). Onsager hablaba poco (especialmente conmigo) pero lo poco que decía contenía muchas ideas... y siempre manifestó una amabilidad innata.

En una ocasión en que estábamos juntos, un joven vino a explicarnos a ambos sus ideas sobre la superconductividad. Yo no entendía lo que el colega estaba diciendo, así que pensé que debía de ser un absurdo (un mal hábito que tengo). Quedé sorprendido al oír que Onsager decía: «Sí, ésa parece ser la solución al problema». ¿Quería decir que el enigma de la superconductividad estaba resuelto, y yo ni siquiera sabía lo que decía el joven? Supongo. Nunca he estado seguro; creo que el joven tal vez fuera Cooper.* ¿Podría usted comprobarlo?

Más concretamente, el trabajo con Onsager me influyó al menos de las siguientes maneras. Su trabajo sobre dipolos interactuantes en dieléctricos líquidos dio respuesta a una cuestión física muy intrigante, y lo estudié cuidadosamente para entender las interacciones entre rotones en el helio. He tenido gran interés en su teorema sobre la no existencia de turbulencia en dos dimensiones... y el hamiltoniano que él dedujo para esto. Finalmente, y más directamente, descubrí independientemente las líneas de vórtices cuantizados sin saber que Onsager ya las había descubierto. Pues, después de todo, como era típico en Onsager, su descripción no fue publicada directamente por él, sino que aparece en las grabaciones de una reunión en un comentario suyo durante una discusión de un artículo de algún otro sobre un tema diferente. Pero, por supuesto, saber que él había llegado a las mismas conclusiones fue, para mí, un importante indicio de que podría estar en la vía correcta.

Atentamente,
Richard P. Feynman

* Leon H. Cooper fue, junto con J. Bardeen y J. R. Schrieffer, el creador de la teoría de la superconductividad (la llamada teoría BCS) por la que los tres recibieron el premio Nobel en 1972. *(N. del t.)*

Richard P. Feynman a Tepper L. Gill
10 de octubre de 1977

Dr. Tepper L. Gill
Departamento de Matemáticas
Universidad de Howard
Washington, D.C.

Estimado doctor Gill:

Gracias por enviarme su artículo de investigación sobre productos tensoriales infinitos. Soy demasiado ignorante de las matemáticas modernas para entenderlo, pero me alegra saber que mi trabajo está empezando a proporcionar placer incluso a los matemáticos profesionales. Fue muy divertido descubrir operadores ordenados (el tiempo es un parámetro de orden demasiado especial). Me di cuenta desde el principio de que tenía posibles aplicaciones a ecuaciones con operadores aleatorios y pasé algún tiempo formulando y tratando de resolver problemas sobre el ritmo de mezclado de pintura por agitación aleatoria, o sobre el campo magnético generado por corrientes de convección aleatorias en el núcleo terrestre, así como problemas en la teoría de la turbulencia. No publiqué nada sobre estos problemas porque no los llevé suficientemente lejos para quedar satisfecho, pero sabía que el tema de los operadores ordenados sería de gran importancia algún día.

Me complace oír que los matemáticos pueden unirse a la diversión, pues también debe de ser divertido para usted, ya que parece tener todas las condiciones necesarias, según sus palabras: está «en íntimo contacto con el pecado» y «causa acidez de estómago matemática».

Atentamente,
Richard P. Feynman

Richard P. Feynman a Max M. Levin
21 de noviembre de 1977

El doctor Levin escribió a Feynman desde la Universidad de California en Santa Cruz a sugerencia del rector Sinsheimer y del profesor Matt Sands. Estaba preparando una serie de conferencias sobre el tema de las relaciones entre las ciencias y las artes. El doctor Levin pensaba que a Feynman le interesaba este tema y quería saber si estaría dispuesto a participar en el simposio.

Dr. Max M. Levin
Vicerrector
Universidad de California
Santa Cruz, California

Estimado doctor Levin:

Tras una reflexión cuidadosa no he podido hallar ninguna influencia reciente importante de las artes sobre, al menos, la ciencia física. Es probable que la influencia exista, y que mi incapacidad para dar con un ejemplo demuestre que no soy un buen candidato para intervenir en su simposio.

Es posible que Matt Sands y Sinsheimer pensaran en mí porque en una época aprendí a dibujar, y ellos piensan que eso es arte.

Ahora toco los bongos para una pequeña compañía de ballet de San Francisco; si se corre la voz, mis amigos científicos me recomendarán como conferenciante sobre música y danza en ciencia (de lo que no sé nada).

Atentamente,
Richard P. Feynman

Richard P. Feynman a Francis Crick
7 de marzo de 1978

Francis Crick
The Salk Institute
San Diego, California

Querido Francis:

Lamento tener que hacer esto, pero te devuelvo este artículo sin leer. Mi agenda está tan retrasada que no debo empantanarla leyendo la teoría de otro; quizá resulte ser maravillosa y entonces tendría una cosa más en que pensar.

Afectuosamente,
Richard P. Feynman

Francis Crick a Richard P. Feynman
10 de marzo de 1978

Querido Dick:

¡Yo hubiera hecho lo mismo! La expresión que se utiliza habitualmente en los círculos de la biología molecular se debe a Frank Stahl: «¡No me lo cuentes; podría pensar en ello!».

Tuyo,
Francis
Kieckhefer Distinguished Research Professor
The Salk Institute

Rafael Dy-Liacco a Richard P. Feynman
24 de mayo de 1978

Estimado doctor Feynman:

Perdone mi presuntuosidad al enviarle mis ideas. Tengo una idea sobre el origen de los rayos cósmicos que bulle en mi cabeza pero no sé a quién acudir. He enviado la idea a la sección «Cartas» de *Scientific American* con la esperanza de que sea publicada y que científicos que saben más de la física y las matemáticas involucradas en ella puedan criticarla y, o bien descalificarla, o bien decir que es posible. La única física que he estudiado es la que estoy cursando ahora, la física del instituto (tengo dieciséis años).

Mi padre está volviéndome loco sugiriéndome que *Scientific American* plagiará la idea. Le vi en un documental sobre el universo y me impresionó por ser el hombre más sincero que he oído nunca (aunque usted sólo hablaba de física). Así que le pido su tiempo (si lo desea) para criticar esta idea (si lo hace, hágalo por favor en términos fácilmente comprensibles). No quiero acudir a mi profesor de física por muchas razones. Una crítica importante que busco es ésta: ¿es una idea nueva? Ésta es la idea.

Hipótesis: Existe antimateria al menos en las capas externas del Sol.

La colisión aleatoria de partículas con sus antipartículas proporciona una pequeña pero continua fuente de rayos cósmicos.

En un campo magnético extraordinariamente fuerte, como el que provoca las manchas solares, las partículas cargadas se moverán de una manera menos aleatoria: serán aceleradas hacia uno de los polos. De igual modo, las partículas con carga opuesta serán aceleradas hacia el otro polo. Así, una partícula cargada tendrá mayor probabilidad de colisionar con su antipartícula. El resultado es un aumento en el ritmo de colisiones materia-antimateria y por ello se observa una mayor emisión de rayos cósmicos durante la actividad intensa de manchas solares.

Atentamente,
Rafael Dy-Liacco

Richard P. Feynman a Rafael Dy-Liacco
6 de junio de 1978

Dr. Rafael Dy-Liacco
Kobe, Japón

Estimado doctor Dy-Liacco:

Hay varias razones por las que su sugerencia de que los rayos cósmicos proceden de antipartículas del Sol es probablemente errónea.

Como Frankie Scarpini en una producción de *Fiorello**
en el campus, 1978.

Primero, en presencia de toda la materia del Sol tales antipartículas serían aniquiladas en un tiempo muy corto. Puesto que se consumen tan rápidamente, su problema sería ¿de dónde salen las nuevas?

En segundo lugar, los rayos cósmicos suelen tener una energía mucho mayor de la que estaría disponible a partir de la aniquilación (de digamos, protón y antiprotón), de modo que usted no podría explicar al menos la fuente de los rayos de energía más alta que se sabe que no proceden del Sol sino de fuera del sistema solar (por la forma en que se comportan durante las tormentas magnéticas).

* *Fiorello* es una comedia musical basada en la vida de Fiorello LaGuardia, el mítico alcalde de Nueva York durante los años treinta. *(N. del t.)*

Lucille, Gweneth, Richard, Michelle y Carl delante de la caravana Feynman, México, 1978.

Tercero, la aniquilación de materia y antimateria produce rayos gamma, no protones rápidos; pero los rayos cósmicos incidentes son protones rápidos y no rayos gamma.

La hipótesis habitual es que los rayos cósmicos de baja energía no proceden del Sol sino de la aceleración de iones de hidrógeno (i.e., protones) por los campos magnéticos solares variables. Esta explicación no parece presentar ninguna dificultad. El origen de los rayos de energía más alta no está tan claro.

Mantenga su interés por estas cosas. Si al principio no tiene éxito, inténtelo de nuevo. Y dígale a su padre que no se preocupe por el plagio, porque en ciencia (a diferencia de los negocios o muchas otras actividades) todos trabajamos juntos cooperando para tratar de comprender la Naturaleza y hemos aprendido a tener mucho cuidado en reconocer y elogiar a quien tiene una idea nueva realmente útil; estamos contentos de tenerle a bordo, por decirlo así. No hemos tenido problemas serios con este tipo de cosas desde el siglo XVII.

Atentamente,
Richard P. Feynman

Linus Pauling a Richard P. Feynman
28 de junio de 1978

Querido Dick:

He sabido por Linda que te han extirpado un tumor maligno.

Estas malignidades abdominales son serias. La fracción de supervivencia a los cinco años es bastante reducida. La quimioterapia tiene poca efectividad; en Gran Bretaña raramente se utiliza para esos cánceres.

Creo que lo mejor que se puede hacer es empezar inmediatamente una alta ingesta de vitamina C: 20 g por día o más. Mantengo correspondencia con un hombre que tenía un cáncer abdominal muy extendido, y que tomó 60 g durante 3 meses. Ahora está mucho mejor, y ha bajado a 35 g por día.

Adjuntos van un par de artículos, con más referencias. Linda puede decirte dónde obtener ácico ascórbico puro y ascorbato sódico y cómo tomarlo.

La vitamina C trabaja básicamente potenciando los mecanismos de inmunización del cuerpo. Las drogas citotóxicas los destruyen, y probablemente disminuyen la efectividad de la vitamina C. Por el contrario, los estimulantes de la inmunización, tales como BCG pueden ser perfectamente compatibles con la vitamina C.

Es muy importante no dejar la ingesta de vitamina C una vez que la has empezado.

Tenemos otro artículo en prensa en PNAS. Además, Morishita y Murata, en Japón, han obtenido resultados similares.

Mis mejores deseos,

Linus

P. D. También nada de azúcar, poca carne, muchas verduras frescas, zumos vegetales y zumos de frutas.

Richard P. Feynman a Linus Pauling
7 de julio de 1978

Dr. Linus Pauling
Instituto Linus Pauling de Ciencia y Medicina
Menlo Park, California

Querido Linus:

Me gustó mucho tener noticias tuyas. Gracias por tu especial interés en mis problemas.

Resulta que mi cáncer es un tipo muy inusual de cáncer abdominal llamado liposarcoma mixoide, un cáncer de tejido blando, y aunque pesaba más de 2.800 gramos aún parecía estar encapsulado. Aparentemente fue extirpado en su totalidad y el laboratorio patológico no pudo encontrar ninguna invasión aparente de los vasos sanguíneos por células cancerosas. De modo que mi oncólogo (el doctor Thomas C. Hall, un hombre que me presentó Benzer) ni siquiera sugiere quimioterapia, sino por supuesto un examen periódico completo y muy cuidadoso con rayos X en busca de metástasis. En cualquier caso le he dado tu carta para estar seguro de que él está totalmente familiarizado con los resultados que se dan en tus referencias.

Linda ya ha referido la información que tú mencionabas en una nota muy amable y encantadora. Uno de tus grandes logros, Linus, ha sido ayudar a crear una hija tan encantadora.

Gracias de nuevo por tu interés.

Afectuosamente,

Richard P. Feynman

Richard P. Feynman a R. Wayne Oler
2 de marzo de 1979

Llegó una carta con un comunicado de derechos de autor del señor Oler, vicepresidente y editor en la Benjamin/Cummins Publishing Company. El señor Oler estaba preocupado por un problema que creía que podía afectar a los derechos de autor y provocar pérdidas para toda la industria de libros de texto universitarios. Era práctica común entre los editores de libros de texto enviar copias de cortesía de libros de texto a los profesores que impartían cursos en los que podían utilizarse dichos libros. Al parecer, se sabía ahora que los profesores estaban vendiendo esos libros en beneficio personal.

Sr. R. Wayne Oler
Vicepresidente y Editor
The Benjamin/Cummins Publishing Company
Menlo Park, California

Estimado señor Oler:

No seamos tan avariciosos. (Por desgracia, escribo mis libros porque quiero difundir el conocimiento, y no para enriquecerme, de modo que mi opinión difiere).

Creo que si usted pretende que los libros que envía gratis sirvan para promocionarlos y crear buena disposición han servido presumiblemente para su propósito. Si pueden venderse para que otros los lean, bien. Si a usted no le gusta, simplemente no los envíe.

Si usted los envía porque saca algo con ello, entonces sea así; usted ya ha sido «pagado» por cualquier valor que imagine que saca vendiéndolos. Si el receptor puede obtener un valor adicional, nosotros no tenemos derecho a impedirlo.

Si el resultado neto es una pérdida neta (la pérdida de venta supera el valor de la publicidad y la buena voluntad) simplemente deje de enviarlos y evite la pérdida.

Hasta ahora siempre he devuelto, sin abrir, los libros no solicitados enviados por los editores (no me gusta la publicidad). Pero ahora usted me ha dado una idea mejor.

Atentamente,
Richard P. Feynman

Richard P. Feynman a G. L. Dijkhuis
13 de junio de 1979

Dr. G. L. Dijkhuis
Zeldenrust College
Zeldenrustlaan 2
Terneuzen
Holanda

Estimado doctor Dijkhuis:

Gracias por su nota sobre los signos en la Sección 21-8 de vol. III. Como decía en la primera parte de la lección, esto es como un seminario. Y ahora ve usted que esto es realista incluso para los signos de las ecuaciones, que, en los seminarios, son lamentablemente erróneos. No tenga fe en mis signos. Lo que usted obtenga cuidadosamente es correcto. (Lo siento pero yo no tengo la paciencia de comprobarlo todo ahora, pero puede usted apostar a que el cincuenta por ciento de mis signos están equivocados.)

Atentamente,
Richard P. Feynman

Richard P. Feynman a Robert Ilsley
13 de junio de 1979

Sr. Robert Ilsley
Optical Coating Laboratory, Inc.
Santa Rosa, California

Estimado señor Ilsley:

Esta carta es para confirmar nuestra conversación telefónica del miércoles 13 de junio, durante la que le dije que no podría formar parte del consejo de dirección de su compañía de fotoelectrónica. La razón es mi falta de experiencia

Con el presidente Jimmy Carter tras recibir la medalla nacional de la Ciencia, 1979.

en los negocios. No creo que la gran experiencia en negocios de los otros miembros externos fuera suficiente para compensar mi carencia. Por lo tanto, no tendría confianza en estar desempeñando adecuadamente las responsabilidades de un miembro del consejo de dirección. Debido a esta incomodidad no puedo participar.

Aprecio la amabilidad con que aceptó usted mi posición vacilante, después de lo que deben de haber sido considerables molestias y gastos implicados al considerarme.

Como resultado de todo esto, el tema fotovoltaico y su futuro se ha hecho muy interesante para mí. Espero observar con gran interés el desarrollo de su compañía, y espero que podamos estar en contacto de vez en cuando.

Me ha gustado conocerle, y también a otros miembros del personal de la planta.

Buena suerte,
Richard P. Feynman

Richard P. Feynman a Gweneth, Michelle y Carl Feynman 29 de junio de 1980

Sábado, 29 de junio 1980
15.00 h
Royal Olympic Hotel
Poolside

Queridas Gweneth y Michelle (¿y Carl?)*
Éste es mi tercer día en Atenas.

Estoy escribiendo junto a la piscina del hotel con el papel en mi regazo porque las mesas son demasiado altas y las sillas demasiado bajas.

El viaje salió a tiempo pero fue incómodo en cualquier caso porque el avión de Nueva York a Atenas estaba absolutamente lleno, todos los asientos. Me recibieron el profesor Iliopoulos, un alumno y su sobrino, que tiene la edad de Carl. Me sorprendió encontrar que el tiempo aquí es igual que en Pasadena (aunque unos 5° grados más frío), la vegetación es muy similar, las colinas se ven desnudas y desiertas, las mismas plantas, los mismos cactus, la misma baja humedad y las mismas noches frías. Pero aquí terminan las similitudes. Atenas es una ciudad con mucha extensión, fea, ruidosa; un lío de calles llenas de coches que saltan como los conejos cuando los semáforos se ponen verdes, se detienen con frenazos bruscos cuando cambian al rojo y tocan la bocina cuando se ponen amarillos. Muy similar a Ciudad de México, salvo que las personas no parecen tan pobres como en México y sólo hay mendigos ocasionales. A ti, Gweneth, te gustaría porque hay muchas tiendas (todas pequeñas) y a Carl le gustaría caminar bajo las arcadas y las calles que parecen madrigueras, especialmente en la parte vieja de la ciudad.

Ayer por la mañana fui al Museo Arqueológico. A Michelle le gustarían todas las grandes estatuas griegas de caballos; hay una especialmente grande, de bronce, de un muchacho pequeño en un gran caballo al galope que es sensacional. Vi tantas cosas que las mezcle todas. No está bien señalizado y los pies empezaban a dolerme. También era algo aburrido porque ya hemos visto muchas de esas cosas antes. Excepto una: entre todos aquellos objetos artísticos había uno tan completamente diferente y extraño que parecía casi imposible. Fue sacado del mar en 1900 y es una especie de máquina con engranajes, muy parecida al interior de un moderno reloj de cuerda. Los dientes son muy regulares y muchos volantes están estrechamente encajados. Hay círculos graduados e inscripciones griegas. Me pregunto si es alguna falsificación. Apareció un artículo sobre ello en *Scientific American* en 1959.

Ayer por la tarde fui a la Acrópolis, que está justo en medio de la ciudad, una alta meseta rocosa en la que se construyó el Partenón y otros templos y lugares de culto.

* Se esperaba la pronta llegada a casa de Carl, después de pasar parte del verano trabajando en Massachusetts.

El Partenón es muy bonito —el templo de Segesta que Gween y yo vimos en Sicilia es igual de impresionante porque te permiten pasear a su alrededor, pero no puedes subir y pasear entre las columnas del Partenón. La hermana del profesor Iliopoulos venía con nosotros, y tenía un cuaderno —es arqueóloga de profesión— con el que guió nuestra visita y nos dio todo tipo de detalles, fechas, citas de Plutarco, etc.

Parece que los griegos asumen su pasado de forma muy seria. Estudian la arqueología griega antigua en sus escuelas elementales durante seis años, y tienen que cursar diez horas de esa materia cada semana. Es una especie de culto a los ancestros pues siempre resaltan lo maravillosos que fueron los antiguos griegos, y realmente lo fueron. Cuando para animarles les dices que sí y ves lo que ha avanzado el hombre moderno más allá de los antiguos griegos (pensando en la ciencia experimental, el desarrollo de las matemáticas, el arte del Renacimiento, la gran profundidad y comprensión de la relativa superficialidad de la filosofía griega, etc., etc.), dicen: «¿Qué quieres decir?, ¿qué había algo equivocado en los antiguos griegos?». Continuamente rebajan su época y ensalzan los tiempos antiguos, hasta el punto de que señalar las maravillas del presente les parece una falta injustificada de apreciación del pasado. Se molestaron mucho cuando dije que lo más importante para las matemáticas en Europa fue el descubrimiento de Tartaglia de que se puede resolver una ecuación cúbica (que, aunque es muy poco usada, debió de haber sido psicológicamente maravilloso porque mostró que un hombre moderno podía hacer algo que ningún griego antiguo pudo hacer, y por ello impulsó el Renacimiento, que era la liberación del hombre de las intimidaciones de los antiguos) y que en la escuela les están amedrentando haciéndoles pensar que han caído muy por debajo de sus superancestros.

Pregunté a la arqueóloga por la máquina del museo: si había otras máquinas similares, o máquinas más simples que la precedieron, o de dónde la sacaron... Pero no sabía nada y tuve que llevarla a ella y a su hijo de la edad de Carl (que me miraba como si yo fuera un antiguo héroe griego, pues está estudiando física) al museo para mostrársela. Me pidió alguna explicación de por qué pensaba que esa máquina era interesante y sorprendente porque, ¿no midió Eratóstenes la distancia al Sol sin necesitar instrumentos científicos elaborados, etc.? ¡Oh, qué ignorante es la gente educada en los clásicos! No sorprende que no aprecien su propia época. No son de ella y no la entienden. Pero un momento después ella pensó que quizá era chocante, y me llevó a las salas traseras del museo porque seguramente habría otros ejemplos y podría obtener una bibliografía completa. La bibliografía completa era una lista de tres artículos (uno en *Scientific American*), todos ellos escritos por un hombre, y se trata de un americano de Yale.*

* La máquina en cuestión es el denominado «mecanismo de Antiquitera» pues fue encontrado en el fondo del mar, cerca de Antiquitera, entre los restos de un naufragio y está datado en el año 87 a. C. El autor de los artículos era Derek J. La Solla Price, que llegó a la conclusión de que se trataba de un aparato para predecir las posiciones del Sol y la Luna (y quizá de algunos planetas) en cada momento. *(N. del t.)*

Supongo que ellos piensan que todos los americanos deben ser estúpidos, que sólo les interesa la maquinaria cuando tienen todas esas bellas estatuas y retratos de mitos encantadores e historias de dioses y diosas que mirar. (De hecho, la encargada del personal del museo, cuando le dijeron que el profesor de América quería saber más sobre el objeto 15087, comentó: «De todas las cosas del museo ¿por qué elige ese objeto concreto, qué tiene de especial?».)

Todo el mundo aquí se queja del calor, y se preocupa de si puedes soportarlo, cuando de hecho es muy parecido al de Pasadena, aunque unos 5º más frío en promedio. Así que todas las tiendas cierran desde quizá las 13.30 hasta las 17.30 («debido al calor»), lo que resulta ser realmente una buena idea (todo el mundo echa una siesta) porque luego cenan tarde, entre las 21.30 y 22.00, etc., cuando se está fresco. La gente se está quejando seriamente de una nueva ley. Para ahorrar energía todos los restaurantes y las tabernas deben cerrar a las 2. Esto, dicen, matará la vida en Atenas.

Ahora es la hora bruja entre las 13.30 y las 17.30 y la estoy aprovechando para escribirte. Para ser honesto, te echo de menos y estaría más feliz en casa. Supongo que he perdido el gusto por viajar. Todavía me queda un día y medio aquí y me han dado todo tipo de literatura sobre una bella playa (de guijarros), de un importante lugar antiguo (aunque casi en completa ruina), etc. Pero no iré a ninguno de ellos, pues los dos están lejos para ir en autobús (de dos a cuatro horas, uno en cada dirección). No. Me quedaré aquí y prepararé mis charlas para Creta (me han dado *tres* conferencias extra para unos veinte alumnos universitarios griegos que han venido a Creta sólo para oírme. Haré algo parecido a mis conferencias de Nueva Zelanda, pero no he traído mis notas y tengo que trabajarlas de nuevo.)

Os echo de menos a todos, especialmente cuando me voy a la cama por la noche; no hay ningún perro al que rascar y decir buenas noches.

Amor,

Richard. Papá.

P. D. SI NO PUEDES LEER LO QUE HAY ESCRITO ARRIBA, NO TEMAS... SON GARABATOS SIN IMPORTANCIA. ESTOY BIEN Y EN ATENAS.

Michael H. Hart a Richard P. Feynman
25 de marzo de 1980

Estimado profesor Feynman:

Una mañana del pasado otoño, mientras enseñaba electromagnetismo a algunos alumnos, les mostré la fórmula:

$$\vec{F}_{mag} = q\vec{v} \times \vec{B}$$

Señalé (como hacen la mayoría de los textos) que puesto que, por esta fórmula, $\vec{F}_{mag}$ es siempre perpendicular a $\vec{ds}$, se sigue que las fuerzas magnéticas nunca pueden hacer trabajo.

Unos días más tarde, en el laboratorio, levanté una pequeña barra de hierro con un imán permanente. (La barra había estado reposando en la mesa, mantenida en su sitio por mi dedo, mientras yo colocaba el imán permanente sobre ella.)

Uno de mis alumnos (que obviamente no era lo bastante brillante como para entender adecuadamente el texto) me preguntó cómo, si los imanes no podían hacer trabajo, el imán permanente era capaz de levantar la barra de hierro. ¡Qué pregunta tan estúpida! La explicación correcta de esta contradicción aparente era, por supuesto, inmediatamente obvia para mí. Sin embargo, en ese momento no pude pensar en una forma de expresar la explicación que la hiciese clara incluso para un alumno torpe como ése. (Es deprimente ver cómo ha caído el nivel de los alumnos de instituto en los años recientes.) Apreciaría que usted me aconsejara sobre cómo debería haber expresado la explicación.

Cordialmente,
Michael H. Hart
Profesor Ayudante

Richard P. Feynman a Michael H. Hart
4 de diciembre de 1980

Estimado profesor Hart:

Limpiando mi mesa recientemente, encontré su interesante problema sobre campos magnéticos que hacen trabajo. Debo haberla puesto aparte para responder más tarde, de modo que haga el favor de excusarme. (Quizá soy reacio a admitir que he estado trabajando en ello durante los seis últimos meses y finalmente he encontrado la respuesta.)

La idea de «quién hace el trabajo» no es una idea muy clara o útil en física. No ayuda a nuestra intuición. Supongamos que tengo dos bloques A, B, separados por un muelle parcialmente comprimido 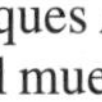

. A se mantiene fijo y B se lleva hacia A comprimiendo el muelle; claramente la energía del muelle procede del trabajo hecho por B. Pero si en su lugar fuera A el que se moviera hacia B, fijo, sería A el que hiciera el trabajo. Cuál es cuál depende del movimiento relativo del observador. Si simplemente tomamos los bloques A y B en las manos y los juntamos, sólo podríamos decir que la energía del muelle comprimido es trabajo hecho por los bloques A y B juntos y a nadie le importa qué parte hizo cada uno porque eso depende simplemente de cómo se movieron mis manos, una cuestión que podría ser irrelevante para cuestiones posteriores interesantes. Para dar dos ejemplos:

A es un imán, B es una rueda que lleva una carga Q. Si A se mueve hacia B la rueda rota más rápidamente. ¿De dónde viene la energía cinética extra? Del trabajo hecho al juntarlos, eso es lo que a mí me gustaría decir. Pero tenemos este teorema que dice que la energía cinética de una partícula no puede cambiar por la acción de un campo magnético. Bien, en este caso, por supuesto, y si uno insiste, el trabajo fue hecho por el campo eléctrico al mover el imán. Pero su alumno torpe quiere una respuesta razonable e intuitiva y volverá a preguntar rápidamente qué sucede si el imán (A) se mantiene fijo y B se mueve hacia él. No hay campo eléctrico. Es trabajo hecho por la fuerza que impulsa la rueda actuando de una manera complicada a través del los radios (¿cómo exactamente?). El alumno torpe pierde la paciencia con consideraciones tan finas que dependen de qué se mueve hacia qué porque él piensa que nada esencial puede depender realmente de eso; y por consiguiente todos sus finos comentarios deben ser pura pedantería sobre algo accidental.

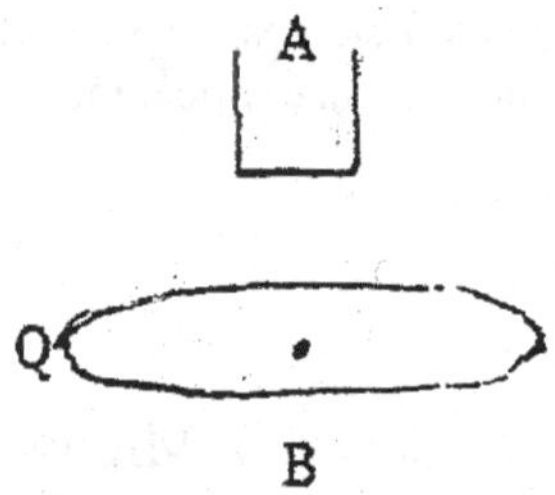

Finalmente, sin embargo, y más interesante, el ejemplo que usted utiliza de una pieza de hierro levantada por un imán tiene una consideración especial. El momento magnético viene del espín electrónico, un efecto mecanocuántico. Las fuerzas no están dadas por E + vxB sino, si por algo aproximadamente correcto clásicamente, por el momento dipolar magnético del átomo. ¡Esta vez puede hacerse trabajo por el campo magnético! Y la paradoja aquí se resuelve con la observación de que los átomos no podrían comportarse como pequeños imanes si los electrones que hay en ellos obedecieran realmente a la física clásica (véase *The Feynman Lectures on Physics*, vol II, p. 34-36).

Las preguntas simples con respuestas complicadas son siempre planteadas por alumnos torpes. Sólo los alumnos inteligentes han sido instruidos para plantear preguntas complicadas con respuestas simples —como sabe cualquier profesor— y sólo los profesores piensan que hay preguntas simples con respuestas simples.

Atentamente,
Richard P. Feynman

En casa con Sandra y Venus, 1981.

Richard P. Feynman a Gerald Freund
6 de abril de 1981

Stephen Wolfram fue un prodigio en física teórica. Se doctoró en Caltech en 1979 a los veinte años y siguió trabajando allí durante varios años antes de trasladarse al Instituto de Estudios Avanzados en Princeton.

Dr. Gerald Freund
Director, Programa de Premios Académicos
Fundación John D. and Catherine T. MacArthur

Estimado doctor Freund:

Buscando otra cosa, he encontrado en un cajón esta recomendación inacabada para Stephen Wolfram.

No recuerdo conscientemente cuándo llegó la petición de Zweig. Ahora me doy cuenta de que mi deseo de rebelarme contra la escritura de estas recomendaciones tiene una base inconsciente en la experiencia previa. En cualquier caso, por lo que pueda valer, voy a hacer que mi secretaria mecanografíe la recomendación de Wolfram y se la envíe en el estado inacabado en que la dejé.

Usted pedía información sobre Stephen Wolfram en relación con la Fundación MacArthur Programa de Premios Académicos.

El doctor Wolfram reúne las cualidades verdaderamente excepcionales que ustedes buscan para el premio. Ha trabajado enérgica y creativamente en muchos campos. Hay muchos ejemplos de su originalidad creativa. Por ejemplo, ha inventado una manera ingeniosa de comparar experimentos de alta energía con las predicciones teóricas incompletas de la cromodinámica cuántica. Otro ejemplo: ha diseñado y programado un nuevo sistema para manipulación algebraica y simbólica en ordenador partiendo de cero y de una manera completamente original e independiente. Su análisis de la producción de bariones en el universo primitivo señaló errores importantes en los trabajos que le precedieron.

Conoce perfectamente todos los problemas en física teórica fundamental, desde la gravitación, cosmología y las nuevas teorías de campos unificados a los problemas detallados de la física de hadrones y de las interacciones débiles. El método que utiliza al estudiar cada cuestión no es tanto leer sobre ella, sino trabajarla por sí mismo. Trabaja muy duro. Tales métodos y tal esfuerzo son, por supuesto, la verdadera fuente de la creatividad y la originalidad.

No hay aquí un seminario que tenga lugar sin un importante comentario, pregunta o crítica de Wolfram.

No conozco a nadie más en este campo que reúna el amplio abanico de conocimientos del doctor Wolfram. Parece haber trabajado en todo y tiene un juicio original o detallado sobre cualquier tema.

Atentamente,

Richard P. Feynman

El doctor Wolfram recibió el «premio al genio» MacArthur en 1981.

Richard P. Feynman a Rodney C. Lewis
10 de agosto de 1981

Después de decir cuánto disfrutó del coloquio de Feynman en el MIT, el señor Lewis comentaba que tenía la impresión de que muchos científicos y educadores habían perdido la ilusión por la exploración. El señor Lewis decía que estaba cansado de los ejemplos de los libros de texto estándar y le gustaban los diferentes puntos de vista que presentaba Feynman.

Estimado señor Lewis:

Gracias por su hermosa carta. Hace que me sienta bien saber que le gustó tanto mi coloquio. No desespere de los aburridos libros de texto estándar. Simplemente cierre el libro un rato y piense en lo que le acaban de decir con sus propias palabras, como una revelación del espíritu y la maravilla de la naturaleza. Los libros le dan hechos, pero su imaginación puede proporcionar vida.

Mi padre me enseñó cómo hacerlo cuando era un niño en sus rodillas y me leía la *Enciclopedia Británica*. Se paraba de vez en cuando y decía: ¿qué significa esto realmente? Por ejemplo, «la cabeza del tiranosaurio rex medía 1,20 centímetros de anchura, etc.»... quiere decir que si estuviera en el patio, su cabeza aparecería en tu dormitorio de la segunda planta, y si la metiera por la ventana rompería el marco por ambos lados. Luego, cuando yo era un poco mayor, cuando leíamos eso de nuevo me recordaba lo fuertes que tenían que ser los músculos del cuello —las razones entre el peso y el área de los músculos— y por qué los animales terrestres no pueden tener el tamaño de las ballenas y por qué los saltamontes pueden saltar tan alto como puede saltar un caballo. Todo esto, ¡pensando en el tamaño de la cabeza de un dinosaurio!

Atentamente,
Richard P. Feynman

Richard P. Feynman a Don Nemec
19 de octubre de 1981

El señor Nemec y Feynman intercambiaron correspondencia durante ocho años. Tenían un amigo en común, el físico John Lilly, que fue pionero en el método del tanque de aislamiento para explorar la consciencia (y es probablemente más conocido por sus proyectos de comunicación interespecies entre hombre y delfín). Su correspondencia es enormemente variada: hay una carta concerniente al tanque de privación sensorial de Lilly, una página de escritos de física del señor Nemec con comentarios de Feynman y discusiones sobre sueños y OBE —experiencias extracorpóreas.

Muchas de las cartas son del señor Nemec, con unas pocas notas de Feynman. La siguiente es la carta más sustanciosa del conjunto.

Sr. Don Nemec
Boron, California

Querido Don:

Me alegró mucho tener noticias tuyas en tu larga carta del 5 de agosto. Pareces bastante más feliz (¡y más gordo!) de lo que eras en esa tienda en Pasadena. Ése era el lugar menos ideal para experimentos sobre fenómenos psíquicos.

Como sabes, sigo pensando que esos fenómenos en los que estás practicando y trabajando son simplemente las divagaciones de una mente relajada. Divagaciones que son totalmente internas pero están parcialmente dirigidas y enormemente afectadas por tus creencias y expectativas (es decir, lo que has estado pensando cuando tu mente no estaba relajada sino funcionando activamente de la manera más normal de cada día). Por eso no creo que uno esté «entrando en contacto con una inteligencia universal» o «explorando un nuevo aspecto del mundo real», etc., en el sentido de que haya una realidad externa común de la que uno se está haciendo consciente por tales experiencias. Es más parecido a la experiencia privada de los sueños ordinarios. Los sueños, creo yo, no predicen el futuro, ni dicen correctamente lo que puede estar sucediendo realmente en otra parte, etc. Sólo podrían hablarle a uno de lo que le estaba preocupando o interesando durante el día.

Bueno, quizá, ¿pero cómo probarlo o refutarlo?

Me alegra saber que has encontrado a alguien (Kim) con quien trabajar. No sé si sigues trabajando con ella. Ella tiene OBE, pero ¿qué quieres decir cuando dices que «de ninguna manera se le puede convencer de que las experiencias son otra cosa que lo que parecen ser»? ¿Qué parecen ser?

Como puedes suponer, desde mi punto de vista es realmente triste oír que esa chica tan inteligente y prometedora ha abandonado una carrera universitaria para obsesionarse con esos fenómenos que ocurren ocasionalmente en su mente. ¿No podría seguir ambas cosas, manteniendo una proporción más adecuada? Porque, de nuevo desde mi particular punto de vista, ella puede estar perdiendo el tiempo cazando fantasmas y sueños mientras el delicioso y excitante mundo real ya no le sirve como una excitante fuente de ideas, placer y belleza. Sé que discrepamos en esto, y por supuesto no es de mi incumbencia.

Gracias por tu carta. Escríbeme de nuevo, ¡y pierde algo de peso! Buena suerte.

Tu amigo,

Richard Feynman

Richard P. Feynman a P. P. Lele
16 de noviembre de 1981

Dr. P. P. Lele
Habitación 260-23
Instituto Tecnológico de Massachusetts
Cambridge, Massachusetts

Estimado doctor Lele:

Muchas gracias por el informe de su trabajo con ultrasonidos. El cuidado en los análisis y el ingenio utilizado para controlar las gráficas contrasta enormemente con el modo desaliñado que utilizan los demás. Estoy muy impresionado y espero que en última instancia sea tan acertado como sugieren las primeras pruebas.

Le agradezco su ofrecimiento de ensayar su técnica en mi sarcoma; pensé en ello bastante pero no podía satisfacer la condición de que ya se hubieran ensayado todas las terapias convencionales. Los doctores en UCLA piensan que la cirugía es todavía una opción razonable y he decidido someterme a ella la próxima semana (doctor Donald Morton).

Antes de la operación hemos ensayado la quimioterapia habitual, alguna radiación e hipertermia (con el doctor Sturm). La hipertermia consistía en 1.000 vatios de un campo magnético de 13,5 megaherzios en el abdomen. Se administró en sesiones de 35 minutos en 10 días sucesivos (nada ha tenido un efecto muy espectacular). El propósito era tratar de reducir el tamaño para hacer posiblemente más fácil una operación difícil. No se pusieron termómetros en el tumor. Ciertamente una técnica tosca comparada con la suya.

Quizá cuando mi sarcoma vuelva a reaparecer me considerará otra vez como un posible candidato para utilizar sus ultrasonidos.

Muchas gracias por su tiempo y paciencia en discutir estas cosas conmigo por teléfono.

Atentamente,
Richard P. Feynman

1982-1984

El placer de descubrir, un programa documental de una hora de duración que presentaba a Feynman hablando a la cámara en una toma fija en plano medio, fue emitido en ambos lados del Atlántico a comienzos de los años ochenta. Para gran sorpresa de algunos críticos, funcionó muy bien. Pronto continuaron llegando más cartas de profanos, admiradores y simplemente curiosos.

Una fluctuación entre la paciencia y una postura más brusca caracteriza parte de esta última correspondencia. El tiempo parecía más escaso. En una carta de principios de 1982, Feynman afirmaba que se le hacía muy difícil mantener discusiones por carta, «porque no puedo satisfacer mi hábito de preguntar inmediatamente para clarificar cosas que al principio me confunden. No tengo paciencia para imaginar lo que probablemente querían decir». De todas formas, leía páginas y páginas de ideas con frecuencia incoherentes y desorganizadas, cartas sobre temas técnicos y no técnicos, y en su respuesta concretaba el contenido sustancial de la carta.

Mientras, sus problemas de salud continuaban. Su madre murió a primeros de noviembre de 1981, y poco después de su funeral Feynman se sometió a una nueva operación para combatir su cáncer abdominal. Durante las catorce horas y media de operación, su aorta se rajó, y necesitó setenta bolsas de sangre. Docenas de alumnos y profesores de Caltech, así como muchos miembros del personal del vecino Jet Propulsion Laboratory, corrieron al hospital de UCLA para donar sangre. Recuerdo hablar con varios de ellos por teléfono en esa época, tratando de programar las donaciones, y su amor y admiración por mi padre eran palpables. Aquello hizo que un tiempo difícil resultara un poco más llevadero para mi familia.

En marzo de 1984 se dio un golpe con un bordillo en un aparcamiento cuando iba a recoger un ordenador personal que esperaba hacía tiempo. Se limpió la sangre de la cabeza y fue hasta la tienda. Más tarde, cuando mi madre y yo regresamos a casa después de pasar el día fuera, le encontramos jugando felizmente con su nuevo ordenador, con la sangre aún seca en la camisa. Pocas semanas más tarde se descubrió que tenía un hematoma subdural (un grumo de sangre en la superficie del cerebro) como resultado de la caída, y por ello tuvo que volver al hospital para que le hiciesen dos agujeros en el cráneo para aliviar la presión. Entonces dijo orgullosamente a sus amigos: «Si pensáis que estoy loco, ahora tengo una excusa: tengo agujeros en la cabeza... podéis notarlos precisamente aquí».

Los ordenadores desempeñan un papel destacado en su vida profesional en esta época. Su pensamiento y sus lecciones sobre los ordenadores, sus límites últimos y la posibilidad de ordenadores cuánticos, fue estimulado principalmente por el trabajo realizado por alguien que no era otro que Carl Feynman.

Don Wright a Richard P. Feynman
23 de noviembre de 1981

El documental de Christopher Sykes, El placer de descubrir, *fue emitido por primera vez en noviembre de 1981 en Inglaterra, en una serie llamada* Horizonte.

Estimado profesor:

No tengo mucho tiempo para la mayoría de los americanos (Estados Unidos, en cualquier caso) y nunca he escrito antes a una personalidad de la TV y probablemente nunca lo haga de nuevo. Pero quedé tan impresionado por su charla en televisión («conferencia», «entrevista»... lo que sea) que se emitió por la noche en nuestro BBC2 que tenía que escribir y decírselo.

Si usted está alguna vez en Inglaterra y tiene tiempo de venir a Swanage en Dorset —bello por fuera y por dentro— y visitar a un inglés muy corriente en una pequeña casa, sería más que bienvenido.

Echaré esta carta al correo sabiendo que si usted piensa de esa manera, su cubo de la basura será probablemente mayor que el mío.

Gracias por la charla.

Atentamente,

Don Wright

Richard P. Feynman a Don Wright
13 de enero de 1982

Sr. Don Wright
Swanage, Dorset
Inglaterra

Estimado señor Wright:

Muchas gracias por sus amables comentarios sobre mi programa de televisión. Quizá le ayudaría en su problema de que yo sea americano saber que mi mujer es una inglesa de Yorkshire. Probablemente ella me ha mejorado mucho.

Atentamente,

Richard P. Feynman

Richard P. Feynman a Connie Griffiths
25 de enero de 1982

Connie Griffiths también vio el programa Horizonte *y escribió una carta proponiendo que la meditación trascendental podría ayudar a «coordinar plenamente» su cerebro, ahorrando con ello tiempo y esfuerzo. «Me doy cuenta de que usted debe de tener una mente muy clara y fina, pero incluso así me pregunto si esos últimos problemas que usted toca no podrían resolverse más fácilmente dejando que su atención vaya sin esfuerzo mediante TM al área misma en la que está investigando: el área próxima al estado vacío», sugería. «Las leyes de la Naturaleza estarían más próximas a usted y se revelarían por sí mismas, no una a una, sino repentinamente.»*

Connie Griffiths
Essex, Inglaterra

Estimada señorita Griffiths:

Gracias por su nota sobre TM, Meditación Trascendental.

He ensayado algo parecido: tanques de «privación sensorial» (hechos por un hombre llamado John Lilly; nada de sonido, nada de luz, pocas sensaciones pues uno está flotando en agua salada). Lo hice durante muchas horas, y tuve alucinaciones, etc.

No es lo mismo que la TM, por supuesto, pero tuve la impresión de que aunque tales experiencias pueden ayudar a sus sensaciones psicológicas sobre el propio yo, no son sustituto para el duro pensamiento directo que al parecer se necesita para resolver un problema difícil. Después de cargar con todos los «hechos» es posible que algún cambio en el decorado mental como la TM, o simplemente la relajación, pudiera ayudar a juntar las cosas.

En cualquier caso, gracias por su sugerencia.

Atentamente,
Richard P. Feynman

J. Gerard Wolff a Richard P. Feynman
23 de noviembre de 1981

Dr. Richard Feyman
c/o Horizon
BBC,
Londres

Estimado doctor Feynman:

Encontré muy interesante lo que usted decía en el programa de hoy de BBC *Horizonte*. En particular quedé sorprendido por sus comentarios sobre el problema de desarrollar las implicaciones de una teoría de modo que pueda ser puesta a prueba frente a las observaciones.

Éste es precisamente el tipo de problema que aparece en mi área de investigación —cómo adquieren los niños su primer lenguaje—. Es bastante obvio que el cerebro de un niño hace una gran cantidad de «computación» complicada al desarrollar las pautas gramaticales a partir del lenguaje que oye. Muchas teorías de la adquisición del lenguaje son bastante simples de enunciar, al menos en esbozo, pero las implicaciones pueden ser muy complejas y, como consecuencia, las teorías pueden ser difíciles de confirmar o refutar.

Mi método favorito de tratar el problema no es a través de las matemáticas (en parte porque no sé mucho de eso) sino expresando la teoría en forma de un programa de ordenador y permitir luego que el ordenador saque las implicaciones. Este tipo de técnica es bastante común en muchas áreas de la ciencia y es poco probable que usted no haya pensado en ella. Pero puesto que no mencionó esto como una posibilidad en su entrevista, pensé que valía la pena apuntárselo.

Estoy de acuerdo en que mucha ciencia social, incluida la psicología, es un remedo estéril de los métodos de las ciencias físicas. Pero hay problemas sustanciales —creo que la adquisición del lenguaje es uno de ellos— donde pueden idearse teorías precisas y falsables y donde pueden obtenerse intuiciones profundas.

¿Cree usted que la simulación por ordenador serviría para su problema?

Atentamente,

J. Gerard Wolff

Richard P. Feynman a J. Gerard Wolff
4 de febrero de 1982

Dr. J. Gerard Wolff
Departamento de Psicología
Universidad
Dundee, Escocia

Estimado doctor Wolff:

Gracias por su nota sobre mi programa.

Usted supuso bien, había pensado en la simulación por ordenador de la adquisición del lenguaje en un niño. Llegué a ello por otra vía. Estudiando la capacidad de los ordenadores, un amigo me planteó un problema. Los ordenadores pueden programarse para jugar bien al ajedrez, o pueden programarse para jugar al backgammon o al bridge. ¿Se puede programar un ordenador para que pueda jugar a cualquier juego? Le dices las reglas de las damas, por ejemplo, juegas algunas partidas con él y va mejorando a medida que gana experiencia (como lo haría una persona). Conforme «aprende» más no se hace más lento mientras busca en un almacenamiento de memoria cada vez mayor. Ése sería un ordenador inteligente.

Pensando en ello traté de encontrar un sistema sencillo. Primero pensé en hacer un ordenador que pudiera aprender cada vez más matemáticas sobre la marcha y luego pensé en el problema de aprender una lengua o el problema «más simple» de este tipo. Entonces me pregunté cómo lo hacen los niños.

No podía imaginar una forma de almacenar el conocimiento de modo que cuando aprendiera más gramática o vocabulario nuevo, eso no hiciera al ordenador más lento en su búsqueda en almacenes de memoria cada vez mayores para encontrar el significado correcto.

¿Tiene usted alguna idea sobre esta cuestión? ¿Podría enviarme algunas copias si ha publicado algún trabajo?

En mi área de física hemos intentado, por supuesto, desarrollar algunos detalles por ordenador, y hemos aprendido algunas cosas de esta manera, pero hasta ahora los ordenadores no parecen tener una capacidad suficientemente grande para dar resultados claros.

Atentamente,
Richard P. Feynman

Richard P. Feynman a H. Dudley Wright
17 de febrero de 1982

Sr. H. Dudley Wright
Ginebra
Suiza

Querido Dudley:

Bueno, la operación fue un éxito: ¡quiero decir que aún estoy vivo! De hecho me estoy recuperando muy bien y ahora sería capaz de ir a Ginebra cuando tú quieras. Me propongo reanudar el trabajo después de esta interrupción.

Casi todos los días voy a Caltech a trabajar, pero Helen, mi secretaria, no me deja dar clase; dice que debería tomarme el año libre. Pero no puede impedirme hacer investigación, y pensar esforzándome más que nunca.

Me gustará mucho verte cuando vengas en marzo, ¿quieres quedarte con nosotros? Pero ¿cuándo me dejarás ir a Ginebra para descubrir cómo va todo, y estar otra vez con la banda?

Recibí una carta muy larga con muchas noticias no técnicas de los Hale.

Afectuosamente,
Richard P. Feynman

Richard P. Feynman a V. Telegdi
30 de marzo de 1982

Profesor V. Telegdi
Zúrich, Suiza

Hola, Val:

Gracias por tu nota. No hay nada de que preocuparse pues me he recuperado por completo. Sufrí una operación por el cáncer en noviembre. El doctor sacó todo lo que pudo ver así que estoy echando en falta varios órganos y piezas de órganos. El cirujano dijo que estuvo muy cerca de perder su primer paciente durante una operación, pero todo salió bien.

¿Tienes planes para volver a Caltech en un futuro próximo? Quizá te vea en Ginebra; espero ir allí la primera o segunda semana de junio.

Afectuosamente,
Richard P. Feynman

Richard P. Feynman a Frederic de Hoffman
29 de marzo de 1982

Sr. Frederic de Hoffman
Instituto The Salk
San Diego, California

Querido Fiddle-dee-dee:

Gracias por tu nota del 29 de enero (me lleva un rato salir a mi buzón de correo). Me siento bien y voy a cumplir mis obligaciones docentes a partir de esta semana. Lamento también que no nos hayamos visto durante mucho tiempo.

Afectuosamente,
Richard P. Feynman

Richard P. Feynman a Stuart Zimmer
18 de febrero de 1982

El profesor de ciencias Zimmer, de un instituto para alumnos dedicados a futuras carreras en ciencias, escribió pidiendo un autógrafo. La escuela estaba preparando una exposición sobre ciencia americana, y el autógrafo de Feynman iba a formar parte de una sección de ganadores del premio Nobel.

Sr. Stuart Zimmer
Elwood, Nueva York

Estimado señor Zimmer:

No comparto su criterio de organizar una exposición que esté dedicada a «Ciencia Americana». La ciencia es una empresa humana internacional y no habría «ciencia americana» si no fuera por los avances científicos en el resto del mundo.

En segundo lugar, me molesta que todo el mundo escoja siempre a «ganadores del premio Nobel» como ejemplos importantes de científicos. ¿Por qué prestamos tanta atención a las decisiones de los miembros de la Academia Sueca? Esto puede estar bien para el público desconocedor, pero seguro que un profesor de ciencias puede tomar sus propias decisiones respecto a qué científicos excitan su imaginación y sobre qué hombres le gustaría llamar la atención de sus alumnos.

No tenga en cuenta mi descortesía; siga con su buen trabajo. Sencillamente me he cansado de ser un «Ganador del premio Nobel» de vez en cuando, y tengo que explotar con alguien, así que aquí tiene su autógrafo.

Atentamente,
Richard P. Feynman

Alan Woodward a Richard P. Feynman
29 de diciembre de 1981

Estimado profesor Feynman:

Le escribo consciente de que los profesores de física pueden ser personas extraordinariamente ocupadas, pero con la esperanza de recibir una respuesta en el futuro.

Sólo soy un estudiante en física en la Universidad de Southampton, pero ya asaltan mi mente serias dudas. Veo a todos estos alumnos, profesores y catedráticos absortos en su tema, y sin ser conscientes de lo que está sucediendo fuera de la puerta de su laboratorio.

No parecen darse cuenta de adónde se dirige el mundo y no harían literalmente nada en el nombre y por razón de su ciencia. ¿No es esto equivocado?

Pese a todo, cuando uno trata de abordar el tema con ellos, todos ignoran su responsabilidad; me siento alguien raro.

Ahora, leo sus libros en mi curso, y me enseñan sus teorías, y mi profesor de física cuántica, el doctor Tony Hey, nos dice continuamente que usted es muy bueno en física, así que obviamente usted es una autoridad en física. Pero ¿no ha tenido usted nunca estos temores?

Yo era un oficial de la marina hasta que decidí renunciar a mi puesto y seguir una carrera más humanitaria. Por desgracia, parece que se ha perdido algo en el curso que estoy siguiendo de física.

Me temo que no puedo explicar tales temores de forma muy elocuente pero espero que usted entienda lo que quiero decir. ¿Querría usted responder a mi carta y explicarme sus ideas sobre esta cuestión, que me confunde terriblemente?

Atentamente,
Alan Woodward

Richard P. Feynman a Alan Woodward
31 de marzo de 1982

Alan Woodward
Southampton, Gran Bretaña

Estimado señor Woodward:

Por supuesto que el aumento del conocimiento no es incompatible con una carrera humanitaria; no importa lo que usted aprenda. Y por supuesto que si sus profesores y compañeros alumnos parecen saber algunas cosas, pero parecen no ser conscientes de otras («fuera de la puerta de su laboratorio», como usted dice) eso no le exime de aprender lo que ellos saben mientras permanece profundamente consciente de aquello para lo que los otros están ciegos.

Por supuesto, en el curso que está siguiendo de física falta algo. No puede usted desarrollar su personalidad sólo con la física, el resto de su vida debe entrar en ello.

Atentamente,
Richard P. Feynman

Richard P. Feynman a Yetta Farber
30 de marzo de 1982

La señorita Yetta Farber escribió para recordar a Feynman que una vez había tenido una cita con él en Cornell. También tenía una historia que contar que le hacía reír cada vez que veía el nombre de Feynman en los periódicos. Inmediatamente después de su agradable cita, se había corrido la voz de que había un violador, del que se decía que llevaba «una chaqueta marrón o de cuero marrón», suelto por el campus de Cornell. «¡Ah!, dije, yo salí con este tipo apuesto y llevaba una chaqueta de cuero marrón. Quizá era él. Cuando me llamaste para otra cita, dije: "No, estoy ocupada"».

La señorita Farber había pensado que Feynman era demasiado joven para ser un profesor ayudante (de hecho, Feynman era un profesor numerario), de modo que estaba bastante suspicaz.

Querida Yetta:

Naturalmente nunca pude comprender por qué las chicas con las que salía en Ithaca no querían volver a salir conmigo. Al final lo he descubierto, ¡era por mi chaqueta de cuero marrón!

Por eso, a menudo me sentía cohibido ante las chicas bonitas (como tú) con las que salía en California. Como el clima aquí era mucho mejor me quité mi chaqueta de cuero y al final encontré a alguien que salió conmigo más de una vez, así que me casé con ella.

Siempre pensé que las chicas de California eran más tolerantes, pero ahora sé el funcionamiento interno del fenómeno.

La física es mucho más fácil de entender.

Tu antigua cita,

Richard P. Feynman

Richard P. Feynman a Richard Marrus
30 de abril de 1982

Dr. Richard Marrus
Departamento de Física
Universidad de California
Berkeley, California

Estimado doctor Marrus:

Un alumno mío, Peter Thomas, me pidió que le escribiera en relación con su solicitud para ir a Berkeley a trabajar en física de partículas.

Es un buen alumno (supongo que usted tiene su certificado) que mostró considerable independencia e iniciativa. Tuvimos muchas conversaciones mientras él aprendía los detalles de la cromodinámica cuántica (en la que yo estaba trabajando). Las cosas iban bien y él estaba planteando cuestiones perspicaces. Lamento haberlo perdido en beneficio de usted, pero debería explicar las circunstancias.

En primer lugar, él siempre se ha sentido desanimado por la situación social en Caltech, en particular por la falta de mujeres. Además, ese año no tuvimos muy buenos alumnos, y no podía encontrar compañeros con los que hablar provechosamente. Por eso, con frecuencia pensaba en ir a Berkeley donde la situación social es (créalo o no) más normal. Nunca llegó a hacerlo porque quería trabajar conmigo.

Sin embargo, en otoño caí seriamente enfermo. Necesitaba someterme a una operación importante y había probabilidades reales de que no sobreviviera, o de que no pudiera volver a enseñar. (Al final resultó que me recuperé por completo).

Esta incertidumbre, más ciertas decepciones personales (amores fracasados, etc.), le confundieron y desanimaron. Pasó tiempo trabajando y asistiendo a clases en UCLA (creo que también dio clases a tiempo parcial aquí en Caltech mientras vivía cerca de UCLA).

También él parece recuperado de su depresión y ahora parece que ha decidido lo que quiere hacer: estudiar en Berkeley.

En resumen. Es un buen alumno y lamento haberlo perdido. Sé que su solicitud está fuera de plazo pero espero que usted pueda hacer algo. Creo que su talento no debería malgastarse. De modo que me encantaría saber que usted le ha aceptado.

Atentamente,

Richard P. Feynman

Richard P. Feynman a Blas Cabrera
7 de septiembre de 1982

En 1931 el gran físico Paul Dirac argumentó de forma convincente que en la Naturaleza podrían existir monopolos magnéticos, partículas fundamentales de las que emergen radialmente líneas de campo magnético, análogas a las líneas de campo eléctrico que salen de un electrón o un protón, y predijo la intensidad del campo magnético de dicho monopolo. Estas predicciones han dado lugar a muchos experimentos, durante las siete décadas transcurridas desde entonces, para buscar monopolos magnéticos.

En 1981-1982 el doctor Blas Cabrera (un recién nombrado profesor ayudante en la Universidad de Stanford) llevó a cabo una búsqueda de gran sensibilidad de monopolos magnéticos utilizando un aparato que había construido basado en un SQUID (dispositivo superconductor de interferencia cuántica). El 14 de febrero de 1982, el aparato de Cabrera mostró una excitación repentina que era «consistente con el paso» de un monopolo magnético a través del dispositivo. Muchos físicos habrían vendido esta excitación como el descubrimiento de un monopolo magnético, pero Cabrera no lo hizo. En su lugar, publicó un artículo en el que presentaba los detalles de su suceso directa y claramente, explicaba que la excitación repentina era consistente con lo que uno esperaría de un monopolo, y luego utilizó este resultado para poner un límite superior al número de monopolos en el espacio. El artículo de Cabrera provocó gran revuelo en la comunidad física, y muchos físicos le malinterpretaron como si afirmara el descubrimiento de un monopolo.*

Cabrera presentó los detalles de su suceso «candidato» a monopolo magnético en un coloquio de física en Caltech en mayo de 1982. Feynman asistía casi siempre a los coloquios de física en Caltech y los animaba con sus intensos inte-

* Blas Cabrera pertenece a la tercera generación de un familia de ilustres físicos españoles. Su abuelo Blas Cabrera fue uno de los introductores de la física moderna en España y realizó algunos experimentos que fueron muy importantes para la teoría cuántica del magnetismo. Su padre, Nicolás Cabrera, hizo contribuciones fundamentales a la física de las superficies sólidas y del crecimiento cristalino. *(N. del t.)*

rrogatorios al orador. En el coloquio de Cabrera, Feynman planteó preguntas penetrantes sobre los detalles experimentales. Cabrera, evidentemente insatisfecho con las respuestas dadas sobre la marcha, escribió a Feynman el 24 de junio con una clarificación: «Quiero responder más claramente a la pregunta que usted planteó hace varias semanas en el coloquio. Aprendí por primera vez la teoría del funcionamiento del SQUID en el vol. III de sus Lecciones de Física *cuando era alumno en la Universidad de Virginia... Sus tres volúmenes tuvieron profunda influencia en mi temprana aproximación a la unidad subyacente a la física. Se lo agradezco». Luego seguía con tres páginas de explicaciones técnicas, incluidos seis diagramas.*

Dr. Blas Cabrera
Departamento de Física
Universidad de Stanford
Stanford, California

Estimado doctor Cabrera:

Muchas gracias por su explicación detallada del funcionamiento de su squid. Algunos días después de su charla comprendí cómo funcionaban las cosas y que mis comentarios en la charla eran tontos, que la auténtica debilidad eran pequeños cambios subcuánticos en el flujo a través de la bobina del squid.

(Encontré el párrafo anterior en una carta inacabada que empecé hace meses, y ahora la acabaré.) Puedo decir que su propia valoración y actitud hacia su experimento es mucho más profunda y satisfactoria científicamente que lo que los teóricos dicen de usted. «Cabrera dice que encontró un monopolo.» Le defiendo en cada ocasión explicando que usted no cree que pueda ir tan lejos —que tiene exactamente el aspecto que tendría un monopolo— pero sólo se ha dado un caso y usted se siente incómodo. (Exactamente lo que usted dice en su penúltimo párrafo.)

Hace unos días alguien entró y dijo que se había demostrado recientemente que el monopolo esperado teóricamente interaccionaría fuertemente con protones y que si hubiera tantos como los que implica su experimento ya los habríamos visto en desintegraciones de protón. «¿No pone eso en una situación incómoda a Cabrera?», se regodeaba. «¿Por qué?», pregunté. «Porque él afirma que ha visto el monopolo.»

Expliqué con detalle su posición una vez más y luego le pregunté si él no se sentiría en una situación incómoda si usted viera otro. Porque aún podría haber tales monopolos por razones distintas de las de las felices teorías de unificación actuales. Algunos teóricos no entienden la relación entre teoría y experimento; y ¿dónde reside la auténtica fuente y test de todo su conocimiento?

Así que siga con el elegante trabajo y envíeme un telegrama si la Naturaleza lo hace de nuevo.

Atentamente,
Richard P. Feynman

La Naturaleza no volvió a hacerlo. El suceso de Cabrera sigue siendo hoy, en 2004, el ejemplo más convincente de un posible monopolo magnético. Cabrera continúa su investigación experimental en física como profesor numerario altamente respetado en la Universidad de Stanford.

Richard P. Feynman a Gweneth y Michelle Feynman 12 de septiembre de 1982

La carta siguiente fue escrita durante un viaje a Suiza. Se han cambiado los nombres.

Queridas Gweneth y Michelle:

«La Maldición de los Ricos.»

Ayer Donald me llevó a ver a un hombre que, decía el, encontraría muy interesante, así que voy a contarte todo sobre Jorge Rueda Orozco, uno de los hijos de un gran magnate del estaño boliviano, que heredó una gran fortuna de su padre. Llegamos allí en el nuevo Rolls Royce de Donald que conducía yo. (Por cuestiones de seguridad, en ocasiones anteriores en las que él iba bebido le pedí que me dejara conducir, insistiendo en que no era porque él fuera incapaz de conducir sino porque yo disfrutaba mucho conduciendo, así que para guardar las apariencias pedí conducirlo también esa mañana aunque él estaba sobrio.) El señor Orozco había comprado una hacienda —realmente una granja— próxima y sobre los edificios de la vieja granja estaba construyendo nuevos edificios muy bellos. Hasta ahora lleva siete años trabajando en ello.

Esperando una bella puerta de entrada quedé sorprendido cuando Donald anunció de repente que habíamos llegado (estábamos ante una puerta desvencijada hecha de tablones y tela metálica como se podría esperar en la entrada de un lugar de construcción) pero allí estaba el señor Orozco, un hombre bajito y delgado pero medianamente apuesto, de unos cincuenta y cinco años, que parecía muy gracioso e inteligente y se rió cuando Donald le contó mi comentario —«No es una entrada muy elegante»—. Fuimos a un restaurante vecino, donde gracias a su encanto y buenas maneras empezó a impresionarme con su ingenio e inteligencia. (Mientras yo estaba aparcando el coche en el restaurante él le preguntó a Donald a qué me dedicaba; cuando Donald le dijo que yo era profesor él comentó con sorpresa: «¿Cómo llega un profesor a conducir un Rolls?», sin saber que era el coche de Donald.)

Pero pronto las cosas empezaron a deteriorarse ligeramente con su afirmación de que no es bueno hacer comidas ligeras, pues no es natural, y el argumento se basaba en una vaga referencia a los hábitos de los animales. Pronto se vio que el señor Orozco era un hombre moralista y de principios, de ideas claras sobre la necesidad de paciencia y sacrificio frente a la satisfacción de los deseos, sobre el peligroso deslizamiento de la moral en América, sobre el hecho de que la causa principal de todo esto es la prensa, y cosas así. Donald le habló de mi reciente operación, lo que le sorprendió porque, según él, yo tenía muy buen aspecto. Luego, mirándome muy seriamente, me dijo que si yo mantenía mi buena actitud él estaba «absolutamente seguro» de que el cáncer no volvería. Me preguntó porque sonreía, si me estaba riendo de él. Dije: «Sí, me siento como si estuviera en la tienda de un adivino», y le expliqué que yo he encontrado el mundo más incierto. Contestó con un ejemplo de su madre, que disfrutaba de una salud perfecta a los ochenta años pero murió luego porque sufrió tres golpes. Uno no puedo recordarlo. Otro era que él y su hermano riñeron y dejaron de hablarse. Su hermano le mangó toda su fortuna (y me explicó que «mangar» es una expresión en argot que significa «robar»). (Su hermano fue un «mangante» ineficaz porque, como te diré más adelante, Jorge todavía tenía una fortuna considerable.) Otro golpe fue el rapto de su hija (de Jorge) Mercedes hace algunos años (ella tiene ahora quince).

Esta última es una historia trágica. Estuvo retenida varios meses, y se pedía un rescate de 2.500.000 francos. El dinero debía entregarse en billetes de no más de 100 francos y ninguno con números consecutivos. Comprobar y contar los 25 mil billetes para entregar a los secuestradores fue tan pesado que al cabo de un rato le sangraban las manos (Donald ya me había contado todo esto previamente). Cuando recuperó a su hija ella no le dijo nada de su pesadilla salvo que le habían advertido que, si contaba algo, matarían a su padre. Tardó mucho tiempo en superar la experiencia.

El señor Orozco me contó muchas cosas de su vida pasada —de su institutriz que le reñía porque era bajo y en parte indio— y especialmente lo incómodo que se había sentido siempre por el hecho de que heredó su fortuna sin haber hecho nada para ganarla. Me confesó sus visitas a un psicoanalista para que le ayudara. Me contó historias de su educación católica (de su conversión al protestantismo como una mejora), pero que ahora era escéptico respecto a cualquier religión (pues ¿cómo podía un buen Dios poner a prueba a los hombres sabiendo por adelantado quién fracasaría, y pese a todo los seguía molestando?, eso no lo comprendía); que durante el secuestro llegó un momento en que se encontró de rodillas y rezando espontáneamente. ¿Qué podía significar?, me preguntó, ¿era una prueba de que había algo verdadero a pesar de sus dudas intelectuales? Le dije que yo era el hombre más ateo que podría encontrar, y pese a todo podía imaginarme a mí mismo rezando en una situación semejante. Eso era el grito de angustia de un hombre completamente indefenso frente a una amenazadora tragedia. Pareció genuinamente complacido por mi respuesta y murmuró: «Sí, eso fue».

Después de comer volvimos a su casa. Las puertas desvencijadas estaban abiertas y atravesamos cocinas, trastos y hormigoneras y llegamos a un camino frente a un gran edificio cuadrado (que previamente había sido un enorme granero pero ahora tenía buen aspecto aunque su forma rectangular resultaba poco interesante). El trabajo en curso afectaba a otro edificio próximo aún por «restaurar». Dos enormes perros policías que gruñían salieron ladrando (pero sólo me recordaban a Pasha) y Donald tuvo mucho miedo. El señor Orozco nos aseguró que no había nada que temer, y trató de sujetarlos por sus collares, pero no eran especialmente obedientes. Salimos a una gran zona de la «hacienda» detrás de la casa, con un césped bien conservado donde había un huerto con árboles frutales. El señor Orozco nos llevó allí, los perros daban vueltas y ladraban ruidosamente mientras el señor Orozco sólo lograba en parte sujetar sus collares con una mano mientras cogía ciruelas y «ciruelas claudias» para nosotros con la otra, asegurándonos siempre que no había que preocuparse por los perros, algo de lo que yo estaba convencido pues parecían cachorros y juguetones. Puse mi mano para que uno de ellos la oliera, y fui advertido desesperadamente de que no tratara de tocarlos. Cuando uno se puso delante de Donald, él se detuvo en seco por miedo, pero el señor Orozco dijo: «No se detenga bruscamente» y «No dé muestras de miedo porque los perros lo huelen y lo sienten, y se enfurecen». El otro se le escapó y se puso detrás de mí y olisqueó mi pierna con su hocico —sólo quería jugar—, pero el señor Orozco seguía su incoherente discurso sobre que no había nada de lo que preocuparse y no prestar atención a ellos, y que no había que acariciarlos o podrían enfurecer. Creo que él sabía que lo primero era cierto (eran perros mansos aunque ladraban ruidosamente buscando un poco de cariño) y deseaba que fuera cierto lo segundo (que eran peligrosos perros guardianes).

Entramos en la casa (suelos de mármol, columnas de mármol, escaleras de mármol) y en una enorme «sala de estar» con el techo a 10 metros de altura. Con una única y gran abertura de cristal (una palabra mejor que simple «ventana» a menos que pienses en escaparates, e incluso éstos son demasiado pequeños) en cada extremo. Las paredes, planas y de fino cemento, tenían seis grandes tapices medievales, y había dos grandes y muy extraños candelabros dorados colgando. Hasta ahora yo no había visto mobiliario en el gran espacio vacío de una casa de mármol, y pese a todo había mobiliario por todas partes pues la colección de su madre estaba en grandes cajones en la «sala de estar», pero no podía verse. Hablamos mucho sobre lo ruidosa que resultaba la habitación (antes de los cajones; él había estado trabajando en este proyecto siete años, y ahora llevaba año y medio viviendo en la casa) y de lo que se podría hacer para solucionarlo. Probablemente el sonido rebotaba entre el techo y el suelo plano (suelo que, dicho sea de paso, era todo de viejas baldosas de terracota gastadas).

Luego entramos en una habitación de tamaño normal pero anormalmente larga y estrecha, en cuyo centro había una larga y estrecha mesa antigua de 5 metros («fíjese en las marcas debajo») con seis sillas antiguas, una mesilla antigua similar y sobre la mesa un candelabro antiguo y singular con tres velas. Las paredes de esta habitación eran grises y estaban sin pintar, todavía con las marcas a lápiz de los trabajadores que habían alineado los cuadros que colgaban en las paredes. Eran pinturas romanas de las paredes de casas romanas de Pompeya y Herculano. Él dijo que eran muy extrañas y «de figuras mitológicas». La más bonita era simplemente un milano comiendo un gorrión. Todas tenían colores atenuados rodeados de un borde naranja, cuyo exterior era de forma irregular pues habían sido arrancados de sus casas originales. En una pared había una pintura más grande de tres mujeres desnudas en una fuente. Hubo una discusión entre Donald y Jorge sobre si los cuadros estaban demasiado altos y habría que bajarlos un poco. Me quedé sorprendido al darme cuenta de que estaban discutiendo de desplazarlos apenas cuatro centímetros.

«Entremos en la cocina», dijo Orozco mientras se acercaba a una pared que, entonces me di cuenta, tenía una puerta, plana y sin pintar como las paredes (todo, hasta ahora, tenía este aspecto inacabado) y sin ningún picaporte. Al atravesarla, el contraste resultó sorprendente pues entramos en una cocina moderna y completamente equipada con encimeras de formica, tuberías de cobre, bellos grifos (ver) de plástico, etc., todo «normal» excepto si quitas tres grandes barriles de madera (de más de un metro de diámetro) cubiertos toscamente con una pieza de hule (sobre la que había una manzana a medio comer) y colocados directamente en el centro de una de las habitaciones de la cocina donde cabría esperar, en todo caso, una mesa. Había media barra de pan (lo hizo su mujer), de la que cortó y me ofreció un trozo. Lo comí con mermelada o, más bien, con la espuma de mermelada que se forma mientras se está haciendo (su mujer también hace mermelada con la fruta de los árboles). Estaba deliciosa.

Luego a la biblioteca. Para llegar allí había que subir unos escalones de mármol muy altos y particularmente estrechos que me recordaron las pirámides mayas. Era una habitación enorme con alfombras marrones en un suelo de diferentes niveles de altura, y estaba rodeada de estanterías con muchos libros. Sobre antigüedades «Animales en el Arte Romano», «Vasos Griegos», cosas de todas las épocas (de todas las eras y en varias lenguas). Ahora la casa llevaba acabada un año y medio. No, él no había tenido oportunidad de sentarse en su biblioteca (no había sillas, pero uno podía sentarse en los escalones) para leer ninguno de los libros. Le sugerí que allí podría encontrar la respuesta a una pregunta que me hizo sobre de qué podía tratar la inscripción en una puerta que nos había mostrado, que tenía un círculo alrededor del cual estaba escrito 1562, 1563, etc., y otras cosas que no pudimos discernir.

Durante todo este tiempo oímos un martilleo continuo de un cincel procedente de algún lugar de la casa. Bien, había una escalera (de mármol, por supuesto) que llevaba a una gran bóveda (ahora vacía) con dos puertas de acero de medio metro de espesor, una a cada lado, con los cierres y el equipamiento de una puerta de bóveda de banco (pero éstas eran más anchas que cualquier puerta de bóveda que yo hubiera visto previamente). Había un trabajador que estaba picando en la pared de hormigón un largo canal para el drenaje del acondicionador de aire que iba a instalarse en la bóveda. Tras atravesar la bóveda subías por otros escalones de mármol a otra parte de la casa.

Había habitaciones llenas de cajones y material parcialmente guardado en cajas. «¿Qué cree usted que son?», preguntó señalando algunos paneles de madera. Me equivoqué. «No, de Polinesia.» Fue una lástima que él no pudiera recordar el nombre de la isla, excepto que empieza con T, y aunque nosotros conjeturamos Tahití, Truc, Toria y las Islas Trobián, él sabía que no era ninguna de éstas.

No te voy a hacer subir y bajar por ninguna de las otras habitaciones; simplemente vamos a salir y él me ha dado algunas ciruelas (que estoy comiendo ahora). De repente recuerda que ha olvidado mostrarme la estatua maya (él sabía por nuestra conversación durante la comida que yo tenía interés por los mayas). Otra habitación, con una hoja de plástico semitransparente que cubre lo que hay allí. Al quitar la cubierta veo una figura esculpida casi a tamaño natural (quizá 2/3) de un hombre en una extraña posición algo doblada con una mano graciosamente doblada sobre su cabeza y el cuello girado hacia un lado como si fuera demasiado débil para mantener la cabeza derecha. La cosa es de piedra blanca (probablemente piedra arenisca blanda), evidentemente tardía pues aunque hay pendientes no hay ninguno de los elaborados peinados, etc., de las estatuas normales. Pero el rasgo inusual más notable son las grandes manchas aquí y allá que quedan todavía de la pintura original —todas rojo oscuro— que presumiblemente la cubría. ¿Cómo pudo haberse conservado? Había sólo una posibilidad, que fuera de Bonampak (o posiblemente alguna cueva descubierta más recientemente), donde se han encontrado pinturas en las paredes. Y la figura, por supuesto, era exactamente la pose de los prisioneros mostrada en la pintura de Bonampak. Le pregunté de dónde procedía, y sugerí Bonampak, pero no lo sabía, lo tenía escrito en alguna parte, dijo. Quizá lo sabe pero no quiso decírmelo porque es ilegal sacar ese material de México (Donald dice que también está prohibido sacar figuras romanas de Italia, algo que él oye a menudo cuando Orozco habla por teléfono). Añade que la mujer de Jorge y su hija Mercedes son amigos de Maya y la hija de Donald (y Jorge insiste en que su mujer hace el pan y la mermelada). Supongo que esa actividad es buena para ella, la mantiene más cerca de la Naturaleza.

Cuando salí y pensé en ello más tarde me di cuenta de que mi primera impresión favorable de Jorge Orozco se había transformado en una visión de horror surrealista, pues me imaginaba a los tres, él, su mujer y su hija (los otros hijos están fuera, en la universidad) comiendo solos en esa larga habitación con paredes sin pintar, con las pinturas romanas en una escena oscura iluminada sólo por velas (todavía no se ha instalado electricidad en esa habitación) en un candelabro antiguo. Pues eso es lo que hacen. Éste es el placer del hombre autócrata, moralista regido por principios que incluyen el requisito de que su mujer haga el pan y sirva la cena. Mientras tanto sus perros guardianes están fuera y sus bóvedas están siendo acondicionadas para contener los restos robados de la cultura de otros pueblos. Las minas de estaño de Bolivia le hicieron esclavo de esto: el dinero que no ganó se lo gasta en su «colección» para tratar de expiar la culpa que él siente por no haberlo ganado.

No tiene amigos. Su mundo está distorsionado en la frontera de la locura. Tal es, en este caso, la maldición de la riqueza.

Amor,

Richard

Lo que me recuerda algo: ¿has solucionado el problema que tenías con la cuenta bancaria?

Richard C. Henry a Richard P. Feynman
2 de diciembre de 1982

Estimado profesor Feynman:

Soy un astrónomo que trabaja en un Departamento de Física, y que cada vez disfruta más enseñando física (frente a la astronomía). Algo de ese placer se expresa en un artículo para *The Physics Teacher* (copia adjunta); si tiene tiempo de leerlo y tiene algunos comentarios o correcciones que hacer, me daría mucha alegría.

La razón de que le escriba es que estuve de vacaciones en Florida para el día de Acción de Gracias y como lectura ligera tenía *The Mathematical Theory of Relativity* de Eddington. Él pone palabras a las ecuaciones de forma extraordinaria; casi tan bien como las *Feynmans Lectures*, pero ni siquiera es capaz de discutir verbalmente, y tampoco trata de discutir matemáticamente una cuestión fascinante: ¿cómo sería vivir en un mundo con tres dimensiones espaciales y dos dimensiones temporales (véase la cubierta del libro de Eddington)?

Ésta era una pregunta que yo mismo me planteé en la facultad, y que una vez planteé a Charlie Misner; nunca he obtenido una respuesta. Al principio me preguntaba a mí mismo si no podría haber dos dimensiones temporales, y si era de eso de donde proceden los divertidos asuntos mecanocuánticos. Con el tiempo creo que la respuesta podría ser más rara: relojes idénticos marchando a ritmos diferentes y cambiando de ritmo si colisionan.

Si la respuesta es interesante, ¿sería un buen artículo (para que usted escribiera) para el *Physics Teacher*? Sólo es una sugerencia.

Gracias por su atención,

Afectuosamente, Richard C. Henry

Profesor de Física

P. D. No voy a hacer sabedores de esta carta a los editores de *Physics Teacher*, de modo que no hay posibilidad de que se sientan decepcionados.

Richard P. Feynman a Richard C. Henry
7 de enero de 1983

Esta respuesta al doctor Henry es quizá la única carta que menciona la relación especial que había entre mi padre y mi hermano. Aunque siempre estrecha, durante los años de adolescencia de Carl empezaron a colaborar. Daban largos paseos juntos, discutiendo ideas muy técnicas (yo lo sé, porque a veces les acompañé y lo lamenté).

El renovado interés de Richard por los ordenadores fue despertado por la pasión de Carl, y los dos llevaban un cuaderno de problemas de ordenador y solu-

ciones que habían ensayado. Cuando Carl estaba en el MIT, envió algunos folletos de sus cursos de ordenadores para que los leyera Richard. En los Archivos de Caltech hay una larga carta de este período que Richard escribió a Carl y que trata por completo de cuestiones técnicas sobre algoritmos. Al final de la carta mecanografiada, Richard escribió de su propia mano, «CONTINUARÁ, Amor, PAPÁ FEYNMAN». Una de las grandes alegrías en la vida de mi padre fue tener un hijo como Carl, que hablaba su lenguaje. Decir que estaba orgulloso de Carl sería quedarse corto.

Profesor Richard C. Henry
Departamento de Física
Universidad The Johns Hopkins
Baltimore, Maryland

Estimado profesor Henry:

Mi hijo Carl Feynman y yo discutimos el caso de dos dimensiones espaciales y dos temporales durante algunos días en nuestra casa de la playa en México. Es ciertamente divertido reflexionar sobre ello. Él desarrolló una manera de visualizar las cosas geométricamente: incluía algo parecido a una pequeña imagen bidimensional en cada punto de un plano, que encontramos útil para consideraciones cinemáticas. He olvidado cómo funcionaba exactamente y no sé si él siguió con ello. Si usted quiere preguntarle, su dirección está más abajo.

Afectuosamente,
Richard P. Feynman

El profesor Henry no siguió este tema con Carl.

Richard P. Feynman a Beata C. Kamp
28 de febrero de 1983

Beata Kamp escribió diciendo que había visto El placer de descubrir *las tres veces que lo había emitido la emisora local PBS. Además de expresar su admiración por el programa, analizaba la idea de que una «exploradora del espíritu» como ella misma (y su prima) y alguien como Feynman, que perseguía arduamente el conocimiento, estaban haciendo un trabajo muy parecido. «Usted descubre misterios contenidos en la materia, pensando que lo hace todo con el trabajo de su propio cerebro mientras que yo escucho las voces insonoras que me muestran los misterios que hay detrás de la materia.»*

Sra. Beata C. Kamp
Chico, California

Estimada señora Kamp:

Gracias por su carta de admiradora.

Ciertamente hay más misterios que conocimiento y quizá, más formas de descubrir cosas que la ciencia. Amo la ciencia porque cuando uno piensa en algo puede comprobarlo mediante el experimento; «sí» o «no», dice la Naturaleza, y uno continúa avanzando. Otras sabidurías no tienen una manera tan cierta de separar la verdad de la falsedad. Así que he tomado el camino fácil con métodos fáciles, mientras que usted y su prima están persiguiendo materias mucho más difíciles con menos métodos para guiarles.

Buena suerte en su empresa.

Atentamente,

Richard P. Feynman

Richard P. Feynman a Christopher Sykes
11 de marzo de 1983

Christopher Sykes
BBC Television
Londres, Inglaterra

Querido Christopher:

Bueno, lo mostraron en NOVA y nos quedamos con la boca abierta.

Fue un gran éxito. Recibí todo tipo de entusiastas comentarios de mis amigos, y muchas cartas de fans... todas buenas. Recibí las felicitaciones, y todo lo que tú recibes es un comentario como «y no había un comentarista bufón haciéndote preguntas estúpidas», o cosas así. La mayoría de la gente (incluso dentro del negocio) apenas era consciente de cómo se hizo realmente. Todos creían que todo lo que tuve que hacer era abrir la boca y hablar durante una hora. Como en todo arte verdadero, el artista desaparece y todo parece natural y maravilloso.

Tú y yo lo sabemos mejor. Tres días de entrevistas, y cuatro horas enlatadas para hacer una hora de programa. Pero tu idea original, tan cuidadosamente considerada y cuidada, de presentar una cabeza parlante parece haber creado un programa inusual. Felicidades por el éxito americano de «tu programa».

La gente de Nova afirma que fue un récord. Hubo más peticiones de transcripciones que en cualquier programa Nova anterior. Pero vi una de esas transcripciones. Caramba, qué decepción. Son difíciles de leer, las frases son incompletas, la gramática es mortal, etc.

No creo mucho en los nuevos pequeños programas. Pero he aprendido a confiar en tu juicio muy por encima del mío. Así que si tú dices que están bien, de acuerdo. Todo el sudor está en la sala de montaje. ¡Buena suerte!

Afectuosamente,

Richard P. Feynman

Richard P. Feynman a Dorothy W. Weeks
25 de febrero de 1983

«Su programa NOVA fue magnífico», escribió Dorothy Weeks. En respuesta a una parte en la que Feynman hablaba de las diferentes maneras en que Carl y yo respondíamos a sus historias, ella añadía que también había advertido diferencias en la forma como chicos y chicas aprendían acerca del mundo físico. También quería saber si había conocido a Norbert Weiner, fundador de la cibernética y genio excéntrico por derecho propio.

Dra. Dorothy W. Weeks
Wellesley, Massachusetts

Estimada doctora Weeks:

Gracias por su nota.

La forma como mis dos hijos respondían a mis historias eran muy diferentes, pero no sé si ello era debido a que uno era un chico y la otra una chica. Simplemente creo que las personas son muy diferentes y que si hubiese tenido dos varones también habrían respondido de forma diferente, quizá.

Norbert Weiner estaba en el MIT cuando yo era alumno. Le veía a menudo, pero no le conocí muy bien.

Atentamente,
Richard P. Feynman

Robert L. Carneiro a Richard P. Feynman
1 de febrero de 1983

Estimado doctor Feynman:

Hace algunos días vi el programa de televisión Nova dedicado a su vida y obra en física, y lo encontré interesantísimo e ilustrativo. Teniendo un hijo de un año, cuya educación debo empezar a considerar, fue de gran interés para mí saber cómo su padre le encaminó hacia el pensamiento científico y a una carrera en ciencia. Sus métodos funcionaron tan bien en su caso que estoy pensando en tomarlos prestados y aplicarlos a mí mismo.

Pero vayamos ahora a la esencia de esta carta. En un momento de la conversación despreció la idea de una ciencia social. Esto no era nada nuevo para mí. Durante años he oído este sentimiento expresado por varios científicos físicos. Sin embargo, me gustaría ver si puedo hacerle reconsiderar esta actitud.

El rechazo de la ciencia social por parte de los físicos (o quien sea) debe tener al menos una de dos bases: o bien una ciencia social es intrínsecamente imposible debido a la naturaleza del hombre y la sociedad, o bien no existe porque aquellos que la han practicado lo han hecho de forma incompetente. Examinemos brevemente estas dos hipótesis.

Sería muy extraño que la evolución, habiendo producido una serie de niveles de organización de complejidad creciente, debiera suspender repentinamente, una vez alcanzado el nivel de cultura, la operación de causa y efecto e impedir la pauta, el orden y la regularidad, la materia de la que está hecha la ciencia en todos los demás niveles. No creo que la evolución haya hecho esto, y me atrevería a decir que tampoco usted lo cree.

Consideremos ahora la otra base posible para negar la ciencia social. Es perfectamente cierto que mucho de lo que así se denomina no es ciencia en absoluto. Pero ¿puede usted, o cualquier otro físico, necesariamente familiarizado con sólo una minúscula fracción de lo que se está haciendo en el campo de la ciencia social, afirmar realmente que nada de ello puede pasar como ciencia genuina? No creo que usted pueda hacerlo.

Habiendo dicho todo esto, estoy orgulloso de adjuntar copias de unos cuantos artículos míos en los que he tratado de examinar ciertos aspectos de los sistemas sociales desde el punto de vista de la ciencia. En mi opinión, algunas de las regularidades desveladas durante el curso de este trabajo y expresadas como generalizaciones científicas, tienen una pretensión válida de ser consideradas ciencia.

Sé que usted está extraordinariamente ocupado con cosas más importantes, pero quizá tenga curiosidad suficiente sobre lo que está sucediendo en disciplinas más nuevas con pretensiones científicas para examinar brevemente lo que le envío. Entonces quizá encuentre motivos para reexaminar la cuestión de si es posible o no la ciencia social.

No hace falta decir, cualquiera que sea su conclusión, que estaría muy interesado en su respuesta.

Atentamente,
Robert L. Carneiro
Conservador de Antropología
Museo Americano de Historia Natural

Richard P. Feynman a Robert L. Carneiro
28 de febrero de 1983

Dr. Robert L. Carneiro
Museo Americano de Historia Natural
Nueva York, Nueva York

Estimado señor Carneiro:

Usted tiene, por supuesto, toda la razón.

Mi referencia a las «ciencias sociales» inmediatamente antes de que hablara sobre pseudociencia fue inadecuada. Estaba pensando mientras hablaba y tenía en mente lo de que «mucho de lo que así se denomina no es ciencia en absoluto», y me olvidé de la antropología, la historia, la arqueología, etc., que yo admiro y no deseo criticar de una manera tan sumaria. Por tal descuido, he hecho a su campo y a otros un flaco servicio. Me disculpo (pero no sirve de mucho ahora).

Con algún remordimiento, afectuosamente,
Richard P. Feynman

P. D. Esta tarde voy a relajarme y a leer los artículos que usted me envió.

Judah Cahn a Richard P. Feynman
26 de enero de 1983

En 1946 el doctor Cahn ofició el funeral de Melville Feynman, padre de Feynman.

Querido Dick:

Han pasado muchos, muchos años desde que nos escribíamos. Ayer por la noche, sin embargo, tuve la suerte de oírte y verte en televisión y estuviste magnífico. Me emocioné no solamente por los recuerdos que tenías de tu padre sino por la manera como presentabas tus tesis y tu filosofía de la educación y de la vida.

Tengo la satisfacción de decirte que mis propios hijos están siguiendo tus pasos. Mi hijo mayor, Steve, fue director del Departamento de Filosofía en la Universidad de Vermont, y ahora es director de la Fundación Nacional para las Humanidades en Washington. Mi hijo más joven está enseñando inglés en Skidmore.

Adjunto una copia de un libro que escribí. No es mucho pero indica mi propio pensamiento sobre algunas de las materias que trato. Espero que encuentres tiempo para leer partes del mismo y quizá hacerme saber lo que piensas de ello.

La última vez que te escribí te conté que había viajado mucho por la Unión Soviética y había participado en seminarios con profesores y alumnos en varias universidades. No mencioné que tuve la oportunidad de reunirme con Lev Landau durante un corto período de tiempo. Fue antes de su terrible accidente y me sentí privilegiado de haber estado con él. No sé si le llegaste a conocer y realmente me es muy difícil clasificarle. Estoy seguro de que tenía sentido del humor o de lo contrario no habría sobrevivido a las pruebas por las que pasó. El libro que adjunto cuenta su historia.*

No me he jubilado del rabinato activo y ahora disfruto de los placeres de la lectura y la escritura. Nunca olvidaré la tarde en que hablaste a la congregación en Temple Israel. A menudo me he referido a ella. Me pregunto si lo recuerdas. Estabas hablando sobre la bomba atómica. Tus notas estaban bien preparadas. En un

* En 1962 Landau sufrió un accidente de automóvil mientras se dirigía a su instituto. Tras seis semanas en coma recobró la consciencia y se recuperó en buena medida, aunque nunca llegaría a tener la misma capacidad que antes. *(N. del t.)*

momento del sermón te apartaste de tus notas y empezaste a hablar no a la congregación, sino simplemente en voz alta, a nadie en particular. Aún recuerdo tus palabras, no literalmente, sino aproximadamente. Dijiste: «Me pidieron que ayudara en la creación de la máquina más destructiva del mundo pero nunca me preguntaron cómo utilizarla. Ahora me doy cuenta de lo que he hecho y de lo que la máquina podría hacer, y tengo miedo». Tras estas palabras, «tengo miedo», te sentaste. Dick, nunca olvidaré la mirada en tu rostro cuando volviste al asiento y te sentaste junto a mí. No eres un hombre religioso y, en el término convencional, tampoco yo lo soy. Pero fuiste casi profético. Excepto que ahora no sólo tú tienes miedo, sino que todos nosotros tenemos miedo.

He releído tu carta en la que decías que quizá podrías entender la religión si no hubiera Dios en la religión. Por esa razón es por la que te envío un libro de mi hijo mayor que contiene respuestas a tus preguntas. Dicho sea de paso, posiblemente él pasará una temporada en California en el futuro, y si tiene tiempo y tú tienes tiempo, me gustaría mucho que pudiera llamarte y pasar algún rato contigo.

Mi hijo menor, Victor, que enseña inglés en Skidmore, no estará contento de que haya elegido el libro que te envié. Era un primer trabajo suyo pero disfruté tanto que pensé que alguien con tu sentido del humor lo disfrutaría igualmente. Sus otros libros son sobre Tom Stoppard, el teatro del absurdo, etc.

Espero que tú y tu familia estéis bien y que continuéis disfrutando del éxito que obviamente has alcanzado.

Con mis mejores deseos.

Afectuosamente,

Dr. Judah Cahn

Richard P. Feynman a Judah Cahn
15 de marzo de 1983

Dr. Judah Cahn
Nueva York, Nueva York

Querido Judah:

¡Qué maravilloso tener noticias tuyas! Estás legítimamente orgulloso de tus hijos, y así lo estoy yo. También tengo dos hijos, un chico (21) y una chica (14). El chico estudia informática en el MIT y pronto se graduará. Mi hija está «entre» los caballos y el violonchelo.

Probablemente recuerdes a mi madre. Murió hace un año. Ella te quería mucho y a menudo te recordábamos a ti y a Temple Israel.

Me interesan y despiertan mi curiosidad tus recuerdos de mi charla en Temple Israel. No recuerdo el comentario exacto: si me hubieras preguntado habría dicho que lo que dije era algo parecido a esto: era la «Semana de la Fraternidad» y había explicado lo seria que era la bomba y, por lo tanto, lo importante que era tratar de llevarnos bien con nuestros enemigos. Luego dije: «Pero hay algo erróneo en todo esto, pues la fraternidad debería estar basada en el amor y no en el miedo», y me senté.

Tengo mucha curiosidad por lo fiables que son los viejos recuerdos y me pregunto cuánto fabricamos en nuestra propia mente cuando revisamos los sucesos. Quizá nos recordamos diciendo lo que nos hubiera gustado decir. Tu recuerdo es probablemente más exacto —y no hay duda de que podría haber dicho las cosas como tú dices— porque expresa mis sentimientos de entonces.

Gracias por escribir.

Afectuosamente,

Richard P. Feynman

Heidi Huston a Richard P. Feynman
2 de mayo de 1983

Estimado doctor Feynman:

Creo que sus comentarios en el coloquio de física de la semana pasada fueron arrogantes, groseros y negativos. Además, su actitud pareció animar a los alumnos (¿o post-docs?) que había sentados cerca de usted. Sus persistentes risitas fueron irritantes y groseras. Considérelo, por favor.

Sigo siendo, no obstante, una gran admiradora suya.

Afectuosamcnte,

Heidi Houston

Richard P. Feynman a Heidi Houston
13 de mayo de 1983, Memorándum interno

Gracias por su observación sobre mi comportamiento en el coloquio. Probablemente tenga usted razón.

Richard P. Feynman a Bob Valley
14 de octubre de 1983

El señor Valley, mi profesor de Álgebra II, me había dado una baja calificación por utilizar métodos «incorrectos» en su clase de matemáticas (el encuentro resultante se discute en extenso en la introducción).

Sr. Valley
Instituto John Muir
Pasadena, California

Estimado señor Valley:

Quisiera disculparme por los comentarios personales que hice sobre usted el martes pasado. Estuvieron completamente fuera de lugar y, como descubro al hablar con otros que le conocen mejor, eran completamente injustificados. Estaba completamente equivocado. Espero que acepte mis disculpas por mis inaceptables comentarios.

Si usted tiene interés matemático en el punto que yo trataba de señalar, ello se explica en la hoja adjunta.

Afectuosamente,
Richard P. Feynman

Richard P. Feynman a Frances Best
2 de noviembre de 1983

Con diecinueve años, la señorita Best había empezado recientemente a leer The Feynman Lectures on Physics *y descubrió que amaba la materia. Sus padres concertaron una hora a la semana con un tutor de física, de lo que ella disfrutó plenamente. Por desgracia, tuvo que renunciar a esa hora para estudiar para los exámenes finales, que no le salieron muy bien, y como resultado no pudo ir a la universidad, como había esperado. Escribió a Feynman pidiendo consejo.*

Srta. F. Best
Londres, Inglaterra

Estimada señorita Best:

Recibí su carta acompañada de un llanto infeliz por la dificultad de entrar en la universidad para estudiar física. Está muy bien que usted encuentre fascinante la física y disfrute tanto estudiándola. La Naturaleza es realmente maravillosa.

El mejor lugar para estudiar es, por supuesto, una universidad. Debe haber sido terrible descubrir que usted no podía acceder.

No conozco el sistema en Inglaterra. Aquí, en este país, tenemos muchas escuelas grandes y pequeñas, privadas o financiadas por el Estado, especializadas en esto o aquello. Por lo tanto, incluso si alguien no es aceptado por la escuela que escoge, puede encontrar otra. Me temo que no puedo ayudarle. Sólo puedo darle el consejo obvio de que no todo está perdido, es aún joven y fuerte, y la perseverancia vencerá al final. Estoy seguro de que ha pensado y ha oído todo eso antes; y la juventud es impaciente y ansiosa respecto al tiempo.

Lamento mucho no poder ayudarle más que con simpatía y lugares comunes. Me encanta saber que le resultó útil mi libro, pero espero no le haya llevado a la desesperación y la frustración, sino que más bien le haya introducido en el disfrute que todos podemos obtener de un escrutinio cercano de las pautas de la Naturaleza.

Afectuosamente,
Richard P. Feynman

Richard P. Feynman a Paul Privateer
9 de noviembre de 1983

Después de ver El placer de descubrir, *el doctor Privateer escribió para decir a Feynman cuánto le gustó el programa. Preguntaba si la división entre ciencia y literatura era verdadera, citando, como ejemplo histórico, «la abierta hostilidad de William Blake contra Newton a quien veía... definiendo mecánicamente el universo en leyes que negaban a la imaginación su supremo lugar en la experiencia humana».*

El doctor Privateer creía que había similitudes entre el lenguaje de la ciencia y el lenguaje de la literatura, y quería que Feynman hablara en una conferencia sobre el tema. «Personalmente estaría contentísimo de tenerle como orador invitado sobre este tema, e incluso si presume de una total falta de conocimiento sobre literatura sabré que está siendo innecesariamente humilde.»

Dr. Paul Privateer
Departamento de Inglés
Universidad Estatal de San Jose
San Jose, California

Estimado doctor Privateer:

Muchas gracias por su larga carta comentando mi programa NOVA e invitándome a una conferencia sobre ciencia y literatura. Lamento no poder aceptar, pues, como usted supuso, presumo de una total falta de conocimiento de literatura. Pero no, como usted suponía, porque sea humilde. Presumir no es fingir. Sólo tuve conocimiento de la idea que tenía Blake de Newton porque hay aquí una profesora de inglés tan enormemente atractiva que la invité a comer. Es una entusiasta de Blake.

Richard P. Feynman

La profesora de literatura en Caltech a la que se refería Feynman era Jenijoy La Belle. Discutió con Feynman sobre la idea que tenía Blake de Newton y le mostró el grabado en color que hizo Blake de Newton bajo el mar, y a Feynman le gustó.

Richard P. Feynman a Jack M. Rice, Jr.
11 de noviembre de 1983

Después de leer el artículo de Los Angeles Times, *«premio Nobel: el otro lado de la medalla» en el que Feynman expresaba ciertos sentimientos encontrados acerca de haber recibido el premio, el señor Rice escribió una virulenta carta a Feynman. Concluía: «Tal vez usted quería, al decir "al infierno" con Nobel y su pre-*

mio, quedar como una persona huraña. En lugar de ello, lo que consiguió demostrar es que usted es un imbécil».

Sr. Jack M. Rice, Jr.
Los Ángeles, California

Estimado señor Rice:

Gracias por su carta concerniente a mis comentarios en *L.A. Times*. Usted tiene razón, soy un imbécil por contar al reportero mis sentimientos personales y mis reacciones ante el premio Nobel. Me di cuenta de eso después de hablarle y traté de llamarle de nuevo para pedirle que no editase la entrevista, pero no llegué a tiempo.

Mis sentimientos son quizá infantiles o simples pero son sinceros. Recibí la primera noticia del premio a las 4 de la mañana a través de un periódico de Nueva York. El Comité Nobel no me preguntó si quería recibirlo. Yo quise rechazar el honor sin que nadie se enterara, pero ya era demasiado tarde para hacerlo así. Habría sido una molestia aún mayor si hubiera dicho que no en público una vez que los periódicos sabían que yo lo había ganado. Habría sido un acontecimiento mundial.

Desde entonces, ha supuesto un leve fastidio para mí. No importa si debería serlo o no, o si usted piensa que no lo sería para usted, o si es desagradecido por mi parte; para mí supone un fastidio. Por otra parte, como usted sugiere, soy un imbécil por decirlo públicamente. Un imbécil ilógico, por supuesto, por quejarme públicamente en un periódico sin buscar publicidad.

Por otra parte parece que usted piensa que mi crítica al premio es una crítica al pueblo sueco, o al propio Alfred Nobel. No pretendía decir eso. La única compensación deliciosa por la molestia del premio fue el sincero y amistoso recibimiento de todo el pueblo sueco cuando mi mujer y yo fuimos allí. Tengo muchos amigos y alumnos escandinavos y son gente maravillosa. Lamento que usted pensara que creía lo contrario.

No conozco la vida del señor Nobel ni los motivos para dar el premio, así que si le critiqué personalmente en mis comentarios no sabía de lo que estaba hablando.

Le deseo muchos honores en su vida, pues sé que usted los aceptará con mayor cortesía que yo.

Del huraño
Richard P. Feynman

Richard P. Feynman a David Mermin
30 de marzo de 1984

David Mermin es un eminente físico y profesor en Cornell, que, como Feynman, obtiene placer en encontrar explicaciones simples y elegantes para fenómenos fí-

sicos sorprendentes. En 1981 publicó un artículo sobre la mecánica cuántica que encantó a Feynman y le llevó a escribir la siguiente carta.

Dr. N. David Mermin
Laboratorio de Física Atómica y del Estado Sólido
Universidad de Cornell
Ithaca, Nueva York

Estimado doctor Mermin:

Uno de los artículos más bellos sobre física que conozco es el suyo en el *American Journal of Physics* 49 (1981) 10.*

A lo largo de mi vida de adulto he tratado de destilar la extrañeza de la mecánica cuántica en condiciones cada vez más simples. He dado muchas conferencias de simplicidad y pureza cada vez mayor. Hace poco estaba muy cerca de su descripción (hasta seis estados, en lugar de tres, etc.) cuando apareció su presentación idealmente prístina.

Desde entonces la he copiado casi exactamente (atribuyéndosela, por supuesto) en varias conferencias recientes sobre el tema. Gracias.

He estado haciendo una serie similar de intentos para explicar la relación entre espín y estadística. ¿Puede usted hacerlo? Quizá si nos encontramos algún día podamos discutirlo juntos y dar una clara explicación de por qué el intercambio de dos partículas implica una rotación tácita del eje de una de ellas en 360 grados con respecto a la otra.

Afectuosamente,
Richard P. Feynman

La «relación entre espín y estadística» a la que se refiere Feynman es el hecho de que las partículas fundamentales cuyo momento angular de espín (en unidades de la constante de Planck) es un número entero quieren, en un sentido estadístico (probabilista), estar en el mismo estado cuántico (hacer lo mismo en el mismo lugar y en el mismo tiempo que cada una de las otras), mientras que las partículas de espín semientero nunca pueden estar en el mismo estado. Esta relación entre espín y estadística subyace a muchos fenómenos importantes (tales como la emisión de los láseres y el hecho de que los objetos sólidos no puedan comprimirse fácilmente) y por eso Feynman quería encontrar una explicación sencilla para ellos.

Feynman y Mermin conocían una explicación que se basaba en una sencilla propiedad de las partículas fundamentales: cuando se intercambian dos partículas, con cualquier espín, el resultado es el mismo que el de no intercambiarlas pero rotar en su lugar una de ellas 360 grados. Feynman esperaba que Mermim pudiera explicar esa extraña propiedad rotacional de una manera sencilla.

* El artículo presenta un experimento ideal con el objetivo de explicar el significado de las desigualdades de Bell en mecánica cuántica. *(N. del t.)*

David Mermin a Richard P. Feynman
11 de abril de 1984

Estimado doctor Feynman:

Gracias por la carta sobre mi experimento mental. Yo mismo estoy orgulloso de ese artículo, pero he aprendido que hay dos tipos de físicos: los que lo disfrutan y los que fallan por completo en captar la idea. Creía que usted sería del primer tipo, pero me alegro de estar seguro de ello... No tengo nada simple que decir acerca de por qué el intercambio de dos partículas implica una rotación tácita de una 360 grados respecto de la otra. Ni siquiera tengo una comprensión complicada satisfactoria. Si usted llega a escribir algo sobre eso haga el favor de enviarme una copia... Gracias de nuevo por su hermosa carta. Puesto que usted ha influido, a través de sus escritos, más que cualquier otro en la manera como yo trato de escribir y pensar sobre física, estoy encantado de haber tenido al menos una oportunidad de devolverle el favor.

Suyo,

David Mermin

Laboratorio de Física Atómica y del Estado Sólido de la Universidad de Cornell.

Richard P. Feynman a William G. Bradley
13 de julio de 1984

Como recordatorio para el lector, el «suceso» en cuestión es el examen que siguió al fuerte golpe en la cabeza que se dio el cliente excitado cuando iba hacia la tienda de ordenadores.

Dr. William G. Bradley
Director, Laboratorio de Imagen por RMN
Huntington Medical Research Institute

Estimado doctor Bradley:

Muchas gracias por enviarme las imágenes RMN de mi cerebro. El instrumento es sensacional por el detalle y resolución con que uno puede ver.

Pero usted no puede ver lo que estoy pensando, ya que al parecer aún tengo un fallo funcional pues recuerdo que el suceso ocurrió el 25-junio-19.33.24 mientras que su instrumento dice que ocurrió el 6-jun-19.33.18. Los 6 segundos no me preocupan, pues mis errores temporales ya tenían una desviación estándar de 10 segundos antes del accidente (un efecto deletéreo de la edad, creo yo), pero el error de 19 días es una prueba de una grave discapacidad funcional (probablemente resultante del hematoma).

Atentamente,

Richard P. Feynman

Richard P. Feynman a Eric W. Leuliette
24 de septiembre de 1984

El señor Eric Leuliette, un alumno de instituto de dieciséis años, buscaba consejo sobre cómo prepararse para la universidad y para la carrera en física.

Eric W. Leuliette
Clarksburg, Virginia Occidental

Querido Eric:

De las muchas cosas de las que sé muy poco, una es que uno no debería prepararse para ser un físico teórico. Mi mejor recomendación es hacer con energía y entusiasmo lo que a uno más le interese. Si resulta que no te conduce hacia la física teórica sino a, digamos, el derecho o la ingeniería eléctrica en su lugar, sigue ese camino. Es maravilloso que puedas encontrar algo que te guste hacer en tu juventud y que sea suficientemente importante para mantener tu interés a lo largo de toda tu vida adulta. Porque, hagas lo que hagas, si lo haces suficientemente bien (y tú lo harás, si en verdad te gusta) la gente te pagará en cualquier caso por hacer lo que quieres hacer.

Sobre las cuestiones de apoyo financiero en la universidad, estoy pidiendo a la oficina adecuada que te envíe la información de que dispongan.

Afectuosamente,
Richard P. Feynman

P. D. Trata de sacar mis *Feynman Lectures* de la biblioteca. Podrías disfrutar con algunas partes de ellas, si no te ayudan a decidir lo que quieres hacer.

Frank Potter a Richard P. Feynman
15 de noviembre de 1984

Profesor Feynman:

Quiero agradecerle sinceramente su influencia en mi vida y mi carrera. Usted quizá no me recuerde bien, pero yo era el ignorante alumno en Caltech que solía ir a los Hughes Research Lab con usted y Bruce Winstein cada semana desde 1965 a 1967. Ustedes estaban entonces dando clases sobre los fundamentos de la física y posteriormente, creo, sobre astrofísica. Durante dichos viajes en su coche usted contaba anécdotas y discutía conceptos de física... un corto «ensayo» para sus dos horas en Hughes.

La emoción y el sincero interés que mostraba usted al plantear los problemas y luego abordarlos inmediatamente me afectó tanto que cambié de objetivos. De tener un título de licenciado en EE, pasé a sacar un doctorado en física en 1973. La energía que vi en usted continúa animándome en mi carrera como lector de física aquí en U.C. Irving.

Recuerdo claramente una conversación en el automóvil porque he tratado de poner en práctica las ideas que discutimos. Bruce le preguntó: «Si pudieras hacer algo diferente en tu carrera, ¿qué sería?». Usted respondió sin dudarlo: «Trataría de olvidar cómo he resuelto un problema. Entonces, cada vez que surgiera el problema podría resolverlo de una manera diferente; no lo haría pensando como lo había resuelto antes».

Puedo confesarle honestamente que he intentado alcanzar ese objetivo, al menos por lo que respecta a la física. Al principio, como licenciado, esta manera de hacer las cosas era una gran carga, porque con mucha frecuencia terminaba empezando desde los propios fundamentos. Con el tiempo, tras años de práctica, he llegado a disfrutar con ideas frescas cada vez que aparece un problema. De hecho, es un verdadero reto dar con múltiples formas de resolver problemas. Incluso me ha llevado a mis propias formas alternativas de pensar tanto sobre física tradicional como sobre ideas actuales. Los placeres de los que he disfrutado a partir de esta idea suya me han hecho darme cuenta de cuánto le debo realmente.

Quizá no haga ninguna contribución importante a la física en mi carrera, pero eso no me preocupa mucho. Creo que la Naturaleza es fascinante y desafiante, y poseo algo de ese espíritu que vi en usted. Tengo una familia con la que disfruto, y tengo la libertad y tiempo para pensar en cualquier cosa que desee.

Confío en que usted reciba otras cartas de esta naturaleza, pues realmente las merece. Ha tenido una gran influencia sobre muchas personas, y nos ha dado una guía notable y nos ha inculcado una energía que durará para siempre.

Con gran aprecio,
Frank Potter

Richard P. Feynman a Frank Potter
21 de noviembre de 1984

Dr. Frank Potter
Universidad de California
Irvine, California

Querido Frank:

¡Bravo!, Frank, qué carta tan bonita.

Por supuesto te recuerdo a ti y a Winstein (y a Schlichter) cuando íbamos a Hughes. No recuerdo ese comentario particular sobre querer olvidar las soluciones, pero estoy de acuerdo con él. Tu carta me sorprendió, y a menudo me sorprendo al descubrir que otras personas no hacen de ordinario las cosas de la forma que yo las hago. Es un gran placer para mí pensar de nuevo sobre las cosas y estoy encantado al descubrir que te he contagiado ese gusto.

Naturalmente he leído tu carta varias veces, hace que me sienta bien. Gracias.

Afectuosamente,
Richard P. Feynman

1985-1987

En enero de 1985 apareció una colección de anécdotas de Feynman titulada *¿Está usted de broma, señor Feynman? Aventuras de un personaje curioso* (se pretendía un triple sentido). Superando con mucho las expectativas de mi padre y de su editor, estuvo catorce semanas en la lista de libros más vendidos del *Nueva York Times*. Ese mismo año vio también la publicación de *Q.E.D.*: *La extraña teoría de la luz y la materia*, una explicación meticulosamente precisa y detallada, utilizando muy pocas matemáticas, de la teoría cuántica para una audiencia profana (si desea entender lo que le valió el premio Nobel, este libro es para usted).

En 1986, a invitación del antiguo alumno de física X Bill Graham (entonces administrador en funciones de la NASA), Feynman accedió a regañadientes a formar parte de la Comisión Presidencial sobre el Accidente de la Lanzadera Espacial Challenger, una experiencia que narró en profundidad en *¿Qué te importa lo que piensen los demás?* En un momento crítico de las audiencias, Feynman sumergió el material de una arandela de un cohete lanzador en un vaso de agua helada, demostrando espectacularmente la causa técnica del accidente.

Richard Feynman murió menos de dos años después, el 15 de febrero de 1988. Cuando salió brevemente de un coma provocado por un fallo renal, sus últimas palabras, dichas a las tres mujeres que había a su lado (su esposa, Gweneth, su hermana Joan y su prima Frances), fueron: «No me gusta morir dos veces. Es muy aburrido».

Richard P. Feynman a Silvan Schweber
28 de enero de 1985

El doctor Schweber envió un borrador del capítulo, «Feynman y la visualización de los Procesos Espacio-temporales», que había escrito como parte de su libro Quantum Field Theory, 1938-1950. *Schweber suponía que a Feynman el capítulo le parecería aburrido, pero confiaba en que hubiera cosas que fueran nuevas para él. Schweber se esforzaba en dar una exposición exacta y agradecía cualquier comentario crítico de Feynman.*

Dr. S. Schweber
The Martin Fisher School of Physics
Universidad Brandeis

Querido Schweber:

Bien, lamento el retraso. Sufrimos aquí una calamidad y perdí todo lo relacionado contigo: tu manuscrito y mis notas sobre el mismo para ti. Así que lo intentaré otra vez.

Para empezar, no lo encuentro aburrido sino que es muy excitante y sorprendente encontrar cosas que pensaba que habían desaparecido para siempre, como la página con el mecanografiado de los números complejos que recuerdo ver ante mí en mi máquina de escribir casi de juguete; no creía que existiera todavía. Tampoco sabía que había escrito tantas cartas, de modo que resultó divertido ver lo que yo estaba pensando. Vosotros, los historiadores, tenéis una forma de recrear el pasado que le hace parecer casi real.

He aquí algunos comentarios sobre posibles correcciones, pero sé que es sólo mi memoria contra los «hechos». Había varios tipos de letra pero no me molestaré en esto.

p. 4 último párrafo. Creo que ingresé en el MIT en matemáticas (curso XVIII). Al cabo de un tiempo fui a Franklin (entonces director del Departamento de Matemáticas) para preguntarle «cuál es el uso de las matemáticas superiores aparte de enseñar más matemáticas superiores». Él respondió: «Si tienes que preguntar eso, entonces las matemáticas no son para ti». Así que me pasé a lo práctico, ingeniería eléctrica (curso VI), pero pronto me cambié a física (curso VIII) y allí me quedé.

p. 9 párrafo central. (Comentario:) No sabía que pensaban en tres años en lugar de cuatro. ¡Qué suerte que no lo hicieran!

p. 9 párrafo superior. La beca para Harvard fue el premio por ganar un concurso de matemáticas a escala nacional (¿Putnam?). El Departamento de Matemáticas me pidió que participara, aunque estuviera en física, porque no tenían los cuatro hombres necesarios para inscribir un equipo; al examinar los archivos habían visto que estuve en matemáticas. Yo no estaba muy seguro, pero me dieron exámenes antiguos para que practicara.

p. 14 segundo párrafo. Entre los «otros» estaba John von Neumann.

p. 17 tercer párrafo. Debería decir: «En esta versión más reciente, ellos daban...».

p. 24 último párrafo. (Comentario:) Mi interés en ello tenía este origen: en el instituto tenía un amigo muy capaz, Herbert Harris, que, cuando nos graduamos, fue al Politécnico Rensselaer para hacerse ingeniero eléctrico, mientras que yo fui al MIT. Un verano (¿a finales del primer año?) volvió a Far Rockaway, dimos un paseo y me habló de los entonces nuevos amplificadores con realimentación. Trataba de diseñarlos de diferentes maneras para evitar oscilaciones y decía que estaba convencido de que había alguna ley de la Naturaleza que hacía imposible conseguir que la impedancia cayese de forma demasiado rápida sin inducir un gran desfase. Sugerí que eso podía ser un reflejo en el dominio de respuesta en frecuencia del hecho de que las señales no pueden salir antes de que entren, pero ninguno de nosotros era, al parecer, suficientemente sofisticado para desarrollar esto matemáticamente. Ya sabes por qué cuatro años más tarde me pareció tan interesante el artículo de Bode.

p. 23. No encuentro ninguna referencia a la fig. 1 en el texto. La figura (si supongo a qué se refiere) debería ser más parecida a

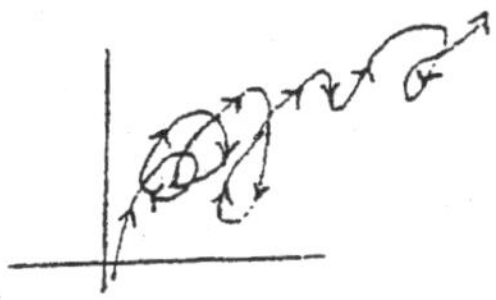

u otro nudo más complicado.

p. 25 línea 12 (también p. 36 arriba). Me uní al grupo de Wilson para trabajo de guerra antes de terminar mi tesis; y dejé de trabajar en ella. Al cabo de algún tiempo pedí algunas semanas de permiso para poner mis ideas por escrito y no olvidarlas. Pero mientras lo estaba haciendo se me ocurrió (probablemente de forma errónea) una manera de resolver un problema que me estaba retrasando, y Wheeler sugirió que lo escribiera todo rápidamente y acabara por obtener mi grado.

Comentario. En general no me estoy preocupando en comprobar todas las ecuaciones, etc. en estas páginas.

p. 32 línea 6 desde arriba. No sabía cómo calcular una autoenergía a la manera convencional con la teoría de Dirac y agujeros porque nunca la había estudiado en detalle, y mis integrales de camino todavía no habían sido desarrolladas claramente para un electrón de Dirac que fuera hacia atrás en el tiempo. Pero no sabía cómo reinstaurar de una forma obvia los términos que representan electrones que interaccionan consigo mismos. Traté de traducir la modificación que estaba proponiendo en una regla (el esquema de F60, p. 65) para integrar sobre frecuencias o fotones de varias masas y volví al día siguiente a pedir a Bethe que lo intentara con el cálculo convencional que él, pero no yo, sabía exactamente cómo hacer.

p. 40 arriba. Estaría bien tener los recuerdos de Aage Bohr de todo esto, pues yo sólo lo vi desde un lado y quizá haya estado conjeturando en parte lo que pasó entre su padre y él.

p. 66 párrafo superior. No, me estaba refiriendo a otras personas que tenían que mantener separados los términos transversales y longitudinales; sabía desde que preparaba la tesis, 1942, que iban juntos sin problemas. Lo que yo quería decir en la cita era «... había sido calculado tan pacientemente (por todos los demás) separando...».

p. 66 línea 16. Posiblemente error por «excepto para algunas bonitas formas de simplificación». Línea siguiente, posiblemente «algo menos tosco».

p. 70 párrafo superior. La historia de este error es interesante. Por lo que puedo recordar, obtuve primero un resultado relativista (estábamos trabajando sólo a orden v^2/c^2). Un alumno encontró un error en una línea anterior y concluyó que no sería invariante... cuando escribí la primera carta p. 66. Pero varias páginas después descubrió otro error donde yo cancelaba dos términos igualmente complicados que debería haber sumado. La respuesta original que había obtenido era correcta: era relativista. Este milagro de dos errores que se cancelan era probablemente el resultado de una mezcla de tener una fuerte intuición de cuál debería ser la respuesta y de descuidos algebraicos.

p. 71 segundo párrafo. Es posible que recuerde las cosas tal como me hubieran gustado pero sospecho que la historia de Eyges nunca sucedió. ¿Podrías pedirle a Bethe que te la confirme? Schwinger y yo comparamos notas y resultados y éramos buenos amigos. Discutimos la materia en Pocono* y más tarde también por teléfono y comparamos resultados. (No entendíamos el método del otro pero confiábamos en que tenía sentido, incluso cuando los demás todavía no confiaban en nosotros. Podíamos comparar cantidades finales y ver vagamente a nuestra manera de dónde procedían los términos o los errores del colega. Nos ayudamos mutuamente de varias maneras.+) Muchas personas decían en broma que éramos competidores, pero no recuerdo que nos sintiéramos así. Y en mi carta, p. 70, uno lee mis pensamientos (en el último párrafo) que demuestran que estoy excitado porque un viejo problema quizá haya sido resuelto por mí o por Schwinger. Eso no suena muy competitivo.

+ Por ejemplo, él me mostró un truco para integrales que llevaba a mi truco paramétrico, y le sugerí que afectaba a una función de un parámetro complejo en lugar de a sus dos funcionales reales separados (i.e.: siempre terminarían en la combinación $D_1 + iO^2$ en la respuesta final).

p. 76 línea 14. La «metáfora del bombardero» me fue sugerida por un alumno de Cornell (que realmente había sido bombardero durante la guerra) cuando estaba redactando mi artículo y pidiendo opiniones sobre cómo explicarlo y sólo obtenía metáforas pobres y difíciles.

P. 76. ¿Por qué «phantaseando» está mal escrito? ¿Es posible que el mecanógrafo que transcribió la grabación de la entrevista oral sepa que yo deletreo tan mal?

P. 87. En realidad también tuve la impresión que expresaba Aage, que Schwinger tenía resultados más completos porque tenía renormalización de carga mientras que yo todavía no había trabajado satisfactoriamente la polarización del vacío. Como sabes hay cuatro diagramas.

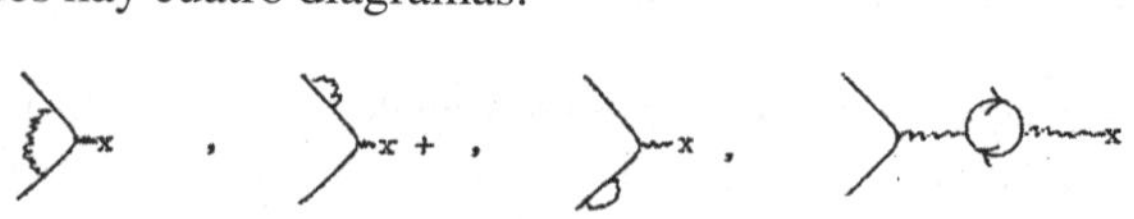

I II III IV

* La conferencia de Pocono (del 30 de marzo al 1 de abril de 1948) fue continuación de la conferencia de Shelter Island. A Pocono asistieron también Niels y Aage Bohr, P. Dirac y E. Fermi. *(N. del t.)*

Nosotros (Schwinger y yo) encontramos más tarde que yo tenía I + II + III (sin renormalización de carga) y él tenía I, sin II, III y por ello con una renormalización de carga que yo pensaba (equivocadamente) que era debida a la polarización del vacío IV. Yo no tenía IV en Pocono, y pensé que él sí lo tenía. (Ahora no sé si en Pocono él tenía realmente IV o no.)

p. 100. Cuarto párrafo. Desde el final. Creo que me expresé mal en «ése fue el momento en que conseguí mi premio Nobel». No quería decir que entonces supe que ganaría el premio Nobel, lo que nunca se me pasó por la cabeza. Lo que quería decir era que ése fue el momento en que tuve un «premio» de emoción y placer al descubrir que había conseguido algo maravilloso y útil.

p. 106. ¿Es necesario incluir estas ideas religiosas? Las personas suelen ser sensibles frente a estas cosas, y es mejor presentarlas de una manera suave, como traté de hacerlo en mi charla completa. Las citas cortas pueden ser más chocantes (bueno, no, supongo, para tus lectores).

p. 107. El profesor Morgan Ward me señaló que el mismo argumento demostraría que sería improbable que una ecuación como $x^7 + y^{13} = z^{11}$ (exponentes primos entre sí) tenga soluciones enteras, y sin embargo las tiene, ¡y en número infinito!

p. 111. Primer párrafo. No hay referencia para la nota al pie de página 196.

p. 111. Último párrafo. No es propio de un historiador que escribe para la posteridad decirnos lo que la posteridad pensará. Debería contentarse con presentar la evidencia para permitir que la «posteridad» se forje una opinión, pero no formular esa opinión por ella. En todos los demás comentarios das referencias completas en notas al pie de página. ¿Dónde está tu referencia para este párrafo?

Casi todo mi conocimiento de la electrodinámica cuántica procedía de un único artículo de Fermi en los *Reviews of Modern Physics* (1932).

Atentamente,

Richard P. Feynman

Richard P. Feynman a Bernard Hanft
4 de febrero de 1985

El señor Bernard Hanft envió una arandela unida a un hilo para demostrar lo que él llamaba una nueva fuerza física, «la Fuerza Hanft». La Fuerza Hanft opera de la siguiente forma, escribía: «Hará que un objeto adecuadamente suspendido, de cualquier sustancia y de cualquier forma, gire alrededor de su eje». El señor Hanft pensaba que puesto que no se utilizaba ninguna energía, la fuerza Hanft podía desarrollarse para obtener una fuente de potencia ilimitada sin coste.

Sr. Bernard Hanft
Rego Park, Nueva York

Estimado señor Hanft:

Gracias por enviarme su nota sobre la fuerza giratoria y la fuerza perimétrica, así como la arandela y el hilo con los que ponerla de manifiesto.

La fuerza giratoria es un fenómeno delicioso y parece muy enigmático al principio. Sin embargo, he hecho algunos experimentos y creo que sé cómo trabaja a pesar de la aparente violación de las leyes de conservación de la energía. Supondré que las fibras del hilo tienen una tendencia natural a estar retorcidas en el estado de mínima energía (presumiblemente a causa de los giros que se le han dado al manufacturarla). Dicho de forma más sencilla, entiendo que cuando no hay tensión a lo largo del hilo, el hilo está retorcido. Entonces, cuando uno tira de él (con el peso de la arandela, por ejemplo) tiende a enderezarse al menos parcialmente (para que pueda hacerse más largo) y eso produce la fuerza rotatoria.

De este modo, cuando uno cuelga la arandela del hilo, el hilo se endereza haciendo rotar la arandela. La energía procede del hecho de que el hilo se hace más largo cuando se endereza, y el descenso del peso (de la arandela, en este caso) puede suministrar la energía de rotación.

Para verificar mi predicción de que la cuerda se alargaba, colgué la arandela del hilo en un punto fijo y marqué cuidadosamente la posición de la parte superior de la arandela. Cuando estaba en plena rotación estaba realmente más bajo pero sólo por un poco más de 2 mm. Al principio me sorprendió porque no creía que la energía liberada en una distancia tan corta pudiera dar cuenta de un giro tan vigoroso como el que adquiere la arandela. Pero un corto cálculo me mostró que mi intuición se equivocaba. La energía liberada al caer 2 mm es aproximadamente la misma que la energía cinética de un disco que gira a una velocidad de 3 revoluciones por segundo. (Creo que el giro del disco no es tan rápido como eso, pero perdemos energía en la fricción del hilo y en la resistencia del aire.)

Cuando se libera el hilo, la tensión del peso desaparece, y el hilo es libre para volver a su configuración original, más retorcida y más corta. Así, el experimento puede repetirse una y otra vez.

El efecto de la fuerza perimétrica es menos interesante porque es mejor conocido. Había un truco de salón que utilizaba el anillo de una chica en un hilo sostenido por la chica para responder a preguntas sí o no dependiendo de si el anillo describía una elipse en el sentido del reloj o en sentido contrario. El movimiento es provocado por ligeros movimientos inadvertidos e inconscientes de la mano. Por eso es por lo que, como usted informa, funciona sólo si el hilo se mantiene en su mano. Trate de mantenerlo en su mano, pero una mano que no pueda mover porque está apoyada contra una estantería u otro objeto rígido (tenga cuidado en que sus dedos tampoco se muevan).

Gracias de nuevo por llamar mi atención sobre estos divertidos fenómenos.

Atentamente,

Richard P. Feynman

Robert F. Coutts a Richard P. Feynman
abril de 1985

Doctor Feynman:

He sido propuesto para el premio Presidencial por la Excelencia en la Enseñanza de Ciencias y Matemáticas. Por desgracia, la recepción de este premio requiere varias recomendaciones y decidí, con bastante presunción, pedirle que escriba una para mí. Apreciaría mucho una breve nota, quizá mencionando los muchos años que usted ha estado viniendo al Instituto Van Nuys y el gusto que compartimos por una buena lección de física. Sé que escribir recomendaciones es como un grano en el culo y no debería pedírselo, pero decidí dejar que las perspectivas de fama y gloria nublen mi razón. Gracias por su consideración.

Una nota para su fiel secretaria: el programa del premio Presidencial dice que debo tenerla por correo con fecha 19 de abril.

Mis alumnos y yo esperamos su visita del 24.

Agradecidamente,

Bob Coutts

Richard P. Feynman a Melinda Jan
16 de abril de 1985

Srta. Melinda Jan, Presidenta de Ciencia
Programa de premios de la Presidencia
Departamento de Educación del estado de California
Sacramento, California

Estimada señorita Jan:

Me complació saber que Robert Coutts ha sido propuesto para el premio Presidencial. Para mí, uno de los pequeños placeres en la vida es ir al Instituto Van Nuys una o dos veces por año para responder a preguntas de los alumnos de ciencias en las clases del señor Coutts. Esta actividad fue iniciada hace muchos años por el señor Coutts y espero hacerla todos los años. Las preguntas son sobre cualquier cosa, relatividad, agujeros negros, nubes, peonzas, fuerza magnética, ponga usted un nombre. La clase está animada y pone mucho interés, y parece disfrutar tanto como yo. Que ellos estén tan vivos y planteen tantas preguntas es, siempre lo he supuesto, resultado del amor del señor Coutts por la ciencia y la educación (pues él nunca deja de querer mostrarme algún nuevo experimento, aparato o manera original de explicar algo en los pocos minutos antes de que empiece la clase).

Si ustedes le seleccionan pueden estar orgullosos de su selección.

Atentamente,

Richard P. Feynman
Richard Chase Tolman Profesor de Física Teórica

Debbie Feynman a Richard P. Feynman
20 de enero de 1985

Estimado doctor Feynman:

Me he decidido a escribirle en este momento por varias razones que usted entenderá cuando continúe esta carta.

En primer lugar, déjeme explicar nuestra relación. Mi padre es Bert Feynman, hijo de Frank Feynman, que murió en 1966. Mi abuelo, Frank Feynman, es el hijo de Harry y Sarah Feynman. Creo, corríjame si me equivoco, que usted es el hijo del hermano de mi bisabuelo. Eso hace que seamos parientes en cuarto grado, y que mi padre, Bert, sea su primo en tercer grado.

Mi nombre es Debbie. Voy a cumplir diecisiete años el próximo abril. Voy al Instituto Forest Hills y estoy a mitad del undécimo curso. Mi plan de estudios en la escuela se denomina Programa de Matemáticas-Ciencias. Mis profesores de ciencias en el pasado me han preguntado si yo era pariente suya. Por supuesto, mi respuesta es sí, ya que usted es primo de mi padre. Me sentía muy orgullosa de esto, pues usted es tenido en alta estima como científico y como persona entre el mundo científico. Le he visto en televisión en nuestro Canal 13 a principios del año pasado, cuando hizo un programa con una entrevista de una hora de duración.

Este verano mi madre, cuyo nombre es Audrey, y mi padre van a enviarme a un viaje para jóvenes que incluirá ir a California. Todavía no puedo determinar lo cerca que vaya a estar de donde está usted, pero sería muy bueno conocerle si fuera posible. Por supuesto también haría que mi padre se sintiese orgulloso.

Puesto que ésta es nuestra primera correspondencia, es un poco difícil ser precisa, pues no sé nada de su familia cercana, etc.

Debería saber usted que mi padre y mi madre tienen gran interés en que le escriba. Debería sentirse libre para escribir o preguntar cualquier cosa que pudiera tener en mente en este momento.

Espero ansiosamente su respuesta, y envío mis mejores saludos para su familia.

Afectuosamente,

Debbie Feynman

Richard P. Feynman a Debbie Feynman
7 de mayo de 1985

Hola, Debbie:

Es divertido encontrar a alguien que firma cartas con mi apellido y que no sea mi mujer, mi hijo o mi hermana. Por supuesto, eso se debe a que también es tu apellido. Es un apellido tan raro que debemos ser parientes separados hace tiempo; nadie podría haberlo inventado dos veces.

Pero ¿qué parentesco tenemos? Eso requerirá más trabajo detectivesco. Todo lo que yo sé es que mi padre, Melville, tenía un hermano, Arthur, que murió sin hijos, y dos hermanas que cambiaron de apellido al casarse. El nombre de mi abuela era Ana. Vivía en Brooklin. Su marido se llamaba Jacob Feynman. Tuvieron problemas y él se fue a California y se volvió a casar (existen algunos «Feynmans» en California en Long Beach).

La historia, por lo que yo o mi hermana sabemos, era que el apellido de Jacob era Pollock pero cuando vino aquí como inmigrante adoptó el apellido de su mujer (o una aproximación, quizá fuera Feynamonavitchinsky o algo parecido). Procedían de Minsk.

Y, me dice mi hermana, más tarde trajo a dos hermanos, que a su llegada adoptaron el mismo nombre, Feynman. Eso es todo lo que sabemos; no sabemos el nombre de los hermanos o del hermano de Jacob. ¿Podría ser Harry? Si lo es, yo soy el nieto del hermano de tu bisabuelo. Mi hija, Michelle, tiene dieciséis años. Eso significaría que tú y ella tenéis el mismo tata tatarabuelo.

En cualquier caso debemos estar emparentados de alguna manera, y si no podemos demostrarlo, supongámoslo: es más divertido así.

Así que todos esperamos verte cuando vengas aquí en tu viaje. Llámanos cuando sepas cuándo vas a venir, nuestro número es [oculto].

Tu pariente (probablemente),
Richard P. Feynman

P. D. Dicho sea de paso, nuestro apellido está ahora por todas partes en un nuevo libro, *¿Está usted de broma, señor Feynman?*, publicado por Norton.

Por desgracia estábamos fuera de la ciudad cuando Debbie Feynman vino a California y no pudimos conocerla.

Richard P. Feynman a Robert L. Kamm
19 de julio de 1985

Robert L. Kamm llegó a Princeton el mismo día que Feynman, y también trabajó con él en Los Álamos durante la guerra. «Comí contigo en la Facultad de Princeton», recordaba. «Yo estaba en la fiesta de la señora Eisenhart cuando ella te ofreció crema y limón para tu té.» Con estos y otros recuerdos despertados por ¿Está usted de broma, señor Feynman?, *Kamm escribía que su mujer, Jane, había sido severamente reprendida por los jefes de Los Álamos por dejar abierta su puerta y su caja fuerte. Él creía que Feynman podría deberle una disculpa.*

Dr. Robert L. Kamm
Birmingham Psyquiatric & Medical Associates
Southfield, Michigan

Con Carl en la playa, 1985.

Querido Bob:

Gracias por tu carta; me he alegrado al tener noticias tuyas y he disfrutado con tus recuerdos. Pero me temo que tu misterio no está todavía resuelto porque yo nunca hubiera dejado una caja fuerte o una puerta abierta. Yo abría la caja, ponía una nota dentro, pero siempre volvía a cerrarla. Tenía gran respeto por todo el material y nunca hubiera hecho nada que lo dejase a disposición del ladrón. Mis hazañas pretendían apuntar la necesidad de una mayor seguridad.

Afectuosamente,

Richard P. Feynman

Richard P. Feynman a Daniel E. Koshland, Jr.
3 de septiembre de 1985

El doctor Koshland, de la revista Science, *pidió a Feynman que diera su opinión sobre las nuevas teoría de «cuerdas».*

Dr. Daniel E. Koshland, Jr.
Science
Washington, D.C.

Bodas de plata de Richard y Gweneth, septiembre 1985.

Estimado doctor Koshland:

Acepte mis disculpas por la tardanza en responder a su carta del 17 de junio; he estado fuera del despacho desde el 1 de junio. Sin embargo, mi respuesta a su petición de un artículo sobre «cuerdas» es que no creo en ellas, pero no las he estudiado suficientemente bien para saber por qué no creo en ellas. Ese prejuicio no produciría un artículo adecuado.

Atentamente,
Richard P. Feynman

Richard P. Feynman a la señora Harry Garver 3 de septiembre de 1985

La señora Harry Garver fue otra de las secretarias de Feynman durante mucho tiempo. Yo estaba en el instituto —en undécimo curso— en el momento de la respuesta de mi padre a su carta.

Sra. Harry Garver
Orovile, California

Querida Bette:

Gracias por escribir; me alegró tener noticias tuyas. Estoy canoso pero no soy abuelo: mis hijos son lentos.

Afectuosamente,
Richard P. Feynman

Richard P. Feynman a Bernice Schornstein 5 de septiembre de 1985

«En cualquier caso, hubo una fiesta, usted y ella y Florence fueron a casa del brazo por el centro de la calle, cantando a pleno pulmón. Mi madre cree que "usted probablemente no la recordaría", aunque por las fotografías de esa época no veo cómo nadie pueda olvidarla.» La señora Pauli Carnes, hija de Bernice Chornstein (de soltera Lesser) escribió para recordar a Feynman una antigua amistad.

La señora Schornstein también escribió, pidiendo un autógrafo para el hijo de su prima.

Sra. Bernice Schornstein
Scottsdale, Arizona

Querida Bernice:

No te recordaba muy bien por las pocas pistas que dabas en tu carta, pero tu hija suministró algunas otras y ahora recuerdo a dos bellas bromistas, subiendo por turno para «ponerse algo más cómodo» mientras yo me quedaba abajo con la otra. Ciertamente lo pasamos muy bien, yo, tú y tu prima Florence.

Parece que el espíritu de diversión y buen humor que admiré entonces ha reaparecido en tu hija, que tuvo cuidado en asegurarme que no tenía por qué alarmarme al recibir una carta de ella, pues se parecía mucho a otro hombre al que llamaba «papá». Al parecer ella se ha quedado con la impresión de que fuimos mucho más lejos de lo que lo hicimos. Los tiempos han cambiado; deberíamos haber nacido más tarde.

Por supuesto, será un placer firmar el libro para el hijo de tu prima. ¡Qué bonito recuerdo para rememorar!

Afectuosamente,

Richard P. Feynman

Dr. Klaus Stadler a Richard P. Feynman
4 de octubre de 1985

Estimado profesor Feynman:

Hoy me gustaría presentarme como editor responsable de la edición alemana de su libro *¿Está usted de broma, señor Feynman?* La Piper Verlag está muy contenta de haber conseguido los derechos alemanes de su libro. Su colega de Múnich, el profesor Harald Fritzsch, estuvo muy involucrado en la negociación sobre el libro. Si usted no tiene ninguna objeción pediré a Harald Fritzsch que escriba un prólogo para la edición alemana.

El profesor Fritzsch también nos aconsejó abreviar un poco el libro. Piensa que algunas partes no son tan importantes para el lector alemán. Espero que en los próximos días me dé una lista de los cortes que sugiere. Hoy quiero pedirle que nos dé permiso para cortes menores. Por supuesto le enviaré la lista con las sugerencias del profesor Fritzsch tan pronto como sea posible.

Recientemente recibimos información de su nuevo libro *Q.E.D.* que será publicado por Princeton University Press. Durante mi estancia en la Feria del Libro de Frankfurt voy a entrar en contacto con Princeton University Press. Espero tener la opción para los derechos en alemán.

¿Tiene usted algún otro proyecto para publicación que encaje en nuestra lista de libros de ciencia? Me gustaría conocer sus proyectos.

Una última pregunta por hoy: ¿hay alguna posibilidad de que usted venga a Alemania cuando se publique la edición alemana de *¿Está usted de broma, señor Feynman?* ¿Podría combinarse con una conferencia en una de las universidades o institutos Max Planck? Pretendemos publicar el libro en otoño de 1986.

Espero tener noticias suyas.

Con afectuosos saludos.

Atentamente,

Klaus Stadler

Richard P. Feynman a Klaus Stadler
15 de octubre de 1985

Dr. Klaus Stadler
Wissenschaftliches Lektorat
R. Piper Verlag
Múnich, Alemania Occidental

Estimado doctor Stadler:

Su carta sobre mi libro *¿Está usted de broma...?* sugiere que podrían cortarse algunas partes por no ser importantes para el lector alemán.

Esto pone de manifiesto una comprensión totalmente equivocada de la naturaleza de mi libro. No hay nada en absoluto en él que fuera «importante» para un lector alemán, o para cualquier otro lector para el caso. No es de ninguna manera un libro científico, ni un libro serio. Ni siquiera es una autobiografía. Es sólo una serie de breves anécdotas inconexas para el lector general que, espero, el lector encontrará *divertidas*. No hay pretensión de importancia. Por favor. Su publicidad debería dejarlo claro; de lo contrario recibirá malas recensiones de lectores que hayan quedado decepcionados. (Aquí ha habido recensiones muy buenas; casi todas las malas eran de personas que esperaban más y quedaron decepcionadas.)

Me hubiera gustado mucho más que diera el libro a un departamento que trabaje con libros más generales antes que a «Wissenschaftliches Lektorat», y a un traductor conocido por su sentido del humor y un sano desprecio por la pomposidad y la «importancia» para que sintonizara más con el carácter del libro. ¡No se trata de ciencia! Naturalmente, el libro podría ser mejorado si se cortaran algunas partes, pero por una razón distinta de que carezcan de importancia. Si no, todo debería cortarse.

El nuevo libro que usted menciona, *Q.E.D.: La extraña teoría de la luz y la materia* es una cosa completamente diferente. Es un libro científico serio dirigido al lego (muy) inteligente o al joven interesado en descubrir cómo es la física avanzada. Estoy muy contento de saber que está usted interesado en él.

Atentamente,
Richard P. Feynman

Richard P. Feynman a Edward Tenner
14 de noviembre de 1985

En una carta del 21 de marzo de 1985 concerniente al ejemplar promocional de Q.E.D., *Princeton University Press aseguraba a Helen Tuck, secretaria de Feynman, que no se haría ninguna referencia al estatus de Feynman como premio Nobel. «Además, hemos eliminado la referencia a su "humor legendario".» Quedan otros matices que, no obstante, fueron tratados antes de la publicación.*

Sr. Edward Tenner
Princeton University Press
Princeton, Nueva Jersey

Estimado señor Tenner:

El doctor Mautner me mostró la cubierta para mi libro *Q.E.D.*

Es realmente bella y digna. Estoy muy complacido, como lo está todo el mundo a quien se la muestro. Tiene clase, dicen. (Para ser franco debería añadir que cuando encuentran publicidad de otro libro en la solapa se quedan sorprendidos y piensan que es poco elegante. No lo sé, pero no sé cuál es la costumbre, y conozco y quiero a Rudy Peierls. No obstante, ¡espero que ustedes no describan mi libro en la cubierta de un libro de cualquier otro!)

Me alegro de ver que va a salir ahora. Tengo mucha curiosidad por la recepción que pueda tener. No soy capaz de saber si va a ser comprensible.

Gracias.

Atentamente,

Richard P. Feynman

El señor Tenner respondió para reconocer el mérito de Mark Argetsinger, el diseñador del libro. También aseguró a Feynman que el anuncio de Bird of Passage *de Peierls sería eliminado de las futuras reimpresiones, y haría saber al departamento de producción que Feynman no quería que su nuevo libro apareciese impuesto en la solapa de otros.*

Richard P. Feynman a James T. Cushing
21 de octubre de 1985

El profesor Cushing envió a Feynman un borrador preliminar de un artículo sobre el programa de la matriz S de Heisenberg.

Profesor James T. Cushing
Departamento de Física
Universidad de Notre Dame

Estimado profesor Cushing:

Leí su interesante artículo histórico sobre la matriz S, pero no tengo nada que añadir o comentar. Siempre he pensado que el programa de la matriz S de Heisenberg tuvo relevancia para el trabajo posterior.

Dicho sea de paso, siempre me parecieron extrañas las preguntas como la de su última frase. Creo que la respuesta es: si Heisenberg no lo hubiera hecho, algún otro lo habría hecho, pues se hacía útil o necesario. Nosotros no somos mucho más inteligentes que los demás. (Excepto quizá la teoría general de Einstein,

¿o ya estaba Hilbert en la pista independientemente? No conozco la historia demasiado bien. ¿Cuándo cree usted que podría haberse inventado si no lo hubiera hecho Einstein?)

Atentamente,
Richard P. Feynman

Stephen Wolfram a Richard P. Feynman
26 de septiembre de 1985

A primeros de los años ochenta, Stephen Wolfram transfirió sus energías desde las áreas tradicionales de la física fundamental a la creación de un nuevo campo de investigación de la complejidad. Algunos físicos y gestores científicos eran escépticos sobre esta nueva dirección.

Querido Feynman:

En primer lugar, muchas gracias por tu carta sobre el criptosistema. Logré romper mi adicción a estudiar el tema durante un tiempo, pero ahora estoy volviendo a ello. Me gustaría ensayarlo y comprender sistemáticamente hasta dónde se puede llegar con el tipo de aproximación que tú estás utilizando: en particular, si permite encontrar la semilla en tiempo polinómico. Pero debo decir que aún estoy razonablemente confiado en que el sistema es al menos difícil de descifrar. Tengo una nueva idea para demostrar que descifrarlo sería equivalente a resolver un problema NP-completo; te haré saber si funciona.*

Pensaba en adjuntarte el material que acabo de escribir. No trata de ciencia (que es de lo que preferiría escribir), sino de la organización de la ciencia. Cada vez me tratan peor en el IAS, y realmente tengo que moverme. No consigo pensar en ningún lugar realmente bueno para ir y que apoye el tipo de cosas en las que estoy interesado ahora. Por eso estoy pensando en crear mi propio entorno, creando una especie de instituto. Sería mucho más bonito si ya existiera algo parecido, pero no existe. Hay algunos proyectos en curso para crear cosas quizá como ésta, pero pienso que van en dirección equivocada. Probablemente tú crees que hacer algo administrativo como esto es una terrible pérdida de tiempo, y no estoy seguro de que yo pueda discrepar, pero creo que tengo poca elección y, dado que voy a hacerlo, me gustaría hacerlo lo mejor posible. Cualquier comentario, sugerencia, etc., que pudieras hacer sería agradecida.

Mis mejores deseos,
Stephen Wolfram

* Se dice que un problema es de tiempo polinómico si existe un algoritmo que encuentra la solución en un tiempo que va como una potencia de la longitud del problema. Un problema es de tiempo no polinómico (NP) si no existe tal algoritmo (el tiempo necesario para resolverlo aumenta exponencialmente con la longitud del problema) pero es fácil comprobar si una solución propuesta es o no la solución correcta del problema. *(N. del t.)*

Richard P. Feynman a Stephen Wolfram
14 de octubre de 1985

Querido Wolfram:

1. No es mi opinión que la actual estructura organizativa de la ciencia impida la «investigación de la complejidad»; no creo que tal institución sea necesaria.

2. Dices que quieres crear tu propio entorno, pero no estarás haciendo eso: crearás (quizá) un entorno en el que te gustaría trabajar, pero no estarás trabajando en este entorno, estarás administrándolo; y el entorno de administración no es lo que tú buscas, ¿o sí lo es? No dsifrutarás administrando a personas porque no tendrás éxito en ello.

Tú no entiendes a la «gente común». Para ti son «locos estúpidos» y por eso no los soportarás ni tratarás sus debilidades con tolerancia o paciencia, sino que te volverás loco (o ellos te volverán loco) tratando de trabajar con ellos de un modo efectivo.

Encuentra una manera de investigar con el mínimo contacto posible con personas no técnicas, con una excepción: enamorarte locamente. Éste es mi consejo, amigo mío.

Afectuosamente,
Richard P. Feynman

Wolfram no siguió el consejo de Feynman. No sólo creó un instituto, sino que también fundó la compañía Wolfram Research, creadora del programa Mathematica, *ampliamente utilizado. Contrariamente a las expectativas de Feynman, Wolfram ha sido un ejecutivo de éxito durante muchos años. Dentro de este entorno ha logrado seguir ambiciosas direcciones en ciencia básica, particularmente con su libro de 2002* A New Kind of Science. *También ha estado felizmente casado desde principios de los años noventa.*

Thomas H. Newman a Richard P. Feynman
11 de noviembre de 1985

En otoño de 1985, el profesor de ingeniería eléctrica R. Fabian Pease de la Universidad de Stanford y su alumno de doctorado Thomas H. Newman informaron a Feynman de que estaban listos para reclamar el primer premio ofrecido en el reto que lanzó en 1959 «Hay mucho sitio al fondo». En la siguiente carta y documentos, ofrecían información sobre su logro.

Profesor Feynman:

Las fotos adjuntas son imágenes TEM adicionales de la página de texto que redujimos 25.000 veces en escala lineal. Probablemente usted haya examinado ahora las fotos originales. Podemos proporcionar verificación de la escala con las pruebas de contacto si usted quiere. El aumento TEM está calibrado con una precisión del diez por ciento; esta precisión podría mejorarse tomando una foto de un patrón de calibración TEM con una ampliación idéntica y luego comparando los negativos uno al lado de otro.

Adjunta hay una descripción de los procedimientos que utilizamos para la preparación, exposición y revelado, e inspección de la muestra. Háganos saber si le gustaría cualquier documentación adicional en apoyo.

Thomas H. Newman
R. Fabian Pease
Universidad de Standford
Standford, California

Richard P. Feynman a Thomas H. Newman
19 de noviembre de 1985

Dr. Thomas H. Newman
Universidad de Standford
Standford, California

Estimado doctor Newman:

Felicidades a usted y a sus colegas. Ciertamente han satisfecho mi idea de lo que quería al ofrecer el premio. Otros han hecho aparentemente marcas tan pequeñas o menores, pero nadie trató de imprimir toda una página. ¡Y en una impresora de puntos 512 x 512! Cada punto tiene sólo unos sesenta átomos de lado. No puedo llegar a imaginarme el cuadrado de 1/160 mm de lado en el que todo

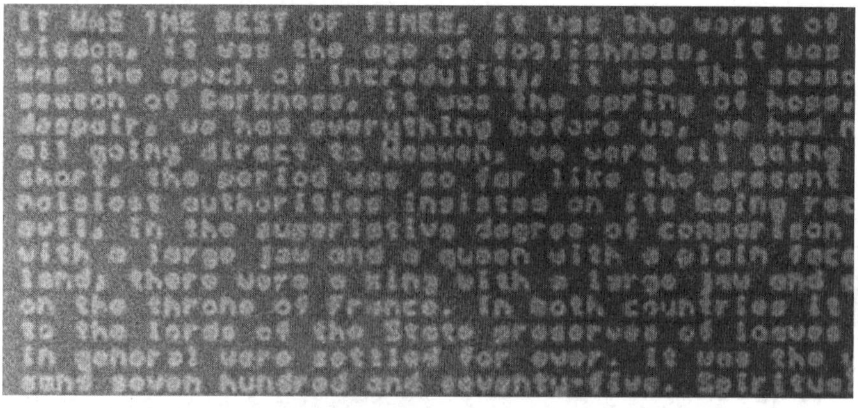

está impreso. Sería veinte veces demasiado pequeño para verlo a simple vista. Sólo diez longitudes de onda de luz. Toda la *Enciclopedia Británica*, quizá 50.000 a 100.000 páginas de su tamaño cabría en un cuadrado de menos de 2 mm, de lado... la cabeza de un alfiler.

Su descripción de las ventanas de nitruro de silicio cuadradas era un poco incompleta. ¿Qué tamaño tienen las ventanas? ¿Es cada ventana una página, o (menos probable) una letra? ¿Puede haber detrás aplicaciones a los ordenadores?

Como prometí hace tiempo, adjunto un cheque de 1.000 $ por su logro.

Atentamente,
Richard P. Feynman

Así concluía un capítulo importante en la historia inicial de la nanotecnología.

Richard P. Feynman a Michael Isaacson
20 de diciembre de 1985

Dr. Michael Isaacson
Departamento de Física
Universidad de Cornell
Ithaca, Nueva York

Estimado doctor Isaacson:

Parece que le he dejado deprimido. Le dije que ya no había premio.

Conocía su trabajo, por supuesto, y siempre me interesó. Tom Van Sant es amigo personal y me contó lo que usted hizo para él. A menudo me han hablado de las cosas pequeñas y me han mostrado una diapositiva de ese maravilloso ojo suyo como el más pequeño dibujo artístico nunca hecho.

Cuando recibí una página entera de Stanford estaba tan encantado que les envié el premio incluso aunque conocía a personas que habían hecho cosas más pequeñas. Olvidé que le había dicho a usted explícitamente que no había premio.

¡Es una maldita manera de llevar un tren! Supongo que no soy un hombre de trenes.

La primera vez que fui entrevistado, después de que Stanford lo anunciara, dije que otros habían hecho cosas aún más pequeñas, mencione que usted y Van Sant hicieron un ojo juntos, pero que ésa era la primera página completa de texto que yo había visto. No publicaron le entrevista completa.

Bien, Feliz Navidad. Adjunto un regalo de Navidad para usted. Para animarle a continuar su buen trabajo.

Su amigo,
Richard Feynman

Richard P. Feynman a Joan T. Newman
10 de noviembre de 1986

Joan Thomas Newman, la madre de Thomas Newman, que ganó el premio de la escritura minúscula, escribió a Feynman para expresarle su aprecio y gratitud. «Gracias por animar la creatividad en su propia mente y en las mentes de sus alumnos y lectores.» Aunque ella misma nunca había ahondado en el dominio de la física, estaba inmensamente orgullosa de su hijo y sus logros («ninguna persona mejor podría haber ganado su premio»).

Estimada señora Newman:

Bueno, qué agradable sorpresa tener una carta de reconocimiento de los padres de un científico. Me alegra saber cómo se ve desde el punto de vista de su madre orgullosa, que no entiende realmente lo que él hace. Sé que yo tenía una madre maravillosamente orgullosa que tampoco entendió nunca lo que estaba haciendo. ¿Qué divertido sería «descifrar mi mente»? ¿Y cómo puede divertirse Tom trabajando tan duramente en el laboratorio? Pero su apoyo hizo posibles mis logros, y estoy seguro de que lo mismo sucede en su familia.

Atentamente,

Richard P. Feynman

Richard P. Feynman a Armando García J.
11 de diciembre de 1985

El 18 de septiembre de 1985, el señor M. Armando García J., un profesor de un instituto de La Victoria, Venezuela, envió a Feynman una carta de cinco páginas, escrita a máquina a un solo espacio, buscando ayuda para responder a una objeción a la ley de conservación de la energía planteada por dos gemelos que habían pasado por su clase. El señor García era reverenciado por los alumnos de su instituto antes de que fallara en dar una respuesta satisfactoria a la «objeción» de los gemelos. «La pregunta fue objeto de debate en clase durante semanas», escribía el señor García, «sin que nos llevara a ninguna parte; mi clase perdió su tradicional prestigio... Algunos de mis ex alumnos aún se dejan caer de vez en cuando y me preguntan con ironía: "¿Ha resuelto ya la objeción de los gemelos?".»

La objeción de los gemelos tenía que ver con un hombre que baja un peso (por ejemplo, una gran pesa) desde lo alto al suelo. La ley de conservación dice que la gran energía potencial del peso debe convertirse en alguna forma de energía dentro del hombre; es decir, el peso debe hacer trabajo sobre los músculos del hombre cuando éste lo baja. Sin embargo, la experiencia cotidiana dice que esto no puede ser así. Sabemos de la experiencia que los músculos del hombre tienen que hacer trabajo sobre el peso al bajarlo y no al revés, de modo que la energía no puede conservarse. El señor García citaba otro ejemplo: sabemos por la experiencia que cuando un hombre sube las escaleras y luego baja, sus músculos deben hacer trabajo tanto en la subida como en la bajada; pero la conservación de la energía dice que deberían trabajar sólo al subir, y no al bajar.

El señor García rogaba a Feynman que le explicara cómo se puede reconciliar estas experiencias cotidianas con la ley de conservación de la energía.

Sr. Armando García J.
Aragua, Venezuela

Estimado señor García:

Gracias por su carta y por sus preguntas sobre la energía.

Su dificultad procede de tratar con un sistema abierto como un hombre que está sudando, inspirando y expirando (calentando aire y cambiando O_2 por CO_2), digiriendo alimento y moviéndose haciendo (o recibiendo) trabajo mecánico.

Para encontrar el cambio de energía total después de una operación tendríamos que medir todo tipo de cosas para obtener el cambio de energía neto. Debemos incluir el calor en el aire, el cambio de energía química en los gases intercambiados en el aire, el cambio en la cantidad o la forma del alimento parcialmente digerido, la diferencia de energía en la forma del agua exudada (de líquido a vapor), el cambio de energía en el desplazamiento del peso movido, etc. Este último, la parte mecánica, es numéricamente una cantidad muy pequeña comparada con los otros cambios.

De modo que nadie puede, sin una comprobación y medida cuidadosa, demostrar que la energía total del sistema ha cambiado (o cambiado en cantidades no explicadas por el flujo de energía como calor o de las sustancias químicas que entran y salen). La atención a las minúsculas contribuciones mecánicas para un hombre que trabaja es totalmente insuficiente. Observaciones de lo que parece ser un esfuerzo similar para bajar o subir un peso son insuficientemente precisas; ambos son esfuerzos con grandes consumos de energía (para calentar, cambiar la química del cuerpo, etc., etc.) que sólo difieren ligeramente en las pequeñas diferencias mecánicas, demasiado ligeras para ser perceptibles.

(Por poner algunos números, gastamos [para mantenerlos calientes y movernos] unos 100 vatios a partir de la combinación de nuestro alimento con oxígeno.) Puede comprobarlo porque en un día eso es 100 x 86.400 sec 10^7 julios = 2.300 kilocalorías = 2.300 «calorías» de alimento, porque una caloría de alimento son 1.000 calorías físicas, y las personas consumen aproximadamente dos mil calorías de alimento por día. Supongamos ahora que un hombre levanta 10 kilogramos un metro. Ha hecho 10 x 1 x 9,8 = 100 julios de trabajo. Pero esto equivale a la energía promedio para permanecer vivo (100 vatios) durante un solo segundo.

Por esto es por lo que no sentimos de forma tan directa la diferencia entre subir y bajar escaleras (pero todos admitimos que sería más fácil bajar muchas escaleras que subirlas).

Para ser precisos deberíamos medir toda la energía que entra y sale durante un período de tiempo suficientemente largo, digamos un día entero, de desayuno a desayuno, de modo que podamos suponer que el animal está aproximadamente en las mismas condiciones internas antes y después. Podemos hacer eso con animales, tales como ratas, controlando todos los gases que entran y salen y la ingesta de alimentos. Cuando se hace esto se descubre que todo cuadra.

De hecho fue mediante estos experimentos con animales como se descubrió inicialmente la ley de la conservación de la energía. Lo hizo el doctor Mayer. Han seguido medidas mucho más precisas sobre sistemas físicos y químicos más simples para confirmarlo. Hoy podemos verla en acción en colisiones atómicas individuales, y puesto que los sistemas más complejos son el resultado de montones de tales colisiones, también debería trabajar allí.

Sus gemelos pueden decir que esto es falso por argumentos cualitativos sobre cómo parecen sentirse las cosas, pero si ponen a prueba su afirmación con medidas hechas con el cuidado suficiente para comprobar salidas o entradas inadvertidas o cambios permanentes dentro de los objetos, verán, creo yo, lo que el doctor Mayer vio primero, y que otros han visto después: que la energía se conserva realmente. El consumo de O_2 es mayor cuando se suben pesos que cuando se bajan.

Sus ejemplos de épocas en las que se dudaba de la ley (como hacía Rohr) son buenos. No hay peligro en la duda y el escepticismo, pues es gracias a ellos como se hicieron estos experimentos. Las dudas pueden, y por ello deben, ser puestas a prueba y resueltas por el experimento. Es cierto que la energía es una magnitud escalar, como la temperatura, que no tiene dirección. Pero medida desde un nivel arbitrario puede ser positiva o negativa; por supuesto los cambios tienen un signo. Al levantar un peso la energía del peso es aumentada (y la del resto del mundo disminuida) y al bajarlo los signos se invierten.

Juzgo por su carta que en Venezuela se le toma al pelo de mala manera si usted es un profesor y dice que no sabe o no está seguro. Me alegro de que a mí no me tomen el pelo así, porque no estoy seguro de nada y muy a menudo me veo obligado a decir «no lo sé». Después de todo nací sin saber y sólo he tenido un tiempo pequeño para cambiar eso aquí y allí. Es divertido descubrir que cosas que uno creía que sabía, luego no las entendía, después de todo. Mis alumnos me ayudan con frecuencia a hacer eso (por ejemplo, planteando dificultades aparentes como hicieron sus gemelos). Y entonces tienen que ayudarme finalmente a entenderlo mejor.

En cualquier caso, espero que esto sea de ayuda. Buena suerte para usted y sus alumnos en su aprendizaje mutuo.

Atentamente,

Richard P. Feynman

Richard P. Feynman a L. Dembart
15 de enero de 1986

Sr. L. Dembart
Escritor de Temas Científicos
Los Angeles Times
Los Ángeles, California

Estimado señor Dembart:

Gracias por mencionar mi nombre en su editorial. Si usted no tiene intención de escribir un artículo más largo, ¿podría considerar la siguiente carta para la página «Cartas al Editor»?

«Usted informó en un editorial "La maravilla de todo eso" de una propuesta para explicar algunas irregularidades en un viejo experimento (de Eötvos en 1909) por la existencia de una nueva "quinta fuerza".»* Usted decía correctamente que yo creía en ello, pero la brevedad no le dio oportunidad de decir por qué. Para que sus lectores no piensen que la ciencia se decide simplemente por la opinión de autoridades, permítame extenderme aquí.

Si los efectos vistos en el viejo experimento de Eötvos fueran debidos a la «quinta fuerza» propuesta por el profesor Fischbach y sus colegas, con un alcance de 200 metros, ésta tendría que ser tan intensa que habría tenido efectos sobre otros experimentos ya hechos. Por ejemplo, medidas de la fuerza gravitatoria en minas profundas coinciden con las expectativas con un margen de error menor del uno por ciento (y es tentador pensar en si esta pequeña desviación indica una necesidad de modificación de la ley de gravitación de Newton). Pero la «quinta fuerza» propuesta en el nuevo artículo significaría que deberíamos haber encontrado una desviación de al menos un quince por ciento. Este cálculo está hecho en su artículo por los propios autores (un análisis más cuidadoso da un treinta por ciento). Aunque los autores son conscientes de esto (como fue confirmado en una conversación telefónica) ellos lo califican de «acuerdo sorprendentemente bueno», aunque de hecho muestra que no pueden tener razón.

Estas nuevas ideas son siempre fascinantes, porque los físicos desean descubrir cómo funciona la Naturaleza. Cualquier experimento que se desvía de las expectativas derivadas de las leyes conocidas exige atención inmediata porque podemos encontrar algo nuevo.

* Los experimentos de Eötvos trataban de verificar la exacta proporcionalidad entre la masa inerte y la masa gravitatoria. Fischbach *et al.* pretendían explicar alguna ligera anomalía en sus resultados por la existencia de una «quinta fuerza» (además de las cuatro interacciones fundamentales) que sólo afectaba a los bariones y por ello actuaría de forma diferente sobre cuerpos de la misma masa inerte pero de distinto contenido bariónico. *(N. del t.)*

Pero es desafortunado que un artículo que contiene en sí mismo su propia refutación haya obtenido tanta publicidad. Probablemente es un resultado del «sobre-entusiasmo» de los autores.

Afectuosamente,

Richard P. Feynman

Esta carta fue publicada posteriormente en Los Angeles Times.

Richard P. Feynman a Gweneth y Michelle Feynman
12 de febrero de 1986

La siguiente carta fue escrita mientras Feynman formaba parte de la Comisión Presidencial que investigaba el accidente de la lanzadera espacial Challenger.

Washington. Miércoles. Febrero

14.00 h

Perdona el papel, no puedo encontrar papel de escribir con membrete del hotel.

Queridísimas Gweneth y Michelle:

Ésta es la primera vez que tengo tiempo para escribiros. Os hecho en falta, y no puedo saber cuándo voy a tener un día libre (¿cuando haya programada una reunión muy aburrida?). Ésta es una aventura tan buena como cualquiera de las otras de mi libro. Tú, Gweneth, tenías toda la razón, mis circunstancias son únicas: soy completamente libre, y no hay palancas que puedan utilizarse para influir en mí; y soy razonablemente directo y honesto. Aquí hay implicadas fuerzas políticas extraordinariamente poderosas y las consecuencias son serias pero, aunque me las han explicado desde diferentes puntos de vista, no hago caso de ellas y procedo con un objetivo aparentemente ingenuo y parcial en un sentido. Lo primero que hay que ver es por qué falló la lanzadera físicamente, dejando para más tarde la cuestión de por qué los seres humanos tomaron decisiones aparentemente erróneas cuando lo hicieron.

Como sabes, el lunes a las 16.00, me dijeron que formaba parte del Comité y que debía tomar un vuelo (la noche del martes) para estar en una reunión el miércoles. Durante todo el martes me instruí con la ayuda de Al Hibbs y algunos colegas técnicos que reunió para ayudarme (no sabía nada sobre la lanzadera pues consideraba que era una cosa innecesaria). Me estaba preparando técnicamente para la tarea, y la preparación fue excelente: aprendí rápido.

Tuvimos un «encuentro informal» el miércoles en el que fuimos advertidos por el presidente de lo importantes, y lo delicadas, que eran las relaciones con la prensa. Tuvimos una reunión pública el jueves 5 de febrero que duró todo el día, en la que todo el Comité fue informado de los hechos del *Challenger* y su vuelo. Pasé la noche haciendo un plan de cómo deberíamos proceder (hechos que considerar, una larga lista de causas posibles, hacer algunos cálculos de cargas y todo eso), listo para ponerlo en marcha.

El viernes 6 de febrero, un tal general Kutyna de la Comisión nos dijo cómo se habían llevado estas investigaciones de los accidentes en el pasado, utilizando como ejemplo el fallo de un Titán. Muy bueno. Me gustó ver que muchos de mis planes del 5 de febrero eran similares, pero no tan metódicos y tan completos. Me gustaría trabajar con él, y algunos otros también quieren hacerlo. Otros sugieren que podrían contribuir mejor examinando las cuestiones de gestión, o llevando registros y escribiendo el informe y así sucesivamente. Suena bien. Aquí estamos.

Pero el presidente (Rogers, no un hombre técnico) dice que el informe del general no puede servirnos porque él tenía muchos más datos detallados que los que tendremos nosotros (¡patentemente falso, pues en nuestro vuelo se había llevado un control *mucho* mejor de las cuestiones de seguridad de la tripulación!). Además, que es muy poco probable que podamos descubrir exactamente lo que sucedió (!?), y el copresidente dice que no puede esperarse realmente que la Comisión haga un trabajo detallado como ése, y que tendremos que obtener asesoramiento técnico casi en secreto. Trato de que me den la palabra para objetar y discrepar pero siempre soy interrumpido por una cosa u otra: alguien acaba de entrar, el presidente cambia de tema, etc. Lo que se decide es que nosotros, como Comité en bloque, bajemos el próximo jueves a Kennedy para que gente de allí nos informe el jueves y viernes. Durante la discusión anterior hay varios comentarios inocentes sobre si podemos ir individualmente, o mejor en pequeños grupos (llamados subcomités), a cualquier lugar donde queramos obtener información. Trato de proponer que eso puedo hacerlo yo (y varios físicos me dicen que les gustaría ir conmigo) y que he arreglado mis cosas para poder trabajar intensamente a tiempo completo durante un tiempo. No puedo obtener una asignación, y la reunión se rompe prácticamente mientras estoy hablando, con el comentario del vicepresidente (Armstrong) de que no vamos a hacer un trabajo detallado. Así que al salir le digo al presidente: «Entonces yo debería ir a Boston para hacer consultas allí durante los próximos cinco días (sábado, domingo, lunes, martes, miércoles)». «Sí, vaya.» ¡NO HACE FALTA QUE TE EXPLIQUE POR QUÉ ESO ME HACE SUBIRME POR LAS PAREDES!

Salgo, muy disgustado. Entonces se me ocurre la idea de llamar al doctor Graham, director de la NASA, que había sido alumno mío y que me había pedido que participase. Está horrorizado, hace algunas llamadas y sugiere posibles viajes a Houston (a la Base Jonhson de la Fuerza Aérea donde entran los datos telemétricos) o a Huntsville Alabama (donde hacen los motores). (Me niego a ir a Kennedy porque iremos allí más tarde, y eso es una rebelión demasiado directa para el presidente). Para conseguir que el presidente dé el visto bueno a esto llama a un comisionado (un abogado, hijo de Dean Acheson, un buen amigo del presidente Rogers). Acheson dice que lo intentará, pues cree que es una buena idea. Llama de nuevo sorprendido de que no puede obtener el visto bueno: el presidente no quiere que vaya, «queremos hacer las cosas de una manera ordenada».

Prestando testimonio en la Comisión Presidencial
sobre el accidente de la lanzadera espacial *Challenger*, 1986.

Graham sugiere un pacto. Yo me quedaré en Washington, e incluso si es sábado él hará que sus hombres (directores de alto nivel de propulsión, motores, orbitador, etc.) hablen conmigo. Eso parece ser una buena idea aunque recibo una llamada de Rogers tratando de que lo deje (explicando lo difícil que es su trabajo para organizar esto, cómo debe hacerse de manera ordenada , etc.), y que si quiero realmente ir a la NASA. («Sí.») Señalo que hasta ahora hemos tenido dos reuniones y aún no hemos hablado de cómo deberíamos proceder, quién puede hacer mejor cada cosa, etc. (En la reunión, Rogers habló casi todo el tiempo: que conoce muy bien Washington, que hay cuestiones serias de relaciones ordenadas con la prensa, que le digamos a cualquier periodista que debería acudir a él, Rogers, para respuestas, etc.). Me pregunta si él debería molestar a todos los comisionados y pedirles que vayan a una reunión que convocará el lunes. «Sí», digo yo. Él deja caer el tema: está de acuerdo en que me quede en Washington y sugiere: «Me han dicho que usted no está cómodo en su hotel; permítame colocarle en un buen hotel». Yo no quiero ningún favor, le digo que todo está bien, que mi comodidad personal es menos importante para mí que la acción, etc. Lo intenta de nuevo, lo rechazo de nuevo (recordando lo de «sírvale té» en el aeropuerto de Londres).

El sábado fui informado en la NASA. Por la tarde hablamos con detalle sobre juntas y arandelas, que son cruciales y que habían fallado parcialmente antes y pueden ser la causa del fallo del *Challenger*. El domingo voy con Graham y su familia a ver el Museo del Aire y el Espacio que tanto le gustó a Carl. Vamos una hora antes de la apertura oficial y no hay multitudes. Influencias que tiene; después de todo, es la cabeza en funciones de la NASA.

Todas estas noches he comido o he ido a casa de Frances y Chuck. Es un rato muy agradable, pero no cuento historias porque ellos están con la prensa y no quiero difundir o ser sospechoso de filtraciones. Informo a Rogers de que tengo estas relaciones próximas con la prensa y si está de acuerdo en que les visite. Él es muy amable y dice: «Por supuesto». Él mismo tenía algunas conexiones con AP, recuerda a Frances, etc. Me gustó su reacción pero ahora que escribo esto pienso de otro modo. Era demasiado fácil, sobre todo después de que él hablara explícitamente de la importancia de que no hubiera filtraciones, etc., en las reuniones anteriores. ¿Me están poniendo a prueba? (YA VES, QUERIDA, EMPIEZA LA *PARANOIA DE WASHINGTON*.) Si quiere frenarme o desacreditarme, podrían acusarme de filtrar algo importante. Creo que es posible que haya cosas en esto que alguien pueda estar tratando de que no descubra y desacreditarme si me acerco demasiado. Creía que era invulnerable. Otros como Kutyna, Ride, etc., tienen alguna debilidad aparente y quizá no pueden decir lo que quieren. Kutyna tiene intereses de los que preocuparse en la Fuerza Aérea. Ride, su trabajo en el Centro Johnson de la Fuerza Aérea, pero, como me enseñaron, debo seguir buscando en todas direcciones, nadie es invulnerable, irán fisgando detrás de ti. Así que, de mala gana, no visitaré más a Frances y a Chuck. Bien, preguntaré primero a Fran si esto no es demasiado paranoide. Rogers parecía muy agradable y tranquilizador. Era demasiado fácil, pese a que probablemente soy como un grano en el culo.

En cualquier caso, el lunes y el martes tenemos unas reuniones especiales a puerta cerrada y abierta, respectivamente, porque en el *New York Times* han aparecido algunos informes internos diciendo que los sellos de las juntas podrían ser peligrosos. Gran trabajo. Yo conocía todos los hechos en cuestión, los saqué de JPL antes de empezar. Emergencia muy importante con respecto a las relaciones con la prensa. A este ritmo nunca nos acercaremos lo suficiente al asunto para descubrir lo que sucedió. No realmente; mañana a las 6.15 vamos en un vuelo especial (dos aviones) al Centro Espacial Kennedy «a ser informados». Sin duda iremos de un lado para otro para que nos muestren todo pero no tendremos tiempo para entrar en detalles técnicos con nadie. No funcionará bien. Si no quedo satisfecho el viernes, me quedaré el sábado y el domingo; o si no trabajan, entonces será el lunes y martes. Estoy decidido a descubrir lo que sucedió, ¡hasta que fallen los chips!

Me siento como un toro en una tienda de porcelanas. Lo mejor es sacar al toro para arar el campo Una metáfora mejor será un BUEY en una tienda de porcelanas porque la porcelana es el toro, por supuesto.

Mi conjetura es que me permitirán hacer esto abrumándome con datos y detalles, con la esperanza de enterrarme en detalles técnicos, para que mientras ellos tengan tiempo de ablandar a testigos comprometedores, etc. Pero eso no funcionará porque (1) tengo información técnica y entiendo mucho más rápido de lo que imaginan, y (2) ya huelo ciertas ratas que no olvidaré, porque me gusta el olor de las ratas, que es el inicio de una aventura excitante.

De modo que por mucho que prefiriera estar en casa y hacer alguna otra cosa, lo estoy pasando bien.

Ralph* me llamó esta mañana desde Suecia para informarme de progresos sorprendentes. Christopher Sykes está implicado. Él regresa el próximo miércoles y te lo contará todo. *TUVA OR BUST!*

Amor,

Richard.

P. D. Sykes va a Los Ángeles alrededor del 17 para algunos días. ~~Esta carta no tiene que salpicar mucho si dejas fuera al personal~~... olvídalo, todo está bien. Informe sin censura desde el frente.

P. P. D. Ahórrate los periódicos. Estuve esta mañana en el Pentágono y ellos te enviaron recortes del *New York Times*.

Richard P. Feynman a William P. Rogers
sábado, 29 de mayo de 1986

Estimado señor Rogers:

Lamento mucho que haya tenido que partir el sábado al mediodía, antes de que tuviéramos tiempo de discutir por completo el problema de que nuestro informe pudiera parecer demasiado crítico con el programa de la lanzadera de la NASA. Me gustaría explicar mis opiniones con más detalle.

Nuestra responsabilidad es encontrar las causas directas y próximas del accidente, y hacer recomendaciones sobre cómo evitar tales accidentes en el futuro.

Desgraciadamente, hemos encontrado, como causas próximas, «fallos» muy graves y extendidos en la gestión. No sólo una grieta sino una desintegración general. Nuestro informe los enumera sin presentar nuestras pruebas en favor de nuestras opiniones.

Esto plantea serios problemas para nuestra nación sobre la forma de continuar el programa espacial. Hay cuestiones muy importantes de presupuesto, qué otros proyectos van a seguir para complementar la lanzadera (i.e. ¿prescindibles?),

* Ralph Leighton, viejo amigo, compañero en tocar los bongos, y coautor de *¿Está usted de broma, señor Feynman?* y *¿Qué te importa lo que piensen los demás?* Feynman había desafiado recientemente a Ralph a localizar el país perdido de Tannu Tuva, que él recordaba de sus días de coleccionista de sellos en los años treinta. Su aventura está relatada en el libro de Ralph *Tuva or Bust! Richard Feynman's Last Journey.*

para mantener un nivel científico y, más importante, una fuerza militar, aplicaciones comerciales del espacio, etc. Toda nuestra posición y nuestro programa espacial deben ser reconsiderados por la gente, el Congreso y el presidente. No discutimos esas cuestiones para hacer recomendaciones en este escenario más grande. Tal como lo veo, se nos pidió que proporcionáramos la información necesaria para tomar sabiamente tales decisiones.

Nuestro deber es proporcionar dicha información de forma tan completa, precisa e imparcial como sea posible. Hemos establecido los hechos y lo hemos hecho bien. El gran número de observaciones negativas son un resultado de la pésima situación en la que ha entrado el programa de lanzaderas de la NASA. Es desafortunado, pero cierto, y haríamos un flaco servicio si tratáramos de ser menos que francos sobre ello. El presidente necesita saberlo si quiere tomar decisiones sabias.

Si parece que lo hemos presentado de una manera desequilibrada, deberíamos dar pruebas de lo contrario. Incluyamos en algún lugar una serie de hallazgos de que esto o aquello está muy bien, o recomendaciones de que se mantenga el buen trabajo en este o aquel proyecto en especial. Un ejemplo es el sistema de verificación del *software*. Creo, aunque parece que soy demasiado optimista y un poco tonto... creía (¿al parecer incorrectamente?) que la NASA fue muy atenta y cortés al darnos toda la información (y al hacer las pruebas) que les pedimos, especialmente en nuestro panel sobre el accidente.

Un comunicado general, sin presentar en el informe las pruebas concretas de que la NASA está haciendo realmente un trabajo maravilloso después de todo, debilitaría nuestro cuidadoso informe, y podría incluso hacernos aparecer como tontos si se contrasta con el conjunto de evidencias que nosotros mismos presentamos de una forma cuidadosamente documentada.

Bueno, estaré de vuelta el lunes, y podemos discutirlo con más detalle con otros comisionados la próxima semana. Quizá ellos puedan explicarme dónde falla mi punto de vista y cambie de opinión; ahora lo dudo, por supuesto. Estoy muy convencido de ello.

Estoy satisfecho de que mi contribución «Fiabilidad» no tenga que ir en el informe principal pero vaya más o menos intacto en el apéndice en lugar de quedar perdido en los archivos. El compromiso al que hemos llegado es bueno.*

Hasta pronto.

Comisionado Feynman, premio Nobel, premio Einstein, medalla Oersted e ignorante absoluto en política.

* El informe particular de Feynman está publicado en *El placer de descubrir* (Crítica, Barcelona, 2004) *(N. del t.)*

Feynman y su buen amigo Ralph Leighton, 1987.

Richard P. Feynman a David Acheson
5 de diciembre de 1986

El colega comisionado David Acheson escribió una nota a Feynman, dando noticias de otros miembros de la Comisión. También había sabido de la enfermedad de Feynman y envió buenos deseos de una total y rápida recuperación.

Sr. David E. Acheson
Washington, D.C.

Querido Dave:

Muchas gracias por tu nota con todas las noticias.

Me estoy recuperando lentamente en casa. Yo también espero volver a verte alguna vez, pero sólo una citación del Congreso me hará ir a Washington de nuevo.

Sinceramente,

Richard P. Feynman

Richard P. Feynman a John W. Young
8 de diciembre de 1986

El doctor Young escribió para expresar su aprecio por la participación de Feynman en la investigación del accidente del Challenger. *«Somos conscientes de que fue una tarea extraordinariamente difícil: técnica, física y emocionalmente. Su informe es completo y perspicaz, y servirá para llevar de nuevo a la NASA a vuelos seguros. Ha hecho usted un gran servicio para la Oficina del Astronauta y para la Nación.»*

Dr. John W. Young
Director, Oficina del Astronauta
NASA
Centro Espacial Lynson B. Johnson
Houston, Texas

Estimado doctor Young:

Gracias por su felicitación por mi trabajo en la investigación del *Challenger*.

Lamento que no tuviera tiempo para discutir las cuestiones con los astronautas de forma más directa e informal y conocerle. Tuvimos una división del trabajo y yo dependía de la doctora Sally Ride para que nos diera sus opiniones, como hizo.

Quedé particularmente impresionado por la cuidadosa exhibición de análisis en el testimonio del señor Hartsfield, de usted mismo, y los demás astronautas durante una de nuestras reuniones públicas. Parecía que ustedes eran las únicas personas que pensaban en el futuro, y en las causas de las cosas de una manera clara. Pronto se hará evidente que el testimonio de la alta dirección fue algo confuso acerca de por qué no les habían informado, por qué se vino abajo el sistema, etc. No se les había informado porque no querían saber nada de dudas o malas noticias. Solían estar dedicados a justificarse ante el público y el Congreso, de modo que todo quedaba para los burócratas de nivel inferior: resuélvalo usted mismo, o al menos no sacuda el bote. Como el Mago de Oz, la NASA tenía una gran reputación que mantener, pero cuando se apartaron algunas cortinas, se vio que era imperfecta.

Tengo noticias de que lo mismo está sucediendo de nuevo: preguntas complejas se ocultan en pequeñas «balas» inocuas, de modo que incluso el comité certificador conjunto está teniendo problemas para obtener información.

¿Pueden hacer ustedes los astronautas algo para limpiar los establos de Augias?

Afectuosamente,
Richard P. Feynman

Richard P. Feynman al general Donald S. Kutyna
8 de diciembre de 1986

El informe Cook afirmaba que la Comisión Presidencial sobre el Accidente de la Lanzadera Espacial Challenger *había incurrido en un encubrimiento de la implicación del gobierno en decisiones de lanzamiento, había ocultado muchos de sus hallazgos y había impulsado a cometer perjurio al personal de la NASA.*

Mayor General Donald J. Kutyna
San Pedro, California

Querido Don:

Gracias por enviarme la información sobre el «informe Cook». Supongo que había que esperar que surgiera algún problema como éste. Por supuesto es cierto que alguna crítica es razonable, y siempre hay paranoicos esperando su oportunidad para criticar cualquier investigación. Tienes razón en que no hicimos un trabajo perfecto, pero si el presidente nos hubiera escuchado podría haber estado más cerca de ser perfecto. Después de todo, se ha dicho que la última persona perfecta fue crucificada.

¿Crees que «hay evidencia de que el personal de la NASA no sólo cometió perjurio ante la Comisión, sino que en las sesiones a puerta cerrada la Comisión les aconsejó que lo hicieran y les ayudó a preparar sus historias», como se informaba en ese artículo?

Me estoy recuperando muy bien de mi operación, y espero que podamos reunirnos pronto.

Afectuosamente,
Richard P. Feynman

El general Kutyna me contó que el señor Richard C. Cook, antiguo analista de la NASA y autor de este informe, había descubierto algo interesante anterior al lanzamiento del Challenger: *«Una actuación de la NASA para añadir dinero al presupuesto para corregir las arandelas». La NASA estaba preocupada por el impacto en la seguridad del vuelo que podrían plantear potencialmente las anomalías en las arandelas, pero no estaba totalmente convencida respecto a estas preocupaciones. Sin embargo, el general no veía ningún ejemplo de perjurio. Cook malinterpretó el silencio de la NASA como un encubrimiento de la Comisión, cosa que no era. La Comisión descubrió la omisión de la NASA durante su investigación, y el Apéndice F de Feynman en el informe de la Comisión detalla algunos de los pasos en falso y motivaciones dentro de la NASA.*

El general Kutyna resaltaba que «el encargo específico de la Comisión era encontrar la causa mecánica del accidente, y no entrar en una caza de brujas para bucar culpas individuales».

Leigh Palmer a Richard P. Feynman
1 de enero de 1987

Estimado profesor Feynman:

Mi hijo, David, me dice que usted no se encuentra bien, y lamento mucho oír eso. Quería contarle algo que sucedió el semestre pasado de lo que usted fue el principal responsable, y que ilustra un fallo humano muy notable (pero evitable): el efecto de los prejuicios sobre el aprendizaje.

Durante más de veinte años he querido entender el efecto de «interferencia de intensidad» Hanbury-Brown Twiss.* Durante más de veinte años he pedido a mis colegas que me explicaran el efecto de una manera que pudiera asimilarlo en mi cerebro mal adaptado de científico experimental. Ni siquiera sé cuántos de esos tipos a los que pregunté «entendían» realmente el efecto en el sentido en que yo interpreto esa palabra. Sé que su derroche de frases como «condensación de Bose-Einstein» no me llevaba a una aclaración. Durante este período incluso he dado cursos de óptica a nivel junior y de doctorado, y en varios semestres mecánica estadística, incluyendo estadística cuántica, que creía entender. No he sido capaz de decir lo mismo, sin embargo, sobre Handbury-Brown Twiss.

Entonces mi hija me compró un ejemplar de *Q.E.D.* de la librería de la U. de Washington. (El libro no estaba disponible aquí, en Vancouver.) Lo leí con placer, pero algo lentamente pues estaba dando clases en ese tiempo. Sólo había sabido del libro a través de una recensión en *Scientific American*. Mi actitud era la de un físico que lee divulgación bien hecha. No entendía la Q.E.D., sin embargo, de modo que también esperaba sacar algunas ideas del libro. Mientras estaba siguiendo el lúcido desarrollo, rellenando algunos pequeños «detalles» y entendiendo lo que estaba leyendo, llegué a una nota a pie de página. Parece que *en passant* se me había explicado completamente Hanbury-Brown Twiss. De repente lo entendía, aunque volví y lo leí otra vez para asegurarme. Lo más importante fue que descubrí que ésta era, al menos, un área en la que no era irremediablemente ignorante.

La lección en esto es clara. Aunque el conocimiento es más fácilmente asimilado por la mente preparada, la misma mente puede ser muy refractaria a la penetración si está «preparada» para creer que no puede ser enseñada. Por supuesto que he tenido que superar esta actitud muchas veces en mis propios alumnos, pero yo me había creído inmune. Fue muy bueno aprender algo de un gran maestro pasados los cincuenta años, cuando me había convencido de que nunca podría llegar a entenderlo. Usted lo hizo explicándomelo sin decir primero qué era lo que iba a explicar. Recordaré (y utilizaré) este truco durante el resto de mi vida. No importa que usted no tuviera intención de hacerlo, lo que importa es que la téc-

* El efecto Handbury-Brown Twiss es una manifestación de la estadística cuántica para los fotones que hace que su emisión se produzca en racimos. Es la base de la interferometría de larga línea de base. Estudiando la correlación entre las señales recibidas por dos receptores separados a gran distancia puede determinarse si proceden de una misma fuente o de dos fuentes distintas. *(N. del t.)*

nica es efectiva en el caso de un prejuicio fuerte en contra de aprender un tema concreto.

Mi familia y yo recordaremos siempre con orgullo nuestra demasiado breve relación con usted y su familia aquí en la Columbia Británica. Aunque nuestro David no ha tenido la oportunidad de estar en una de sus clases en Cal Tech, ha aprendido muchas cosas que deben atribuirse a su buena influencia, por indirecta que pueda haber sido. Espero que el Año Nuevo les traiga a usted y a su familia la máxima paz y felicidad posibles en sus difíciles circunstancias.

Con sincero agradecimiento,
Leigh Palmer

Richard P. Feynman a Leigh Palmer
12 de enero de 1987

Dr. Leigh Palmer
Burnaby, Columbia Británica
Canadá

Estimado doctor Palmer:

Entre los mayores misterios del aprendizaje, y la enseñanza, debe de estar esta aparición de «bloqueos». ¿Qué los provoca? ¿Cómo evitarlos?

Quizá la buena suerte eliminó su bloqueo para H-B and Twiss, pero ¿hemos aprendido un truco para usarlo? Quizá nuestros estudiantes se sientan desmotivados por un profesor que «deja de explicar las cosas, sin habernos dicho lo que va a explicar». El problema está en nuestras clases de varios alumnos, todos diferentes y pensando de diferentes formas. Lo que funciona con unos falla con otros. Ah, pero en los raros casos en que actuamos como tutores de uno en uno (la única ocasión en que sentí realmente que era un profesor eficaz), el truco quizá pueda ser útil. Gracias por señalármelo. Quizá encuentre una oportunidad de utilizarlo conscientemente.

Recuerdo mis visitas a Simon Fraser y Vancouver con gran placer. Gracias por ayudar a ello.

Atentamente,
Richard P. Feynman

Richard P. Feynman a H.-J. Jodl
19 de abril de 1987

El profesor Jodl escribió a Feynman pidiendo permiso para traducir y reeditar «¿Qué es la ciencia?».

Profesor Dr. H.-J. Jodl
Fachbereich Physik
Universidad Kaiserslauten
Alemania Occidental

Estimado profesor Jodl:

Tiene usted mi permiso para traducir y publicar el artículo en su revista. Pero el mundo ha cambiado, y yo hice un comentario sobre «una chica que enseñaba a otra a tejer calcetines». Podría usted añadir a ese párrafo una nota del autor (yo) al pie de página: «Qué maravillosamente ha cambiado el mundo. Hoy las conversaciones sobre geometría analítica entre mujeres son un lugar común».

Atentamente,
Richard P. Feynman

Nigel Calder a Richard P. Feynman
2 de julio de 1987

Profesor Richard Feynman
Instituto de Tecnología de California

Querido Dick:

Con gran tristeza tengo que decirte que nuestro querido amigo y colega Philip Daly está enfermo en fase terminal por causa de un tumor cerebral. Sufrió una operación a finales de mayo, pero estaba demasiado avanzado para que la cirugía sirviera de mucho.

Phil está ahora en casa, con plenas facultades mentales y realizando algún trabajo en el marco de su proyecto actual para la BBC TV sobre la ciencia del siglo XX y la historia de la radiodifusión. Le he visitado dos veces para ayudarle con el trabajo.

Él sabe que algo va mal, pero cree que tiene hasta final de año, y habla de rodar en septiembre en Estados Unidos. Su mujer, Pat, en privado y probablemente con más exactitud, interpreta que los comentarios del cirujano significan semanas antes que meses.

Estoy seguro de que se alegraría mucho de tener noticias tuyas, aunque sólo fuera una breve nota o una tarjeta de felicitación. Una expresión demasiado efusiva de simpatía tiende a sobresaltarle, no sólo debido a su situación real sino porque el tumor está afectando a sus emociones.

Espero que te estés manteniendo bien, Dick. Fue un placer y un privilegio encontrarte en Cambridge el año pasado, y disfruté mucho de nuestra charla sobre Q.E.D., incluso si mis poderes de persuasión no fueron suficientes.

Con mis mejores deseos.
Afectuosamente,
Nigel Calder

Richard P. Feynman a Philip Daly
22 de julio de 1987

Sr. Philip Daly
Quarry Corner
Bath, Inglaterra

Querido Philip:

Supe que los cirujanos la habían tomado contigo, igual que hicieron conmigo. Buena suerte en tu período de recuperación. El mío fue un poco largo y cuando me quejé, el cirujano me dijo que nunca había tenido un paciente que no pensara que se estaba recuperando demasiado lentamente. Así que ten paciencia.

¿Vas a venir pronto a Estados Unidos? Si estás cerca de Los Ángeles serás bienvenido para que te quedes con nosotros. Por desgracia, nosotros no tenemos planes de ir a Inglaterra este verano. Gweneth te envía saludos.

Afectuosamente,
Richard P. Feynman

Vincent A. Van Der Hyde a Richard P. Feynman
3 de julio de 1986

Estimado doctor Feynman:

De acuerdo, desde el principio ésta podría parecer una carta extraña. Pero una vez que comprenda usted lo que trato de hacer quizá no resulte tan extraña. En primer lugar, tengo este hijo de dieciséis años, hijastro en realidad, que es bastante brillante. Ningún genio, entiéndalo, pero mucho más inteligente que yo en matemáticas y similares. Como todos los demás, está tratando de descubrir de qué va la vida. Lo que aún no sabe es que nadie ha descubierto todavía de qué va la vida, y que eso no importa. Lo que importa es seguir viviendo. Así que aquí está este chico, brillante, muy bueno en matemáticas y física y química. Haciendo aeromodelismo controlado por radio y leyendo libros sobre el diseño de alas que tienen un montón de ecuaciones que estoy seguro de que no sabe cómo resolver.

Pero al mismo tiempo está tratando de crecer y explicarse un poco a sí mismo y su mundo. Un poco de sobrepeso, un poco tímido, no mucha confianza en él. Así que se prepara para ello haciéndose el macho a veces. Tratando de imaginar qué tipo de hombre va a ser. Tratando de ver cómo desenvolverse en el instituto. Va a ser un junior el próximo otoño, así que la universidad no queda lejos. A él le gustaría entrar en alguna escuela estupenda, pero con las notas que tiene eso podría ser problemático.

No quiero ser un padre prepotente. Lo que él quiera hacer me parece bien. Yo empecé en ingeniería eléctrica en 1960 porque mi padre quería un ingeniero, y termine en criminología. Así que sé lo que es ser presionado por un padre y verte obligado a satisfacer sus expectativas. Todo lo que deseo es que él haga lo que quiera hacer lo mejor que pueda. Es casi una cuestión de honor en cierto sentido. Si uno puede hacer algo bien, tiene una obligación consigo mismo de hacerlo lo mejor que pueda. Me temo que éste es un concepto no altamente considerado en muchos círculos, ni ahora ni nunca, pero ¿cómo puede una persona inteligente sentirse a gusto consigo misma si no hace algo que le gusta por encima de todo?

En cualquier caso, después de hablar con sus profesores de los dos últimos años surge una pauta real. Parece que capta rápidamente toda la ciencia, ve cómo se hace una cosa y entonces quiere avanzar en ello tan rápido como pueda por sí mismo. Algunos de sus profesores le animan en esto, que es importante. Pero... resulta que todo el mundo califica sobre la base de la puntuación obtenida en los tests, y los tests sólo abarcan lo que se enseña a todos. Martin, ése es su nombre, ve la materia básica demasiado fácil para él y por ello le parece indigno de él presentar día a día las tareas de rutina. Preferiría hacer las cosas estupendas que el resto de la clase nunca logra hacer. El problema es que buena parte de la nota sale de hacer el trabajo rutinario, no el trabajo exótico, y por eso sus notas bajan. Eso, por supuesto, es un fastidio. Sus profesores van detrás de él, yo le hostigo más de lo que debiera, y él se siente mal. Mentiras de principio a fin. En los cursos que no son de ciencias es aún peor, porque él sabe que mucha de la materia es bula y adoctrinamiento. Supongo que se hace una idea.

Hace unos meses me topé con este libro. Título interesante (y diferente) y el tipo de la cubierta parece un humorista, no un físico. Los dos, Martin y yo, leemos el libro. MUY divertido. Pero advertimos que casi todas las historias tienen una moraleja. No es sólo un libro de anécdotas; ¡es un libro sobre cómo funcional el mundo! Clarividente. También seguimos las noticias sobre la tragedia del *Challenger* y la Comisión Rogers. Y aquí está el mismo tipo que escribió el libro, ayudando a poner de nuevo a la NASA en el camino de las estrellas, y sin andarse con palabras bonitas para hacerlo. Fabuloso.

Así que empiezo a pensar. Aquí está este tipo. Mi hijo ha leído su libro, ha seguido las noticias y todo eso, y el tipo es también un premio Nobel. El tipo de colega que los chicos que sienten inclinación hacia la ciencia miran y dicen CARAMBA. Y yo tengo este «problema». Usted sabe obviamente mucho sobre ciencia y, si el libro es un indicio, también conoce muy bien a las personas. Y quien sabe lo que es eso hará que un chico inteligente de dieciséis años se detenga a pensar por un minuto en lo que realmente quiere en la vida (al menos por un momento) y lo que va a hacer para conseguirlo. Así que... Quizá usted pudiera escribir al chico. Decirle lo que usted piensa «sobre la vida»; lo que significa «hacer ciencia», qué hay que hacer para instruirse para ser lo que uno quiere ser. No sé, dígale lo que quiera. Saber simplemente que alguien «ahí fuera» comprende y se preocupa un poco puede suponer una gran diferencia. Ayuda a mantener las alas rectas y el morro alto. Gracias.

Atentamente,

Vincent A. Van Der Hyde

P. D. Es un buen libro, espero que escriba otro para la «prensa popular».

En una partida de ajedrez.

Richard P. Feynman a Vincent A. Van Der Hyde
21 de julio de 1987

Mr. V. A. Van Der Hyde
Juneau, Alaska

Estimado señor Van Der Hyde:

Me pide que escriba acerca de lo que pienso de la vida, etc., como si yo tuviese alguna sabiduría. Quizá, por casualidad, la tengo... no lo sé. Todo lo que sé es que tengo opiniones.

Cuando empecé a leer su carta me dije a mí mismo: «He aquí a un hombre muy sabio». Por supuesto, era porque usted expresaba opiniones como las mías. Tales como «lo que él aún no sabe es que nadie ha descubierto todavía de qué va la vida, y eso no importa». «Cualquier cosa que quiera hacer me parece bien», con tal de que «lo haga lo mejor que pueda». (Usted sigue hablando de una especie de obligación para con usted mismo, etc., pero yo difiero un poco en esto: creo que «hacer algo que a uno le gusta lo mejor que pueda» es simplemente la única manera de alcanzar una felicidad realmente profunda, no una obligación.)

En realidad, si le gusta bastante uno no puede evitarlo, si alguien le da un poco de libertad. Ni siquiera en mi libro menos serio resalto, aunque es cierto, que trabajaba todo lo que podía dibujando, descifrando escritura maya, tocando los bongos, abriendo cajas de seguridad, etc. El placer real de la vida es esta prueba perpetua para ser consciente de hasta dónde puede ir uno con cualquier potencialidad.

En el caso de algunas personas (en el mío y, sospecho, el de su hijo) cuando uno es joven sólo quiere ir lo más rápido, más lejos y más hasta el fondo que se pueda en un tema; todos los demás se desprecian por ser relativamente poco interesantes. Pero más adelante, cuando uno se hace mayor descubre que casi todo es realmente interesante si se profundiza en ello lo suficiente. Porque lo que uno aprendió cuando era joven es que una cosa va volviéndose más interesante a medida que se profundiza en ella. Sólo más tarde descubre uno que esto es verdad en otras cosas... en última instancia en todo. Déjele ir, deje que lo distorsione todo estudiando lo que más le interesa tanto como quiera. Desde luego nuestro sistema escolar le calificará mal, pero a él le irá bien. Mucho mejor que saber sólo un poco sobre un montón de cosas.

Le animará saber que a los padres del ganador del premio Nobel Don Glaser (el físico que inventó la cámara de burbujas) les aconsejaron, cuando su hijo estaba en el tercer curso, que le trasladaran a una escuela para niños retrasados. Los padres se mantuvieron firmes y quedaron justificados en el cuarto curso, cuando su hijo resultó ser un genio con las divisiones largas. Don me dice que recuerda que no se molestaba en contestar a ninguna de las estúpidas y obvias preguntas de los cursos anteriores, pero las divisiones largas le parecieron un poco más difíciles, las respuestas no eran obvias y el proceso era fascinante, así que empezó a prestar atención.

Así que no se preocupe, pero no le deje que se desmadre demasiado, como Don Glaser. ¿Qué consejo puedo darle? Él no lo seguirá, por supuesto. Pero ustedes dos, padre e hijo, deberían pasear y hablar (sin caminos o propósitos preestablecidos) sobre esto y aquello. Porque su padre es un hombre sabio, y pienso que el hijo también es sabio, pues tienen las mismas opiniones que yo tenía cuando era padre y también cuando era hijo. Éstas no concuerdan exactamente, por supuesto, pero la sabiduría más profunda del hombre más viejo crecerá a partir de la atención enérgica concentrada del más joven. Paciencia.

Para responder más explícitamente a las preguntas de su último párrafo.

P: ¿Qué es lo que uno tiene que hacer para instruirse para ser lo que quiere ser?

R: Hay muchas rutas, todas diferentes, que han sido seguidas por muchos científicos distintos. La ruta que yo seguí es la que sigue su hijo: trabajar tan duro y tanto como uno quiera en las cosas que más le gusta hacer. Trate de que las demás calificaciones no bajen a cero, si puede. No piense en lo que «usted quiere ser», sino en lo que usted «quiere hacer». Por suerte él ya lo sabe, así que déjele hacer. (Pero manténgase mínimamente informado sobre otras cosas para que la sociedad no le impida hacer algo.)

P: ¿Qué es lo que haría a un muchacho de dieciséis años inteligente pararse a pensar por un minuto...?

R: Nada, ahora, espero. Salvo enamorarse de una mujer maravillosa, y hablar con ella tranquilamente en la noche hará maravillas.

Deje de preocuparse, papá. Su chico es maravilloso. De otro papá de otro chico maravilloso.

Atentamente,

Richard P. Feynman

Cuando este libro entró en imprenta, el señor Van Der Hyde informó de que su hijo había encontrado a una mujer maravillosa en la universidad, estaba ahora casado con dos hijos y cursaba el último año de su programa de doctorado en oceanografía física en la Universidad de Hawai. Al considerar los efectos a largo plazo de la carta de Feynman, el señor Van Der Hyde dice que es imposible, por supuesto, saber la importancia que tuvo.

Continuaba: «Pero sé que fue importante para mí, como padre, y sé que mi hijo nunca ha olvidado cómo uno de los "grandes" dedicó algunos minutos sólo para él».

Apéndice I
Entrevista con Richard P. Feynman para «Punto de Vista»

Realizada por Bill Stout para KNXT Television c. 1959

Stout: «Todas las cosas deben cambiar a algo nuevo, a algo extraño». Son palabras de Longfellow, palabras muy adecuadas para esta nueva y extraña era del espacio. También podríamos remontarnos a Omar Khayyam, quien escribió en el *Rubayat*: «Y esa bola invertida que llaman el cielo, bajo la que vivimos y morimos amontonados; no levantes tus manos a ella en busca de ayuda, pues se mueve tan impotente como tú y como yo».

Hoy en «Punto de Vista», trataremos la relación de ustedes y yo con el misterioso mundo del científico. Nuestro invitado, el joven y distinguido físico teórico del Instituto de Tecnología de California, doctor Richard Feynman.

Doctor Feynman, en los años veinte la escritora inglesa Elisabeth Bibesco dijo: «A veces es el hombre que abre la puerta el último en entrar en la habitación». ¿Cree usted que esto es cierto hoy respecto a los científicos? ¿Están realmente participando como personas, usted y sus colegas, en este mundo feliz que están ayudando a crear? ¿Como seres sociales?

Feynman: Bueno, el mundo que estamos creando para nosotros no es un mundo social.

Stout: ¿Qué quiere decir?

Feynman: La razón por la que hago ciencia, la motivación para ello no es, estricta y honestamente hablando, la motivación habitual de ayudar a los seres humanos. La motivación principal es la curiosidad y el interés por descubrir algo sobre el mundo en el que estamos. De modo que estamos abriendo una puerta, si puedo utilizar esa analogía, y entrando en la habitación de la ignorancia y descubriendo qué hay allí. Lo que pasa es que cuando se descubre algo acerca del funcionamiento del mundo, dicho conocimiento puede utilizarse en alguna aplicación, como hacer una pintura mejor, una bomba o alguna otra cosa. Y el resto del mundo utiliza los resultados del trabajo científico. De modo que en ese sentido estamos abriendo las puertas para nosotros mismos.

Stout: ¿Entonces usted no se preocupa realmente por las aplicaciones prácticas posteriores?

Feynman: Bueno, como ser humano naturalmente que me preocupo, por supuesto.

Stout: Pero ¿como científico?

Feynman: Bueno, la motivación principal de mi ciencia no va en esa dirección, no es ésa la motivación principal. Hay otras motivaciones. Después de todo, hay sólo un ser humano, así que a uno le gusta vivir y ver que esto tiene aplicaciones... mejor si no tiene malas aplicaciones, pero tiene todo tipo de aplicaciones. También es interesante ver el ingenio que se utiliza para desarrollar algunas de estas cosas y darse cuenta de que algo que uno ha descubierto puede ayudar a los hombres; eso es siempre una gran ventaja. Por supuesto, no puedes sacar provecho de esa ventaja, porque al mismo tiempo puede ser que lo que has descubierto se use en contra o cause molestias a la gente. Así que no puedes sentirte cómodo por haber descubierto algo que es útil, porque al mismo tiempo te das cuenta de que has descubierto algo que es a la vez horrible. Porque cualquier idea nueva puede utilizarse en las dos direcciones.

Stout: La bomba, por ejemplo.

Feynman: La liberación de energía nuclear en la fisión, por ejemplo, puede utilizarse para hacer una bomba, o puede utilizarse para producir energía.

Stout: ¿Son desarrollos como el de la fisión nuclear y la bomba los que preocupan a los científicos que participaron en sacarlos a la luz?

Feynman: Déjeme responder primero desde el punto de vista científico, y luego desde el punto de vista humano. Primero, con respecto al descubrimiento de la fisión, eso no es un problema en absoluto. Es muy excitante, que un núcleo sea tan grande que cuando lo tocas se divide en dos partes, como una gota de agua, eso es una cosa muy interesante y muy divertida. Es posible, entonces, liberar energía y obtener un número grande de neutrones y hacer que la radiactividad se utilice para varios experimentos, también eso es muy interesante.

Por otra parte, dada la posibilidad de gran liberación de energía, ahora se suele decir que la ciencia hace la bomba. No es así. Es la ingeniería la que hace la bomba. La razón para hacer la bomba fueron motivos militares durante la guerra. Es cierto que los científicos trabajaron en ello, pero no estaban trabajando en ciencia; estaban haciendo de ingenieros durante la guerra. Fueron sacados de los laboratorios para ello. Podían haber sido sacados de los laboratorios en alguna otra crisis, por ejemplo para producir energía para la industria o para algún otro fin. Cuál es el propósito al que se aplica la fisión, eso es diferente.

Ahora bien, con respecto a nuestras propias acciones como seres humanos, naturalmente —yo mismo, por ejemplo— trabajamos en la bomba durante la guerra. ¿Cómo me siento por eso? Mi filosofía es que no hace ningún bien lamentarse sobre lo que uno hizo antes, sino que hay que tratar de recordar cómo se tomó la decisión en su momento. En aquel momento, dejé el laboratorio porque la prioridad era combatir en una guerra, y eso todo el mundo lo reconocía al comienzo de la guerra. Y pensábamos que existía un peligro extremo si los alemanes conseguían el arma, por el loco que estaba gobernando su país. Y si los científicos en Alemania hubieran podido desarrollarla, entonces no habríamos tenido esperanza, y creo que hubiera sido el final de la civilización en ese momento. Yo no sé cuánto tiempo va a durar la civilización, en cualquier caso. Así que la razón principal por la que yo trabajé en ello en aquel momento era porque tenía miedo de que los alemanes lo hicieran primero, y sentí que era una responsabilidad hacia la sociedad trabajar en ello para mantener nuestra posición en la guerra.

Stout: Lo hicieron usted y otros científicos como usted, no ingenieros, que hacen las aplicaciones prácticas...

Feynman: Bueno, era difícil distinguirnos. Los mismos individuos pueden hacer ambas cosas a veces.

Stout: Pero en el trabajo que está haciendo ahora, usted es un científico. No está usted interesado en hacer un automóvil mejor o una pintura mejor o un nuevo tipo de producto alimenticio congelado.

Feynman: Es fácil de diferenciar. En el trabajo que desarrollo no hay nada que sea secreto. Es conocido internacionalmente; se transmite por carta, de acá para allá, y mediante revistas que se leen en todo el mundo. Los rusos nos dicen lo que están haciendo; yo les digo lo que estoy haciendo, y cosas así. Es una empresa internacional; así que hay una diferencia. Y la motivación es la curiosidad en todo el mundo. Disculpe que le haya interrumpido.

Stout: No, no. Está explicando usted lo que iba a preguntarle. Cuando vamos más allá de este libre intercambio en el nivel científico, nos encontramos con las aplicaciones ingenieriles, la construcción de bombas, cohetes y todo lo demás. Y presumiblemente hay muchas cuestiones de seguridad que impiden la libertad de intercambio. ¿Trabaja usted en algún proyecto secreto?

Feynman: No.

Stout: ¿Por decisión propia?

Feynman: Sí, por decisión propia.

Stout: ¿No quiere hacerlo?

Feynman: Bueno, en primer lugar, no quiero porque deseo hacer investigación científica; es decir, hacer más descubrimientos sobre el funcionamiento del mundo. Y eso no es secreto; ese trabajo no es secreto. No hay secretismo asociado con ello. Las cosas que son secretas son desarrollos ingenieriles en los que yo no estoy tan interesado, excepto cuando la presión de la guerra, o alguna otra cosa similar, me hace trabajar en ello.

Stout: Me preguntaba si su razón para no estar interesado en estos desarrollos ingenieriles y para no trabajar hoy en proyectos secretos podría ser consecuencia del trauma de haber trabajado en la bomba durante la guerra.

Feynman: Sí, estoy decididamente en contra del trabajo en proyectos secretos.

Stout: ¿Por qué razón?

Feynman: Bueno, hay varias razones. No creo que las cosas deban ser secretas, las personas que las desarrollan. Creo que es muy difícil que los ciudadanos tomen una decisión sobre lo que está pasando cuando tú no puedes decir qué estás haciendo. Y la idea verdadera de democracia, creo, era que el pueblo, donde se supone que reside el poder, debería estar informado. Y cuando hay secreto, no está informado.

Ahora bien, ése es un punto de vista ingenuo, porque si no se hubiera trabajado en secreto habrían sido los rusos los que lo habrían descubierto. Por otra parte, hay algunas cosas terriblemente divertidas que se mantienen en secreto. Se mantiene en secreto que sabemos lo que los rusos están manteniendo en secreto para nosotros, por ejemplo, o algo similar. Creo que las cosas van demasiado lejos respecto al secreto.

Stout: Por ejemplo, los informes de que sabíamos por adelantado los proyectos soviéticos para el primer *Sputnick*, pero no se nos decía que lo sabíamos.

Feynman: Sí, por ejemplo.

Stout: De modo que todos nosotros tuvimos que sorprendernos por lo que hacían los rusos, en lugar de estar informados por adelantado por nuestro propio gobierno.

Feynman: Ése es un buen ejemplo, porque el efecto del conocimiento de lo que los rusos estaban haciendo era algo muy serio, y eso hubiera supuesto una gran diferencia. Fue una conmoción. Y fue algo importante de saber, pese a que no lo supimos durante mucho tiempo.

La otra cosa es que es difícil trabajar en secreto; implica una especie de esquizofrenia en el sentido de que uno tiene que recordar qué es lo que sabe y qué no le está permitido decir. Y lo que sucede es que te reprimes para evitar decir cosas hasta el punto que te vuelves incomprensible en ciertos temas. Porque si empiezas a hablar de un tema que oíste en secreto, tienes miedo a decir algo sobre ello por temor a que quizá ésa fuera una de las cosas que era secreta. Así que no me gustan los secretos.

Stout: Deduzco de todo esto que usted ve muchas desventajas en el sistema de seguridad. ¿Qué pasa con los juramentos de lealtad y con el tipo de ideología que parece acompañar a la política de seguridad del gobierno y la creciente extensión del trabajo gubernamental en los campos de la ciencia y la ingeniería? ¿Cuál es su opinión?

Feynman: Ése es un tema muy complicado de carácter político. Diría más bien que no lo sé. Tengo opiniones firmes, pero no creo que sean más valiosas que las opiniones de otros.

Stout: Salvo por el hecho de que ha trabajado en esos campos y presumiblemente trató con estos problemas.

Feynman: Eso es cierto, pero no sé mucho de ello.

Stout: Ha dicho que la fuerza de la democracia está en informar al pueblo. ¿Cree que usted y otros científicos —que se apartan del trabajo de los tecnólogos en proyectos inmediatos de alto secreto—, otros científicos como usted, y sus colegas en Caltech, están haciendo todo lo que podrían para informar al pueblo de los cambios que se están produciendo? Si no en el mundo de hoy, al menos en el mundo de mañana.

Feynman: No, no están haciendo todo lo que podrían hacer, porque si dejasen de trabajar en la ciencia por completo y dedicasen todo su tiempo a tratar de informar a la gente de lo que acababan de hacer, entonces, por supuesto, harían más. No olvidemos que tienen una profesión. Además, entraron en esto porque están interesados en la Naturaleza, y no en informar a la gente. Muchos científicos se dedican a la ciencia porque no están demasiado interesados en las relaciones entre los seres humanos. Quiero decir, que no es ése su interés principal, así que no se hace mucho por informar. Ésta no es una respuesta adecuada, porque hay todo tipo de personas y hay muchos colegas que quieren informar. De hecho, todos lo hacemos, de una u otra forma. Informamos a nuestros alumnos; enseñamos. Cada vez que tenemos una oportunidad para dar conferencias y cosas así, tratamos de hacerlo. Es muy difícil informar, porque en la ciencia se ha acumulado muchísima información en los doscientos o trescientos últimos años, y la gente es bastante ignorante sobre ello. Se necesita mucha paciencia para tratar de explicar algunas cosas, porque normalmente te preguntan qué estás haciendo ahora. Y lo que estás haciendo ahora es investigación en el mismísimo filo de algo de lo que ha habido mucha falta de información y cosas así durante los trescientos años últimos de investigación. Y es muy difícil realizar todo el trabajo atrasado para explicar por qué ese problema es interesante.

Stout: Bueno, se habla mucho, y se habla continuamente, sobre la ciencia y la necesidad de los científicos de comunicarse con el gran público. ¿Es posible, en el tipo de ciencia que usted hace —muy extraña, de tipo teórico—, es posible para usted hablar con la gente? ¿Y cree usted que la gente realmente quiere saber? ¿O quieren saber simplemente si lo que usted está haciendo podría conseguir que el año que viene la pintura del coche fuese un poco más resistente y un poco más brillante?

Feynman: La gente tiende a eso. Pero también hay muchas personas que quieren saber cómo funciona el mundo. Hay tres tipos de preguntas. Una es ¿cómo me afecta a mí? Otra pregunta es: ¿cómo le afecta a usted? ¿Qué está haciendo? Porque están interesados en mí en concreto. Y luego hay otra pregunta: ¿de qué están hechas las estrellas? Ahora bien, sólo hablar de las del último tipo proporciona un placer real. Porque éstas tienen el mismo tipo de curiosidad que te motiva en el terreno científico. Y por eso sientes cierta simpatía por ese tipo de preguntas. Y a esas personas puedes dedicarles mucho tiempo y contarles todo sobre las estrellas, y ellos sonríen y hacen más preguntas. Y eso es muy divertido. Pero cuando te preguntan: «¿Qué está usted haciendo exactamente?», porque quieren informarse sobre ti, eso no es tan interesante. Cuando lo que desean saber es cómo va a afectarles, eso es aún más aburrido, porque realmente no tengo ni idea de cómo va a afectar a nadie el trabajo que hago. No puedo responder en absoluto.

Stout: Es un interés egoísta en lo que usted está haciendo.

Feynman: Si eso significa algo negativo, sí.

Stout: No, no creo que el egoísmo sea necesariamente negativo.

Feynman: Sí, pero lo es. Lo es en relación con la sociedad y sus efectos. Cuál es la repercusión en la sociedad del trabajo que estoy desarrollando, en cierto sentido, en un sentido mecánico. Cómo va a afectar a sus vidas en el sentido de cómo va a cambiar el tamaño de los automóviles, o de si van a poder cocinar o no presionando un botón. Pero no cómo va a afectar a sus vidas en el sentido de sus vidas intelectuales; es decir, cómo va a afectar a cómo piensan sobre el mundo, a sus ideas sobre de dónde venimos y adónde vamos, y qué es la Tierra, y si está girando en el espacio o está sobre el lomo de un elefante. Mire, estas ideas son los resultados de la ciencia. Creo que el resultado más interesante de la ciencia y la máxima influencia sobre la gente tuvo que ver con las ideas que se generan como resultado de estas investigaciones, y no sólo con las cosas técnicas. El hecho de que podamos transmitir estas imágenes por el aire, eso es muy interesante. Pero más interesante aún es que es transmitido por ondas, o cuál es la relación entre la electricidad y la luz y todo eso... me parece muy excitante. Y ése no es un nivel de responsabilidad no social; eso es intelectual.

Stout: En una sociedad como la nuestra, ¿se puede esperar que mucha gente sienta verdadera curiosidad sobre el color de la Tierra?

Feynman: No sé lo que se puede esperar, pero la gente siente esa curiosidad. Tengo mucha más fe en la gente que lo que es habitual... Hablo con montones de personas, me muevo mucho, y esas personas no tienen una inclinación técnica. Y descubro que están interesadas, sí. No están sólo interesadas en sí mismas. Hay mucha gente que lo está, pero hay bastantes personas que están interesadas en el mundo exterior, por decirlo así.

Stout: Aparte del interés de tipo puramente científico —la constitución de las estrellas, o de la tierra o del aire—, ¿le parece que la ciencia tiene un efecto inquietante sobre las personas religiosas? ¿Sobre las creencias religiosas de la gente? ¿Puede usted ser un científico, sabiendo tanto como sabe, y ser religioso, en el sentido aceptado, practicante y convencional?

Feynman: Sólo puedo hablar por mí mismo. Personalmente soy incapaz. Quiero decir, por lo que he aprendido sobre la ciencia, no puedo ser practicante en el sentido religioso convencional. Eso no encaja. Creo que las ideas de la religión convencional —como las de la Biblia y demás— son muy limitadas. No se dan cuenta de la gran extensión del mundo, o de la longitud del tiempo en la que las cosas han estado ocurriendo. Me parece imposible, en cierto sentido, que pueda prestarse tanta atención al hombre como se aconseja en la religión habitual y prestar tan poca atención al resto del mundo. No me parece que este universo fantásticamente maravilloso, esta tremenda extensión de tiempo y espacio y los diferentes tipos de animales, y todas las plantas diferentes, y todos estos átomos con todos sus movimientos, y así sucesivamente, toda esta cosa complicada pueda ser simplemente un escenario para que Dios pueda observar a los seres humanos luchando entre el bien y el mal, que es la visión que tiene la religión. El escenario es demasiado grande para el drama. Así que creo que no es la imagen correcta.

Stout: ¿Es ésta una conclusión a la que llegó usted después de madurar en su trabajo científico?

Feynman: No sé lo maduro que era a los quince o dieciséis años. Pero fui educado religiosamente; pasé por ello...

Stout: ¿Y usted cambió de opinión sobre una base razonable?

Feynman: Sí, bueno, no sé cuánto tenía de razonable, pero no fue emocional. Cambié mi propia opinión.

Stout: A través de su propio razonamiento, quería decir.

Feynman: Sí.

Stout: Sobre la base de lo que usted aprendió y aceptó y creyó.

Feynman: Sí. Hay otro aspecto: que una persona que aprende ciencia tropieza con una dificultad de otro tipo, que podría mencionar, que no es sólo con la información. No se trata sólo de que cuando miramos el mundo parece diferente de lo que parece haberse visto desde la visión religiosa. La teoría religiosa del mundo —Dios lo hizo y quiere ayudar a la gente, y todo eso, cuando ellos le necesitan, y todo lo demás—, esa imagen no encaja con lo que uno ve. Parece que no encaja. Ésa es una cosa. Pero hay otra. Cuando observas el desarrollo de la ciencia, ves que siempre es necesario ese gran desarrollo... porque cuando dices que no sabes la respuesta a algo, y empiezas a investigar todos los detalles, te planteas un montón de preguntas sobre ello. Dices que no estás seguro de nada: no estamos seguros de nada en las ciencias; la verdad es que no sabemos. A medida que aprendemos más, estamos cada vez más seguros, en un sentido u otro, de que es aún más probable que algo sea cierto, o de que es cada vez más probable que tal o cual idea sea falsa. Pero es muy difícil sacar alguna inspiración de la teoría de Dios, si uno se dice a sí mismo: «Bueno, considero muy probable que sea cierto». Pese a todo, éste es el punto de vista que se supone que uno va a tomar, o que encuentra útil asumir sobre todo el mundo: que es más o menos probable que algo sea cierto. Por eso, incluso si tuviera una inclinación muy fuerte a creer en Dios, mire, en algún momento adoptaría el punto de vista. «Bien, ésa es una teoría interesante que creo que es muy probable que sea cierta». Y ahora recemos. Eso es muy duro.

Stout: ¿Ningún dogma?

Feynman: No se puede aceptar algo de forma absoluta. Uno no está seguro. Una vez que se tiene esa sensación, pierde el valor de inspiración de la religión. Ése es un problema del presente, porque ciertamente la religión puede ayudar mucho para que la gente sea mejor, a recordarles cómo sienten —que lo que sienten no está bien; no han hecho lo mejor, y salen de la iglesia dispuestos a hacer lo mejor.

Stout: Una fuerza para el bien.

Feynman: Una fuerza para el bien, una inspiración. Ahora bien, ¿cómo podemos mantener esa inspiración sin una teoría metafísica, sin creer necesariamente en ciertas ideas, tales como que Cristo resucitó de los muertos, o algo similar. ¿Es eso necesario para creer en la idea de que uno debería ayudar a su vecino, o que debería hacer con su vecino lo que hace consigo mismo; es necesario creer que Cristo resucitó de los muertos para vivir como un cristiano? Según la religión convencional, lo es. Pero creo que eso plantea un problema para un hombre científicamente instruido, pues no tiene adónde ir para obtener inspiración y así recordar las enseñanzas de Cristo en su sociedad convencional. Está rodeado por lo que él considera superstición.

Stout: Por supuesto usted ha mencionado antes que la mayoría de los científicos no están interesados principalmente en la sociedad como un grupo de seres humanos que viven juntos.

Feynman: Como científicos. Pero como seres humanos...

Stout: Como seres humanos lo están.

Feynman: Sí.

Stout: De modo que, incluso aunque un científico a nivel científico pueda rechazar el concepto clásico de religión, puede ser una persona honesta que desee portarse bien con su vecino y su mujer y sus hijos.

Feynman: Oh, por supuesto. No hay nada en las enseñanzas de Cristo que sea increíble desde el punto de vista científico. Nada, nada de lo que aprendí sobre la distancia a las estrellas me enseña que no es probable que la regla de oro sea verdadera, o que debería matar o no. Eso no tiene nada que ver con ello. Pero las personas que han creado la religión han añadido algo más. Además de esas otras proposiciones, acerca de cuáles son los valores morales, añaden que tendría que creer también en ciertos milagros realizados por el mismo hombre, Jesús. No creo que esos milagros sean ciertos. Puedo seguir pensando que las enseñanzas de este gran filósofo son dignas de atención. La ciencia no está cometiendo una inmoralidad. Sólo quiere que la religión no opine sobre la estructura metafísica del mundo... es decir, cómo apareció, qué edad tiene, si es o no posible que se produzca un nacimiento de una virgen. ¿Por qué tiene que saber eso? ¿Por qué es necesario?

Stout: Por supuesto, pero en el caso de muchas personas que no son científicas, ¿no es cierto que los descubrimientos de la ciencia han hecho temblar las bases de la religión? Y las personas no son tan selectivas cuando deciden en lo que creerán y no creerán; simplemente se alejan de ello.

Feynman: Porque las religiones han unido dos cosas: por ejemplo, si quieren enseñar los Diez Mandamientos, no se contentan con enseñar los Diez Mandamientos porque la experiencia de la humanidad, o lo que sea, dice que éstos son una buena manera de proceder. Sino que enseñan los Diez Mandamientos porque le fueron dados a Moisés en medio de relámpagos. Ahora bien, llega la ciencia y sugiere que es posible que estas cosas no fueran dadas a Moisés mediante un rayo. Una persona que no piensa demasiado dice: «¡Oh, entonces todo es un cuento! Y me asusta pensar en esa posibilidad, porque quizá entonces los Diez Mandamientos no tienen ninguna base». Pero no es así necesariamente. Es perfectamente posible que la moral pueda haber venido de los hombres. Podría haber sucedido que Moisés fuera un hombre normal y corriente y que escribiera estas cosas. Y yo aún podría creer y seguir comportándome de la misma manera. Y lo que creo que ha sucedido es que la religión ha juntado dos tipos diferentes de ideas y las ha unido tan fuertemente —a saber, la teoría de cómo surgieron los Diez Mandamientos, y la creencia en que uno debería seguirlos— que cuando llega la ciencia y pone en duda uno de los extremos —a saber, cómo surgieron los Diez Mandamientos— la gente se pone nerviosa porque cree que se está dudando del otro extremo; a saber: de lo que ellos contienen. Pero es la religión la que los unió innecesariamente; no hay una conexión real. Así es como lo veo yo, es una visión filosófica personal de la relación entre la religión y la ciencia. Estoy en un extremo. Quiero que entienda que no todos los científicos piensan de la misma manera, naturalmente, porque cuando salimos de nuestro propio campo no sabemos de lo que estamos hablando. Y puedo estar equivocado en este tema especial de la religión, pero usted me ha preguntado qué es lo que pensaba yo, y esto es lo que pienso.

Stout: Supongo que hay algunos científicos, incluso en su propio campo, quizá colegas suyos, que son religiosos practicantes.

Feynman: Por supuesto que los hay.

Stout: Y hacen que los dos conceptos encajen.

Feynman: Encuentran la forma de hacerlo, y no sé cómo lo hacen. Pero encuentran la forma de hacerlo. No me lo explico. Mi visión del mundo es diferente.

Stout: En nuestra charla de hoy, ha habido algunos tonos de las escritos de Irving Shaw, que en cierta ocasión escribió que: «Elegí una religión que quiere sacar el cielo de las nubes y plantarlo aquí en la tierra donde la mayoría de nosotros podamos tener un trozo del mismo». O quizá las bien conocidas palabras de John Henry Newman, que escribió: «Lleva la luz amablemente en medio de la penumbra circundante. Guíame. La noche es oscura y estoy lejos de casa. Guíame. Guarda mis pasos. No pido ver la distancia; un paso es suficiente para mí».

Entrevista transcrita por cortesía de KCBS-TV Los Ángeles.

Apéndice II
«Gravedad, la irrespetuosa», por Earl Ubell, editor de ciencia

New York Herald-Tribune
5 de febrero de 1961

El sistema de megafonía zumbaba y pitaba. Uno de sus altavoces se cayó de su nido del techo al suelo. Pero ninguna perturbación podía distraer a la selecta audiencia de cientos de físicos en la Terrace Room del hotel Nueva Yorker la semana pasada.

Ellos seguían con atención el insistente ritmo matemático de cuatro discursos sobre un tema que es a la vez glorioso y angustiante para la mente humana: la teoría de la relatividad general, la teoría que describe la gravedad. A veces se reían. Para la mayoría de ellos, la física es divertida.

Y puesto que el doctor Richard P. Feynman, del Instituto de Tecnología de California, estaba hablando de la gravedad cuando el altavoz casi aplasta a uno de sus colegas, su auditorio se rió a carcajadas cuando les recordó la idea del siglo XVII de la gravedad con esta ocurrencia: «¡Ah, acción a distancia!».

Quizá se trata de un humor muy especial. Pero el intento del doctor Feynman de navegar a través de un mar de ecuaciones proyectadas en una pantalla tenía algo de heroico. Estaba recorriendo un nuevo camino a través de un viejo tema.

¿Fácilmente entendida?

La misma sensación de la grandeza de la física recorría la audiencia cuando oían al doctor Peter Bergmann, de la Universidad de Siracusa, contar cómo él y sus alumnos abordaban también la teoría de la gravedad; y cuando oían al doctor John Wheeler, de Princeton, crear una extraña geometría del espacio, y al doctor Thomas Gold, de Cornell, hablar de un universo en el que la materia —los átomos— nace como si se materializara a partir de la nada. Todo concierne a la gravedad y a la relatividad.

En realidad, las principales ideas que hay tras la relatividad pueden ser fácilmente entendidas por personas que no estén demasiado predispuestas por su sentido común. Cuando el doctor Albert Einstein creó la teoría erigió su estructura sobre una base simple. La idea puede expresarse imaginando a un hombre en un ascensor.

El ascensor empieza a moverse. El hombre se sentirá presionado hacia el suelo o impulsado hacia el techo por la aceleración. El hecho interesante es éste: el hombre no puede decir si el empuje que siente procede del movimiento del ascensor o del paso próximo de un cuerpo que ejerce gravedad. Se dice que la fuerza producida por la aceleración y por la gravedad es equivalente.

Partiendo de esta idea, Einstein construyó una descripción matemática del universo en la que el espacio se hace curvo cerca de cuerpos con masa. Es realmente un tipo de geometría en la que las líneas rectas son reemplazadas por curvas apropiadas. Además, la idea de una «fuerza de gravedad» desaparece. Los cuerpos se mueven unos hacia otros porque tienden a moverse a lo largo de las curvas de la geometría einsteiniana.

En muy buena forma

Bien, la teoría está en muy buena forma. Explica muchas cosas sobre el universo; cómo se curva un rayo de luz cuando pasa cerca de una estrella de gran masa; cómo la órbita del planeta Mercurio se aparta de la predicha por las leyes de Newton, cómo cambia el color de la luz cuando sale de una estrella densa, y quizá, la materia creada del doctor Gold.

Pero ahora los físicos quieren poner la teoría de la relatividad general a tono con el resto de la física. Una forma sería escribir un único conjunto de ecuaciones para describir el universo, desde el átomo más minúsculo a la más enorme colección de estrellas.

Esto fue a lo que se dedicaron los esfuerzos de Einstein en sus últimos años. Él y sus alumnos elaboraron al menos una docena de las denominadas Teorías Unificadas. Todas fracasaron. Ninguna satisfizo las esperanzas puestas en ellas.

Ahora el doctor Wheeler está comprometido activamente en elaborar una teoría semejante. Tiene nuevas geometrías para representar tanto soles como partículas atómicas. Una de estas geometrías consiste en un espacio lleno de «agujeros de gusano». Tales agujeros son ultraminúsculos. En el espacio de esta raya, se podrían colocar 10^{60} de ellos de un extremo a otro. Y nadie sabe si es una teoría unificada.

Pero los doctores Feynman y Bergmann utilizan otro enfoque, a través de dos caminos diferentes, por supuesto. Tratan de hacer que la teoría de la relatividad general «funcione» junto con la mecánica cuántica, la teoría que describe el comportamiento de átomos, electrones, protones y la mayoría de las otras partículas minúsculas.

Más sentido no-común

También la mecánica cuántica es una teoría de sentido no común del comportamiento de los átomos. Se basa en la idea de que los átomos se transfieren energía unos a otros sólo en paquetes discretos llamados cuantos. No se puede tener medio cuanto. Es todo, o nada.

Esto produce todo tipo de extraños efectos. Por ejemplo: si uno se esfuerza arduamente en fijar la posición de un electrón, se queda con la duda de con qué rapidez puede estar moviéndose y en qué dirección. Si uno trata de vigilar sigilosamente a un electrón para captar su velocidad y dirección precisas, entonces no puede decir dónde está.

Los doctores Feynman y Bergmann se preguntan: ¿Puede tratarse la teoría gravitatoria como si fuera una teoría cuántica? ¿Transfieren los cuerpos gravitatorios «acción gravitatoria» de un lugar a otro en cuantos de gravedad? ¿Hay una cosa tal como un gravitón: el cuanto de gravedad?

Trabajando dentro de la teoría de la relatividad general, el doctor Bergmann ha estado tratando de «cuantizar» la teoría, ponerla en forma cuántica. La salida ha sido brusca, aunque se han hecho progresos.

El doctor Feynman lo abordó desde otro punto de vista. Como experto en mecánica cuántica, trata de exprimir la teoría de la relatividad general siguiendo los pasos utilizados en mecánica cuántica para manejar los gravitones como si existieran.

¿Cuál será el resultado final de estos diversos esfuerzos?

Quizá obtendrá una Teoría Unificada. Quizá los físicos aprenderán cómo hacer que gravedad y mecánica cuántica funcionen juntas. Y quizá, trabajando sobre la idea de que donde hay dificultad debe haber un tesoro, los físicos encontrarán una sorpresa.

Apéndice III
«El futuro de la física»
por Richard P. Feynman

Publicado en *The Technology Review*
1961-1962

Mientras escuchaba al profesor Cockcroft, al profesor Peierls y al profesor Yang, pensaba que estaba de acuerdo con casi todo lo que decían. Discrepo con la idea del profesor Yang de que el asunto se está convirtiendo en algo demasiado difícil para nosotros. Sigo teniendo ánimo. Creo que siempre pareció difícil en cualquier etapa. Por otra parte, sintonizo, como ustedes verán, un poco con ese pesimismo, y no creo que pueda añadir nada razonable a lo que los otros oradores han dicho. Así que, para continuar, tengo que añadir algo que no es razonable, y si ustedes me perdonan por ello, voy a abordar algo muy diferente de lo que ellos han explicado.

Antes de nada, para no hacer el tema infinito, voy a limitarme mucho y discutir sólo el problema del descubrimiento de las leyes fundamentales en física: la propia frontera. Si fuera a hablar de lo que hay detrás de la frontera, cosas como la física del estado sólido y otras aplicaciones de la física y demás, diría cosas muy diferentes. De modo que hagan el favor de tener en cuenta esta limitación de la discusión.

No creo que uno pueda leer la historia sin preguntarse cuál es el futuro de su propio campo, en un sentido más amplio. No creo que uno pueda predecir el futuro de la física sólo con el contexto del mundo político y social en el que vive. Si uno quiere predecir, como hace el profesor Peierls, cómo será la física dentro de un cuarto de siglo, debe recordar que está tratando de predecir la física de 1984.

Parece que los otros oradores no quieren arriesgarse en sus predicciones, y por eso predicen a diez, quizá veinticinco, años vista. De hecho se arriesgan porque ustedes seguirán con ellos y verán si estaban equivocados. Así que yo voy a ir realmente a lo seguro haciendo una predicción para dentro de 1.000 años.

Lo que debemos hacer, según el método de predicción utilizado por los otros oradores, es examinar la física del año 961 y compararla con el presente, 1961. Debemos comparar la física de incluso un siglo antes de la época en que Omar Khayyam podía salir por la misma puerta por la que entró, con la física de hoy cuando abrimos una puerta tras otra y vemos habitaciones con tesoros en ellas, y cinco o seis puertas al fondo de las habitaciones que obviamente dan a otras habitaciones con tesoros aún mayores. Ésta es una época heroica. Éste es un tiempo excitante de desarrollo muy vital para la física fundamental y el estudio de las leyes fundamentales. No es justo compararla con 961, sino que hay que encontrar otra época heroica en el desarrollo de la física, la época de, quizá, Arquímedes, o Aristarco; digamos el siglo III a. C. Sumemos 1.000 años y nos hallamos en el futuro de su física: ¡la física del año 750! El futuro de la física depende de las circunstancias del resto del mundo; no se trata simplemente de extrapolar al futuro el ritmo del progreso actual. Si voy a mil años adelante tengo un problema difícil. ¿Es posible que todo se esté acabando?

Una de las cosas más probables, desde un punto de vista político y social, es que pronto tengamos una guerra terrible y un colapso. ¿Qué sucederá con la física tras dicho colapso? ¿Se recuperará? Me gustaría sugerir que la física, la física fundamental, posiblemente no se recupere, y dar algunos argumentos de por qué no.

En primer lugar, es muy probable que si hubiera una destrucción considerable en el hemisferio norte, las máquinas de alta energía, que parecen ser necesarias para la investigación posterior, quedarían fuera de uso. Podrían quedar destruidas las propias máquinas, podría no estar disponible la potencia eléctrica necesaria para ponerlas en marcha, y quizá ya no existiría la tecnología industrial necesaria para repararlas o mantenerlas, al menos durante un tiempo. Las técnicas de la física experimental son la quintaesencia de nuestras capacidades tecnológicas e industriales, y por ello seguro que sufrirían algún revés temporal.

¿Puede la física retroceder durante un tiempo y luego recuperarse? No lo creo. Porque para llegar a esta edad heroica excitante, hay que tener una secuencia de éxitos. Si se examinan las grandes épocas de las diferentes civilizaciones, se constata que las personas tienen una enorme confianza en el éxito, en que tienen algo nuevo que es diferente y que lo están desarrollando por sí mismos. Si se retrocediera, no habría ningún éxito nuevo durante un tiempo. Se estarían haciendo experimentos que se habían hecho antes. Se estaría trabajando en teorías que «los antiguos» conocían muy bien. Eso podría dar como resultado un montón de elucubración; un gran esfuerzo para hacer la física en el sentido en que debería hacerse para llegar de nuevo a la civilización, pero no para hacer física realmente. En su lugar se escribirían comentarios, esa enfermedad del intelecto que aparece en tantos campos. La física es demasiado difícil técnicamente para recuperarse de manera inmediata. Habría problemas prácticos en ese tiempo que ocuparían la atención de las personas inteligentes. El problema es que no resultaría nada divertido. No llegarían nuevos descubrimientos durante cierto tiempo. La otra característica es que no sería útil. Nadie ha pensado todavía en una utilización de los resultados de los experimentos que hacemos con las partículas de alta energía. Y finalmente, es posible que se produjeran animadversiones a causa de la terrible calamidad; podría darse una animadversión universal hacia la física y los físicos como resultado de la destrucción, pues la gente podría echar la culpa de ello a los científicos que la hicieron posible. Otra cosa que hay que recordar es que quizá no se reconstruyera el espíritu de la investigación porque este espíritu está concentrado en los países del norte e industrialmente avanzados, y no existe plenamente en los demás países.

Bien, he dicho 1.000 años. Quizá para entonces haya otro renacimiento. ¿Qué tipo de maquinaria podría usarse para una recuperación así? (He dicho que no hablaría sobre nada razonable. No puedo.) Algún éxito en alguna parte debe ser la causa de un nuevo renacimiento. ¿Dónde se obtendría este éxito? Quizá en otros campos. Quizá en algún campo distinto de la física se abrirá una nueva era que consiga un éxito mayor que el de «los antiguos» y ello dé origen a una nueva confianza y un crecimiento. Cuando este campo crezca, puede transmitir su entusiasmo a la física. O quizá se abriría un nuevo aspecto de la física, algún otro punto de vista, o alguna otra cosa completamente diferente. Eso no puedo decirlo.

Otra posibilidad interesante es que el renacimiento puede estar en alguna nación o pueblo que consiga un éxito utilizando una actitud científica como un tipo de moralidad, en la sociedad, el gobierno y los negocios. Ustedes ya me entienden: cuando alguien dice algo, hay que buscar qué es lo que está diciendo, no por qué lo está diciendo. La propaganda sería algo deshonesto, nadie prestaría atención a alguien que dijera algo no por el contenido de la idea a la que quiere llegar, sino porque quiere mostrar que es grande, o bueno, o alguna razón semejante. Es posible que si algún éxito resultara de utilizar tal actitud científica, un país se vería animado para avanzar a partir de este éxito y crear un nuevo interés en los problemas científicos.

Bien, tomemos ahora el punto de vista opuesto. Supongamos que no hay colapso. No sé cómo, pero supongamos que no hay colapso. ¿Entonces qué? Supongamos que podemos imaginar una sociedad parecida a la nuestra que continúa durante un millar de años. (¡Ridículo!) ¿Qué sucedería con la física fundamental, los problemas fundamentales, el estudio de las leyes de la física?

Una posibilidad es que se llegará a una solución final. Discrepo del profesor Yang en que sea evidente que esto es imposible. Todavía no se ha encontrado, pero si uno estuviera caminando por un edificio para ir de un lado a otro, y aún no hubiera llegado a la puerta, siempre podría argumentar: «Mira, hemos estado caminando por este edificio, no hemos llegado a la puerta, por consiguiente no hay puerta en el otro extremo». Me parece que estamos caminando por un edificio y no sabemos si es un edificio infinitamente largo, o un edificio finito, así que existe la posibilidad de que haya una solución final.

Lo que entiendo por una solución final es que se encuentre un conjunto de leyes fundamentales, tales que cada nuevo experimento sólo dé como resultado una comprobación de leyes ya conocidas, y todo se haga relativamente más y más aburrido a medida que encontremos que una vez tras otra no se descubre nada nuevo que esté en desacuerdo con los principios fundamentales ya obtenidos. Por supuesto, la atención se centraría entonces en la segunda línea de la que no estoy hablando. Pero el problema fundamental habría sido resuelto.

Algo que sucedería si se encontrara tal solución final sería el deterioro de una filosofía de la ciencia vigorosa. Creo que la razón de que tengamos tanto éxito contra la invasión de los filósofos profesionales y los locos sobre el tema del conocimiento, y la manera de obtener nuevo conocimiento, es que no siempre acertamos en física. Siempre podemos decir a esas personas: «Fue muy inteligente por tu parte haber explicado por qué el mundo tiene que ser de la manera que hemos descubierto que es hasta ahora. Pero ¿cómo nos va a parecer mañana?». Puesto que son absolutamente incapaces de hacer predicciones, nos damos cuenta de que su filosofía no tiene una comprensión real de la situación. Pero si la solución ya está presente, habrá muchas personas que demuestren que tenía que haber cuatro dimensiones, que tenía que ser así debido a tal y cual, y así sucesivamente. Y por eso creo que el vigor de nuestra filosofía, que es un vigor que procede del hecho de que aún estamos luchando, puede fallar.

¿Qué otras posibilidades hay? Supongamos que el edificio por el que estamos caminando es infinito, como piensa el profesor Yang. Entonces habría una excitación continua. Correríamos por esta casa, abriendo una puerta tras otra, un tesoro tras otro. ¡Un millar de años! Tres grandes cambios en sesenta años suponen cincuenta grandes cambios en un millar de años. ¿Va a tener el mundo cincuenta revoluciones excitantes en nuestras ideas físicas básicas? ¿Hay tanto tesoro en la física fundamental? Si lo hay, se convertirá en algo aburrido. Será aburrido tener que repetirlo veinte veces, eso de que las cosas cambian siempre cuando uno las mira más profundamente. No creo que pueda haber mil años de investigación activa. Bueno, si no se detiene (quiero decir si no se puede obtener la solución final), y si no puedo creer que seguirá desarrollándose de forma excitante durante cincuenta revoluciones, ¿qué otra cosa hay?

Hay otra posibilidad, y es que se frenará. Las preguntas se harán más difíciles. ¿Cómo se verán entonces? Los acoplamientos fuertes están analizados, los acoplamientos débiles analizados parcialmente, pero existen acoplamientos aún más débiles que son más difíciles de analizar. Obtener información experimental útil se ha hecho extraordinariamente difícil debido a que las secciones eficaces son minúsculas. Los datos llegan cada vez más despacio. Los descubrimientos se hacen cada vez más lentamente, las preguntas se hacen cada vez más difíciles. Cada vez más personas lo encuentran un tema relativamente poco interesante. De modo que se queda en un estado incompleto con unas pocas personas trabajando muy lentamente en el límite preguntándose qué es este campo tensorial de tercer orden que tiene una constante de acoplamiento 10 elevado a –30 veces más pequeña que la gravedad.

Es posible, por supuesto, que lo que llamamos física se amplíe para incluir otras cosas. Creo, por ejemplo, que la física se ampliará, precisamente como dice el profesor Peierls, a los estudios de historia astronómica y cosmología. Las leyes de la física, tal como las conocemos actualmente, son de este tipo. Dada la condición actual, ¿cuál es la futura? Las leyes vienen dadas por ecuaciones diferenciales en el tiempo. Pero existe otro problema: ¿qué determina la condición actual? Es decir, ¿cuál es la historia completa del desarrollo del universo? Una manera de ver que esto puede ser algún día una parte de la física y no quedarse siempre en historia astronómica es advertir que hay al menos una posibilidad de que las leyes de la física cambien con el tiempo. Si las leyes de la física cambian con el tiempo absoluto, entonces no habrá ninguna manera de separar los problemas de formular las leyes y de descubrir la historia. Creo que es muy probable que los problemas cosmológicos se incluyan en la física.

Finalmente, debo recordarles que me he limitado a hablar del futuro en la física fundamental. Había dicho que habrá un importante retorno desde la primera línea a las aplicaciones y los desarrollos de las consecuencias de las leyes. Esto será muy excitante, y diría cosas muy diferentes sobre su futuro de las que diría del futuro de la física fundamental.

Vivimos en una era heroica, una era de excitación única y maravillosa. Será vista con celos en las épocas futuras. ¿Cómo habría sido vivir en la época en que se estaban descubriendo las leyes fundamentales? No se puede descubrir América dos veces, y podemos tener celos de Colón. Uno dice, sí, pero si no América, hay otros planetas que explorar. Esto es cierto. Y si no física fundamental, hay otras cuestiones que investigar.

Resumiría diciendo que creo que la física fundamental tiene un tiempo de vida finito. Tiene todavía para rato. En el momento presente sigue con gran excitación, y yo no quiero retirarme ni mucho menos del campo. Saco ventaja del hecho de que vivo en la era correcta, pero no creo que continúe durante mil años.

Ahora, para acabar, resumiría dos puntos. En primer lugar, no he hablado sobre física aplicada u otros campos, sobre los que daría una charla muy diferente. Y segundo, en estos tiempos modernos de cambios a gran velocidad, lo que estoy prediciendo para un millar de años ocurrirá probablemente en un centenar.

Gracias.

Apéndice IV
¡Extra! *California Tech.* ¡Extra!

Alumnos Asociados
del Instituto de Tecnología de California.
Viernes, 22 de octubre de 1965

¡EL DOCTOR RICHARD FEYNMAN premio Nobel!

21 de octubre de 1965 (09.00)

Profesor Richard Feynman: La Real Academia de Ciencias concedió hoy a usted, Tomonaga y Schwinger conjuntamente el premio Nobel de Física de 1965 por su trabajo fundamental en electrodinámica cuántica con profundas consecuencias para la física de las partículas elementales. Un tercio del importe del premio para cada uno. Nuestra calurosa felicitación. Sigue carta.

ERIC RUNDBERG
Secretario permanente

Eric Rundberg
Su cablegrama me ha hecho muy feliz.

RICHARD P. FEYNMAN

Antes, a las 03.45

—Hola, ¿doctor Richard Feynman? ¿Puedo felicitarle por su premio Nobel?
—Mire, ésta es una hora muy mala.
—¿Pero no le gusta oír que ha ganado el premio Nobel?
—Podría haberlo descubierto más tarde por la mañana.

—Bien, ¿cómo se siente ahora que sabe que lo ha ganado?

—Mire, en otro momento...

Y así es como Richard P. Feynman, PhD, FRS, y Richard Chase Tolman profesor de Física Teórica en Caltech se enteró adormilado de que había sido galardonado con el premio Nobel de Física de 1965.

Más tarde, durante la mañana, a medida que la creciente toma de conciencia produjo mayor excitación, Feynman supo que Schwinger y Tomonaga compartían el premio con él, y también que tendría que viajar el 10 de diciembre a Estocolmo. Los tres han recibido el premio como resultado de trabajos teóricos independientes y simultáneos realizados durante 1947-1949 en electrodinámica cuántica.

Aunque se demostró más tarde que los resultados de los tres eran equivalentes, Feynman introdujo los pioneros «diagramas de Feynman», una poderosa herramienta que simplifica enormemente los cálculos en dinámica cuántica. Como explicaba el propio Feynman: «Publiqué mi artículo en 1949 con el propósito de hacer más accesibles estos métodos de cálculo simplificados, pues todavía no creía que hubiera resuelto ningún problema real, excepto hacer cálculos más eficientes. Pero resulta que si la eficiencia se aumenta de modo suficiente, ella misma es prácticamente un descubrimiento. Era una forma mucho más rápida de hacer las cosas viejas».

Estas «cosas viejas», como Feynman las describió durante una conferencia de prensa celebrada a las 10.30, en el Ateneo, eran la solución de las ecuaciones de Dirac, formuladas en 1929. Los intentos previos de obtener más precisión mediante aproximaciones de segundo orden llevaban a soluciones infinitas. Lo que hicieron los tres ganadores del premio Nobel, en palabras de Feynman, fue «deshacerse de los infinitos en los cálculos. Los infinitos siguen estando allí, pero ahora pueden ser evitados... Hemos diseñado un método para barrer y meterlos debajo de la alfombra».

Más tarde esa mañana Feynman dio otra conferencia de prensa. En sus palabras:

> Vino un grupo que no pudo asistir a la conferencia de prensa porque llegaron tarde. Entra un tipo en mi despacho y me dice: «Le diré lo que voy a preguntarle para que esté listo cuando empiecen a rodar las cámaras. Una de las preguntas es "¿Qué aplicaciones tiene este artículo en la industria de los ordenadores?".
>
> Dije: —La respuesta a eso será "ninguna".
>
> —Bueno, entonces, ¿tiene aplicación?
>
> —No ha tenido ninguna.
>
> —Oh, ¿está bromeando?
>
> —No. —Sabía que esta entrevista se estaba haciendo confusa.
>
> —Bien, voy a pedirle también que comente la afirmación de que su trabajo iba a convertir los datos experimentales sobre partículas extrañas en un hecho matemático duro.
>
> —No. No haré ningún comentario sobre eso.
>
> Finalmente: —Muy bien. ¿Cuándo se enteró usted del premio?
>
> —Vale, pongan ahora en marcha las cámaras.

Por la tarde, alumnos universitarios colocaron una pancarta «Gran Victoria, RF» en la cúpula del Throop. Y naturalmente, Feynman fue el centro de atención en un abarrotado seminario del Departamento de Física celebrado en Bridge a las 16.15 donde fue introducido formalmente en la élite Nobel por el doctor Carl Anderson. «Pienso», confesó Feynman, «que el Comité Nobel fue muy sabio en su selección.» Siguieron tres hip hip hurra.

Feynman contó cómo una llamada telefónica de Nueva York le había solicitado un comentario sobre el sistema escolar de Nueva York. «Todo estaba bien cuando iba allí hace treinta años», respondió. Y Feynman ya ha decidido cómo gastar su tercio de los 55.000 $ del premio: «Lo utilizaré para pagar mis impuestos durante los tres próximos años».

El *California Tech* visitó a Feynman en su casa por la tarde para una entrevista especial. Al hablar acerca de su trabajo más reciente, Feynman contó cómo su teoría cuántica del campo gravitatorio ha llegado «bastante lejos, pero no es perfecta». Más tarde, Feynman ha dirigido su atención a las reglas de la interacción nuclear fuerte.

Después Feynman habló por teléfono con Tomonaga:

—Felicidades.

—Lo mismo digo —respondió Tomonaga.

—¿Cómo sienta ser un ganador del premio Nobel?

—Supongo que tú lo sabes.

—¿Puedes explicarme exactamente en términos de un profano qué hiciste para ganar el premio Nobel?

—Tengo mucho sueño.

Apéndice V
«Nuevos libros de texto para las "nuevas" matemáticas» por Richard P. Feynman

Publicado en *Engineering and Science*
volumen 28, número 6
marzo de 1965

Como miembro el año pasado de la Comisión del Plan de Estudios del Estado de California, he dedicado un tiempo considerable a la selección de libros de texto de matemáticas para uso en un curso de aritmética modificado para los cursos 1 a 8 en las escuelas primarias de California.

He leído cuidadosamente todos los libros presentados por sus editores para su posible adopción en California (6 metros de estantería, 250 kilos de libros). Aquí me gustaría describir y criticar dichos libros de una manera general, en especial con respecto al contenido matemático, que es lo que estamos tratando de enseñar. Omitiré cuestiones importantes, tales como si los libros están escritos de modo que sea fácil para el profesor enseñar bien con ellos, o sea fácil para el alumno leerlos. Muchos de los libros seleccionados finalmente por el Estado para su adopción aún contienen algunos de los defectos descritos más abajo. Ello se debe a que sólo se podía seleccionar de entre lo que fue presentado por los editores, y se presentaron pocos libros realmente buenos. Además, las limitaciones presupuestarias impidieron la adopción de la mayoría de los libros complementarios que recomendó la Comisión para tratar de compensar los defectos de aquellos libros básicos que fueron seleccionados.

¿Por qué queremos modificar la enseñanza de las matemáticas en la escuela? Sólo si tenemos esto claro podemos juzgar si los nuevos libros satisfacen o no la necesidad. La mayoría de la gente —los tenderos, por ejemplo— utilizan mucha aritmética simple en su vida cotidiana. Luego están quienes utilizan las matemáticas de una forma superior: ingenieros y científicos, estadistas, economistas de todo tipo y organizaciones empresariales con complejos sistemas de inventarios y problemas de impuestos. Luego están aquellos que van directamente a las matemáticas aplicadas. Y finalmente están los relativamente pocos matemáticos puros.

Cuando planeamos la enseñanza primaria, debemos prestar atención no sólo a las necesidades cotidianas de casi todos, sino también a este gran conjunto en rápida expansión de usuarios de matemáticas más avanzadas. Debe ser un tipo de instrucción que estimule una forma de pensamiento que posteriormente será de utilidad a tales personas.

Muchos de los libros entran a considerar en detalle temas que sólo son de interés para los matemáticos puros. Además, la actitud hacia muchos temas es la de un matemático puro. Pero no debemos hacer planes sólo para preparar a los matemáticos puros. En primer lugar, hay muy pocos matemáticos puros, y en segundo lugar, los matemáticos puros tienen un punto de vista sobre el tema que es completamente diferente del de los usuarios de las matemáticas. Un matemático puro es muy poco práctico; no está interesado —de hecho, está desinteresado a propósito— en el significado de los símbolos, las letras y las ideas matemáticas; sólo está interesado en la interconexión lógica de los axiomas, mientras que el usuario de las matemáticas tiene que entender la conexión de las matemáticas con el mundo real. Por lo tanto, debemos prestar más atención a la conexión entre las matemáticas y las cosas a las que se aplican de lo que le gustaría a un matemático puro. El término «nuevas matemáticas» se utiliza muchas veces en relación con este programa. Es cierto, por supuesto, que éste es un nuevo programa de libros de matemáticas, pero es cuestionable que sea prudente utilizar «nuevas», en el sentido de muy modernas, matemáticas. Las matemáticas que se utilizan en ingeniería y ciencia (en el diseño, por ejemplo, de sistemas de antenas de radar, en la determinación de la posición y las órbitas de los satélites, en el control, en el diseño de maquinaria eléctrica, en la investigación química, en las formas más esotéricas de la física teórica) son todas realmente viejas matemáticas, desarrolladas en gran medida antes de 1920.

Buena parte de las matemáticas que se utilizan en el trabajo más avanzado de la física teórica, por ejemplo, no fueron desarrolladas por matemáticos solos, sino en gran medida por los propios físicos teóricos. Análogamente, otras personas que hacen eso de matemáticas desarrollan nuevas maneras de utilizarlas, y nuevas formas de ellas. Los matemáticos puros han vuelto en años recientes (podemos decir que después de 1920) a alejarse mucho de tales aplicaciones y en su lugar están profundamente interesados en las definiciones básicas de número y línea, y en la interconexión de una y otra rama de las matemáticas en una forma lógica. Se han hecho grandes avances en este campo desde 1920, pero han tenido un efecto relativamente pequeño sobre las matemáticas aplicadas o útiles.

Lo que buscamos

Consideraré nuestros esfuerzos por encontrar nuevos libros y modificar la enseñanza de la aritmética como un intento de hacer más interesante y más fácil para los alumnos aprender esas actitudes mentales y ese espíritu de análisis que se requiere para la comprensión y el uso eficiente de las matemáticas en ingeniería, ciencia y otros campos.

El cambio más importante que se necesita es eliminar la rigidez de pensamiento que se encuentra en los libros de aritmética más antiguos. Debemos dejar libre a la mente para que deambule tratando de resolver problemas. No hay ninguna ventaja real en introducir nuevos temas si van a ser enseñados a la antigua. Para utilizar las matemáticas con éxito uno debe tener cierta actitud mental: saber que hay muchas maneras de examinar cualquier problema y en cualquier disciplina.

Uno necesita una respuesta para cierto problema: la cuestión es cómo obtenerla. El usuario acertado de las matemáticas es prácticamente un inventor de nuevas maneras de obtener respuestas en situaciones dadas. Incluso si las maneras son bien conocidas, normalmente es mucho más fácil para él inventar su propia manera —una nueva manera o una vieja manera— que tratar de encontrar una respuesta buscándola en alguna parte. La cuestión que él se plantea no es: «¿Cuál es la forma correcta de resolver este problema?». Solamente es necesario que obtenga la respuesta correcta.

Esto se parece mucho a una hipótesis detectivesca donde hay que ajustar la respuesta a las pistas de un crimen. En función de las pistas, el detective elabora una conjetura sobre el culpable y entonces analiza si era probable que dicho individuo encajara en el crimen. Cuando finalmente ha sugerido el culpable correcto, ve que todo encaja con su sugerencia.

Cualquier manera que funcione

¿Cuál es el mejor método para obtener la solución a un problema? La respuesta es: cualquier manera que funcione. Por eso, lo que queremos en libros de texto de aritmética no es enseñar una manera concreta de resolver cualquier problema sino, más bien, enseñar cuál es el problema original y dejar mucha mayor libertad para obtener la respuesta, aunque, por supuesto, ninguna libertad en cuál debería ser la respuesta correcta. Es decir, puede haber varias maneras de sumar 17 y 15 (o, mejor dicho, de obtener la solución a la suma de 17 y 15) pero sólo hay una respuesta correcta.

Lo que hemos estado haciendo en el pasado es enseñar sólo una manera fija de resolver problemas aritméticos, en lugar de enseñar flexibilidad mental; las diversas maneras posibles de desarrollar un problema, las maneras posibles de pensar sobre él y las maneras posibles de resolver el problema.

El caso es que esta actitud mental de un usuario de las matemáticas es también, en realidad, la actitud mental de un matemático puro realmente creativo. No aparece en sus demostraciones finales, que son simplemente demostraciones o argumentos lógicos completos que prueban que cierta conclusión es correcta. Ésas son las cosas que él publica, pero de ningún modo reflejan la manera como trabaja para tener una idea de lo que va a demostrar antes de demostrarlo. Hacer esto requiere el mismo tipo de mente flexible que necesita un usuario de las matemáticas.

Para encontrar un ejemplo al respecto, y puesto que no soy un matemático puro, fui a la estantería y saqué un libro escrito por un matemático puro. Resultó ser *El sistema de los números reales en un contexto algebraico*, de J. B. Roberts, e inmediatamente me topé con una cita que podría utilizar: «El esquema en el pensamiento matemático consiste en adivinar y demostrar. No hay pautas de procedimiento establecidas. Ensayamos esto y aquello. Conjeturamos. Tratamos de generalizar el resultado para hacer más fácil la demostración. Ensayamos casos especiales para ver si puede sacarse alguna idea de esta manera. Finalmente —¿quién sabe cómo?— se obtiene una demostración».

De modo que ven ustedes que el pensamiento matemático, tanto en matemáticas puras como en matemáticas aplicadas, es un asunto libre e intuitivo, y queremos mantener ese espíritu en la introducción de los niños a la aritmética desde el primer momento. Creemos que esto no sólo instruirá mejor a las personas que van a utilizar matemáticas, sino que también puede hacer la disciplina más interesante para otras personas y más fácil de aprender.

Para alejar de lo abstracto esta discusión del carácter de las matemáticas y dar una ilustración precisa, elegiré material del primero y segundo años de escuela como ejemplo; sencillamente el problema de sumar.

Suponemos que los niños aprender a contar y que al cabo de un tiempo se acostumbran a contar. Y ahora queremos enseñarles a sumar. Podemos darnos cuenta inmediatamente de que un niño que cuenta bien, digamos hasta cincuenta o cien, puede resolver inmediatamente un problema tal como 17 + 15 = 32. Por ejemplo, si hay 17 chicos en el aula y 15 chicas, ¿cuántos niños hay en el aula? El problema no tiene que darse en forma de una suma abstracta; es simplemente cuestión de contar los chicos, contar las chicas y contar el aula. Tenemos como resumen del resultado: 17 chicos + 15 chicas = 32 niños.

Este método podría utilizarse para sumar cualquier par de números enteros pero, por supuesto, es un método bastante lento y molesto para números grandes, o si se presenta un número muy grande de problemas. Existen métodos similares, tales como tener un conjunto de contadores o de dedos y contar las cosas con ellos. Otra forma es contar los números mentalmente. Por ejemplo, al cabo de un rato es posible que un niño sea capaz de sumar 3 a 6 pensando para sí mismo, 7, 8, 9. Un método más práctico es aprender de memoria algunas de las combinaciones más simples, tales como 3 + 6, de modo que si se presenta a menudo no sea necesario hacer el recuento.

Contar números grandes —de monedas, por ejemplo— puede simplificarse contando en grupos en lugar de contar todas las monedas. Uno puede hacer pequeñas pilas de 5 y contar las pilas de 5; o mejor, puede poner las pilas de 5 de 10 en 10 y contar los montones de 10 primero, y el número que queda. Sumar números podría hacerse entonces más fácilmente sumando los grupos y los restos juntos.

Otras formas de hacer sumas es tener una línea en la que están marcados los números, o algo como un calendario en el que están escritos toda una serie de números, uno tras otro. Entonces, si uno quiere sumar 3 a 19, empieza en 19 y cuenta tres marcas más a lo largo de la línea y llega a 22. Dicho sea de paso, si estos números están escritos como puntos igualmente espaciados a lo largo de una línea —llamada la línea de números— esto se hace muy útil más adelante para la comprensión de las fracciones y también de las medidas; pues las reglas y otras cosas como los termómetros no son más que una línea de números escrita a lo largo del borde de la regla. Por lo tanto, colocar los números en una línea es útil no sólo para aprender a sumar en primer lugar, sino también para entender otros tipos de números.

(Otro truco especial para recordar, en un nivel muy elemental, es que es posible determinar cuál es el mayor de dos números sin contar realmente los números. Si tenemos dos grupos de objetos bastante grandes, es fácil descubrir qué grupo es mayor emparejando los objetos y mirando qué grupo tiene objetos sueltos. Ésta es la forma en que se compararon por primera vez los números de moléculas en gases diferentes, dicho sea de paso.)

Suma: la vieja manera

En los libros más antiguos la suma se maneja de una manera muy definida, sin ninguna variedad de trucos o técnicas. Primero aprendemos las sumas más sencillas haciendo dibujos de patos —5 patos y 3 patos, nadando, hacen 8 patos, y así sucesivamente—, que es un método perfectamente satisfactorio. Luego se memorizan estos números, lo que de nuevo es satisfactorio. Finalmente, si los números son mayores que 10, se utiliza una técnica completamente diferente. Se explica primero cómo escribir los números que son mayores que 10 y luego se dan reglas para la suma de números de dos columnas, sin llevar de una columna a otra. Sólo en el tercer grado puede hacerse esto por primera vez.

La insatisfacción respecto al texto viejo no radica en que alguno de los métodos utilizados para enseñar la suma sea insatisfactorio; todos son buenos. El problema es que hay tan pocos métodos permitidos que sólo puede resultar de ello un conocimiento rígido y formal de la aritmética.

Por ejemplo, un problema tal como 29 + 3 no es un problema legítimo para dos años, pues no se da en el primero y segundo cursos y el niño es presumiblemente incapaz de resolver ese problema porque, por supuesto, para ello uno debe llevar de una columna a otra. Por el contrario, si uno entendió realmente qué era la suma, podía obtener el resultado de 29 + 3 no mucho después de que haya aprendido a contar. Muy pronto —en otras palabras, en el primer curso— podría hacerlo simplemente contando 30, 31, 32.

Es cierto que este método es lento, pero si no hay otro método disponible éste es el que debería utilizarse. Debería estar permitido usarlo, debería ser una de las cosas que un niño pudiera hacer cuando tiene que sumar en un problema difícil. Cuando crezca puede aumentar su eficiencia resolviendo problemas utilizando otros métodos, pero debería ser posible a una edad muy temprana hacer problemas de sumas con cualesquiera números razonables.

No hay realmente ninguna diferencia entre sumar 3 y 6 y sumar 3 y 29; es sólo que la manera técnica, y generalmente más eficiente, que finalmente utilizamos cuando crecemos es algo distinta.

Un enfoque limitado

Al entender el significado de la suma de dos números —el significado de suma, y cómo obtenerla— no hay ninguna diferencia entre los dos problemas. Así que la objeción al texto estándar es que sólo se da un método para hacer sumas, a saber: cuando los números son pequeños, memorizarlos; cuando los números son más grandes, sumarlos formalmente en una columna vertical, dos números juntos, y no llevar de una a otra hasta después del segundo año. Esto es demasiado limitador para dos años de estudio. Si un niño no aprende, o es incapaz de aprender las reglas formales, debería seguir siendo posible para él obtener el resultado de un problema simple contando o haciendo una línea de números o mediante otros métodos técnicos.

Para desarrollar el tipo de actitud mental que se requiere más adelante deberíamos tratar de dar también una experiencia matemática tan amplia como sea posible. La suma no debería aparecer siempre de la misma forma. No hay razón por la que todas las sumas deban escribirse 17 con 15 debajo y una línea trazada para obtener 32. Un problema tal como 17 + = 32, para rellenar el hueco, es una variedad algo diferente pero exactamente del mismo tipo de cuestiones con los números. De modo que dejemos que el niño de primer curso se invente una manera de obtener la respuesta a este problema. Éste es exactamente el tipo de problema que tendrá que resolver más adelante si se convierte en un ingeniero. No quiero decir que tendrá que aprender la forma de restar. Lo que quiero decir es que tiene que tratar con una nueva forma una situación vieja. El problema es rellenar un hueco a través de cualquier método. Sin embargo, cuando el hueco se rellene finalmente, debe ser correcto.

Normalmente en ingeniería o en física no nos interesaría cómo alguien ha llegado al resultado de que 15 encaja en el espacio en blanco siempre que finalmente demuestre que 15 es un buen resultado sumando simplemente 15 y 17 y viendo si da 32.

(En el único caso en que estaríamos interesados en saber cómo obtuvo el 15 es si ésta es la primera vez que se ha resuelto un problema semejante y nadie ha dado con una forma de hacerlo previamente, o si parece probable que este tipo de problema vaya a aparecer una y otra vez en el futuro debido a un nuevo avance técnico y nos gustaría tener un método más eficiente. Entonces valdría la pena discutir los métodos de obtener el 15.) De modo que este problema, 17 más un espacio en blanco = 32 es análogo al problema general de las matemáticas aplicadas, encontrar una manera de rellenar un blanco con un número mediante un método cualquiera. Es un problema que podría presentarse muy pronto en el primer año, dejando libertad para que los niños traten de obtener la solución por cualquier método que quieran, pero sin permitir, por supuesto, respuestas equivocadas. El resultado tiene que comprobarse al final.

Desarrollar la libertad

He aquí otro ejemplo de desarrollo de la libertad, de una forma algo más compleja. Un número desconocido se multiplica por 2, se le suma a esto 3 y da 9. ¿Cuál es el número desconocido? Esto es, por supuesto, álgebra, y hay una regla muy precisa para resolver dicho problema: restar 3 de ambos miembros y dividir por 2. Pero el número de ecuaciones algebraicas que pueden resolverse por reglas precisas es muy pequeño.

Otra manera consiste en ensayar varios números en el espacio en blanco hasta que se encuentre uno que encaje. Esta manera podría ser utilizada por los niños a una edad muy temprana. En otras palabras, deberían plantearse los problemas de muchas formas diferentes. Se debería permitir que los niños conjeturen y obtengan las respuestas de cualquier manera que quieran, valiéndose de aquellos hechos concretos que hayan memorizado. Por supuesto, es necesario que con el tiempo memoricen las sumas ordinarias, los métodos ordinarios de hacer sumas, multiplicaciones, divisiones, y así sucesivamente, aparte de que se les dé libertad sobre la forma de llegar a la solución y la forma de los diversos problemas que se les presentan.

Más tarde, en el trabajo más avanzado en ingeniería, cuando nos encontramos con ecuaciones algebraicas más complejas, el único método disponible es, de hecho, ensayar números. Éste es fundamentalmente un método de gran potencia y sólo tendrá que ser aprendido más adelante por el alumno o el ingeniero. La antigua enseñanza según la cual para todo problema hay un método determinado es cierta sólo para los problemas más sencillos. Para los problemas más complicados que aparecen realmente no hay un método definido, y una de las mejores maneras de resolver ecuaciones algebraicas complejas es por ensayo y error.

Otro ejercicio que supone un grado de libertad más alto es conjeturar una regla. Este tipo de problemas aparece más tarde en formas más complicadas, pero un ejemplo sencillo, y un problema típico en ingeniería o ciencia, es el siguiente: dada una serie de números 1, 4, 7, 10, 13, ¿cuál es la pauta que los ha generado? La respuesta podría darse de varias maneras. Una es sumando 3 cada vez. Otra es que el n-ésimo número es 3 x n + 1.

La clave, entonces, está en proporcionar una amplia variedad de experiencias matemáticas y no tenerlo todo en una forma fija limitada y restringida. Ésta no es una discusión sobre los métodos de enseñanza. No se trata de que con esto sea más fácil enseñar la aritmética regular (aunque, por mi experiencia, podría ser así). Se trata de que así se estará enseñando una nueva disciplina en un sentido, generando una actitud mental hacia los números y hacia las cuestiones matemáticas que es precisamente la actitud mental que tan acertada resulta más adelante en las aplicaciones técnicas de las matemáticas.

No servirá de nada enseñar nuevas disciplinas de la vieja manera. Por ejemplo, se ha recomendado que en los primeros cursos se discutan números escritos en una base diferente de 10. Esto podría servir para ilustrar la libertad que hay en matemáticas para generalizar, y servirá para ayudar a una comprensión más profunda de la razón que hay detrás de la regla de llevar un número al orden superior en las operaciones aritméticas. Para esto, una mención y una explicación con algunos ejemplos podría deleitar a algunos alumnos. Pero si la cuestión no es entendida por algunos de los miembros más lentos de la clase, no tiene sentido desbordarlos con ejercicios interminables, cambiando de una base a otra. Para tales alumnos, para los que una corta exposición no sirve, es seguramente más razonable practicar más con las reglas habituales de cálculo en base 10 que llegar a un cálculo perfecto en bases 5 y 12.

Palabras y definiciones

Cuando llegamos a considerar las palabras y las definiciones que los niños deben aprender, deberíamos tener cuidado en no enseñar «sólo» palabras. Es posible dar una ilusión de conocimiento enseñando las palabras técnicas que alguien utiliza en un campo —que suenan inusuales para oídos normales—, sin enseñar al mismo tiempo ideas o hechos utilizando dichas palabras. Muchos de los libros matemáticos que se sugieren ahora están llenos de tales absurdos, de palabras especiales cuidadosa y precisamente definidas que son utilizadas por los matemáticos puros en sus análisis más sutiles y difíciles pero que nadie más utiliza.

En segundo lugar, las palabras que se utilizan deberían ser lo más cercanas posible a las de nuestro lenguaje cotidiano o, como un requisito mínimo, deberían ser las mismas palabras utilizadas, al menos, por los usuarios de las matemáticas en ciencias e ingeniería.

Consideremos la geometría. En geometría es necesario aprender muchas palabras nuevas relacionadas con las matemáticas. Por ejemplo, hay que aprender qué es un triángulo, un cuadrado, un círculo, una línea recta, un ángulo y una línea curva. Pero no debería bastar con enseñar las palabras. Al menos en alguna parte habría que enseñar hechos de las disciplinas a las que se refieren las palabras, tales como el área de las diversas figuras, las relaciones entre una figura y otra, cómo medir ángulos, posiblemente el hecho de que la suma de los ángulos de un triángulo es 180 grados; posiblemente el teorema de Pitágoras; o quizá algunas de las reglas de los triángulos congruentes u otros hechos geométricos. Qué hechos sean éstos pueden decidirlo aquellos más experimentados respecto al plan de estudios, pues yo no estoy intentando aquí hacer ninguna sugerencia concreta de lo que debería ser incluido y lo que no. Sólo pretendo decir que la disciplina de la geometría, si se enseña, debería incluir un conocimiento razonable de las figuras geométricas además de cuáles son los nombres convencionales.

Algunos de los libros dedican mucho espacio a la definición de curva cerrada, curva abierta, regiones cerradas, regiones abiertas y demás; y pese a todo no enseñan más geometría que el hecho de que una línea recta dibujada en un plano divide al plano en dos partes. En alguno de estos libros de geometría hay que buscar mucho para encontrar, tras una larga discusión o un largo esfuerzo de aprendizaje, qué conocimiento de la geometría se ha adquirido. Creo que con frecuencia el número total de hechos que se han aprendido es muy pequeño, mientras que el número total de nuevas palabras es muy grande. Esto no es satisfactorio. Además, hay una tendencia en algunos de los libros a utilizar palabras muy peculiares: las palabras que se utilizan en la jerga más técnica de los matemáticos puros. No veo ninguna razón para ello.

Será muy fácil para los alumnos aprender las nuevas palabras cuando se hagan, si lo hacen, matemáticos puros y discutan con otros matemáticos sobre los fundamentos de la geometría. Es muy fácil aprender cómo utilizar tales palabras de una nueva manera cuando uno es mayor. Muchas de las reservas que tienen los padres ante las denominadas nuevas matemáticas pueden deberse simplemente a que suenan bastante estúpidas para ellos cuando oyen a sus hijos tratar de explicarles que una línea recta es una «curva». Tales discusiones en casa son absolutamente innecesarias.

Lenguaje preciso

Con respecto a esta cuestión de las palabras, hay también en los libros de nuevas matemáticas mucho que decir del valor del lenguaje preciso: cosas tales como que hay que ser muy cuidadoso al distinguir un número de un numeral y, en general, un símbolo del objeto que representa. El problema real en el habla no es el lenguaje preciso. El problema es el lenguaje claro. Lo que se desea es comunicar la idea claramente a la otra persona. Sólo es necesario ser preciso cuando hay alguna duda respecto al significado de una frase, y entonces la precisión debería ponerse en el lugar donde existe la duda. Realmente es casi imposible decir algo con precisión absoluta, a menos que la cosa esté tan abstraída del mundo real que no represente ningún objeto real.

Las matemáticas puras son sólo una abstracción del mundo real, y las matemáticas tienen un lenguaje preciso especial para tratar con sus propios temas especiales y técnicos. Pero este lenguaje preciso no es preciso en ningún sentido si uno trata con los objetos reales del mundo, y es muy pedante y bastante confuso utilizarlo a menos que haya algunas sutilezas especiales que haya que distinguir cuidadosamente.

Una buena distinción

Por ejemplo, uno de los libros insiste pedantemente en señalar que una imagen de una bola y una bola no son lo mismo. Dudo que cualquier niño cometiera un error en este sentido. Es por lo tanto innecesario ser preciso en el lenguaje y decir en cada caso, «pinta de color rojo la imagen de la bola», cuando el libro ordinario diría, «pinta de color rojo».

De hecho, es imposible ser preciso; el aumento en precisión en «pinta de color rojo la imagen de la bola» empieza a producir dudas, mientras que antes no había ninguna dificultad. La imagen de una bola incluye un círculo e incluye un fondo. ¿Deberíamos colorear el cuadrado entero en el que aparece la imagen de la bola o sólo la parte interior al círculo de la bola? Colorear la bola de rojo está claro. Colorear la imagen de la bola de rojo se ha convertido en algo más confuso.

Aunque esto parece un ejemplo trivial, esta manía de la precisión aumentada llega en muchos de los libros de texto a tal punto que hay sentencias complejas casi incomprensibles para decir la cosa más simple. En un libro de primer curso (una introducción, de hecho) me topé con una frase del tipo: «Descubre si el conjunto de caramelos tiene el mismo número que el conjunto de chicas», cuando lo que quería decir es «descubre si hay un caramelo para cada una de las niñas».

Los padres estarán aterrorizados ante este lenguaje. No dice más, ni dice lo que dice de una forma más precisa que lo que hace la pregunta: «Descubre si hay un caramelo para cada una de las niñas», una frase perfectamente comprensible para cualquier hijo y cualquier padre. No hay ninguna necesidad de este absurdo del lenguaje superespecial, simplemente porque ese tipo de lenguaje es utilizado por matemáticos puros. No se aprende una disciplina utilizando las palabras que utilizan las personas que conocen la disciplina cuando discuten sobre ella. Hay que aprender cómo manejar las ideas y luego, cuando surgen las sutilezas que requieren un lenguaje especial, dicho lenguaje especial puede ser utilizado y desarrollado fácilmente. Hasta entonces, lo que se necesita es claridad.

Creo que todos los ejercicios en todos los libros, desde el primero al octavo año, deberían ser comprensibles para cualquier adulto normal; es decir, la cuestión que uno está tratando de descubrir debería ser clara para cualquier persona. Puede ser que no todos los adultos sean capaces de resolver todos los problemas; quizá se hayan olvidado de la aritmética y no pueden obtener inmediatamente 2/3 de 1/4 de 1 1/3, pero al menos deberían entender que lo que se trata de obtener es el producto.

Al poner el lenguaje especial en los libros parece que se está enseñando una disciplina diferente, y los padres (incluyendo a ingenieros bien instruidos) son incapaces de ayudar al niño o de entender de qué se trata. Pero semejante falta de comprensión es completamente innecesaria y no puede reclamarse *ninguna ganancia* por utilizar palabras inusuales cuando se dispone de palabras usuales, generalmente entendidas e igualmente claras (normalmente, de hecho, mucho más claras).

Nuevas definiciones, y ningún hecho

Creo que cualquier disciplina que se presente en el libro de texto debería presentarse de tal manera que el objetivo de la presentación se haga evidente. La razón por la que existe la disciplina debería estar clara; la utilidad de la disciplina y su relevancia para el mundo debe quedar clara para el alumno.

Tomaría, como ejemplo, el tema de los conjuntos. En casi todos los libros de texto que discuten conjuntos, el material sobre los conjuntos nunca se utiliza, ni se da ninguna explicación de por qué este concepto tiene un interés especial. Lo único que se dice es que el concepto de conjuntos es muy familiar. Esto es cierto, de hecho. La idea de conjuntos es tan familiar que no entiendo la necesidad de la discusión paciente del tema una y otra vez en varios de los libros de texto si al final no utilizan los conjuntos para nada.

Es un ejemplo del uso de las palabras, de nuevas definiciones de nuevas palabras, pero en este caso particular es un ejemplo muy extremo, porque finalmente no se presenta *ningún hecho* en casi ninguno de los libros de texto. Un cuidador de un zoo, instruyendo a su ayudante para sacar al lagarto enfermo de la jaula podría decir: «Toma el conjunto de animales que es la intersección del conjunto de lagartos con el conjunto de animales enfermos y sácalo de la caja». Este lenguaje es correcto, preciso, lenguaje teórico de conjuntos, pero no dice más que «saca los lagartos enfermos de la jaula». El concepto de objetos que tienen propiedades comunes por ser miembros de dos grupos (tales como los comunistas chinos, o de un número mayor de grupos, tales como niños refugiados de Alemania Oriental) implica intersecciones de conjuntos, pero no debe utilizarse ese lenguaje. Ninguna falta de precisión resulta de ello. Y, además, las personas que utilizan matemáticas en ciencia, ingeniería y demás, nunca utilizan las frases largas de nuestro imaginario cuidador de zoo.

Si quisiéramos, podríamos decir: «La respuesta es un número entero menor que 9 y mayor que 6», pero no tenemos que decir: «La respuesta es un miembro del conjunto que es la intersección del conjunto de números que son mayores que 6 y el conjunto de números que son menores que 9».

Quizá se sorprendan muchas personas que han analizado estos libros de texto al descubrir que el símbolo «o» que representa la unión e intersección de conjuntos, y el uso especial de los paréntesis y todo lo demás, toda esa elaborada notación de conjuntos que se da en estos libros, casi nunca aparezca en ningún texto de física teórica, en ingeniería, en aritmética financiera, diseño de ordenador u otros lugares donde se utilizan las matemáticas. No veo necesidad ni razón para que todo esto sea explicado o enseñado en la escuela. No es una manera útil de expresarse. No es una manera sencilla. Se dice que es precisa, pero ¿precisa con qué objetivo?

Hacer más valiosas las «nuevas» matemáticas

En resumen, en las «nuevas» matemáticas debe haber, en primer lugar, *libertad de pensamiento*; en segundo lugar, *no queremos enseñar sólo palabras*; y tercero, *las materias no deberían introducirse sin explicar su objetivo o razón de ser*, o sin mostrar alguna forma de utilizar realmente el material para descubrir algo interesante. No pienso que valga la pena enseñar ese material.

Apéndice VI
«Dos hombres en busca del quark» por Lee Edson

The New York Times Magazine
8 de octubre de 1967

En los dos últimos años se ha llevado a cabo en todo el mundo una caza intensiva de una partícula escurridiza conocida como quark. Ésta no es una aventura de *Alicia en El País de las Maravillas*; nada de eso. Los cazadores son algunos de los físicos más destacados del mundo. El terreno de caza: casi cualquier lugar desde la alta atmósfera al fondo del mar y al interior del último colisionador de átomos. Un investigador entusiasta de la Universidad de Michigan incluso ha estado abriendo ostras con la teoría de que una ostra come casi cualquier cosa... de modo que, ¿por qué no un quark?

A pesar de esta laboriosa búsqueda, el quark ha permanecido hasta ahora tan difícil de rastrear como el *snark* de Lewis Carroll. Hay una razón excelente. Según la física teórica moderna, el quark, si existe, es la partícula más simple del universo a partir de la cual está hecho casi todo lo demás.

Capturar a este ente fantasmal quizá no nos ayude a producir superbombas; las consecuencias de aprender nuevos hechos elementales acerca de la Naturaleza dependen del uso que de ellos haga el hombre, ya sea para la guerra o para la paz, y en cualquier caso no se ven claras hasta pasados unos años. Pero para los físicos, la excitación de encontrar el quark es algo más sublime que el descubrimiento de una nueva aplicación a la vida cotidiana. De repente parece que gracias al mismo podemos descubrir el eslabón perdido para comprender la estructura de la materia en el universo.

Los hombres en gran parte responsables de enviar a los científicos a esta caza del quark son dos físicos del Instituto de Tecnología de California, llamados Murray Gell-Mann y Richard Feynman. Cada uno de ellos ha obtenido un montón de grandes honores. En 1965, Feynman compartió el premio Nobel por su hazaña al explicar algunos de los abstrusos mecanismos del mundo subatómico. Muchos físicos piensan que Murray Gell-Mann es el próximo.* Un científico de California los califica de «los mejores valores de la física teórica actual».

* Gell-Mann obtuvo el premio Nobel de Física en 1969. *(N. del t.)*

Lo que les hace irradiar con tanta fuerza en el circuito de la física de alta energía es una buena combinación de brillantez y sentido del espectáculo. Tomemos la caza del quark, por ejemplo. «Dick y yo estábamos discutiendo de manera informal algunos aspectos de la física teórica», recuerda Gell-Mann. «Empezamos a excitarnos por una nueva teoría y a buscar palabras para nuestras ideas. Últimamente ha habido algunas ideas locas en física. La teórica depende de un triplete de partículas, con las características correctas, y necesitábamos una palabra para ello. Yo empecé a decir "squick", "squark", y salió "quark". Nos gustó la palabra en cuanto fue pronunciada. Para mi gran sorpresa, descubrí la frase "Tres quarks para Muster Mark" en el *Finnegans Wake* de Joyce. Nada podría haber encajado mejor.»

Por supuesto, ambos podían haber rechazado la palabra en favor de algo correcto y augusto y terminado en «on», como «electrón» o «neutrón» o incluso haber utilizado «ace, deuce, trey» como sugirió posteriormente el físico Geoge Zweig de Caltech, que llegó a una conclusión similar sobre la naturaleza de la partícula fundamental, pero Gell-Mann admite cierta malicia al aceptar y publicitar el quark. «Quizá ayude a C. P. Snow a tender un puente entre sus dos culturas», dice sonriendo.

Gell-Mann y Feynman —que afirman que trabajan juntos por separado— son casi únicos en la física moderna en un campo famoso por su silenciosa introversión, tienen un carisma especial que atrae a los alumnos y miembros del claustro de Caltech de una manera que no se había visto en el campus desde los días de Robert Oppenheimer. Las clases de ambos llegan a audiencias muy selectas. Cuando Feynman ganó el premio Nobel, un admirador novato y blasfemo lo celebró colocando su foto en el lugar de Jesús en una placa de la Última Cena.

Aunque tienen un impacto intelectual comparable, el genio de Feynman y de Gell-Mann se manifiesta de formas completamente diferentes. Feynman, un hombre de cuarenta y nueve años con cabello oscuro que está empezando a temer que pronto puedan verlo como a un hombre de Estado envejecido prematuramente, es un *showman* típico, lleno de exuberancia en su disciplina. Sus lecciones descansan en frases cortas, a menudo secas —«siempre trato de decir las cosas de forma diferente», dice— y gesticula con las manos y entona, como cuando Billy Rose* utilizaba bellas mujeres en el escenario, de forma espectacular pero con gracia.

Sube al estrado ocasionalmente. En una conferencia de divulgación sobre la visión de los colores, por ejemplo, Feynman inundó todo el escenario con un arco iris. «¿Por qué utilizar un prisma minúsculo en una mesa pequeña, que la gente tiene que esforzarse para ver?», dice. «La Naturaleza es demasiado interesante para quedarse en un rincón.» Pero en general no necesita de estas cosas. La materia que trata es para él tan maravillosa que basta con mirarla honestamente, como realmente es, para que todos respondan a su fervor. «Siempre vengo a las clases de

* Famoso libretista, escenógrafo y productor teatral de los años treinta y cuarenta del siglo XX. *(N. del t.)*

Feynman», dice un miembro veterano de la facultad, «porque estoy seguro de que habrá al menos una buena sorpresa.»

Gell-Mann es menos extravagante pero igualmente atractivo sobre la tarima. Once años más joven que Feynman, tiene un rostro redondo y lleva gafas, y mira de forma parecida al tendero jovial de la esquina. En el aula, sus clases son claras, fluidas y divertidas, y muestran una extraordinaria erudición. Pero donde realmente sobresale es en los grupos pequeños. Si Feynman puede ser comparado a una estrella que brilla en el calor de grandes audiencias, Gell-Mann parece disfrutar de la intimidad de un seminario de alumnos de doctorado brillantes. Como Oppenheimer, prefiere un seguimiento pequeño pero devoto; y, de hecho, ha declarado a menudo que un profesor que da clase enfrente de un aula representa una forma primitiva de educación.

A pesar de estas personalidades diferentes, los dos hombres trabajan bien juntos; lo que significa, según un amigo, que discuten continuamente y en voz alta, pero al cabo de unos instantes llegan a un entendimiento y avanzan rápidamente. Esta relación casi se interrumpió hace algunos años cuando Gell-Mann pensó seriamente en dejar a Feynman y trasladarse a Harvard. Decidió no hacerlo, según los rumores entre los físicos, cuando descubrió que Harvard estaba dispuesto a aceptar todas sus demandas excepto una: cambiar de nombre y pasar a llamarse Instituto Gell-Mann.

Desde entonces, los dos han madurado, pero ocasionalmente surge una corriente de rivalidad. «Dick siempre está llamando para ver si Murray está trabajando», dice la señora Margaret Gell-Mann, una rubia atractiva de Birmingham, Inglaterra. «Si digo que está en el jardín, Dick es feliz durante el resto del día. Pero si le digo que Murray está haciendo física, entonces Dick se pone nervioso e inmediatamente quiere superarle.»

Cuando Dick se casó hace algunos años con una chica inglesa (su tercera mujer), llamó a Murray para decirle: «Busqué lo que tú y yo no teníamos en común. Vi que tú tenías una mujer inglesa y un perro marrón, de modo que salí y me hice con ambas cosas».

Una cualidad que ambos tienen en común es una extraordinaria capacidad para hacer física lúcida y muy romántica. En parte, el romance es fácil dada la naturaleza del mundo de los físicos. En su orden social, el físico teórico es el chico encantador. Tras él viene el experimental, el colega en el laboratorio, y luego los ingenieros y los físicos aplicados que hacen cosas tales como sónar, cohetes y bombas de hidrógeno.

Precisamente ahora, los físicos teóricos han tomado la delantera y ocupan el centro del interés científico porque parece que están a punto de responder a una pregunta perenne y casi infantil: ¿de qué están hechas realmente las cosas? ¿Hemos descendido al fin a la última piedra fundamental a partir de la que podemos construir cualquier cosa: una mesa, un ser humano, un universo? ¿O debemos seguir buscando piezas cada vez más pequeñas, y profundizar cada vez más en un pozo sin fondo? Para responder a estas preguntas, hay que recordar que desde el principio mismo de la civilización los filósofos han querido encontrar una idea sencilla que uniera todo lo que experimentamos en el mundo que nos rodea. De modo que siempre ha habido una búsqueda del ladrillo fundamental, como la célula o el gen en biología. Al griego Demócrito del siglo V a. C. se le reconoce el honor de afirmar que la cosa más simple a partir de lo que está hecho todo lo demás es un átomo (átomos significa «indivisible»), y esta idea bastó durante dos mil años.

En el siglo XIX los científicos se dieron cuenta de que, después de todo, el átomo no era la partícula última. Dentro del átomo había un núcleo, con electrones en órbita a su alrededor como los planetas alrededor del Sol. Luego, en el siglo XX, los científicos empezaron a concentrarse en el núcleo y vieron que éste tampoco era simple. Contenía cosas más pequeñas, tales como neutrones y protones, que deben ser mantenidos juntos por una fuerza muy fuerte, quizá la más fuerte en el universo. Así que la pregunta durante años ha sido: «¿qué es esta "interacción fuerte", este pegamento que mantiene unido el núcleo?».

En 1935 un físico japonés llamado Hideki Yukawa elaboró la primera conjetura. Teorizó que había otra partícula en el núcleo, a la que llamó mesón. Actuaría como un portador de fuerza entre el protón y el neutrón, de modo que la energía se intercambiaría entre las partículas de la misma forma que un balón de fútbol pasa entre los jugadores en un partido. Dos años más tarde el doctor Carl Anderson de Caltech descubrió una partícula que pensó que podría ser el portador de Yukawa. Los físicos estaban exultantes. Las cosas parecían claras otra vez... hasta que se descubrió que la nueva partícula no obedecía a las predicciones esperadas por las leyes de la física, y de hecho creó tal revoltijo en los intentos por relacionar la teoría y la experiencia que I. I. Rabi de Columbia levantó los brazos y dijo: «¿Quién lo necesita?». Los físicos necesitaron cinco años para darse cuenta de que la nueva partícula no era el mesón de Yukawa, sino una partícula no relacionada conocida como muón. Después de la guerra, cuando aparecieron colisionadores más grandes y más potentes, se descubrieron varios mesones, incluyendo el sugerido por Yukawa. Esto supuso un gran avance en la comprensión de la interacción fuerte, la interacción conocida para nosotros en la vida cotidiana sólo por la potencia de la bomba A. Para entonces los colisionadores estaban revelando todo tipo de nuevas y peculiares partículas, cuya masa era creada a partir de la energía de movimiento. La mayoría de ellas desaparecían en períodos increíblemente breves —del orden de una milmillonésima de segundo— pero sus estelas podían ser fotografiadas, y su presencia planteaba nuevas preguntas. ¿Cómo se desintegraban? ¿Eran estructuras complejas en sí mismas? Feynman fue uno de los Jóvenes Turcos de la física que en los años cincuenta del siglo XX abordaron estas cuestiones espinosas. (Él ya se había ganado una formidable reputación en física teórica por sus trabajos en otra área: aplicar la mecánica cuántica a la radiación electromagnética. Por este trabajo, dieciséis años más tarde, compartiría el premio Nobel de Física con el doctor Julian Schwinger de Harvard y el doctor S. Tomonaga de Japón.)

El interés de Feynman se centró en un fenómeno que había intrigado a los científicos durante años: la emisión por sustancias radiactivas de electrones que se mueven a gran velocidad. Este proceso, que lleva el nombre de «desintegración beta», había presentado a los físicos una nueva fuerza en el núcleo, una fuerza completamente diferente de la «interacción fuerte» que los mantiene unidos. Feynman fue espoleado por el reto de esta idea y los posteriores desarrollos revolucionarios.

Para empezar, los físicos de los años cincuenta estaban descubriendo que la nueva fuerza —o «interacción débil», como llegó a denominarse— era más amplia y se manifestaba en muchas más reacciones que la desintegración beta. De hecho estaba a la par con la interacción fuerte y con las otras dos fuerzas universales conocidas para la ciencia: el electromagnetismo, que mantiene a los electrones girando perpetuamente alrededor de un núcleo, y la gravedad, la fuerza más débil de todas. La interacción débil, que ahora se sabe que está implicada en la desintegración de muchas partículas extrañas, es 100.000 veces más débil que la fuerza electromagnética. Sin embargo, es extraordinariamente más poderosa que la gravedad, que es tan increíblemente débil comparada con la interacción fuerte que se necesita una fracción con 42 ceros para describir su intensidad relativa. Este tipo de comparación encanta a Feynman. «¡No es una maravilla de la Naturaleza», dice, levantando las manos extasiadas, «hacer algo con 42 ceros!».

Otro avance importante en la física de los años cincuenta fue el rechazo de una de las leyes fundamentales de la Naturaleza. Durante mucho tiempo se había pensado que la Naturaleza opera con varias leyes de conservación, que van desde la familiar indestructibilidad de la materia y la energía a la conservación de las menos conocidas propiedades del átomo, tales como las que explican la estabilidad del protón y la razón por la que algunas partículas se crean en los colisionadores sólo en multipletes. Estas leyes se consideraban inmutables y universales. Una de las más importantes era la conocida como «la ley de conservación de la paridad». Se decía que si un objeto tenía una imagen especular, dicha imagen obedecería a las leyes de la física exactamente igual que el objeto real. Para satisfacer esta ley, las partículas en el mundo subatómico podían existir en una de dos maneras. La partícula y su imagen especular podían ser completamente idénticas —como la palabra SOS, que se lee igual en el mundo real y en el mundo del espejo—. O podía haber dos partículas, una «de mano izquierda» y una «de mano derecha»: una imagen especular de la otra, como las palabras SOR y ROS.

Puesto que las interacciones fuertes obedecen esta regla de paridad, se suponía que las interacciones débiles también deberían haberlo hecho. Pero se descubrió algo sorprendente en experimentos en aceleradores que implicaban una interacción débil. Se descubrió una partícula que no tenía una imagen que se ajustara a la pauta de SOS.

¿Había realmente dos partículas, con simetría invertida, como SOR y ROS? Esa sugerencia no encajaba con otros experimentos, que seguían apuntando a la existencia de una sola partícula. En un momento inspirado, Feynman y otro físico, Martin Block, propusieron que la ley de la paridad podría haber fallado para esta interacción débil concreta.

Fue una sugerencia profética. En un artículo histórico, dos científicos de origen chino, C. N. Yang y T. D. Lee, entonces en el Instituto para Estudios Avanzados en Princeton y en la Universidad de Columbia, sugirieron que quizá todas las interacciones débiles violan la ley de la paridad. Propusieron experimentos que fueron realizados y se mostró que estaban en lo cierto. Su intuición les hizo ganar el premio Nobel en 1957. Y lo que es más importante, transformaron por completo la física nuclear.

Liberados de las limitaciones de la paridad, Feynman y Gell-Mann (junto con E. C. G. Sudarshan Y R. E. Marshak) abordaron el problema de encontrar una manera de describir la ley de las interacciones débiles. En 1957 desarrollaron una teoría que muestra cómo depende esta fuerza de varias propiedades de las partículas, tales como las direcciones de sus espines, proporcionando así lo que ahora se considera en general como una contribución fundamental a nuestra comprensión del núcleo.

Feynman dice que el descubrimiento de esta nueva ley fue la cosa más excitante en su vida, mucho más excitante que su trabajo anterior que le hizo merecedor del premio Nobel. «Gané el premio Nobel por barrer un gran problema bajo la alfombra», dice, «pero en este caso hubo un momento en que supe cómo trabajaba la Naturaleza. Tenía elegancia y belleza.» Tan extraña era la nueva ley que cuando varios físicos eminentes realizaron experimentos que parecían negarla, Feynman insistió en que los experimentos debían estar mal. Y así fue demostrado.

Gell-Mann experimentó la emoción de otro descubrimiento bello e importante algunos años más tarde. Por entonces el número de partículas que emergían del núcleo era fantásticamente creciente. En 1962 se había contado casi un centenar. Se habían clasificado en dos grupos principales conocidos como leptones (partículas que interaccionan débilmente), o debiluchas, como Feynman las llama, y hadrones, o forzudas. Ejemplos del primer grupo son los electrones positivos y negativos, los muones y los neutrinos; el segundo grupo incluye neutrones, protones y piones. (Ya para confundir más las cosas, cada una de estas partículas tiene una antipartícula, que lleva una carga opuesta que se aniquila con la partícula cuando entran en contacto.)

Una subdivisión de los hadrones es un grupo de partículas que se conocen como «partículas extrañas» porque, en lugar de desaparecer como deberían, viven un tiempo relativamente largo. Para redondear esta imagen, existe también el fotón, una partícula portadora de la fuerza electromagnética (y, supuestamente, existe un gravitón para la gravedad, aunque esta partícula está todavía por encontrar).

Para poner algún orden en este cajón de sastre nuclear, Gell-Mann introdujo dos nuevos conceptos. El primero, que ya se había desarrollado en 1952, era una cualidad que él llamó «extrañeza». Como sucede con el quark, tenía una contrapartida literaria, esta vez en una línea de sir Francis Bacon: «No existe belleza excelente que no tuviera alguna extrañeza en la proporción».

A cada partícula se le podía asignar un grado de extrañeza, dependiente del número de pasos en su desintegración, y así podía distinguirse de sus vecinas; igual que un neutrón puede distinguirse de un protón por su diferente carga eléctrica. (Gell-Mann no supo hasta más tarde que un científico japonés llamado Nishijima, que trabajaba de forma independiente en Tokio, llegó a la misma conclusión aproximadamente al mismo tiempo.) Con las diferencias conocidas, Gell-Mann se propuso ver en qué aspectos las partículas eran similares y si todas podían colocarse en una carta ordenada, más o menos como había hecho Mendeleev con su tabla periódica de los elementos químicos en el siglo XIX.

Gell-Mann recuerda que él y Feynman ensayaron una pauta tras otra sin suerte. Finalmente, un esquema parecía funcionar. Las partículas parecían encajar en familias de ocho o diez miembros, con características similares de extrañeza, carga eléctrica y otras propiedades, tales como masa y espín. Incluso mientras Gell-Mann estaba haciendo esto, Yuval Ne'eman, un agregado militar israelí en Londres, que estaba haciendo su doctorado en física mientras trataba de comprar cañones para su país, dio con el mismo esquema.

Sin embargo, una familia de partículas en la tabla tenía sólo nueve miembros en lugar de diez. Parecía incompleta. De ello predijo Gell-Mann que si se encontrara un nuevo miembro, tendría ciertas propiedades como las que mostraban sus parientes en la misma familia de partículas. Los físicos experimentales asumieron la caza.

Dos años más tarde, un equipo de 33 científicos en el Laboratorio Nacional de Brookhaven dieron con ella. Habían bombardeado núcleos y examinado más de 100.000 fotografías de las interacciones. En una de esas imágenes vieron la traza de la partícula que faltaba, que fue denominada omega menos. Tenía una esperanza de vida de una diezmilmillonésima de segundo y tenía las propiedades básicas predichas por Gell-Mann. La existencia de la omega menos fue inmediatamente verificada por científicos de la Universidad de Maryland y luego, independientemente, en el CERN, la gran instalación nuclear en Suiza.

Gell-Mann, con su gusto por la analogía literaria, llamó a su carta el óctuple camino, como en el lema budista: «Ésta es la noble verdad que lleva al cese del dolor. Éste es el noble óctuple camino: visiones correctas, intenciones correctas, habla correcta, acción correcta...». Los físicos más prosaicos la llaman la teoría SU-3 porque es una estructura simétrica basada en un triplete de partículas fundamentales.

El óctuple camino fue una bomba para la física. Gell-Mann se maravilla ocasionalmente por la aparente simplicidad de la Naturaleza que se revela en el esquema. «¿Por qué un criterio estético debería ser tan acertado con tanta frecuencia?», pregunta. «¿Es sólo porque satisface a los físicos?» Luego, haciéndose eco de

Feynman, declara: «Creo que hay sólo una respuesta: la Naturaleza es intrínsecamente bella».

En los últimos meses, varios físicos han tratado de ir más alla del óctuple camino y explicar por qué la Naturaleza opera con tantas partículas con este estilo más bien limpio y poético. En Harvard, el doctor Julian Schwinger afirma haber desarrollado una teoría matemática simple que lo explica todo. Otros, siguiendo a Gell-Mann, han construido un «modelo de quarks» en el que neutrones y protones se comportan como si estuvieran hechos de quarks; y, más que eso, como si estuvieran hechos de tres quarks, cada uno de los cuales puede presentarse en tres formas. La razón por la que varios científicos están cazando seriamente quarks reales (aunque el propio Gell-Mann no está seguro de que existan) es que teóricamente no pueden desintegrarse en ninguna otra cosa y, por lo tanto, debe haber un quark estable en algún lugar, y quizá haya existido desde el principio del universo.

No todos los físicos están de acuerdo, por supuesto. En la Universidad de California, en Berkeley, el doctor Geoffrey Chew ha seguido un enfoque radical para el problema completo. Ha desarrollado una teoría, conocida extravagantemente como la «teoría del cordón de botas» que dice que realmente no hay en el fondo ninguna partícula fundamental como el quark o cualquier otra; de hecho, que las partículas fuertes están hechas unas de otras, saliendo, por decirlo así, tirando de los cordones de sus zapatos. «A primera vista, esta teoría y nuestro modelo de quarks pueden parecer contradictorios», dice Gell-Mann, «pero en realidad pueden ser perfectamente compatibles —y ambos pueden ser correctos— especialmente si el quark resultara ser, como es probable, una ficción matemática útil antes que un bloque de materia concreto.»

Aunque tanto Gell-Mann como Feynman nacieron en la ciudad de Nueva York en el seno de familias de clase media, los dos llegaron a la física por caminos diferentes. Para Feynman casi todo en su formación se remonta a la influencia de su padre.

«Cuando era un muchacho», dice, «papá y yo dábamos largos paseos por el bosque y él me mostraba cosas que yo solo nunca hubiera advertido. Me hablaba del mundo y cómo era hace muchos años. Decía: "¿Ves esta hoja? Tiene una línea marrón; parte de ella es fina y parte gruesa. ¿Por qué?". Y cuando yo trataba de responder, mi padre me hacía examinar la hoja y ver si yo tenía razón y luego señalaba que la línea estaba hecha por un insecto que dedica toda su vida a esto. "¿Y con qué fin? Para que pueda poner huevos que se conviertan en nuevos insectos".»

«Mi padre me mostró la continuidad y armonía en el mundo. No sabía nada exactamente, si el insecto tenía ocho patas o cien patas, pero lo entendía todo. Y yo estaba interesado porque siempre había esta cosa al final: una revelación de lo maravillosa que es realmente la Naturaleza.»

El amor de Dick por la ciencia floreció rápidamente y en ocasiones tuvo un empuje inesperado. En el instituto de Far Rockaway, que encontró muy aburrido, un profesor le castigó por hablar demasiado en clase y no prestar atención. Le envió al fondo del aula y le dio un libro. «Cuando leas esto», dijo el profesor, «puedes abrir de nuevo la boca.»

«Así aprendí el cálculo infinitesimal», dice Feynman. Fue al MIT, donde se graduó con las mejores notas en 1939, e hizo su doctorado en Princeton. En la segunda guerra mundial terminó como jefe de un grupo en Los Álamos, trabajando en aspectos teóricos del material en la bomba A. Estuvo presente en la primera explosión de prueba en Alamogordo en julio de 1945.

Como corresponde a alguien que desafía a las leyes fundamentales de la Naturaleza Feynman es un iconoclasta declarado. Le gusta tocar los bongos, y probablemente es el primer profesor de física en la historia —ciertamente el primer ganador de un premio Nobel— que tiene una foto de sí mismo tocando el tambor incluida en la introducción a un libro de texto de física universitaria en tres volúmenes.

Los gustos extracurriculares de Gell-Mann van en direcciones más eruditas. Con su mujer, que estudió arqueología en Cambridge, suele disfrutar excavando en busca de artefactos en lugares tales como Grecia y Palestina. También es un devoto de la lingüística; ha estudiado muchas lenguas, incluidos algunos dialectos singulares de África y el Oriente Medio. «Me gusta la diversidad», dice, «y me gusta la historia natural detrás de la diversidad. ¿Por qué hay tantas lenguas diferentes, tantos pájaros diferentes, incluso tantas neurosis humanas diferentes? Es interesante encontrar la pauta que hay tras ellas.»

Gell-Mann, hijo de un profesor de idiomas y un prodigio que entró en Yale a los quince años, dice que llegó a la física casi sin querer. «Tenía que llenar una solicitud», recuerda, «donde debía hacer una lista con mis ocupaciones futuras. Empecé poniendo arqueólogo pero mi padre dijo que nunca me ganaría la vida con la arqueología, y en su lugar sugirió ingeniería. Yo no podía soportar la ingeniería, de modo que puse lo más parecido, la física.»

Continuó hasta hacer su doctorado en el MIT, y luego fue a Princeton, donde trabajó con Oppenheimer. La fusión de Gell-Mann y Feynman tuvo lugar en 1954, durante una visita de Gell-Mann a Pasadena. Intercambiaron algunas palabras, y montones de risas por chistes que ambos encontraban divertidos, y al día siguiente, recuerda Gell-Mann, estaba siendo entrevistado por el decano de Caltech. Se unió al personal como profesor asociado en 1955 y al año siguiente se convirtió en profesor titular.

En los últimos años, Gell-Mann ha sido un misionero del desarrollo del mayor acelerador de partículas del mundo, la máquina de 200.000 millones de electrón voltios que se pretende construir en Weston, Illinois. Junto con otros grandes físicos, cree que la máquina de 200 millones de dólares es vital para mantener la supremacía de Estados Unidos en la física de partículas.

«Creo que la física de partículas está donde estaba la física atómica en los primeros años del siglo», dice Gell-Mann. «Estamos obteniendo una perspectiva de una estructura subyacente, pero todavía no hay una teoría completa de las interacciones fuertes ni de las débiles que nos permita entender lo que está sucediendo realmente en el fondo de todas las cosas.»

«Recientemente un experimento realizado por físicos de Princeton ha mostrado la violación de otra ley de simetría que se pensaba que era válida (como sucedió con la paridad hace diez años). Algunos teóricos llegaron tan lejos como para especular que estaba implicada una quinta fuerza de la Naturaleza, pero no parece que eso sea cierto. ¿Cómo se produce la violación? Nadie parece saberlo por el momento, pero creo que estamos en vísperas de un descubrimiento importante.»

Feynman dice prácticamente lo mismo, pero en forma de metáfora: jugar al ajedrez con un marciano. «Si tú no conoces las reglas», dice, «y ves sólo partes del tablero, ¿cómo sabes cómo hay que jugar? Si sabes todas las reglas, ¿puedes decir qué hay en la mente del marciano cuando mueve las piezas de cierta manera?

»El mayor misterio de la física está allí donde las leyes son conocidas pero no sabemos exactamente qué está pasando. No sabemos la estrategia en mitad del juego. Sabemos cómo enrocar, o cómo se mueven las diferentes piezas, y sabemos algo sobre el final del juego, pero nada del medio.

»Tenemos informes de los experimentales, los observadores del juego de ajedrez, y tratamos de analizar la información. Incluso podemos sugerir un nuevo experimento. Pero aún estamos esperando la gran estrategia. Entonces quizá entenderemos realmente qué maravillosa es la Naturaleza.»

Agradecimientos

Son muchas las personas a quienes tengo que agradecer su ayuda en este proyecto. Ralph Leighton fue una ayuda constante y una valiosa fuente de información cuando intenté reunir todo el material. Gracias también a Christopher Sykes por su asesoramiento, y a James Gleick por proporcionarme copias de cartas que yo ni siquiera sabía que existían. Estoy muy agradecida a estos señores por sus esfuerzos. Ellos pusieron muy alto el listón con sus propios libros sobre Richard Feynman, y sentí que estaba a hombros de gigantes. Llegué a apreciar verdaderamente su difícil trabajo cuando emprendí esta tarea.

También doy efusivas gracias al doctor Kip S. Thorne y al doctor Steven C. Frautschi por sus enormes contribuciones a este libro. El doctor Thorne fue generoso con su tiempo y muy complaciente en parafrasear las cuestiones científicas, además de hacer más comprensibles las cartas técnicas. Ahora está claro para mí por qué está tan bien considerado como profesor. El doctor Frautschi tuvo igualmente un papel destacado al escribir las partes científicas de las introducciones a los capítulos. Fue capaz de reconstruir las cosas basándose en muy poca información, y estoy muy impresionada por su habilidad. Ambos profesores de Caltech fueron colegas y amigos de mi padre durante mucho tiempo. Les estoy eternamente agradecida por la erudición que han aportado a este libro.

Helen Tuck, secretaria de mi padre durante muchos años, me contó muchas anécdotas pintorescas relacionadas con cómo era trabajar para mi padre. Quedé muy complacida con Linda Bustos y el Caltech Public Relations Department por su muy eficiente tratamiento de las fotos que les pedí. La profesora Jenijoy La Belle proporcionó interesante información sobre su experiencia al ser la primera profesora femenina estable en Caltech. Me veo diciendo hola al doctor Wolfram mientras visitaba Caltech a última hora de la noche con mi padre, y la impresión que tenía mi padre del doctor Wolfram era que se trataba de un trabajador duro e incansable. El doctor Wolfram me dio amablemente permiso para utilizar la carta que él escribió a mi padre, y escribió los comentarios que la contextualizan. Edward Fredkin fue también de gran ayuda. Mi padre fue testigo en la boda de Fredkin, y más tarde Edward puso a su hijo el nombre de Richard por mi padre. Los dos se tenían mucho respeto y afecto.

Amanda Cook de Basic Books se embarcó inicialmente en este viaje hace muchos años, e incluso aunque se marchara a otra editorial antes de que yo empezara este proyecto, me beneficié mucho de la perspectiva que ella, junto con Ingrid Finstuen y Maria Rapoport, proporcionó. Vanessa Hartmann fue una ayuda inestimable para localizar a los corresponsales, o a sus herederos, para pedirles permiso para publicar las cartas dirigidas a mi padre. En los casos en los que los corresponsales no pudieron ser encontrados, se cambiaron los nombres (y en situaciones potencialmente incómodas, se cambiaron los nombres «para proteger a los inocentes»). Megan Hustad fue una editora increíblemente informada, entusiasta, trabajadora e inspiradora. Fue el pegamento que unió este proyecto. Estoy orgullosa de haber tenido el privilegio de trabajar con ella en este libro. Y siempre estoy agradecida por la implicación de nuestra agente, Melanie Jackson, cuya opinión he respetado enormemente a lo largo de los años.

El general Donald Kutyna me impresionó con sus recuerdos muy detallados de la Comisión Challenger, y fue enormemente útil. También valoro la ayuda de Michael Gottlieb en el almacenamiento temporal de la masiva cantidad de papeles durante un período crucial y en localizar la exposición de mi padre como testigo ocular de la explosión de la primera bomba atómica. Mark Salzman se tomó tiempo para leer mi libro y darme una valiosa aportación. Cameron Richmond fue una gran ayuda para localizar a varios corresponsales que de otro modo podrían haber quedado fuera, y Anita Bunn me ayudó amablemente a editar centenares de fotos.

Agradezco a mi hermano, Carl Feynman, su confianza en mí para realizar este proyecto. Mis tíos, Jacqueline y Eric Shaw, fueron animadores entusiastas que me ayudaron a recoger información. Mi tía, Joan Feynman, proporcionó muchas de las primeras cartas, por lo que le estoy extraordinariamente agradecida. Otra tía, Frances Lewine, también contribuyó, y mi primo, Charles Hirshberg, fue una fantástica fuente de sabiduría e hilaridad. Me gustaría dar las gracias a Jules y Rosalie Greenbaum, hermano y cuñada de Arline, por su permiso para publicar sus cartas y fotografías. La familia de mi marido fue un gran apoyo para mí a lo largo del proceso de edición. Mi cuñado, Pablo Miralles, fue un lector sensible e inteligente a quien a menudo acudía cuando necesitaba opinión distinta. Brenda Miralles, mi cuñada, fue una canguro extraordinaria durante los últimos y ajetreados días. Mis suegros, María y Adolfo Miralles, fueron maravillosamente generosos con su tiempo.

Finalmente, quisiera mostrar mi agradecimiento a mis hijos, Ava y Marco, por su paciencia y comprensión, y a mi marido, Diego Miralles, en cuyo juicio siempre pude confiar, y que me hizo compañía delante del ordenador hasta altas horas, por su continua ayuda y apoyo.

Estoy agradecida a las siguientes personas por dar permiso para publicar cartas que escribieron a mi padre: Henry Abarbanel, Molly Anderson, Martin Bernal,

Hans A. Bethe, Laurie M. Brown, Adrian M. Bronk, Steven Cahn, Nigel Calder, Robert Carneiro, Helen Choat, Lawrence Cranberg, Sir Francis Crick, Robert Coutts, Beulah E. Cox, Martin B. Einhorn, Debra Feynman, Thomas E. Firle, Betsy Holland Gehman, Michael H. Hart, Ben R. Hasty, Richard C. Henry, Marka Oliver Hibbs, Heidi Houston, John Alexander Howard, Jon A. Johnsen, Vera Kistiakowsky, Julia Kornfield, Portia Parratt Kowolowski, Tina Levitan, Joan Thomas Newman, Thomas H. Newman, Clifford S. Mead, David Mermin, Mark Minguillon, Ken Olum, Leigh Palmer, Frank Potter, Ernest D. Riggsby, Tom Ritzinger, Irwin Shapiro, Jeff Stokes, Lewis H. Strauss, Paul Teller y Wendy Teller, Ilene Ungerleider, Vincent Van der Hyde, Jonathan Von Post, Spencer Weart, Edwin J. Wesely, John A. Wheeler, Jack Williamson, Jane S. Wilson, J. G. Wolff y Stephen Wolfram.

Índice alfabético

Índice